# ASP+Dreamweaver 动态网站开发
# (第 2 版)

孙更新　宾晟　李晓娜　编著

清華大学出版社
北　京

## 内 容 简 介

本书详细介绍了 ASP 的脚本语言基础、ASP 的相关对象、ASP 访问数据库的技术，并介绍了使用网页编程利器——Dreamweaver 进行 ASP 应用程序开发的技术。全书内容分为理论部分和实战部分。理论部分包括 ASP 技术概述、Dreamweaver 使用基础、ASP 的 Request/Response/Application/Session/Server 对象、使用 ADO 访问数据库的技术等。实战部分为使用 Dreamweaver 开发 ASP 应用程序的案例，包括论坛、网上购物网站、新闻发布系统等。本书注重将理论讲解与工程应用结合起来，所选择的案例是作者实践的结晶，能够提高读者的学习积极性和学习效率。通过学习这些案例，读者能够掌握本书的精髓，并可以直接将其应用到动态网站的实际开发中。

配套资源中给出了书中各章主要例子的源代码，可以直接放到站点上运行。

本书内容丰富，讲解详细准确，操作性强，特别适合动态网页制作的初级读者阅读，也可以作为高等院校各专业动态网页制作课程的教材，还可以作为网页设计与制作爱好者的自学参考书。



图书在版编目(CIP)数据

ASP+Dreamweaver 动态网站开发/孙更新，宾晟，李晓娜编著. —2 版. —北京：清华大学出版社，2019（2023.1 重印）

ISBN 978-7-302-51034-5

Ⅰ. ①A… Ⅱ. ①孙… ②宾… ③李… Ⅲ. ①网页制作工具—程序设计 Ⅳ. ①TP393.092

中国版本图书馆 CIP 数据核字(2018)第 191969 号

责任编辑：杨作梅
装帧设计：杨玉兰
责任校对：周剑云
责任印制：宋 林
出版发行：清华大学出版社
http://www.tup.com.cn
地 址：北京清华大学学研大厦 A 座
邮 编：100084
社 总 机：010-83470000
邮 购：010-62786544
投稿与读者服务：010-62776969, c-service@tup.tsinghua.edu.cn
质量反馈：010-62772015, zhiliang@tup.tsinghua.edu.cn
印 装 者：三河市龙大印装有限公司
经 销：全国新华书店
开 本：190mm×260mm 印 张：25 字 数：606 千字
版 次：2008 年 8 月第 1 版 2019 年 1 月第 2 版 印 次：2023 年 1 月第 4 次印刷
定 价：78.00 元

产品编号：061748-01

# 前　　言

随着 Internet(因特网，也称国际互联网)的迅猛发展，网络已深入到世界的各个角落。作为 Internet 的主要组成部分的网站，其数量和质量都在快速发展。网站与用户的交互主要使用动态网页来实现。为了简化和方便动态网页的开发，Web 领域的主要开发商相继推出了多种 Web 开发技术，ASP(Active Server Pages)就是其中的典型代表。它是微软公司的一种动态网页制作技术，打破了以往只能由专业人员来开发动态网站的束缚，使一般人员也能快速高效地构建自己的动态网站。本书将利用 Dreamweaver 和 ASP 快速创建充满动感的交互网页，而无须或只需要少量的手写代码，同时还能非常方便地编辑和管理站点。这是动态网页初学者进行网站开发的最好方式。

本书根据作者的实际教学和开发经验，由浅入深、循序渐进地介绍 ASP 和 Dreamweaver 的基本知识点，并且讲解时使用大量实例，使读者在掌握 ASP 知识点后就能进行实践。本书的后面部分讲解了一些典型的动态网站模块的设计和开发案例，以软件、案例相结合的方法，探讨网站建设的各种知识和操作技巧，从而帮助读者学以致用。

全书分为 14 章，具体内容如下。

- 第 1 章：ASP 网站开发概述。介绍当前使用较广的动态网页制作技术，主要讲解 ASP 的特点、ASP 开发工具以及 Dreamweaver 对 ASP 的良好支持，重点讲解 ASP 开发环境的配置和 Dreamweaver 中站点的管理，为后续章节的学习奠定基础。
- 第 2 章：Dreamweaver 基础。主要介绍 Dreamweaver 的使用，首先介绍 Dreamweaver 的基本使用方法，然后讲解简单网页的制作方法：表格的使用、超级链接、页面布局、表单的使用、CSS 样式、框架的使用，最后通过一个实例来综合演练前面讲解的 Dreamweaver 的各种功能和操作。
- 第 3 章：ASP 脚本语言。主要讲解 ASP 脚本语言的语法知识，包括数据类型、运算符、常量和变量、数组、语句控制结构、过程和函数，最后给出使用 ASP 制作的一个月历的实例。
- 第 4 章：Request/Response 对象。介绍 ASP 的两个主要对象 Request 和 Response。利用 Request 对象从客户端获取信息，利用 Response 对象向客户端传输信息。重点讲解这两个对象的属性和方法，以及它们的使用方法。
- 第 5 章：Session/Application 对象。介绍 ASP 的两个内置对象 Session 和 Application。Session 对象用来存储特定的用户会话信息；Application 对象能用于存储和接收可以被某个应用程序的所有用户共享的信息。重点讲解这两个对象的属性和方法，以及它们的使用方法。最后，讲解 Global.asa 文件的构成和功能，通过实例讲解该文件的应用。
- 第 6 章：Server 对象。Server 对象提供对服务器上的方法和属性进行访问的接口。该章重点讲解 Server 对象的各种方法，包括 Execute、Transfer、MapPath、HTMLEncode、URLEncode、CreateObject 方法。
- 第 7 章：ADO 数据库访问。介绍 ASP 使用 ADO 访问数据库的方法，重点介绍 ASP

与 Access 数据库连接并对其进行检索、添加、修改和删除的方法。

- 第 8 章：ASP 常用内置组件。介绍 ASP 常用的内置组件，包括文件存取组件、广告轮显组件、浏览器兼容组件、文件超链接组件、计数器组件的功能和使用方法。
- 第 9 章：ASP 网站安全防护。本章主要介绍了 ASP 网站的一些安全漏洞以及相应的防范措施和实例。
- 第 10 章：网站测试。为了保持网站的正常运行，需要进行网站测试。本章将重点介绍网站发布和测试方面的相关操作。
- 第 11 章：常见模块分析。本章主要介绍一些常用的 ASP 模块，以便读者对本书前面的内容进行复习和理解。模块包括登录模块、购物车模块、分级目录模块、权限设置模块、分页显示模块、投票模块和搜索引擎模块。
- 第 12 章：论坛。介绍一个典型的论坛的制作过程。使用 Dreamweaver 作为开发工具，采用 ASP+Access 模式，重点讲解 Dreamweaver 的数据行为，以及各页面之间的参数传递方法。
- 第 13 章：网上购物网站。讲解一个小型用户网上购物网站的设计与实现。网上购物网站采用模块化设计，对购物网站的结构做出比较详细的分析。对于网站的静态页面的设计使用网页规划、CSS 样式。并且充分利用 Dreamweaver CS3 的数据行为完成整个网站的制作。
- 第 14 章：新闻发布系统。介绍 ASP+Access 模式，采用模块化设计，构建一个典型的新闻发布平台。使读者加深对 Dreamweaver 数据行为的了解，能够使用该数据行为实现简单的动态网页效果和功能。

在本书的编写过程中，作者力求讲解得深入浅出，以方便读者理解。并注重实际应用，对重要知识点都配备相应的实例来帮助读者理解和掌握。本书最后用 3 章的篇幅(第 12～14 章)讲解 3 个重要动态网站开发的经典案例，案例操作描述详尽。读者只需要跟随练习，就能够快速上手，高效掌握 Dreamweaver 下 ASP 网站的开发技术。本书配套资源请从清华大学出版社官网下载。

本书在编写过程中得到多位专家、教师的指导，在此一并表示感谢。由于作者水平所限，书中的内容会有不足之处，恳请各位读者批评指正。

编 者

# 目　　录

# 第 1 章　ASP 网站开发概述

在 Internet 发展的早期，Web 页面大多数为静态网页。所谓静态网页，是指网页内容不能实时更新，只能由网站维护者手工编辑更新网页内容。随着 Internet 技术的发展，动态网页逐渐盛行起来。ASP(Active Server Pages)是动态网页技术的优秀代表，使用它可以创建和运行动态、交互的 Web 服务器应用程序，使服务器端实时处理浏览器端的请求，依据用户不同需求生成不同的页面。

学习目标 Objective

- 了解动态网页技术。
- 理解 ASP 概述。
- 熟练掌握 ASP 开发环境的安装和配置。

## 1.1　动态网页简介

动态网页技术是当今流行的网页制作技术。在学习网页制作技术时，必须首先了解静态网页和动态网页的区别与联系，了解常见的动态网页技术及各自的特点，尤其需要理解 ASP 技术的特点和选择该技术进行学习的原因。

### 1.1.1　什么是动态网页

静态网页的网页文件代码中只有 HTML 代码，一般以.html 或.htm 为后缀名。静态网站内容不会在制作完成后发生变化，每次访问都显示一样的内容。如果希望网页内容发生变化就必须修改源代码，然后再上传到服务器上。

动态网页则是采用动态 HTML 制作出来的具有动态效果的网页。这种网页文件不仅具有 HTML 标记，而且含有程序代码，一般使用数据库连接。动态网页能根据不同的访问请求，显示不同的内容。动态网站的数据是动态存储的，一般通过后台直接更新，管理方便。

动态网页的实现手段是多种多样的，可以是现有的各种技术手段的组合。比较常用的技术有：①后台脚本编程语言(ASP、JSP、PHP)；②前台脚本编程语言(JavaScript、VBScript)；③文件对象模型(DOM)；④层叠样式表(CSS)；⑤动态图层(layers)。

动态网站虽然具有很多优点，但同时也带来了一些弊端，具体如下。

(1) 网站由于其具有交互性，所以网站可能存在很大的安全隐患。如果开发设计过程中安全性没有考虑到位，网站是很容易被黑客入侵的。

(2) 动态网站的页面上的信息都必须从数据库中读取，一般情况下，每打开一个页面就读取数据库一次。如果访问网站的人数很多，这会对服务器增加很大的荷载，从而影响这个网站的运行速度。

(3) 动态网站的设计对于搜索引擎不是很友好，而网络上的大部分网站的访问者基本上是通过搜索引擎找到网站的。

## 1.1.2 动态网页的常用技术

早期的动态网页主要采用 CGI 技术，CGI 即 Common Gateway Interface(通用网关接口)。用户可以使用不同的程序编写适合的 CGI 程序，如 Visual Basic、Delphi 或 C/C++等。虽然 CGI 技术已经发展成熟而且功能强大，但由于编程困难、效率低下、修改复杂，所以逐渐被几种新技术所取代。

这几种最常用的动态网页技术包括：ASP(Active Server Pages) /ASP.NET，JSP(Java Server Pages)，PHP (Hypertext Preprocessor)等。

### 1. ASP/ASP.NET

ASP 全名 Active Server Pages，是一个 Web 服务器端的开发技术，利用它可以产生和运行动态的、交互的、高性能的 Web 服务应用程序。ASP 采用脚本语言 VBScript 或 JavaScript 作为自己的开发语言。

ASP 的最大优点是可以包含 HTML 标记，也可以直接存取数据库及使用无限扩充的 ActiveX 控件，因此在程序编制上要比 HTML 方便且更富有灵活性。通过使用 ASP 的组件和对象技术，用户可以直接使用 ActiveX 控件，调用对象方法和属性，以简单的方式实现强大的交互功能。

ASP 是 Microsoft 开发的动态网页语言。由于它基本上局限于微软的操作系统平台之上，主要工作环境包括运行于 Windows NT 操作系统上的 IIS(Internet Information Server)和运行于 Windows 98 操作系统上的 PWS(Personal Web Server)，又因为 ActiveX 对象具有平台特性，所以 ASP 技术不能很容易地实现在跨平台 Web 服务器上工作。

ASP.NET 是 ASP 的后继版本，在先前的文档中它被称为 ASP+。ASP.NET 和它的前期版本都是构建新一代动态网站和基于网络的分布式应用的技术。ASP.NET 为网站设计人员和网络程序员提供了更简单快捷的开发方法。

ASP.NET 向前兼容 ASP，运行在.NET 平台上。以前的 ASP 脚本几乎不经修改就可以在.NET 平台上运行。

### 2. PHP

PHP(Hypertext Preprocessor)是一种跨平台的服务器端的嵌入式脚本语言。它大量地借用 C、Java 和 Perl 语言的语法，并融合了 PHP 自己的特性，但只需要很少的编程知识用户就能使用 PHP 建立一个真正交互的 Web 站点。而且，PHP 是完全免费的，用户可以从 PHP 官方站点(http://www.php.net)自由下载。它与 HTML 语言具有非常好的兼容性，使用者可以直接在脚本代码中加入 HTML 标记，或者在 HTML 标记中加入脚本代码从而更好地实现页面控制。PHP 提供了标准的数据库接口，它支持目前绝大多数数据库。数据库连接方便，兼容性强，扩展性

强，可以进行面向对象编程。

PHP 可以在 Windows、UNIX 和 Linux 的 Web 服务器上正常运行，还支持 IIS、Apache 等通用 Web 服务器。用户更换平台时，无须变换 PHP 代码，可直接使用。

### 3. JSP

JSP 即 Java Server Pages，它是 Sun 公司推出的新一代动态站点开发语言，它完全解决了目前 ASP 和 PHP 的一个通病——脚本级执行。JSP 和 ASP 在技术方面有许多相似之处，不过两者来源于不同的技术规范组织。ASP 一般只应用于微软的操作系统平台，而 JSP 则可以在 85%以上的服务器上运行，而且基于 JSP 技术的应用程序比基于 ASP 技术的应用程序易于维护和管理，所以它被认为是未来最有发展前途的动态网站技术。JSP 可以在 Servlet 和 JavaBean 的支持下，完成功能强大的 Web 程序。

综上所述，虽然 PHP 和 JSP 各有优点，但 ASP 仍然占有大量的市场份额。学习动态网页制作的初学者也往往选择 ASP 作为对象，主要原因在于 ASP 不仅提供了完整的动态网站功能，而且语法简单。在常用的 Windows 系统中，ASP 开发环境配置方便，开发容易，适合一般动态网页爱好者学习，也适合专业的网页制作人员作为入门技术学习。掌握 ASP 技术之后，再学习其他动态网页技术就容易得多了。

## 1.2 ASP 概述

ASP(Active Server Pages)是由微软公司开发的服务器脚本编写环境，使用它可以开发动态的、交互的、与平台无关的 Web 应用程序。ASP 应用程序是在服务器端运行的，无论客户端是否支持 ASP，都可以浏览到动态的网页。

ASP 是一种开发环境，并不是一种语言，它所使用的语言可以是 JScript 或 VBScript，或者是它们两者的结合。另外，任何一种文本编辑器都可以编辑 ASP 脚本。

ASP 内嵌于 IIS4.0 以上的 IIS 版本中。Windows 2000 Server 已经默认安装了 IIS5.0。因此，在 Windows 2000 Server 中使用默认设置就可以运行 ASP 脚本。使用 ASP 在 Windows 操作系统平台上可以轻松地开发出动态的、功能强大的 Web 应用程序。

### 1.2.1 ASP 的特点

ASP 由微软开发，从 ASP1.0 已经发展到 ASP3.0。ASP 具有以下几个特点。

(1) ASP 可以使用 VBScript 和 JavaScript 脚本语言，结合 HTML 代码可以轻松地开发出 Web 应用程序。

(2) 无须编译。ASP 脚本可以集成于 HTML 文档中，并在服务器端直接执行。

(3) 易于编写。可以使用任何一种编辑文本的工具编写 ASP 代码的 Web 应用程序，如 Windows 操作系统中的“记事本”程序。

(4) 与浏览器无关。网站的动态网页由服务器端的脚本生成。客户端浏览器只要支持 HTML 就可以浏览 ASP 所设计的网页内容。

(5) ASP 可以使用 ActiveX 组件。ActiveX 组件可以使用 Visual C++、Visual Basic、Java

等语言开发，大大扩展了 ASP 的能力。

(6) ASP 源程序不会被传到客户端，有效地避免了源代码泄露，提高了程序的安全性。

(7) ASP 可以与数据库(如 SQL Server、Microsoft Access 等)建立连接，通过对数据库的操作建立功能强大的 Web 应用程序。

## 1.2.2 ASP 的工作原理

ASP 通过调用动态链接库 ASP.DLL 解析 ASP 文件代码，并将这些代码发送到合适的脚本引擎中进行解释。系统将脚本代码的运行结果结合其他 HTML 文件生成最终的页面，并将最终的页面传送给客户端浏览器。

ASP 的工作原理如下。

(1) 客户端计算机上，用户在浏览器的地址栏中输入一个 ASP 动态网页的 URL 地址并按 Enter 键，向 Web 服务器发出一个 ASP 文件请求。

(2) Web 服务器收到该请求后，根据扩展名.asp 判断出这是一个 ASP 文件请求，并从硬盘或内存中获取所需的 ASP 文件，然后向 ASP 引擎发送 ASP 文件。

(3) ASP 引擎自上而下查找、解释并执行 ASP 页中包含的服务器端脚本命令，通过数据库访问组件 ADO(ActiveX Data Objects) 完成数据库操作，处理的结果是生成了 HTML 文件，并将 HTML 文件送回 Web 服务器。

(4) Web 服务器将 HTML 发送到客户端计算机上的 Web 浏览器，然后由浏览器负责对 HTML 文件进行解释，并在浏览器窗口中显示结果。

ASP 的工作原理如图 1-1 所示。

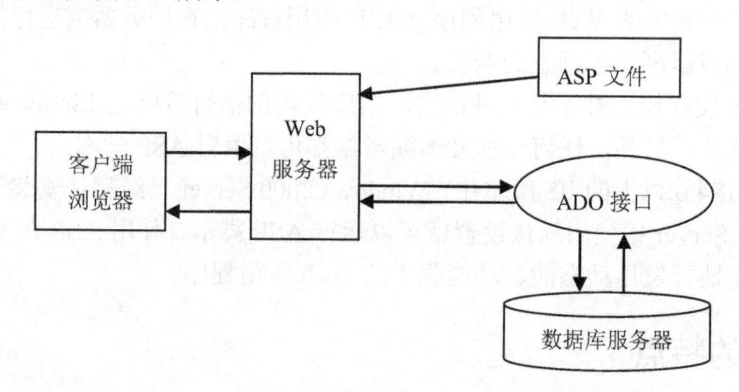


图 1-1 ASP 的工作原理

## 1.2.3 ASP 的基本语法

ASP 程序中可以包含纯文本、HTML 标记及脚本代码。ASP 本身并不是一种脚本语言，它只是提供了一种使嵌入在 HTML 页面中的脚本代码得以运行的环境。但是，要学好 ASP 又必须掌握它的语法和规则。其实，脚本是由一系列脚本命令所组成的。如同一般的程序，脚本可以将一个值赋给一个变量，可以命令 Web 服务器发送一个值到客户浏览器，还可以将一系列命令定义成一个过程。脚本语言是一种介于 HTML 和诸如 Java、Visual Basic、C++等编程语

言之间的一种特殊的语言。尽管它更接近后者，但它却不具有编程语言复杂、严谨的语法和规则。如前所述，ASP 所提供的脚本运行环境可支持多种脚本语言，如 VBScript、JavaScript、PERL 等，这给 ASP 程序设计者提供了广阔的发挥余地。在同一个.asp 文件中可以使用不同的脚本语言，只需要在.asp 中声明使用不同的脚本语言即可。

下面编写第一个 ASP 网页，讲解 ASP 的基本语法。在记事本程序窗口中，输入以下代码并以 test.asp 为文件名来保存文件。具体代码如下：

```
<%@  language="vbscript"  %>
<html>
<body>
这是第一个 ASP 演示程序，刷新可显示当前时间。<br>
当前时间：<% = now() %>。
</body>
</html>
```

在上述代码中，<% @ language="vbscript" %>给出 ASP 处理 .asp 文件所需的信息，用于设置页面中的脚本语言。这一句必须位于.asp 文件的首行，而且必须在符号@和关键字之间加入空格，等号两边不要有空格。

<%...%>用来包括脚本命令。<% =表达式%>用来显示表达式的值，该输出指令与使用“Response.Write 表达式”所显示的信息相同。本例中<% =now() %>是在服务器端执行的脚本，用于获取在服务器上的日期和时间，并将日期和时间返回给客户端浏览器显示。

使用浏览器访问 Web 服务器中的该网页，当时作者的浏览器中显示的页面如图 1-2 所示。

图 1-2　获得服务器中的当前系统日期和时间

# 1.3　配置 ASP 开发环境

目前，常用的 ASP 开发环境共有 4 种，如表 1-1 所示。

表 1-1　ASP操作系统和开发环境

| 操作系统 | 开发平台 |
|---|---|
| Windows 7/Windows 10 | Internet Information Server<br>(IIS 7.0/IIS 10.0) |

续表

| 操作系统 | 开发平台 |
|---|---|
| Windows 2003 Server /<br>Windows 2000 Server | Internet Information Server<br>(IIS 6.0/IIS 5.0) |
| Windows XP Professional<br>Windows 2000 Professional | 不完整 IIS 5.0 |
| Windows 98 | MS Personal Web Server (PWS) |
| Unix | Chili!Soft ASP |

其中最常用的开发平台就是 IIS，即 Internet Information Server 的缩写。它是微软公司主推的服务器软件，最新的版本是 Windows 10 中包含的 IIS 10。IIS 与 Window 操作系统完全集成。用户可以利用 Windows 操作系统内置的安全特性，建立功能强大并且安全的 Internet 站点。

IIS 支持 HTTP(Hypertext Transfer Protocol，超文本传输协议)、FTP(File Transfer Protocol，文件传输协议)及 SMTP 协议。IIS 是一种可扩展的 Internet 服务器软件。它支持多种脚本和与语言无关的组件。IIS 支持 ASP，IIS 3.0 以后的版本引入了 ASP。

## 1.3.1 IIS 的安装与配置

用户的计算机上可能已经安装了 IIS。请检查操作系统安装分区中是否包含一个 X:\Inetpub 文件夹(X 代表操作系统安装盘符)。IIS 在安装过程中将创建该文件夹。如果该文件夹不存在，就按照下面的步骤安装 IIS。

### 1. IIS 服务器的安装

(1) 在 Windows 桌面选择“开始”|“控制面板”命令，打开如图 1-3 所示的“控制面板”窗口。

图 1-3 “控制面板”窗口

(2) 单击“控制面板”窗口中的“程序和功能”组件图标，弹出“卸载或更改程序”界面，如图 1-4 所示。

(3) 单击“打开或关闭 Windows 功能”按钮，弹出“Windows 功能”对话框，如图 1-5

所示。

图 1-4　“卸载或更改程序”界面

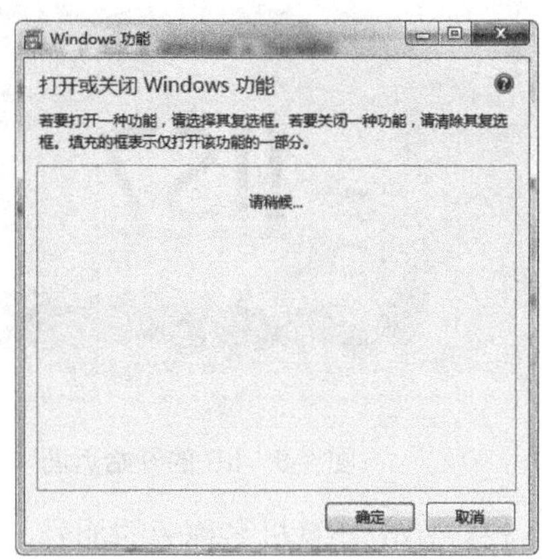

图 1-5　“Windows 功能”对话框(1)

(4) 确保“FTP 服务器”和“Web 管理工具”全部被选择，系统自动选择与之相关的其他必需服务，如图 1-6 所示。单击“确定”按钮，即可安装已选择的组件。

(5) 单击“确定”按钮后，将开始拷贝和安装所需文件，文件复制完毕之后，单击“完成”按钮，即可完成 IIS 的安装，安装时的界面如图 1-7 所示。

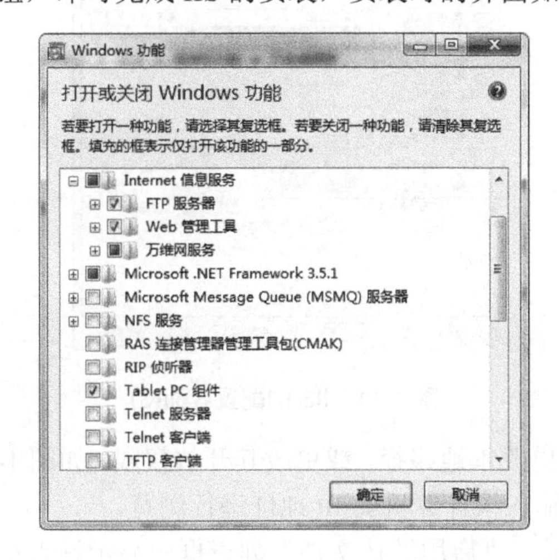

图 1-6　“Windows 功能”对话框(2)

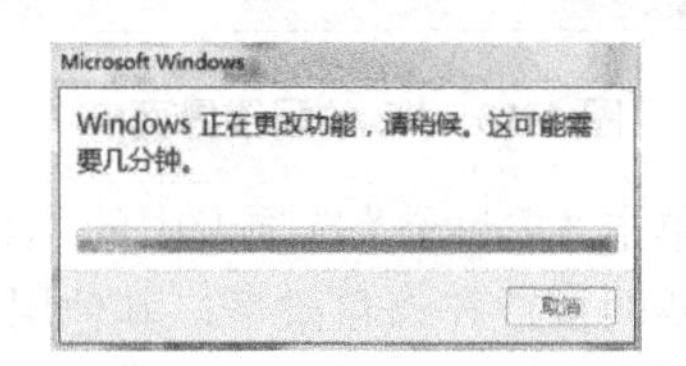

图 1-7　IIS 安装时的界面

(6)安装完成后，就需要测试 IIS 是否安装成功。打开 Internet Explorer 浏览器，在地址栏中输入“http://localhost”后按 Enter 键，如果出现如图 1-8 所示的页面，提示 Web 服务正在运行，说明 IIS 服务器安装成功。

### 2. 配置 IIS 服务器

IIS 服务器安装完成后，需要对其进行配置。具体配置步骤如下。

(1) 单击“开始”|“设置”|“控制面板”命令，双击“管理工具”图标，再次双击“Internet 信息服务”图标，如图 1-9 所示。

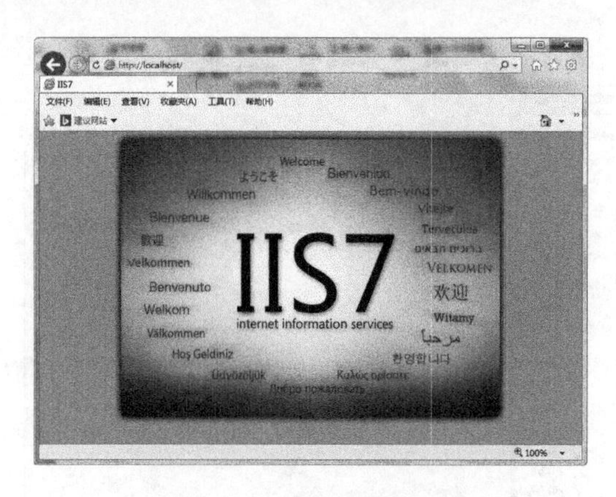


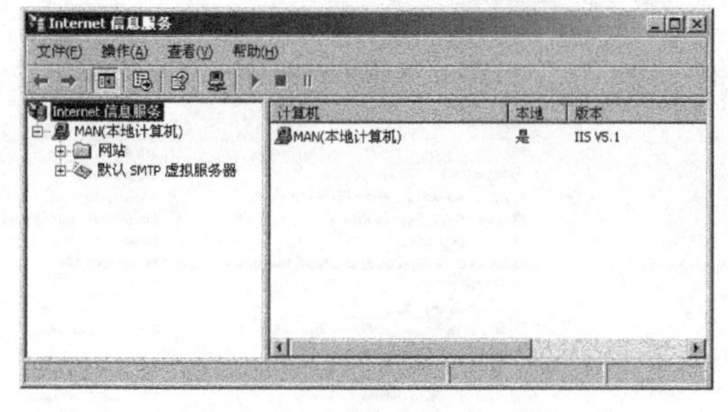


图 1-8　IIS 的开始页面　　　　图 1-9　IIS 的配置界面(1)

(2) 单击计算机名称旁的加号，展开目录树，右击“默认站点”选项，弹出一个快捷菜单，如图 1-10 所示。

(3) 选择“属性”命令，弹出如图 1-11 所示的对话框。切换到“Web 站点”选项卡，在“IP 地址”下拉列表中选择 IP 地址。如果计算机没有连接网络，IP 地址为 127.0.0.1。

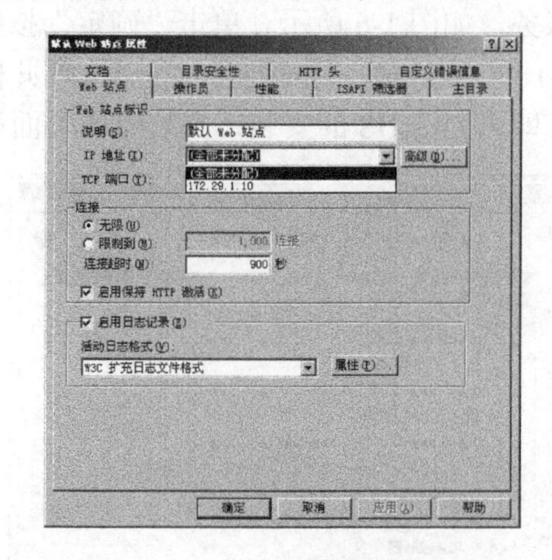

图 1-10　IIS 的配置界面(2)　　　　图 1-11　IIS 的配置界面(3)

(4) 单击“主目录”选项卡中的“浏览”按钮更改本地路径，或更改其开放权限，如图 1-12 所示。只要网页放在该目录下，其他用户就可以输入该计算机的 IP 地址进行浏览。

(5) 切换到“文档”选项卡，如图 1-13 所示。“启用默认文档”列表框中显示站点默认的首页，名称分别为 Default.htm、Default.asp 等。可以对默认首页进行添加和删除，也可以更改多个默认首页的执行顺序。

(6) 用户可以在图 1-12 所示“主目录”选项卡中，进行配置脚本的编译文件。单击该选项卡中的“配置”按钮，弹出“应用程序配置”对话框，如图 1-14 所示。

(7) 单击“添加”按钮，弹出如图 1-15 所示的对话框。

(8) 在“可执行文件”文本框中，输入编译脚本文件的可执行文件；在“扩展名”文本框中，输入脚本的扩展名，单击“确定”按钮。

(9) 返回“应用程序配置”对话框，单击“确定”按钮。

(10) 返回“默认 Web 站点属性”对话框，单击“确定”按钮。

(11) IIS 安装完毕。

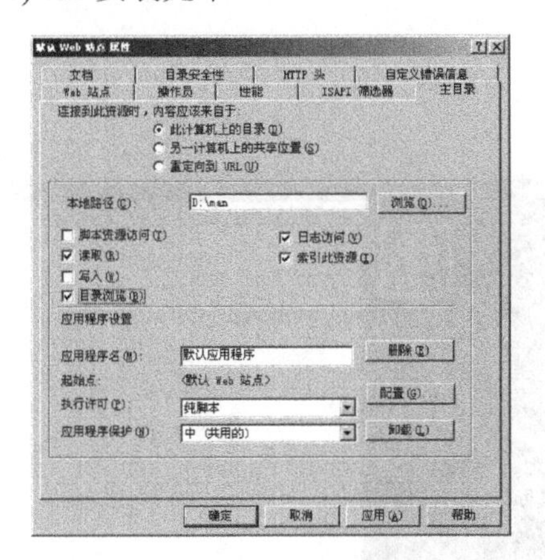


图 1-12　IIS 的配置界面(4)

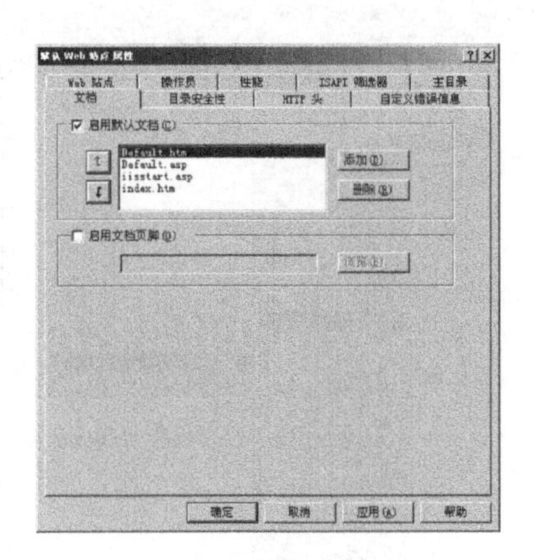


图 1-13　IIS 的配置界面(5)

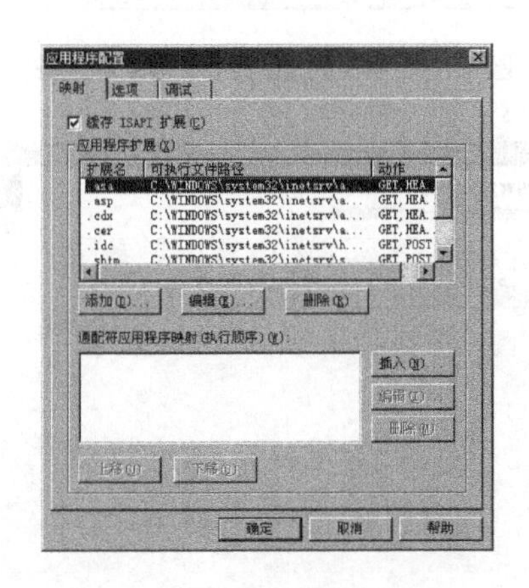


图 1-14　IIS 的配置界面(6)

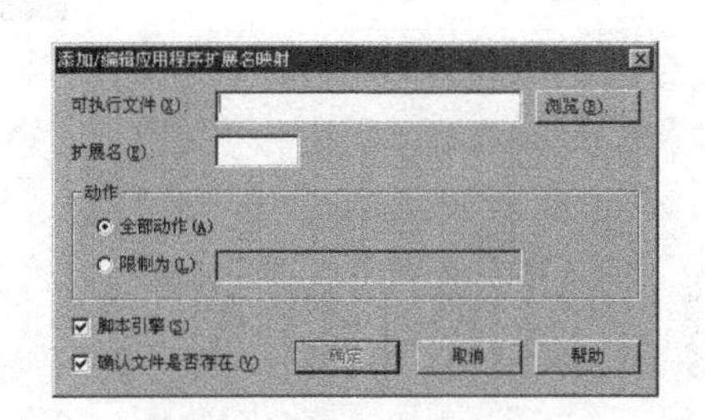


图 1-15　IIS 的配置界面(7)

### 3．设置虚拟目录

主目录是用户访问站点的起始点，该目录中包含索引文件或者主页。如果发布主目录以外的文件，就要使用虚拟目录。对于客户端，虚拟目录是主目录中的子目录。

添加虚拟目录的具体操作步骤如下。

(1) 选择“开始”|“设置”|“控制面板”命令，双击“管理工具”图标，再双击“Internet 信息服务(IIS)管理器”图标，在“默认网站”选项上右击，弹出一个快捷菜单，如图 1-16 所示。

(2) 选择“新建”|“虚拟目录”命令，弹出如图 1-17 所示的对话框。

(3) 单击“下一步”按钮，如图 1-18 所示。

(4) 在“别名”文本框内输入虚拟目录的别名，单击“下一步”按钮，如图 1-19 所示。别名可以隐藏虚拟目录的物理路径，可以增加虚拟目录的安全性。

(5) 在“路径”文本框内输入虚拟目录的路径，单击“下一步”按钮，如图 1-20 所示。也可以单击图 1-19 所示界面中的“浏览”按钮，选择虚拟目录的路径，如图 1-21 所示。

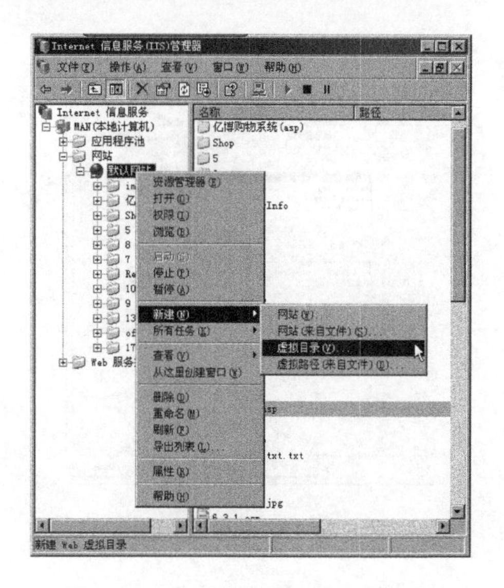


图 1-16 IIS 的虚拟目录设置界面(1)

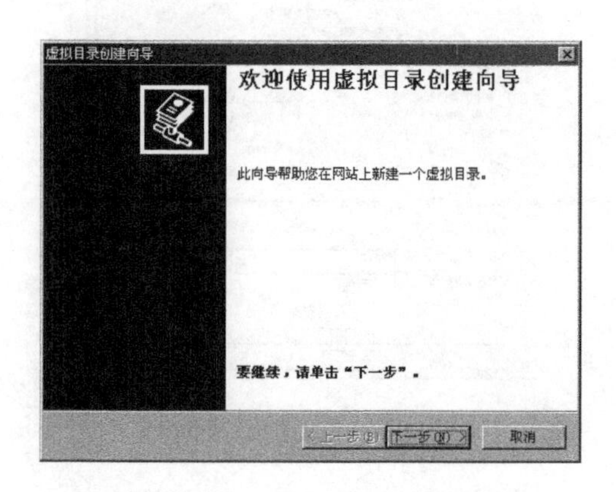


图 1-17 IIS 的虚拟目录设置界面(2)

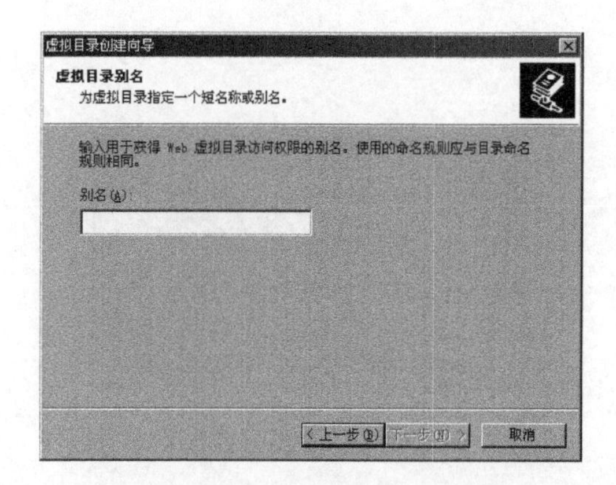


图 1-18 IIS 的虚拟目录设置界面(3)

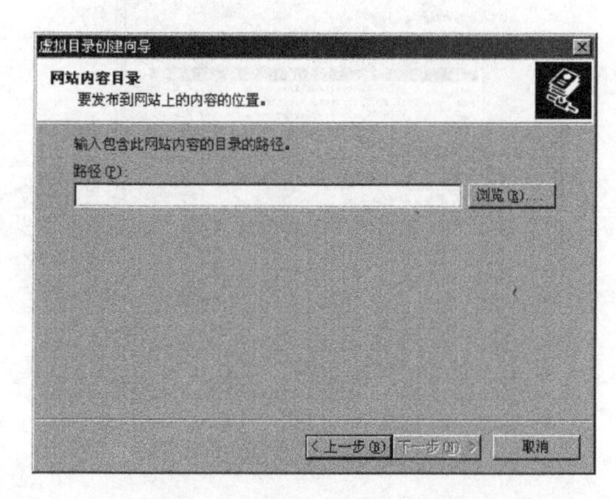


图 1-19 IIS 的虚拟目录设置界面(4)

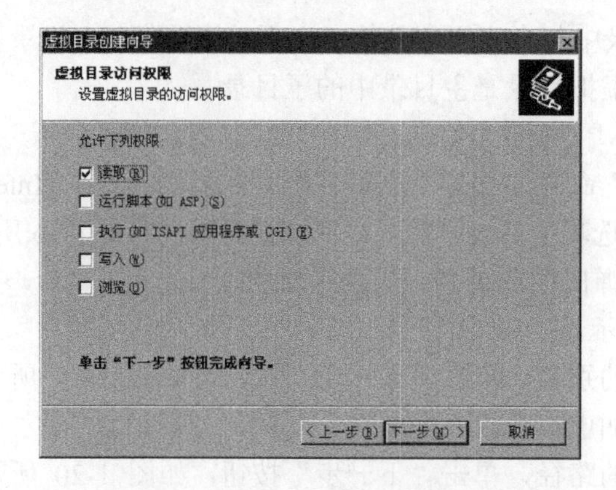


图 1-20 IIS 的虚拟目录设置界面(5)

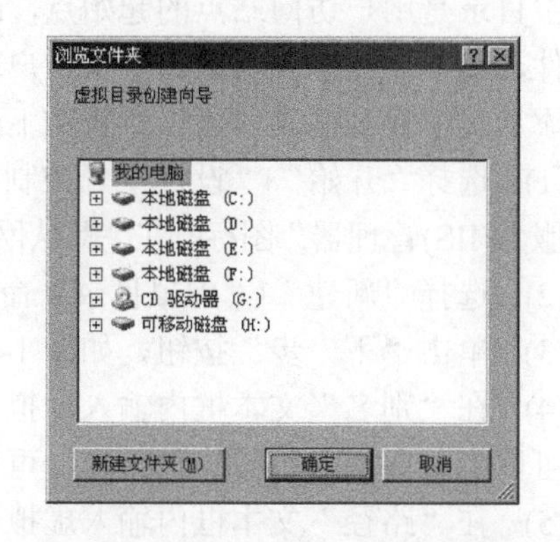


图 1-21 IIS 的虚拟目录设置界面(6)

(6) 在图 1-20 所示界面中，设置虚拟目录的权限。权限设置功能如下。

- 读取权限表示允许读取虚拟目录中的文件。

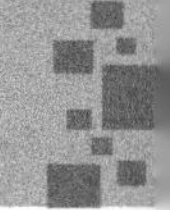

- 运行脚本权限表示允许在虚拟目录中运行脚本。
- 执行权限表示允许在虚拟目录中运行任何应用程序，这包括脚本文件和二进制的可执行文件，如扩展名为.dll 和.exe 的文件。为安全考虑，最好不要授予虚拟目录可执行权限。
- 写入权限表示允许客户端更改虚拟目录中的文件内容。
- 浏览权限表示允许客户端浏览虚拟目录中的文件。

(7) 单击“下一步”按钮，弹出如图 1-22 所示的对话框，单击“完成”按钮，即可完成虚拟目录的设置。

(8) 打开 Internet 信息服务管理器，显示设置后的虚拟目录 List，如图 1-23 所示。

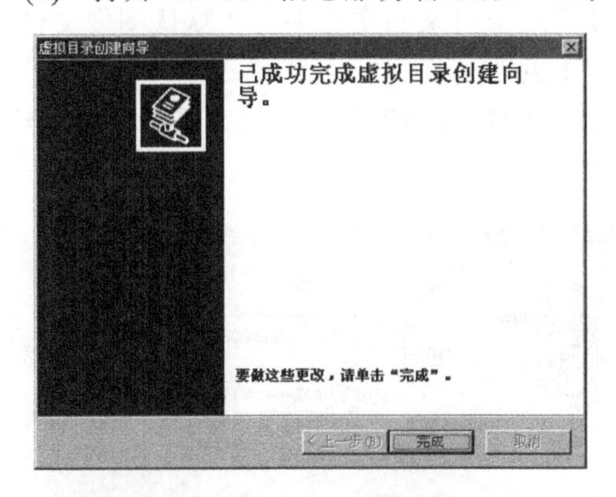


图 1-22　IIS 的虚拟目录设置界面(7)

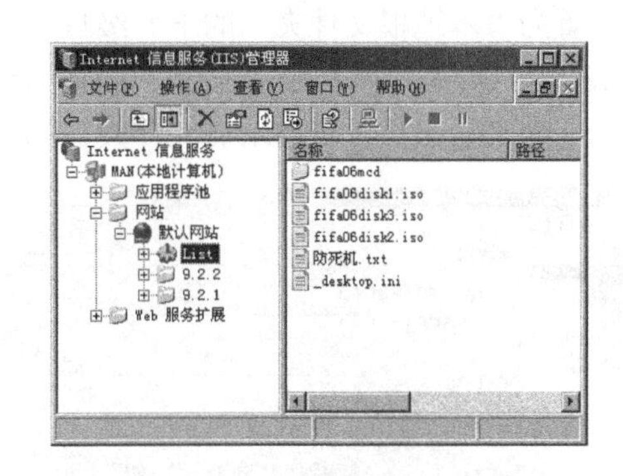


图 1-23　IIS 的虚拟目录设置界面(8)

## 4. 删除虚拟目录

虚拟目录允许客户端浏览器访问主目录以外的其他目录内的文件。但是随着网站的发展，有时可能需要删除虚拟目录。在 IIS 中，可以删除虚拟目录，具体操作步骤如下。

(1) 打开“Internet 信息服务管理器”对话框，右击待删除的虚拟目录，如图 1-24 所示。

(2) 在弹出的快捷菜单中选择“删除”命令，弹出确认删除的信息提示框，如图 1-25 所示。

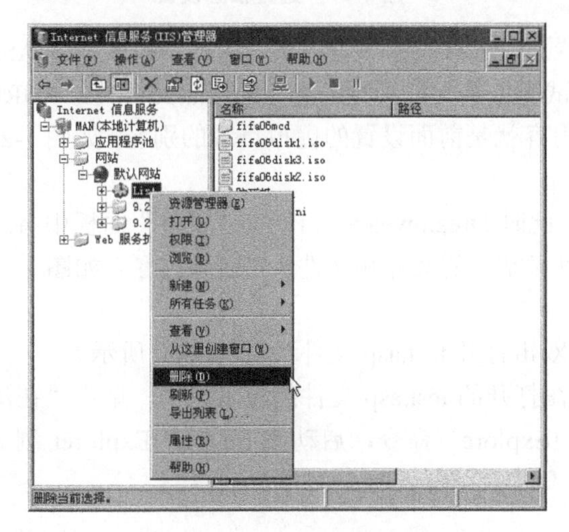


图 1-24　虚拟目录的删除(1)

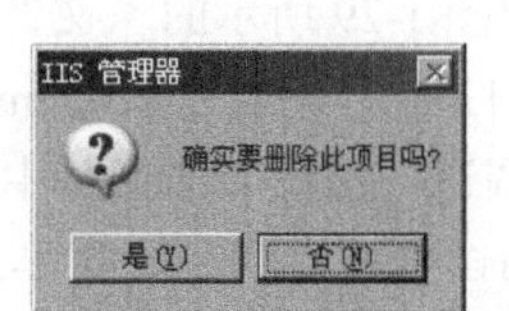


图 1-25　虚拟目录的删除(2)

(3) 单击“是”按钮，即可删除虚拟目录。

## 1.3.2 建立 Dreamweaver 服务器站点

在使用 Dreamweaver 来创建网站之前，首先需要定义站点，为 Dreamweaver 设置网站的根目录，以及服务器位置、类型等相关信息。

(1) 启动 Dreamweaver 后，从主菜单中选择“站点”|“新建站点”命令定义一个新站点。弹出“ch1 的站点定义为”对话框，切换到“高级”选项卡，从“分类”列表框中选择“本地信息”，在右侧窗口中设置“站点名称”，可以随便定义一个有意义的名称，建议使用站点的根目录的名称。“本地根文件夹”设置为前一节设置虚拟目录的文件夹，“默认图像文件夹”一般设置为“本地根文件夹”的下一级目录，如图 1-26 所示。

(2) 从“分类”列表框中选择“远程信息”，在右侧窗口中设置“访问”为“本地/网络”，“远端文件夹”仍然设置为站点文件夹，如图 1-27 所示。

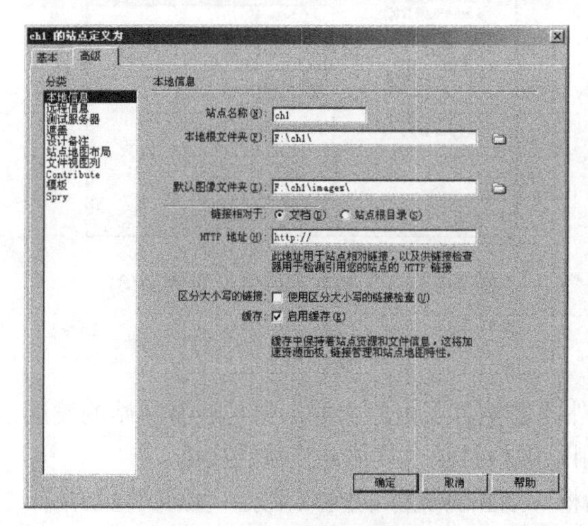


图 1-26 本地信息设置

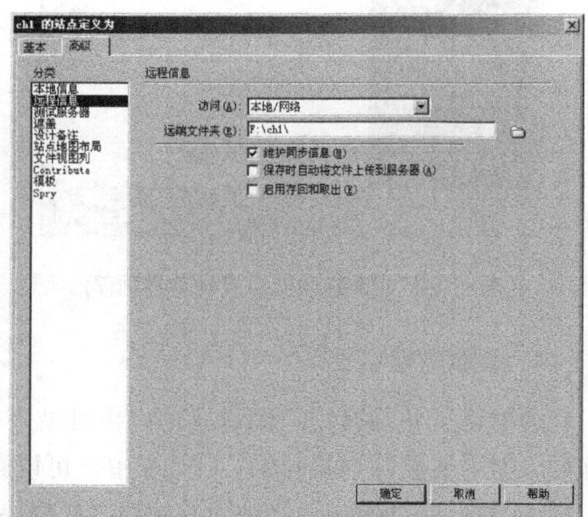


图 1-27 远程信息设置

(3) 从“分类”列表框中选择“测试服务器”，在右侧窗口中设置“服务器模型”为 ASP VBScript，“访问”设置为“本地/网络”，“测试服务器文件”仍然设置为站点文件夹，“URL 前缀”在 http://localhost 后面添加 ch1/，添加的内容就是前面设置的虚拟目录的别名，如图 1-28 所示。

(4) 单击“确定”按钮，完成站点的定义。此时 Dreamweaver 自动在“文件”面板中将站点文件夹内的所有内容映射出来，接下来就可以对站点的文件和文件夹进行操作了，如图 1-29 所示。

(5) 在如图 1-29 所示的“文件”面板中，双击打开 test.asp 文件，如图 1-30 所示。

(6) 按 F12 键，或者在 Dreamweaver 中，在打开的 test.asp 文件的工具栏中，单击“在浏览器中预览/调试”按钮，选择其中的“预览在 IExplore”命令，启动在 Internet Explorer 浏览器中预览和调试网页命令，如图 1-31 所示。

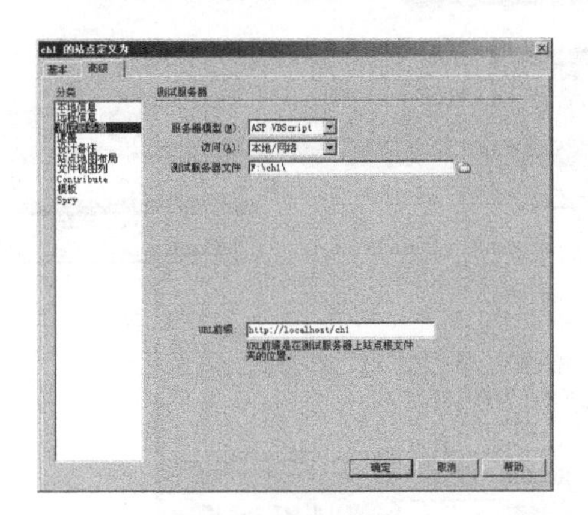


图 1-28　测试服务器设置

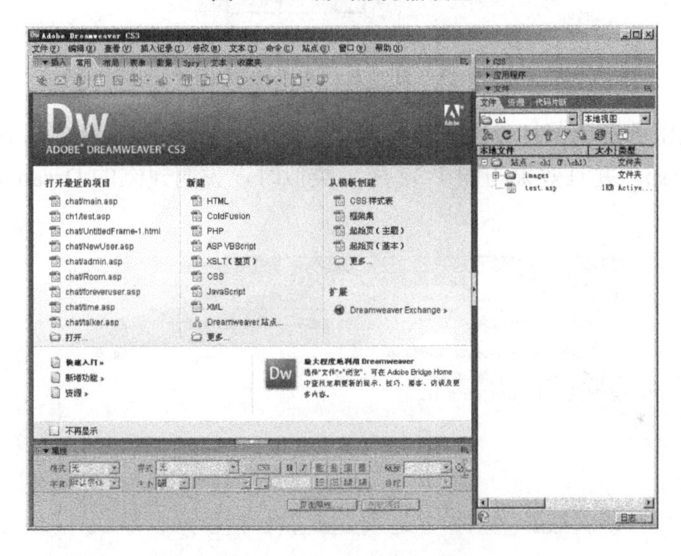


图 1-29　在“文件”面板中显示文件

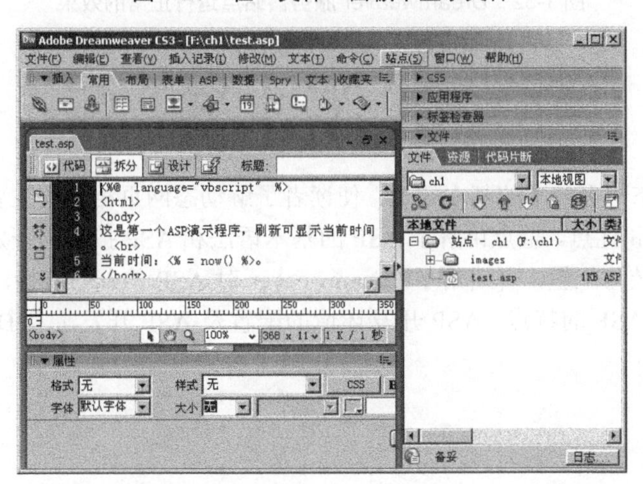


图 1-30　在站点中打开文件

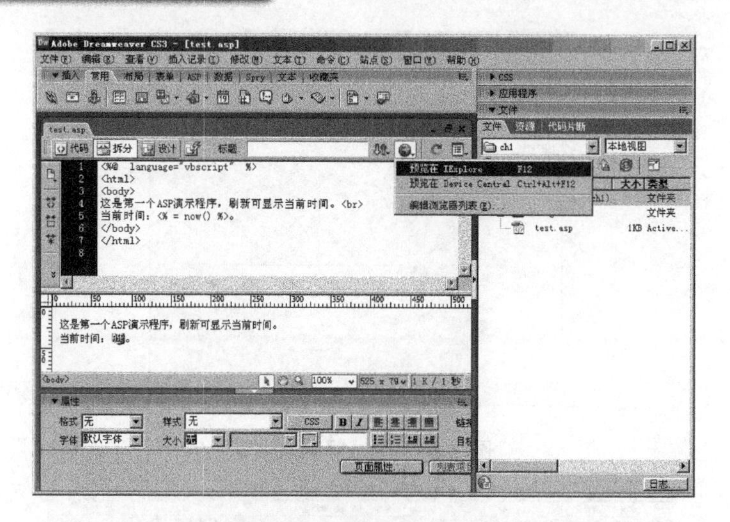


图 1-31　从工具栏启动预览/调试

(7) 使用测试服务器浏览打开的在虚拟目录中的 asp 文档。当系统启动 Internet Explorer 并正确预览文档 test.asp，并且效果与图 1-32 所示类似时，说明建立的 Dreamweaver 服务器站点运行正常。

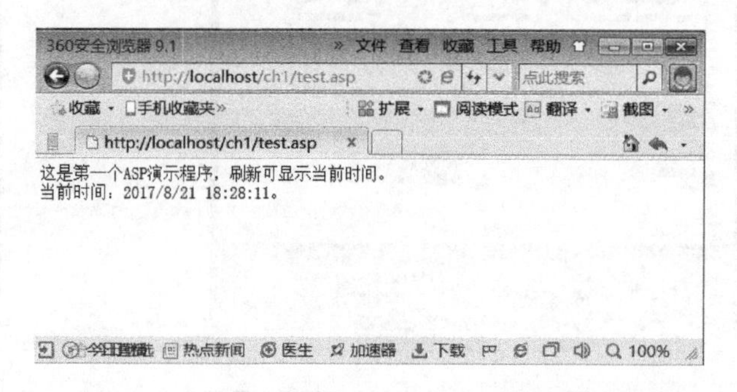


图 1-32　Dreamweaver 服务器站点运行正常的效果

# 1.4　小　结

本章介绍了动态网页技术的基本知识，使读者了解动态网页相关的主要的 3 种技术，讲解了 ASP 技术的特点和优点。重点讲解了 ASP 的基本语法和 ASP 技术的开发工具，详细说明了 ASP 开发环境的安装与配置，并讲解了 Dreamweaver 对 ASP 的友好支持。通过本章的学习，读者能够熟练掌握 ASP 的特点、ASP 开发环境的配置及 ASP 开发工具 Dreamweaver 的站点建立。

# 第 2 章　Dreamweaver 基础

**内容摘要 Abstract**

Dreamweaver 是世界上最优秀的可视化网页设计制作工具和网站管理工具之一，支持最新的 Web 技术，包含 HTML 检查、HTML 格式控制、HTML 格式化选项、HomeSite/BBEdit 捆绑、可视化网页设计、图像编辑、全局查找替换、全 FTP 功能、处理 Flash 和 Shockwave 等多媒体格式和动态 HTML、基于团队的 Web 创作。本章主要讲述 Dreamweaver 在开发网页过程中的使用方法，同时在本章的结尾以一个完整的案例来阐述 Dreamweaver 的综合使用。

**学习目标 Objective**

- 熟练掌握 Dreamweaver 中的各种操作。
- 掌握 Dreamweaver 中文本和版面的控制。
- 掌握 Dreamweaver 中图像和多媒体的使用。
- 掌握 Dreamweaver 中超级链接的应用。
- 掌握 Dreamweaver 中的页面布局。
- 掌握 Dreamweaver 中表单的使用。
- 掌握 Dreamweaver 中框架的使用。
- 掌握 Dreamweaver 中 CSS 样式表的使用。

## 2.1　Dreamweaver 简介

Dreamweaver 是世界上最优秀的可视化网页设计制作工具和网站管理工具之一，支持最新的 Web 技术，包含 HTML 检查、HTML 格式控制、HTML 格式化选项、HomeSite/BBEdit 捆绑、可视化网页设计、图像编辑、全局查找替换、全 FTP 功能、处理 Flash 和 Shockwave 等多媒体格式和动态 HTML、基于团队的 Web 创作。在编辑上，可以选择可视化方式或者源码编辑方式。

### 2.1.1　Dreamweaver 工作台

Dreamweaver 提供了将全部元素置于一个窗口中的集成工作台。在集成工作台中，全部窗口和面板集成在一个应用程序窗口中。可以选择面向设计人员的布局或面向编码人员需求的布局。使用 Dreamweaver 打开 HTML 页面后，其界面如图 2-1 所示。

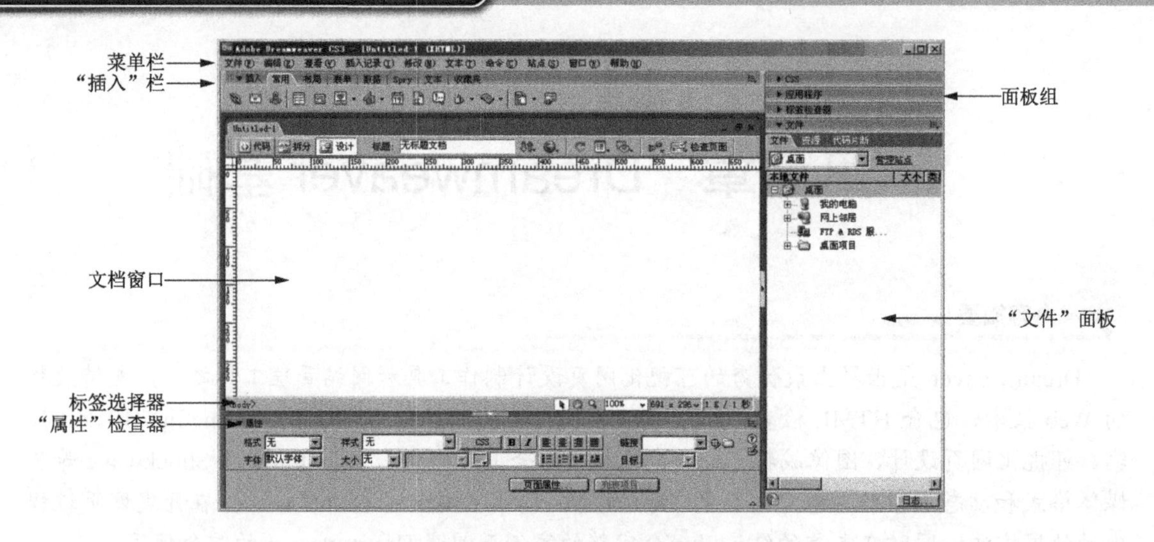


图 2-1　Dreamweaver 的界面

其中，包括菜单栏、“插入”栏、文档窗口、面板组、标签选择器、“属性”检查器、“文件”面板。

### 1. “插入”栏

“插入”栏包含用于将各种类型的“对象”(如图像、表格和层)插入到文档中的按钮。每个对象都是一段 HTML 代码，允许在插入它时设置不同的属性。例如，可以通过单击“插入”栏中的“表格”按钮插入一个表格，也可以不使用“插入”栏而使用 Insert 菜单插入对象。“插入”栏如图 2-2 所示。

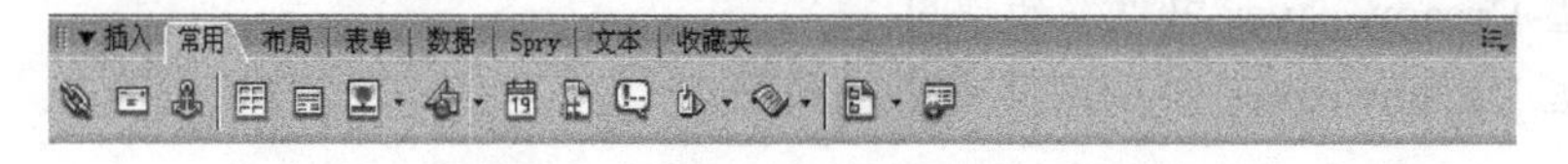


图 2-2　Dreamweaver 的“插入”栏

### 2. 文档窗口

文档窗口显示当前创建和编辑的文档。

### 3. “属性”检查器

“属性”检查器如图 2-3 所示，主要用于查看和更改所选对象或文本的各种属性。

图 2-3　Dreamweaver 的“属性”检查器

### 4. 面板组

面板组如图 2-4 所示，其是分组在某个标题下面的相关面板的集合。若要展开一个面板组，请单击组名称左侧的展开箭头；若要取消停靠一个面板组，请拖动该组标题条左边缘的手柄。

### 5. “文件”面板

通过“文件”面板可以管理项目中的文件和文件夹，无论它们是 Dreamweaver 站点的一部分还是在远程服务器上。“文件”面板还可以访问本地磁盘上的全部文件，类似于 Windows 资源管理器。“文件”面板如图 2-5 所示。

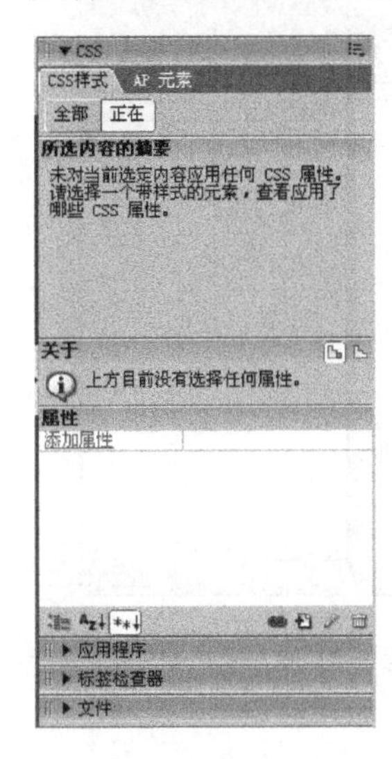


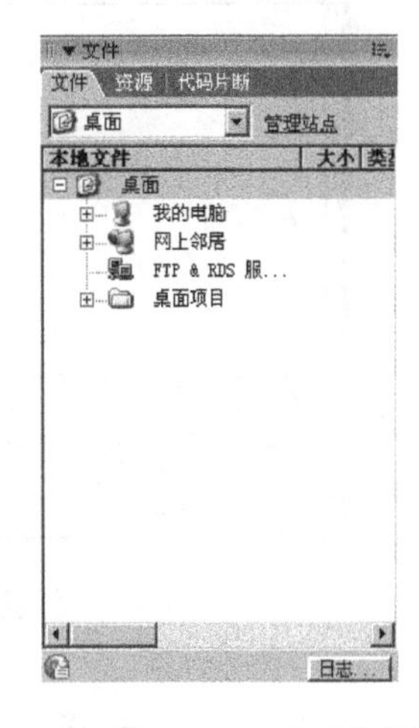


图 2-4　Dreamweaver 的面板组　　图 2-5　Dreamweaver 的“文件”面板

Dreamweaver 中还提供了多种此处未说明的其他面板、检查器和窗口。若要打开其他面板，请使用“窗口”菜单。

## 2.1.2　用 Dreamweaver 创建页面

利用 Dreamweaver 创建一个新的网页的基本步骤如下。

(1) 启动 Dreamweaver。Dreamweaver 一启动就将创建一个空白的页面，或者可以选择“文件”|“新建”命令，弹出如图 2-6 所示对话框。

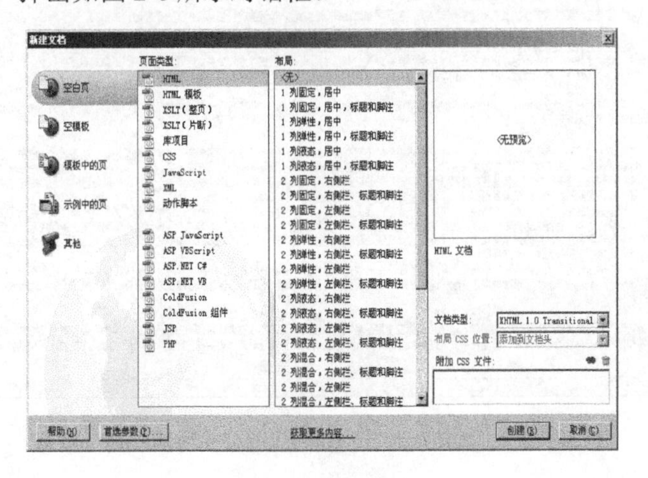


图 2-6　新建网页

(2) 从各种预先设计的页面布局中选择一种。例如：选择 HTML，单击“创建”按钮，Dreamweaver 即展开如图 2-7 所示的工作区界面(一个空白页)。

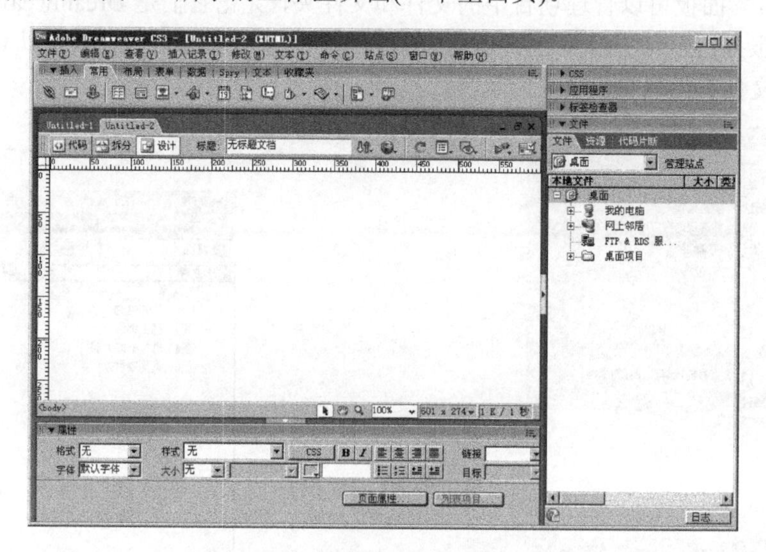


图 2-7　新建网页的工作区

## 2.2　文本和版面的控制

作为熟悉 Dreamweaver 的第一个案例，先来学习一下文本和版面的控制，即制作网页——“八荣八耻”：新时代的公民生活准则。完成后的 2-1.html 网页，其效果如图 2-8 所示。

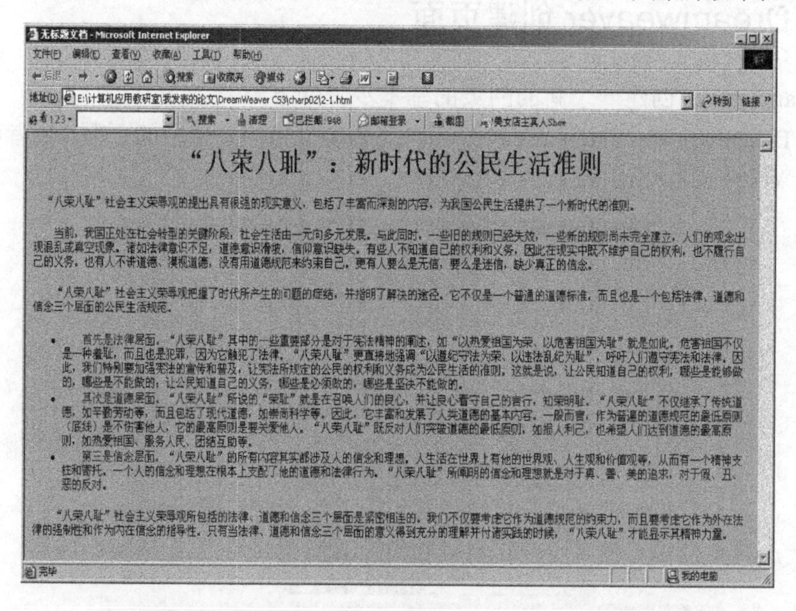


图 2-8　“‘八荣八耻’：新时代的公民生活准则”页面

文字是网页的基础和灵魂，任何一个网站都离不开网页中的文字。在 Dreamweaver 中，可

以对文字的格式、字体、字号、颜色、对齐格式等属性进行设置。通过本案例的学习，可以掌握这些属性的设置方法。

(1) 利用 Dreamweaver 创建一个新的网页。

(2) 在文档编辑区，输入或者复制内容，如图 2-9 所示。

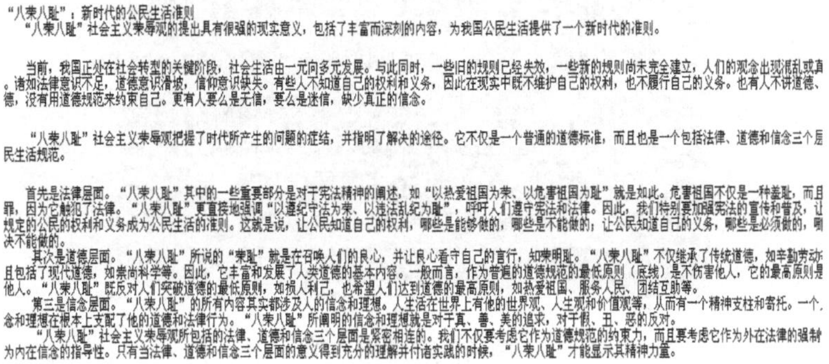

"八荣八耻"：新时代的公民生活准则
"八荣八耻"社会主义荣辱观的提出具有很强的现实意义，包括了丰富而深刻的内容，为我国公民生活提供了一个新时代的准则。

当前，我国正处在社会转型的关键阶段，社会生活由一元向多元发展。与此同时，一些旧的规则已经失效，一些新的规则尚未完全建立，人们的观念出现混乱或真
。诸如法律意识不足，道德意识滑坡，信仰意识缺失。有些人不知道自己的权利和义务，因此在现实中既不维护自己的权利，也不履行自己的义务。也有人不讲道德、
德，没有用道德规范来约束自己。更有人要么是无信，要么是迷信，缺少真正的信念。

"八荣八耻"社会主义荣辱观把握了时代所产生的问题的症结，并指明了解决的途径。它不仅是一个普通的道德标准，而且也是一个包括法律、道德和信念三个层
民生活规范。

首先是法律层面。"八荣八耻"其中的一些重要部分是对于宪法精神的阐述，如"以热爱祖国为荣、以危害祖国为耻"就是如此。危害祖国不仅是一种羞耻，而且
罪，因为它触犯了法律。"八荣八耻"更直接地强调"以遵纪守法为荣、以违法乱纪为耻"，呼吁人们遵守宪法和法律。因此，我们特别要加强宪法的宣传和普及，让
规定的公民的权利和义务成为公民生活的准则。这就是说，让公民知道自己的权利，哪些是能够做的，哪些是不能做的；让公民知道自己的义务，哪些是必须做的，哪
决不能做的。
其次是道德层面。"八荣八耻"所说的"荣耻"就是在召唤人们的良心，并让良心看守自己的言行，知荣明耻。"八荣八耻"不仅继承了传统道德，如辛勤劳动
且包括了现代道德，如崇尚科学等。因此，它丰富和发展了人类道德的基本内容。一般而言，作为普遍的道德规范的最低原则（底线）是不伤害他人，它的最高原则是
他人。"八荣八耻"既反对人们突破道德的最低原则，如损人利己，也希望人们达到道德的最高原则，如热爱祖国、服务人民、团结互助等。
第三是信念层面。"八荣八耻"的所有内容其实都涉及人的信念和理想。人生活在世界上有他的世界观、人生观和价值观等，从而有一个精神支柱和寄托。一个
念和理想在根本上支配了他的道德和法律行为。"八荣八耻"所阐明的信念和理想就是对于真、善、美的追求，对于假、丑、恶的反对。
"八荣八耻"社会主义荣辱观所包括的法律、道德和信念三个层面是紧密相连的。我们不仅要考虑它作为道德规范的约束力，而且要考虑它作为外在法律的强制
为内在信念的指导性。只有当法律、道德和信念三个层面的意义得到充分的理解并付诸实践的时候，"八荣八耻"才能显示其精神力量。

图 2-9 添加的内容

(3) 设置页面的背景。选择"修改"|"页面属性"命令，将弹出如图 2-10 所示的"页面属性"对话框。对背景颜色进行设置，如图 2-11 所示。

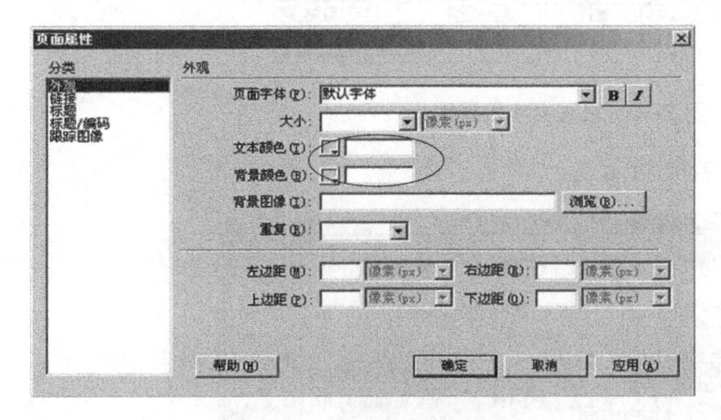


图 2-10 设置页面的背景

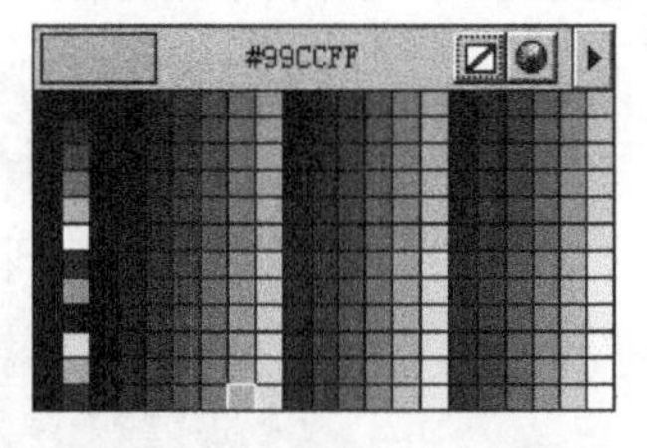


图 2-11 选择页面的背景颜色

属性说明如下。

- 页面字体：指定在 Web 页中使用的默认字体族。Dreamweaver 将使用指定的字体族，除非已为某一文本元素专门指定了另一种字体。
- 大小：指定在 Web 页中使用的默认字体大小。Dreamweaver 将使用指定的字体大小，除非已为某一文本元素专门指定了另一种字体大小。
- 文本颜色：指定显示字体的默认颜色。
- 背景颜色：指定页面使用的背景颜色。
- 背景图像：如果背景要设为图片，单击"背景图像"右侧的"浏览"按钮，系统弹出"图片选择"对话框，选中背景图片文件，单击"确定"按钮。
- "左边距"和"右边距"：指定左右页边距的大小。
- "上边距"和"下边距"：指定上下页边距的大小。

(4) 设置标题的字体、颜色及对齐方式。通过上面的操作步骤，页面的效果如图 2-12 所示。选中标题——“八荣八耻”：新时代的公民生活准则。

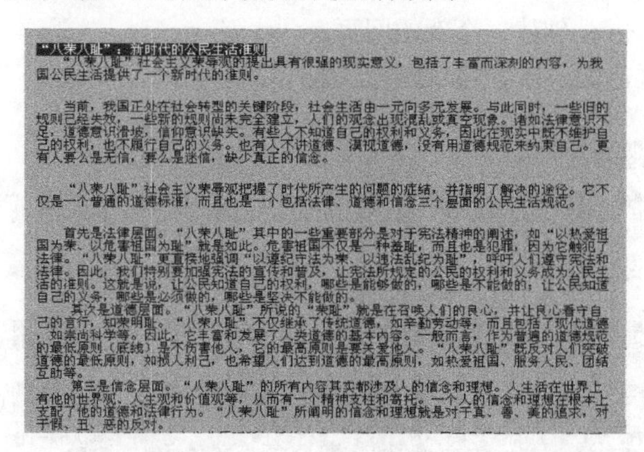


图 2-12 选中标题

在如图 2-13 所示的“属性”栏中，设置“格式”为 Title1，同时设置字体颜色为红色，设置对齐方式为居中。

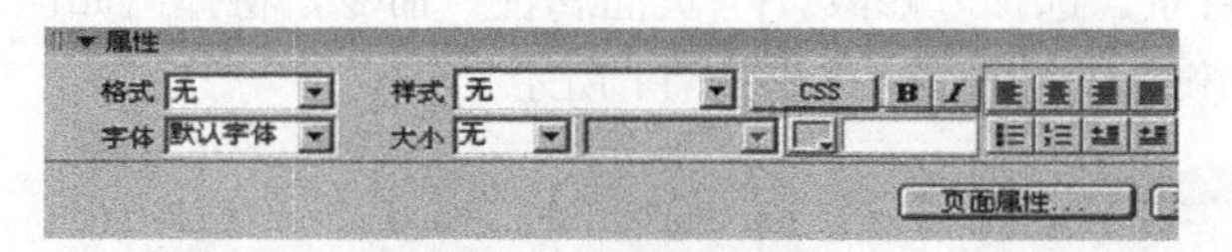


图 2-13 设置文字的属性

设置完毕之后的页面效果如图 2-14 所示。

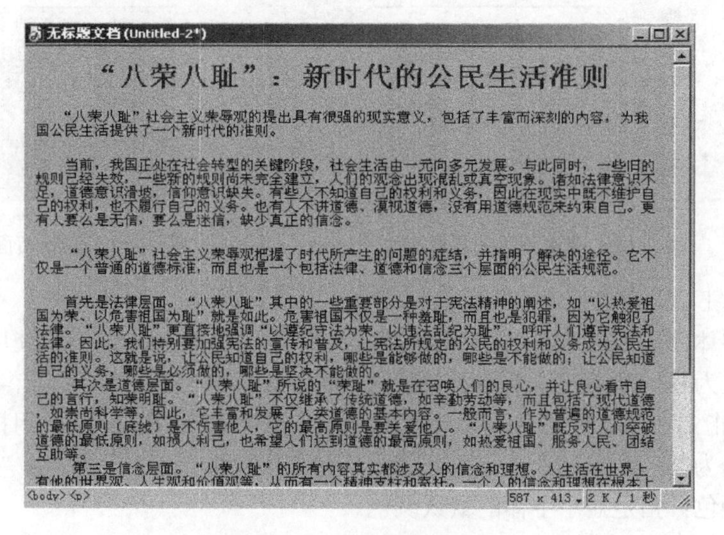


图 2-14 设置标题的属性

(5) 设置除标题之外的所有文字，格式为“段落”，字体大小为 14。

(6) 设置项目列表。选中从“首先是法律层面”到“第三是信念层面”的段落，通过“属性”栏中的 ☰ ☰ ☰ ☰，选择一种项目列表，即可完成如下效果，如图 2-15 所示。

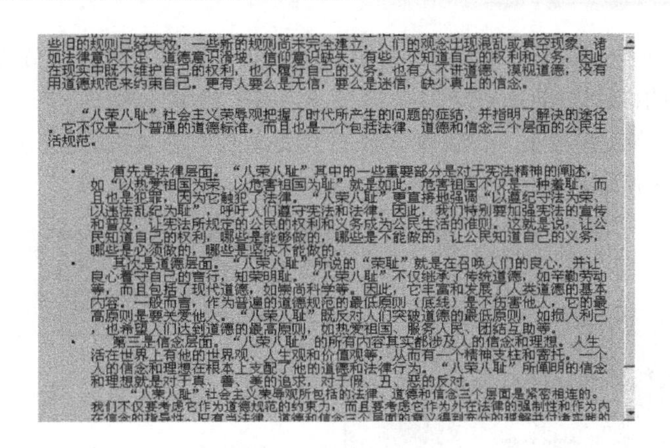


图 2-15　项目列表

(7) 保存文件。选择“文件”|“另存为”命令，在打开的“另存为”对话框中，调整到站点本地根目录下，填入文件名，保存退出。

## 2.3　图像和多媒体的使用

大部分网页中都包含图像和多媒体。使用图像不但可以增强视觉效果，提供更多信息，丰富文字的内容，而且可以将文字分为更易操作的小块。下面通过红楼梦人物简介页面的制作，讲解 Dreamweaver 中的图像和多媒体的使用。通过该网页可以看出，在网页中同时插入图像和文字时，可以设置不同的对齐方式，以达到不同的显示效果。图文混排是网页制作的基本操作，实用性非常强。本节的重点就是在没有表格控制的情况下，来编排图文混合内容的排版。完成后的 2-2.html 网页，其效果如图 2-16 所示。

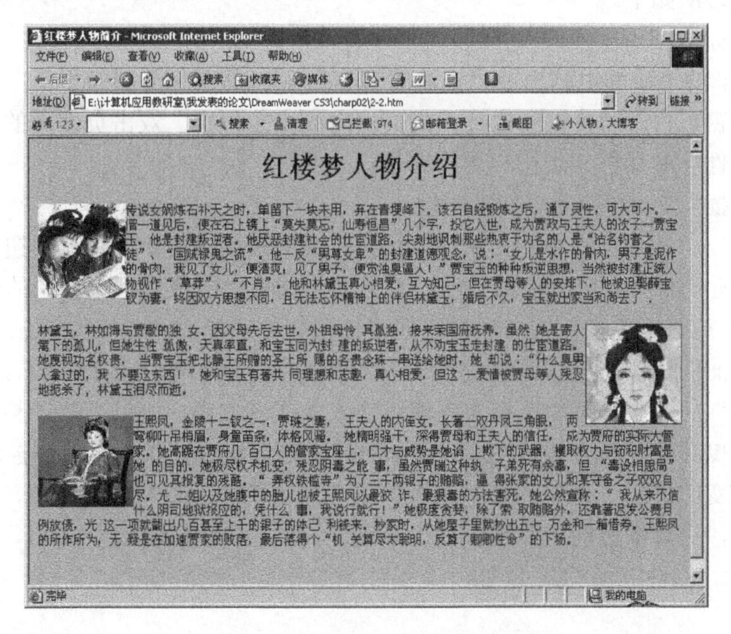


图 2-16　红楼梦人物简介页面

(1) 新建网页。输入标题和内容，设置页面的背景颜色，参照 2.2 节的知识，将该网页设置为如图 2-17 所示的样式。

(2) 插入图像。将光标移至“传说女娲炼石补天之时”文字的前面，选择“插入”|“图像”命令，打开如图 2-18 所示的“选择图像源文件”对话框。

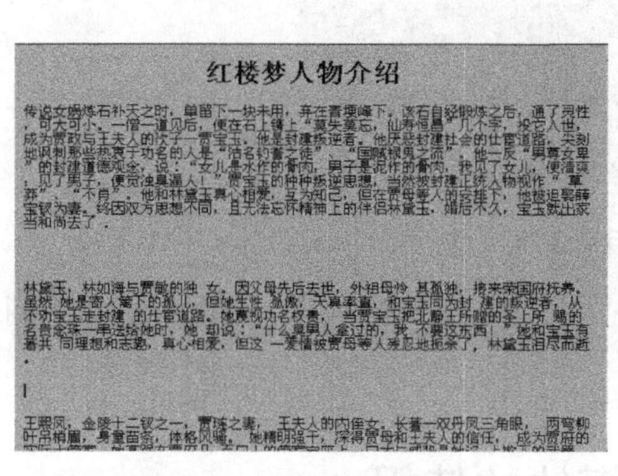

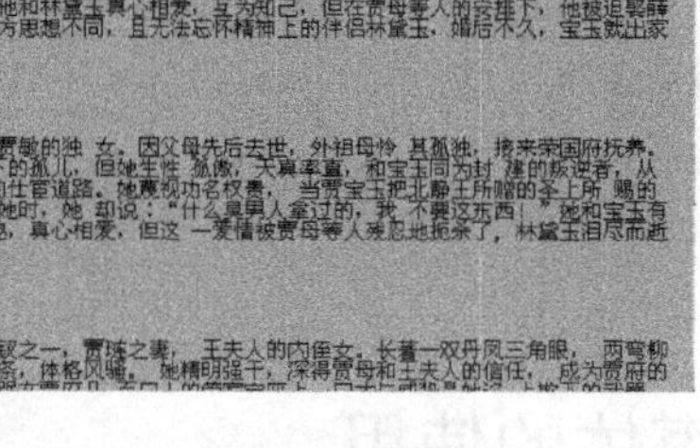

图 2-17　网页文字样式　　　　图 2-18　“选择图像源文件”对话框

选择插入 renwu1.jpg 图片文件，单击“确定”按钮。

通常所选图像应放在站点文件夹下的图像文件夹内。在“选择图像源文件”对话框中，URL 文本框中会给出该图像的路径。在“相对于”下拉列表框中，如果选择“文档”选项，则 URL 文本框中会给出该图像文件的相对于当前网页文档的路径和文件名。例如 pic/2-1-1.jpg。如果选择“站点根目录”选项，则 URL 文本框中会给出以站点目录为根目录的路径，例如 /pic/2-1-1.jpg。

插入图像的方法如下。

① 使用鼠标拖曳图像。

在 Windows 的“我的电脑”或“资源管理器”中，单击一个图像文件，再用鼠标拖曳该图像到网页文档窗口内，即可将图像插入到页面内的指定位置。双击页面内的图像，可以弹出“选择图像源文件”对话框，供用户更换图像。

② 利用“插入”(常用)面板插入图像。

单击“插入”|“图像”组中的“图像”按钮，或用鼠标拖曳“图像”按钮到网页内，可以弹出如图 2-18 所示的“选择图像源文件”对话框。如果“图像”组中显示的不是“图像”按钮，可以单击旁边的下三角按钮，在弹出的下拉列表中选择“图像”按钮。

(3) 重复上面的操作将 3 张图片分别加入到网页中，效果如图 2-19 所示。

(4) 调整图像的大小。因为选择的图像可能太大或者太小，所以需要调整。选中要调整的图像，用鼠标拖曳其控制柄。按住 Shift 键，同时用鼠标拖曳图像周围的小控制柄，可以在保证图像长宽比不变的情况下调整图像的大小。或者为了精确调整图像的大小，可以选中图像，在“属性”栏中，设置图像的“宽度”和“高度”，如图 2-20 所示。

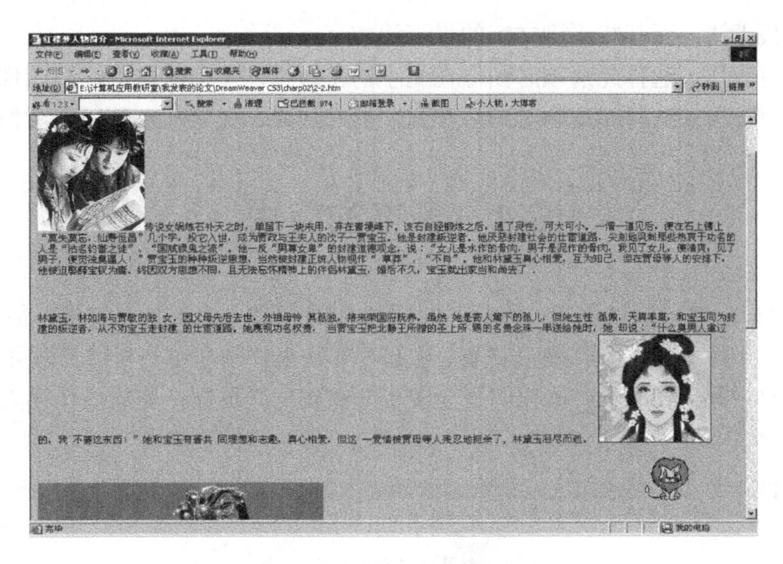

图 2-19　插入图片后的效果

将 3 张图片的大小设置成为 100×100。

(5) 设置图片的对齐方式。当网页内有文字和图像混排时，系统默认的状态是图像的下沿和它所在的文字行的下沿对齐。如果图像较大，则页面内的文字与图像的布局会很不协调，因此需要调整它们的布局。调整图像与文字混排的布局需要使用图像的“属性”栏。单击选定图片 renwu1.jpg，选择“属性”栏中的对齐方式，选择“左对齐”；选定图片 renwu2.jpg，选择“右对齐”；选定图片 renwu3.jpg，选择左对齐，如图 2-21 所示。

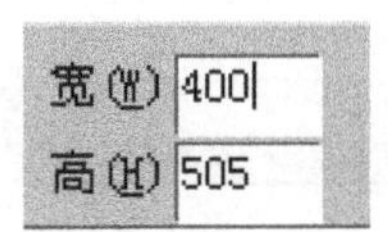


图 2-20　精确设置图片的大小

图 2-21　图片的对齐方式

图像“属性”栏内的“对齐”下拉列表框中有 10 个选项，用来进行图像与文字相对位置的调整。这些选项的含义及作用如下。

- “默认值”：选择此选项时使用浏览器默认的对齐方式，不同的浏览器会稍有不同。
- “基线”：选择此选项时图像的下沿与文字的基线水平对齐。
- “顶端”：选择此选项时图像的顶端与当前行中最高对象(图像或文本)的顶端对齐。
- “居中”：选择此选项时图像的中线与文字的基线水平对齐。
- “底部”：选择此选项时图像的下沿与文字的基线水平对齐。
- “文本上方”：选择此选项时图像的顶端与文本行中最高字符的顶端对齐。
- “绝对居中”：选择此选项时图像的中线与文字的中线水平对齐。
- “绝对底部”：选择此选项时图像的下沿与文字的下沿水平对齐。文字的下沿是指文字的最下边，而基线不到文字的最下边。

- “左对齐”：选择此选项时图像在文字的左边缘，文字从右侧环绕图像。
- “右对齐”：选择此选项时图像在文字的右边缘，文字从左侧环绕图像。

## 2.4 表格的应用

在创建 HTML 网页的过程中，表格是页面排版的强有力的工具。表格不但在组织页面数据时非常有用，而且在网页元素布局安排上也起着非常重要的作用。利用表格可以控制文本和图像在页面上的位置。利用表格制作的“金陵十二钗判词”页面，完成后保存为 2-3.html，其效果如图 2-22 所示。

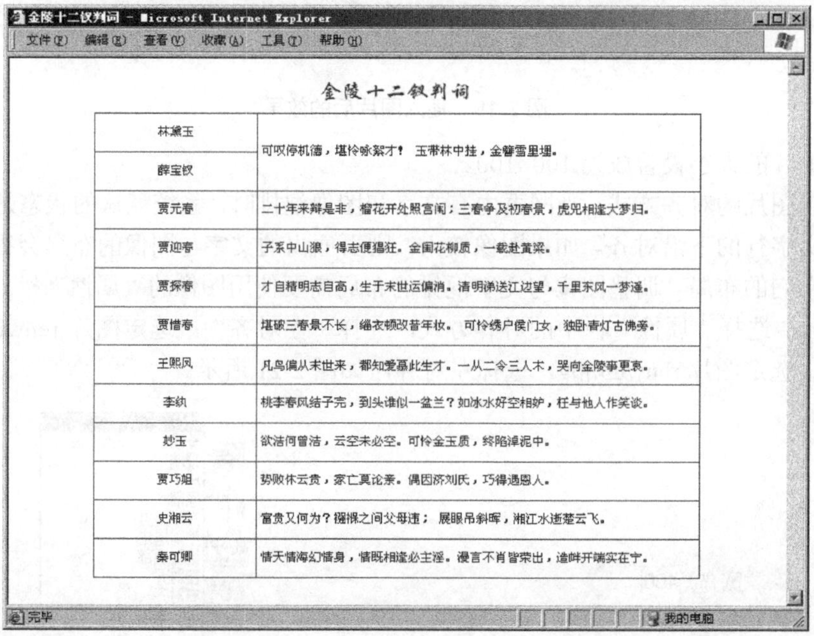
金陵十二钗判词 - Microsoft Internet Explorer
文件(F) 编辑(E) 查看(V) 收藏(A) 工具(T) 帮助(H)
金陵十二钗判词
林黛玉
薛宝钗
可叹停机德，堪怜咏絮才！ 玉带林中挂，金簪雪里埋。
贾元春
二十年来辨是非，榴花开处照宫闱；三春争及初春景，虎兕相逢大梦归。
贾迎春
子系中山狼，得志便猖狂。金闺花柳质，一载赴黄粱。
贾探春
才自精明志自高，生于末世运偏消。清明涕送江边望，千里东风一梦遥。
贾惜春
堪破三春景不长，缁衣顿改昔年妆。 可怜绣户侯门女，独卧青灯古佛旁。
王熙凤
凡鸟偏从末世来，都知爱慕此生才。一从二令三人木，哭向金陵事更哀。
李纨
桃李春风结子完，到头谁似一盆兰？如冰水好空相妒，枉与他人作笑谈。
妙玉
欲洁何曾洁，云空未必空。可怜金玉质，终陷淖泥中。
贾巧姐
势败休云贵，家亡莫论亲。偶因济刘氏，巧得遇恩人。
史湘云
富贵又何为？襁褓之间父母违； 展眼吊斜晖，湘江水逝楚云飞。
秦可卿
情天情海幻情身，情既相逢必主淫。漫言不肖皆荣出，造衅开端实在宁。
完毕
我的电脑

图 2-22 “金陵十二钗判词”页面

(1) 新建网页。新建一个网页，在标题栏中输入“金陵十二钗判词”。

(2) 插入第一个表格。插入 1 行 1 列表格，将宽度设置为 80%，使表格可以根据浏览器的情况调整大小。

在网页制作时要新建一个表格，可选择“插入记录”|“表格”命令，或单击“插入”栏中的“常用”类型中的“插入表格”按钮，也可用 Ctrl+Alt+T 组合键，此时网页编辑窗口中会弹出“表格”对话框，如图 2-23 所示。

在此对话框中，可设置表格的属性，然后单击“确定”按钮确认属性设置后，便可在页面指定位置上插入表格。“表格”对话框中各项参数的具体含义如下。

- 在“行数”和“列数”文本框中，可设置表格的行数和列数。
- 在“表格宽度”文本框中，可设置表格的宽度，并在右侧的下拉列表框中选择表格宽度的单位，选项分别为“像素”和“百分比”，其中“百分比”是指表格与浏览器窗

口的百分比。

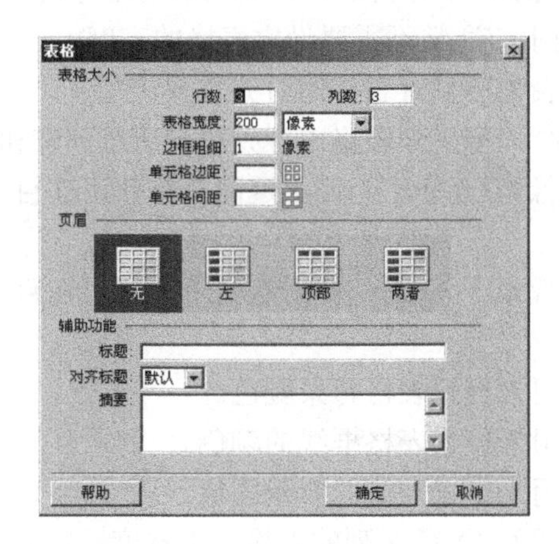

图 2-23　插入表格

- 在“边框粗细”文本框中，可设置表格外框线的宽度，如果没有明确指定边框粗细的值，则大多数浏览器按边框粗细设置为 1 显示表格。若要确保浏览器不显示表格边框，应将边框粗细设置为 0。
- 在“单元格边距”文本框中，可设置单元格的内容和单元格边框之间空白处的宽度，如果没有明确指定边距的值，则大多数浏览器按边距设置为 1 显示表格。
- 在“单元格间距”文本框中，可设置表格中各单元格之间的宽度；如果没有明确指定间距的值，则大多数浏览器按边距设置为 2 显示表格；要确保浏览器不显示表格中的边距和间距，应将“单元格边距”和“单元格间距”设置为 0。
- 页眉：“页眉”选项包括 4 个部分。“无”表示在表格中不使用页眉；“左”表示可以将表的第一列作为标题列，以便为表中的每一行输入一个标题；“顶部”表示可以将表的第一行作为标题行，以便为表中的每一列输入一个标题：“两者”表示能够在表中输入列标题和行标题。
- 标题：在此文本框中可设置一个标题。
- 对齐标题：此下拉列表框可用来指定表格标题相对于表格的显示位置。
- 摘要：此栏用来设置对表格的说明。该说明不会显示在用户的浏览器中。

(3) 插入表格后选中整个表格，在“属性”面板中设置对齐方式为“居中对齐”，填充、间距和边框均为 0，具体设置如图 2-24 所示。

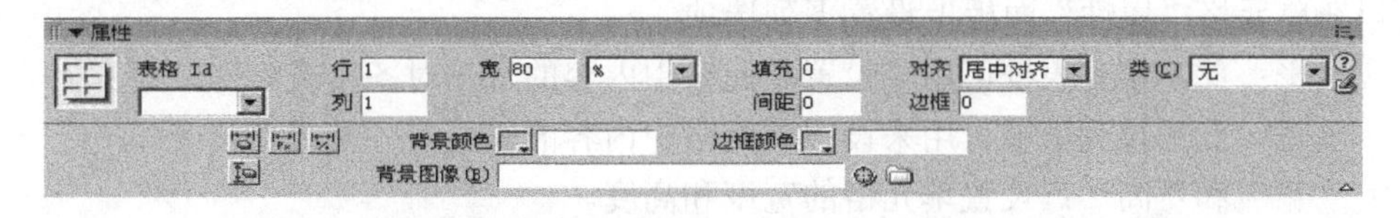

图 2-24　插入第一个表格的属性设置

将光标放置于单元格中，输入文字“金陵十二钗判词”，选中文字在下方的“属性”面板中设定字体为“华文行楷”，大小为 16pt，文字颜色为#6b2ee9，文字对齐方式为居中。

可以在表格“属性”面板上设置下列选项。

- 表格 Id：在此下拉列表中可输入表格的名称。

- 行、列、宽、边框粗细、单元格边距、单元格间距等设置方法与上述“表格”对话框的参数设置方法相同。(通常不需要设定表格的高度)
- 对齐：在此下拉列表中可设置表格的对齐方式。
- 清除列宽和清除行高：可清除表格中行列原来所设列宽和行高。
- 将表格宽度转换成像素/百分比：使用这两个按钮可在百分比和像素之间切换，设置表格的宽度。
- 将表格高度转换成像素/百分比：使用这两个按钮可在百分比和像素之间切换，设置表格的高度。
- 背景颜色：此选项用来设置表格背景颜色。
- 边框颜色：此选项用来设置表格框线的颜色。
- 背景图像：此选项用来设置表格的背景图像。

(4) 再插入一个表格。插入 12 行 2 列的表格，将宽度设置为 80%，依次填充内容，插入表格后选中整个表格，在“属性”面板中设置对齐方式为居中对齐，“填充”为 4，“间距”为 1，“边框”为 0，“背景颜色”为#6666FF，具体设置如图 2-25 所示。

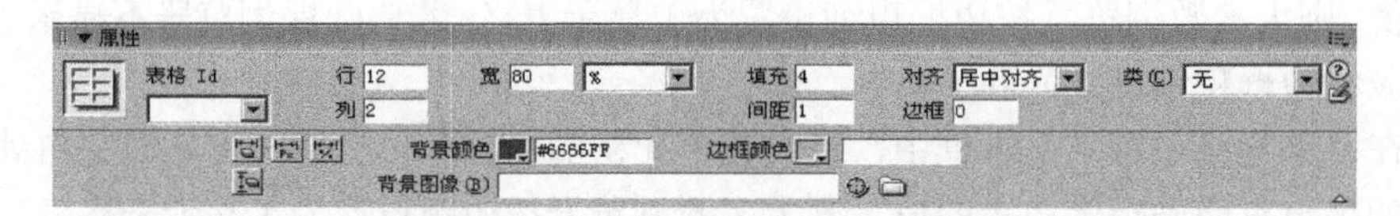


图 2-25　插入第二个表格的属性设置

(5) 合并单元格。选中右侧第一、二单元格，根据需要(两人物用同一判词)使用按钮，将两个单元格合并。

(6) 输入文字。在各自单元格中输入相应的文字。

(7) 设置单元格。选中表格中所有单元格，设置文字大小为 9pt，文字颜色为#6b2ee9，单元格的背景颜色为白色(#FFFFFF)，具体设置如图 2-26 所示。

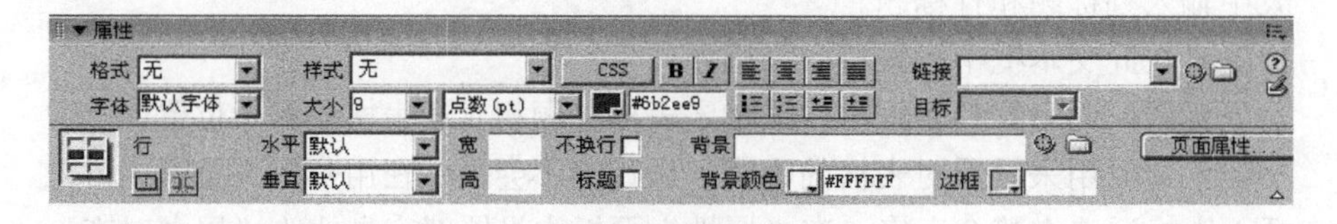


图 2-26　单元格属性设置

可以在单元格“属性”面板上设置下列选项。

- 水平：此下拉列表框可用来设置单元格中内容的水平对齐方式。
- 垂直：此下拉列表框可用来设置单元格中内容的垂直对齐方式。
- “宽”和“高”：设置单元格的宽度和高度。
- 不换行：选中此复选框将防止换行，单元格会自动延展以容纳数据。
- 标题：选中此复选框将选定单元格设置为表格的标题栏，其文本居中且粗体显示。
- 背景：此选项用来设置单元格背景图像。
- 背景颜色：此选项用来设置单元格背景颜色。
- 边框：此选项用来设置单元格边框的颜色。

- 合并单元格：单击(合并单元格)按钮，可合并选定的单元格。
- 拆分单元格：单击(拆分单元格)按钮，可拆分选定的单元格。

(8) 保存网页。网页制作完成后，选择“文件”|“另存为”命令，将网页保存到指定位置。

## 2.5　超级链接的应用

当网页设计者制作完网页后，需要使这些网页建立起关系，做好彼此之间的链接。这种链接也可能是 HTML 文件同其他类型文件之间的链接。

Dreamweaver 提供多种创建超链接的方法，可创建到文档、图像、多媒体文件或可下载软件的链接，还可以创建到文档内任意位置的任何文本或图像的链接，包括标题、列表、表、绝对定位的元素和框架中的文本或图像。

本节将制作带有超级链接的“金陵十二钗图谱”页面，完成后的 2-4.html 网页，其效果如图 2-27 所示。

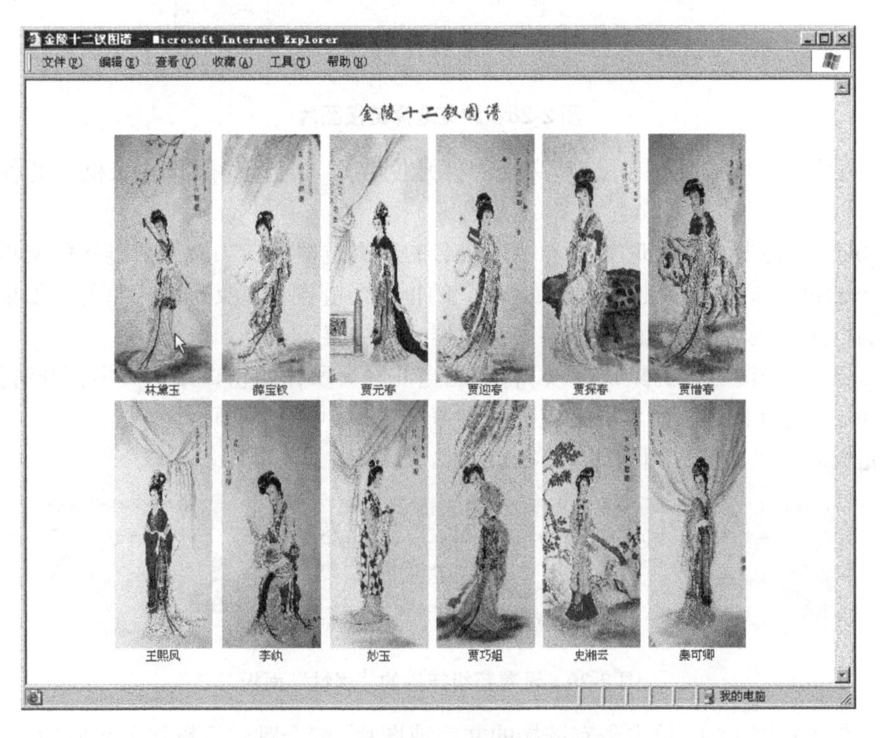


图 2-27　“金陵十二钗图谱”页面

(1) 新建网页。新建一个网页，在标题栏中输入“金陵十二钗图谱”。

(2) 插入标题表格。插入 1 行 1 列表格，将宽度设置为 80%，使表格可以根据浏览器的情况调整大小。插入表格后选中整个表格，在“属性”面板中设置对齐方式为居中对齐，填充、间距和边框均设为 0。将光标放置于单元格中，输入文字“金陵十二钗图谱”，选中文字，在下方的“属性”面板中设定字体为“华文行楷”，大小为 16pt，文字颜色为#6b2ee9，文字对齐方式为居中，单元格高度为 40px。

(3) 插入主体表格。插入 4 行 11 列表格，依次填充图片和文字，图片的宽、高设置为 100px 和 250px，文字大小为 9pt，文字颜色为#6b2ee9，文字对齐方式为居中。

(4) 图片超级链接。选中“史湘云”图片，直接在“属性”面板中单击“链接”文本框右侧的文件夹图标，以通过浏览选择一个文件(shixiangyun.jpg)，选择链接的文件如图 2-28 所示。

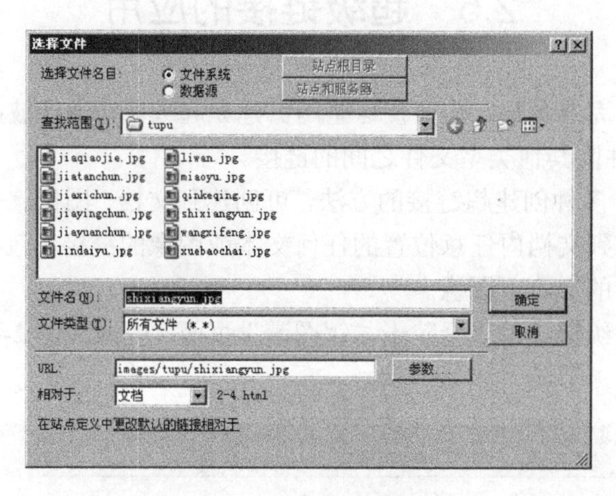


图 2-28　浏览选择链接图片

在“目标”下拉列表框中，选择文档的打开位置。“目标”下拉列表框中的各选项含义如下。

- _blank：选择此选项时将在一个未命名的新浏览器窗口中载入所链接的文档。
- _parent：选择此选项时，如果是嵌套的框架，链接会在父框架中打开，如果不是嵌套的框架，则等同于_top，在整个浏览器窗口中显示。
- _self: 这是浏览器的默认选项，将会在当前网页所在的窗口或框架中打开链接的网页。
- _top：选择此选项时将会在完整的浏览器窗口中打开网页。

设置完成后，“属性”面板如图 2-29 所示。

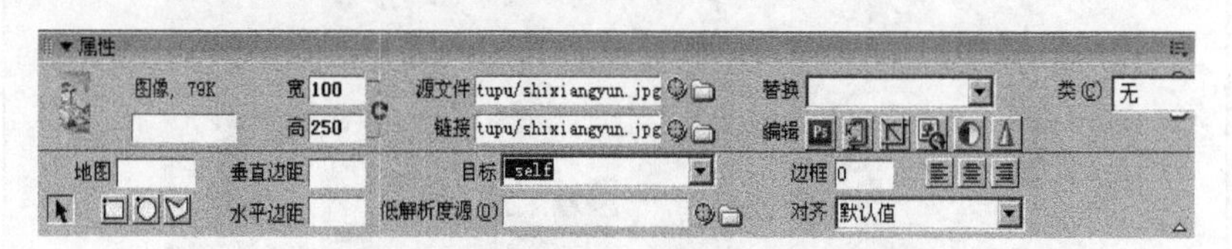


图 2-29　设置超级链接的“属性”面板

若用户在浏览网页时，单击带有链接的文字或图片，就会跳转到链接所指向的文件或网站。带有链接的文字或图片称为“链接源端点”，而跳转到的地方称为“链接目标端点”，根据后者的不同，超级链接主要分为以下几种。

- 内部链接：这种链接的目标端点是本站中的其他文档。利用这种链接，可以跳转到本站点其他的页面上。
- 外部链接：这种链接的目标端点是本站点之外的站点或文档。利用这种链接，可以跳转到其他的网站上。
- E-mail 链接：单击这种链接，可以启动电子邮件程序书写邮件，并发送到指定的地址。

- 锚点链接：这种链接的目标端点是文档中的命名锚，利用这种链接，可以跳转到当前文档中的某一指定位置上，也可以跳转到其他文档中的某一指定位置上。

(5) 文字超级链接。

选中“史湘云”文字，这里也可以使用拖动鼠标指向文件的方法，拖动“链接”文本框右侧的“指向文件”按钮到“文件”面板上的相应网页文件，则链接到这个网页，如图 2-30 所示，拖动鼠标时会出现一条带箭头的线，指示要拖动的位置。指向文件后只需要释放鼠标，即会自动生成链接。

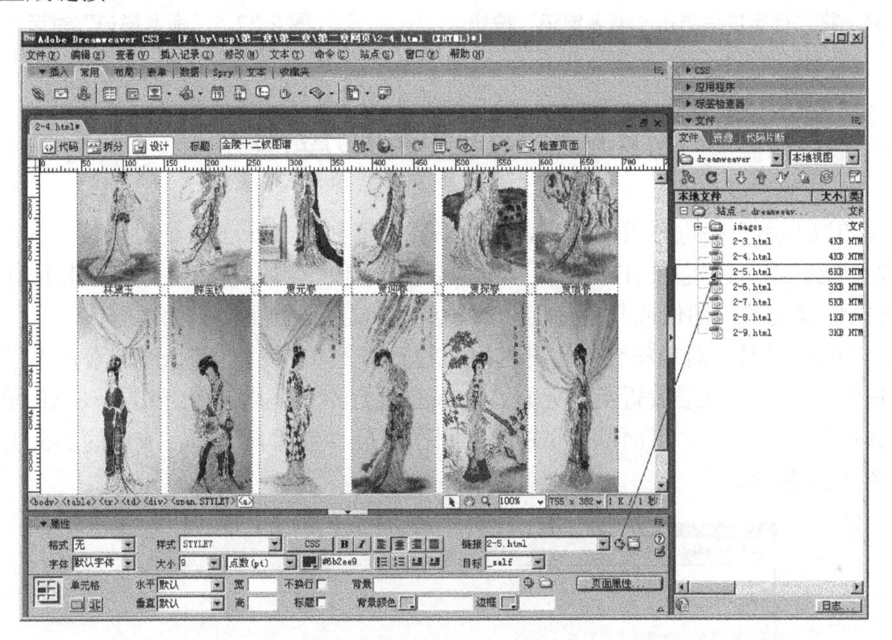

图 2-30　拖动指向链接页面

打开方式选择在当前窗口打开，通过设置点击文字可以链接到介绍史湘云的具体页面。

由于页面内容较长，为了方便浏览者查看感兴趣的内容，可以创建到页面中某位置的超级链接，用户点击超级链接后，可以跳转到这一页面的某一指定位置上，这称为锚点链接。下面介绍创建锚点链接的基本步骤，完成后的网页保存为 2-5.html。

创建锚点链接的过程分两步。

第一步：创建命名锚记。即在文档中设置位置标记，并给该位置一个名称，以便引用。将光标定位在“曲：乐中悲”处；选择“插入”面板组中的“常用”|“命名锚记”按钮，如图 2-31 所示。

在弹出的“命名锚记”对话框中输入该锚记的名称 c(注意：区分大小写)，然后单击“确定”按钮，名为 c 的锚点即被插入到文档中的相应位置，如图 2-32 所示。

创建了命名锚记后，在页面上相应位置就做上了标记。

第二步：创建到命名锚记的链接。

选择要创建链接的文本或图像，在“属性”面板的“链接”文本框中，输入 # 号和锚记名称 c。本例中选中页首的“曲”字，在“属性”面板的“链接”文本框中输入#c。这样锚点链接制作就完成了，当单击页首的“曲”字时，页面将跳转到锚记所设置的页面位置。

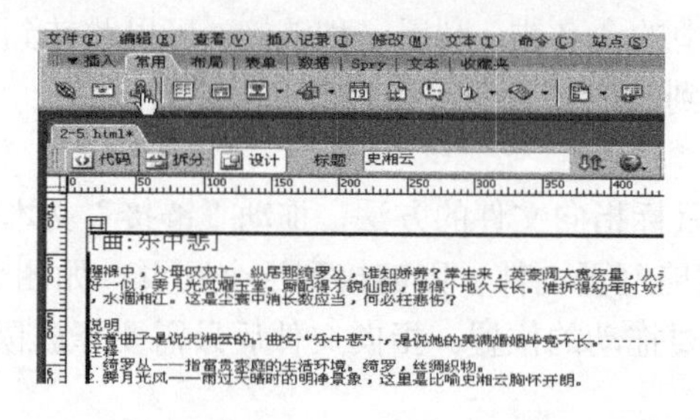


图 2-31　将光标定位后单击“命名锚记”按钮

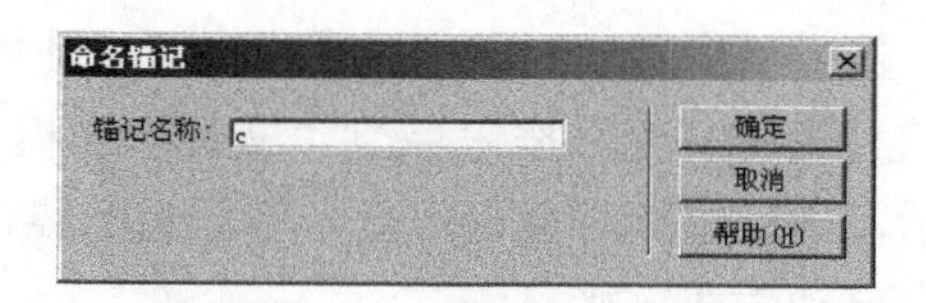


图 2-32　“命名锚记”对话框

## 2.6　页面布局的应用

前面介绍过利用表格进行页面布局，本节主要介绍利用 AP 元素(绝对定位元素)进行布局。AP 元素是分配有绝对位置的 HTML 页面元素，具体地说，就是<div>标签或其他任何标签。AP 元素可以包含文本、图像或其他任何可放置到 HTML 文档正文中的内容。

AP 元素的出现对于对表格使用不熟的网页设计者很实用。使用 AP 元素，不仅页面布局时可以像搭积木一样通过层放置页面元素，如果有觉得不合适之处，通过拖动 AP 元素带动页面元素到其他的位置即可。下面利用 AP 元素制作网页“史湘云”。完成后的 2-5.html 网页，其效果如图 2-33 所示。

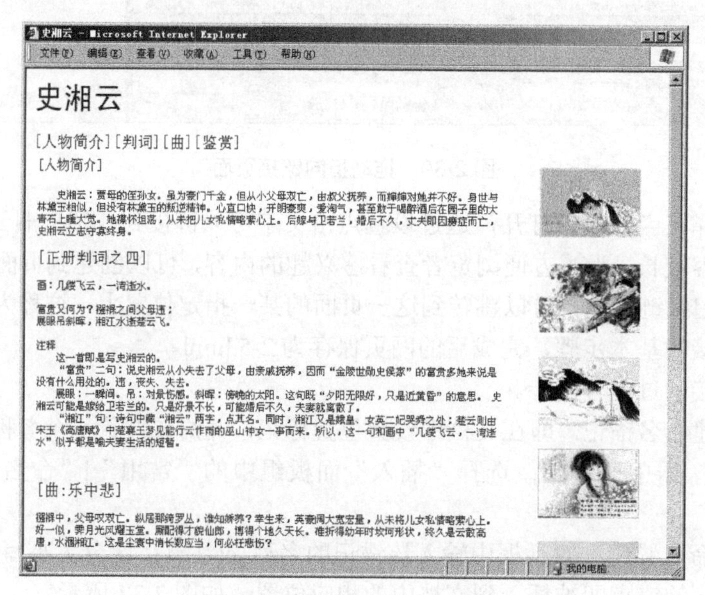


图 2-33　“史湘云”页面

(1) 新建网页。新建一个网页，在标题栏中输入“史湘云”。

(2) 标题与小导航制作。标题“史湘云”和小导航的制作使用“插入记录”|“布局对象”|“Div 标签”，在其中添加相应的文字，并设置好文字颜色与大小。

(3) 创建放置文字的 AP Div。利用“插入”栏的“布局”类中的“绘制 AP Div”按钮，

绘制 AP Div，在其中插入“人物简介”文字。设置完成后的“属性”面板如图 2-34 所示。

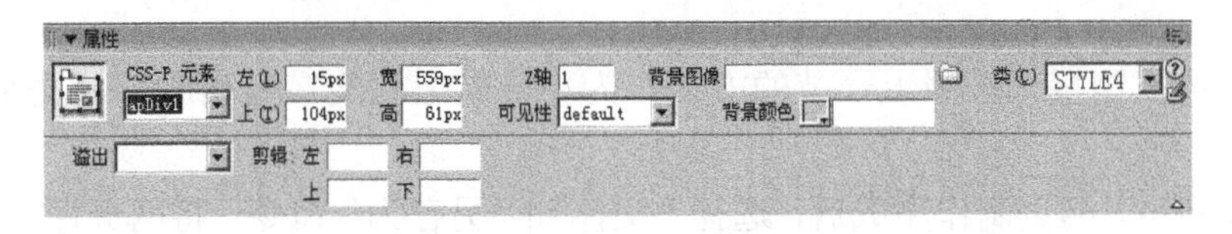


图 2-34　“人物简介”AP Div“属性”面板

页面中的“判词”“曲”“鉴赏”等部分的文字也使用相同的方法制作。

AP Div“属性”面板中的各选项的含义如下。

- “CSS-P 元素”：此下拉列表框可为选定的 AP 元素指定一个 ID。AP 元素名称中不能带有符号和汉字，也不能以数字开头，只能是英文字母和数字。每个 AP 元素都必须有各自的唯一 ID。
- “左”和“上”：这两个文本框用来设置当前 AP 元素相对于页面或父层的左上角距离。
- “宽”和“高”：这两个文本框用来指定 AP 元素的宽度和高度。
- “Z 轴”：此文本框用来设置当前 AP 元素的层次属性值。可以把整个网页的页面看成 X-Y 平面，把网页上 AP 元素的 Z 轴值看成 Z 轴的坐标值。这个值决定了当前 AP 元素放置在哪个层面上。通常，Z 轴值大的 AP 元素放在上面，Z 轴值小的 AP 元素放在下面。
- “可见性”：此下拉列表框用来设置 AP 元素的可见性。下拉列表框中的 4 个选项分别是：Default(默认状态)、Inherit(使用 AP 元素的父级的可见性属性)、Visible(显示 AP 元素的内容)、Hidden(隐藏 AP 元素的内容)。
- “背景图像”和“背景颜色”：这两个选项用来设置 AP 元素的背景图片和背景颜色。
- “类”：此下拉列表框可指定用于设置 AP 元素的样式的 CSS 类。
- “溢出”：此下拉列表框可确定当前 AP 元素的内容超出 AP 元素指定范围时处理的方式。其中溢出部分的处理的 4 个选项分别为 Visible(增加层 AP 元素尺寸，显示超出部分的内容)、Hidden(保持 AP 元素尺寸不变，隐藏超出部分的内容)、Scroll(增加滚动条)、Auto(当内容超出层 AP 元素尺寸时，自动增加滚动条)。
- “剪辑”：此选项组用来设置 AP 元素的可视区域，在“左”“上”“右”“下”文本框中，输入的数值表示 AP 元素可视区域与 AP 元素左、上边界之间的距离。

(4) 创建放置图片的 AP Div。在网页的右侧放置一列图片，每张图片都是放在一个 AP Div 中。利用“插入”栏的“布局”类中的“绘制 AP Div”按钮，绘制 AP Div，在其中插入“湘云醉酒”等图片，设置后的“属性”面板如图 2-35 所示。

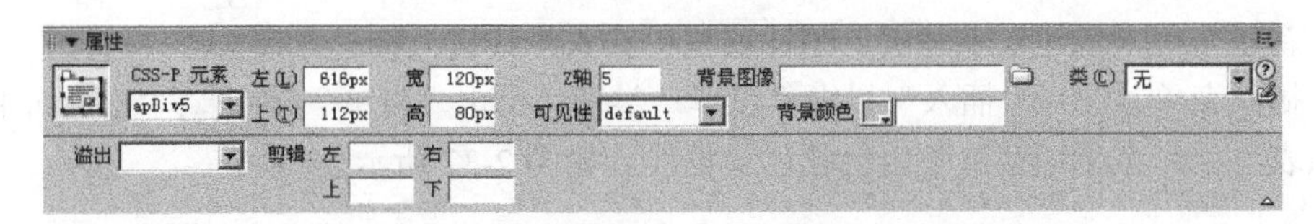


图 2-35　设置图片 AP Div 的“属性”面板

其他图片设置方法与此相同，图像与 AP Div 宽度均为 120px。

(5) 对齐同列的 AP Div。按 Shift 键选中一列所有的层，依次单击“修改”|“排列顺序”|

“设置宽度相同”和“对齐”，注意所选的所有 AP Div 与最后一个选中的 AP Div 对齐和宽度一致。

(6) 设置锚点链接。按照上一节的方法，为小导航上的文字与相应部分文字建立页内锚点链接。

(7) 保存网页。网页制作完成后，选择“文件”|“另存为”命令，将网页保存到指定位置。

## 2.7 表单的应用

表单提供了从用户那里收集信息的方法。表单可以用于调查、订购、搜索等功能。一般的表单由两部分组成：一是描述表单元素的 HTML 源代码；二是客户端的前台脚本，或者服务器用来处理用户所填信息的后台脚本程序。

使用 Dreamweaver 可以创建带有文本域、密码域、单选按钮、复选框、弹出式菜单、可单击按钮以及其他表单对象的表单。

本节利用表单制作的“红楼人物留言簿”页面，完成后的 2-6.html 网页，其效果如图 2-36 所示。

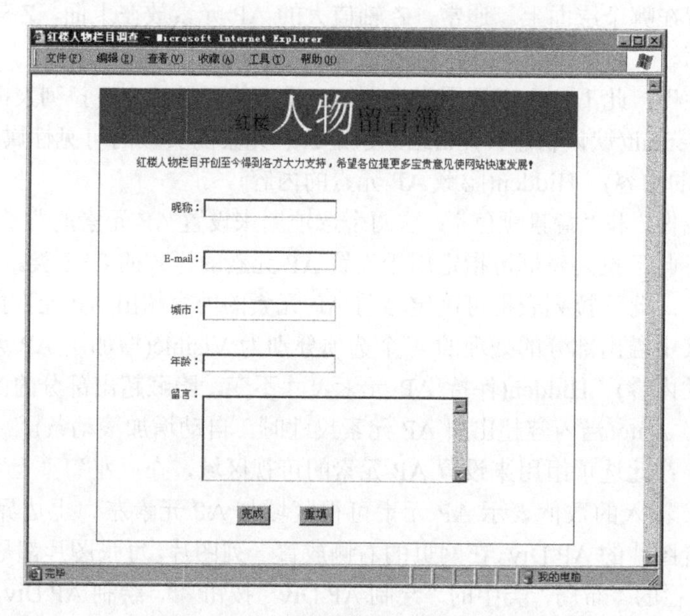


图 2-36 “红楼人物留言簿”页面

(1) 新建网页。新建一个网页，在标题栏中输入“红楼人物栏目调查”。

(2) 插入表单。选择“插入”栏中“表单”类别，单击“表单”按钮，在页面中插入表单。插入表单后，在文档窗口中出现红色虚框线，如图 2-37 所示。

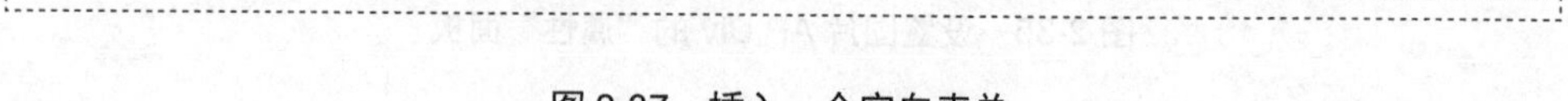

图 2-37 插入一个空白表单

添加表单后，Dreamweaver 会自动生成<form></form>标签。如果没有插入空白表单，就直接在文档中插入表单对象，则 Dreamweaver 会出现一个提示框，如图 2-38 所示，提示是否需要为插入表单对象添加表单标签，单击“是”按钮，Dreamweaver 会自动为插入的表单对象添加上表单标签。

(3) 插入主体表格。

在表单中插入 8 行 2 列的表格，宽度为 80%，居中对齐；第一、二行合并单元格，分别输入标题文字“红楼人物留言簿”和希望语。

(4) 插入单行文本域。

文本域是表单元素里应用较多的一个对象，可以在文本域输入任何类型的文本、字母或数字。文本域有 3 种类型：单行文本域、多行文本域、密码域。输入的文本可以显示为单行、多行、星号，其中，在密码域中输入的文本将显示为星号。

插入方法：选择“插入记录”|“表单”|“文本域”命令，或单击“插入”栏中“表单”类别的“文本域”按钮。

分别在昵称、E-mail、城市、年龄同行单元格中插入单行文本域，其中昵称行如图 2-39 所示。

图 2-38 是否添加表单标签提示框

图 2-39 插入单行文本域

设置单行文本域的“属性”面板如图 2-40 所示。

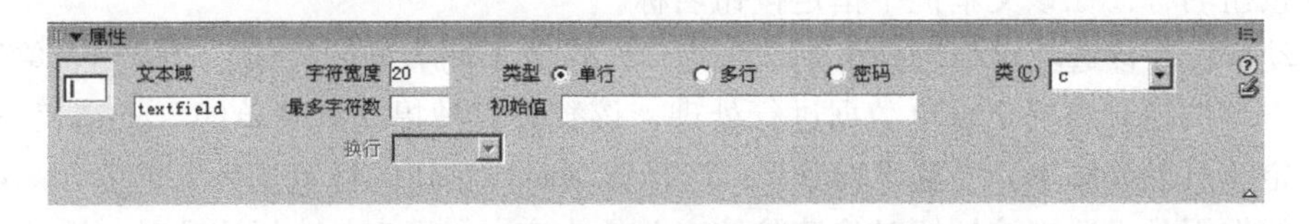


图 2-40 单行文本域的“属性”面板

其中“文本域”选项用来输入文本域的名称，即变量名，以便在后台处理程序中提取或传送其中的信息。“字符宽度”选项用来设置最多可显示的字符数。此数字决定了文本框的宽度。此例的字符宽度为 20。“最多字符数”选项用来设置单行文本域中最多可输入的字符数。“类型”选项组用来指定域的类型为单行、多行还是密码域。此例选择为单行。

(5) 插入多行文本域。

在留言同行单元格中插入多行文本域。设置多行文本域的“属性”面板如图 2-41 所示。“行数”设置多行文本域的高度，此例中文本域的高度为 6 行，字符宽度为 40。

(6) 插入按钮。

按钮控制表单的操作。使用按钮可将表单数据提交到服务器，或者重置该表单。标准表单按钮通常有提交、重置、普通 3 种类型。

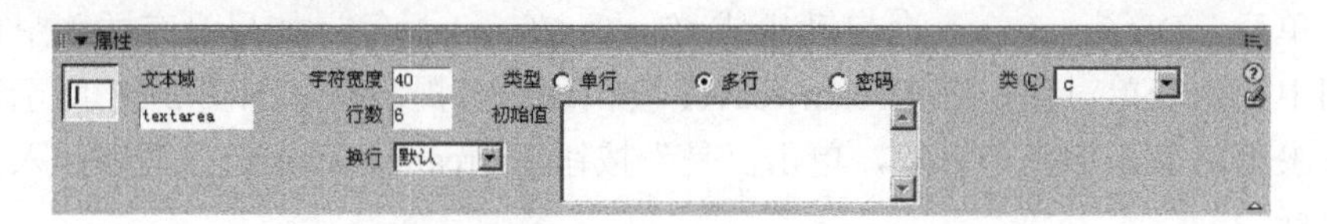


图 2-41　多行文本域的“属性”面板

插入按钮的方法：选择主菜单中的“插入记录”|“表单”|“按钮”命令，或单击“插入”栏“表单”类别中的“按钮”图标，或将该按钮拖放到文档编辑窗口。

在表格的最后一行，插入两个按钮，效果如图 2-42 所示。

按钮设置后的“属性”面板如图 2-43 和图 2-44 所示。

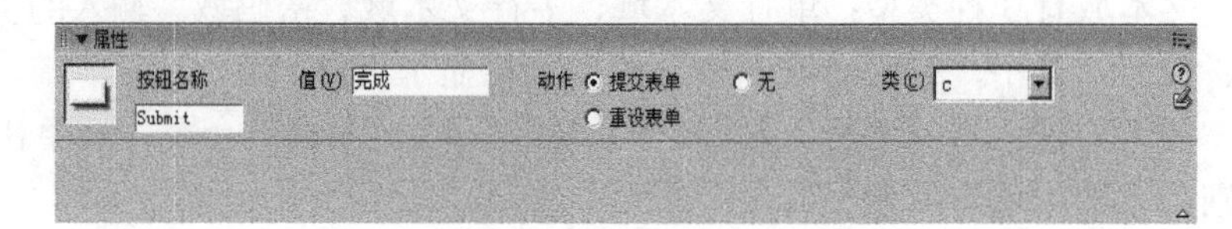


图 2-42　按钮

图 2-43　提交按钮的“属性”面板

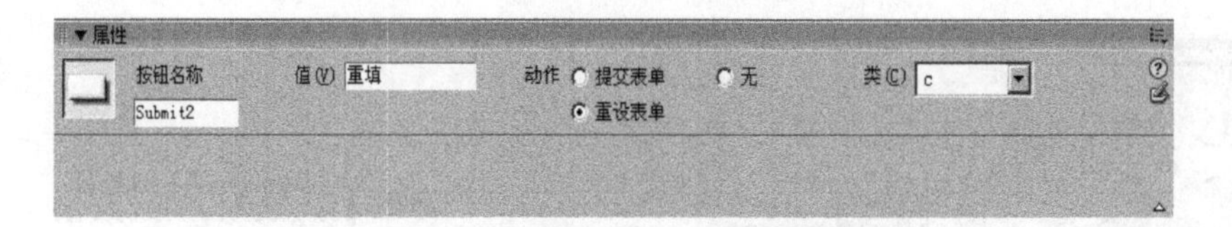


图 2-44　重置按钮的“属性”面板

通过该属性面板可以方便地对按钮属性进行修改。各选项介绍如下。

- 按钮名称：在该文本框中指定按钮名称。
- 动作：在该选项组中选择下列选项之一，设置不同类型的按钮。“提交表单”：当单击该按钮时将提交表单数据进行处理，该数据将被提交到表单的“action”属性中指定的页面或脚本。“重设表单”：选择该项时，按钮的标签变为“重填”，重置表单的作用是当单击该按钮时将清除该表单的内容。“无”：选择该项时，该按钮的标签变为“按钮”，这种普通按钮的作用在于可以自己指定单击该按钮时要执行的操作。这些操作可以通过添加行为等方式进行。

(7) 保存网页。网页制作完成后，选择“文件”|“另存为”命令，将网页保存到指定位置。

## 2.8　CSS 样式

CSS 是 Cascading Style Sheets(层叠样式表单)的简称，它是一种设计网页样式的工具。层叠的意思就是当在 HTML 文件中引用数个定义样式的样式文件(CSS 文件)时，若数个样式文件间所定义的样式发生冲突，将依据层次顺序(Cascading Order)处理。CSS 对设计者来说是一种简单、灵活、易学的工具，能使任何浏览器都听从指令，知道该如何显示元素及其内容。

在默认情况下，Dreamweaver 使用层叠样式表(CSS)设置文本格式。可以使用“属性”检查器或菜单命令设置文本的样式从而创建 CSS 规则，这些规则嵌入在当前文档的头部。CSS

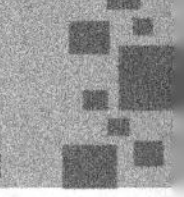

样式可以更加灵活并更好地控制页面外观——从精确的布局定位到特定的字体和文本样式。

可以使用“CSS 样式”面板创建和编辑 CSS 规则和属性。“CSS 样式”面板是一个比属性检查器强大得多的编辑器，它显示为当前文档定义的所有 CSS 规则，而不管这些规则是嵌入在文档的头部还是在外部样式表中。

## 2.8.1 CSS 的类型

### 1. 可定义的 CSS 样式表的类型

在 Dreamweaver 中可以定义下列类型的 CSS 样式表。

1) 自定义 CSS 样式

自定义 CSS 样式(也称为类样式)，可以将样式属性设置为任何文本范围或文本块。

2) HTML 标签样式

HTML 标签样式，用于重新定义特定标签，如 H1 的格式。创建或更改 H1 标签的 CSS 样式时，所有用 H1 标签设置了格式的文本都立即更新。

3) CSS 选择器样式

CSS 选择器样式重定义特定标签组合的格式(如每当 H2 标题出现在表格单元格内时都应用 td h2)，或重定义包含特定 id 属性的所有标签的格式。

### 2. CSS 样式在网页文档中的存在方式

CSS 样式在网页文档中有以下 3 种存在方式。

1) 外部文件方式

外部 CSS 样式文件是一系列存储在一个单独的外部文件.css 文件(并非 HTML 文件)中的 CSS 样式。利用文档 head 部分中的链接，该文件被链接到 Web 站点中的一页或多页上。CSS 文件利用在 Dreamweaver 的“窗口”菜单下的“CSS 样式”选项来创建。如果熟悉 CSS 属性，可直接在记事本文件里编写，最后的文件扩展名为 CSS。

在 Dreamweaver 中的 CSS 样式面板中，单击“附加样式表”按钮，可链接一个 CSS 文件。

这种方法最适合大型网站的 CSS 样式定义。应用 CSS 文件的一个最大优点就是，可以在每个 HTML 文件中引用这个文件，从而可使整个站点的 HTML 文件在风格上保持一致，避免重复的 CSS 属性设置。另外，当遇上改版或做某些重大调整要对风格进行修改时，可直接修改这个 CSS 文件，HTML 文件一直引用最近更新的样式单，而不必每个 HTML 文件都进行修改。

2) 内部文档头方式

内部(或嵌入式)CSS 样式表是一系列包含在 HTML 文档 head 部分的 style 标签内的 CSS 样式。这种方式与外部文件方式区别在于，这种方式是将风格直接定义在文档头<head></head>之间，而不是形成文件。这种风格定义产生作用也只局限于本文件。

这种方式的主要用处是，在一些方面统一风格的前提下，可针对具体页面进行具体调整。这两种方式并不相互排斥，而且相互结合。

3) 直接插入式

直接插入式很简单，只需要在每个 HTML 标签后书写 CSS 属性即可。这种方式主要用于对具体的标签进行具体的调整，其作用的范围只限于本标签。

## 2.8.2 CSS 在 Dreamweaver 中的创建方法

在 Dreamweaver 中，创建 CSS 样式的途径有以下几种。

(1) 在“页面属性”中设置。

通过前面的学习，读者对“页面属性”已不再陌生。利用“页面属性”设置的网页属性，实际上是一种 CSS 内部文档头方式的应用，Dreamweaver 自动将“页面属性”设置生成一段 CSS 样式代码，置于<head>与</head>之间。

(2) 文本编辑。

Dreamweaver 在属性检查器中有“样式”选项，这一选项的功能是在设计页面时进行添加字体、设置颜色、大小等样式操作时，“样式”中套用样式。表格同样可以在“属性”面板中设置 CSS。“属性”面板中都有一个类别(Class)，在这里就可以设计表格的 CSS 样式。有了这个功能，在进行网页设计时可以大大提高工作效率。

(3) “CSS 样式”面板。

“CSS 样式”面板集成在 CSS 面板组中，在此面板中可以方便地进行 CSS 样式的添加、编辑、查看属性和删除等样式的管理。

Dreamweaver CS3 将全部 CSS 功能合并到一个面板集合中，并已得到增强。它可以更加轻松、更有效率地使用 CSS 样式。使用新的界面可以更方便地看到应用于具体元素的样式层叠，从而能够轻松地确定在何处定义了属性。

可以通过以下几种方法打开“CSS 样式”面板：选择“窗口”|“CSS 样式”命令；按 Shift+F11 组合键；单击“属性”面板中的 CSS 按钮。“CSS 样式”面板如图 2-45 所示。

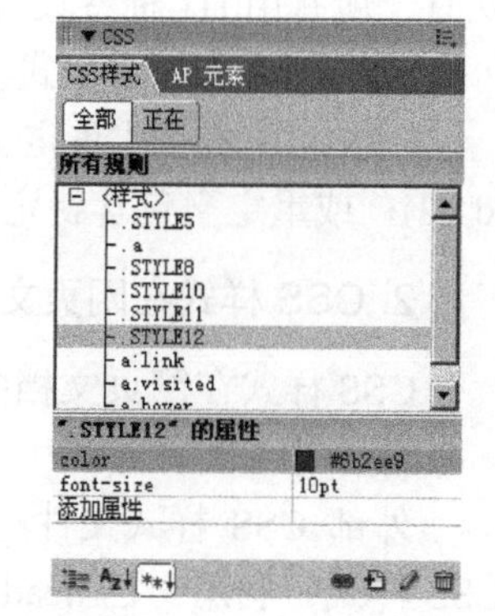


图 2-45 “CSS 样式”面板

可以看到“CSS 样式”面板分为上下两部分，上半部分显示规则列表，下半部分显示所选定的规则的属性。规则又有“全部”和“正在”两种查看方式，单击 CSS 面板中的“全部”标签，窗口中显示当前文档中定义的规则以及附加到当前文档的样式表中定义的所有规则的列表；单击 CSS 面板中的“正在”标签，可以显示当前所选中内容的 CSS 摘要。

CSS 面板下方有一排按钮，它们的含义分别介绍如下。

- “类别”图标：将 Dreamweaver 支持的 CSS 属性划分为 8 个类别：字体、背景、区块、边框、方框、列表、定位和扩展，单击此按钮将显示相关的类别列表。每个类别的属性都包含在一个列表中，可以单击类别名称旁边的加号(+)按钮展开或折叠它。
- “列表”图标：单击此按钮将按字母顺序显示 Dreamweaver 所支持的所有 CSS 属性。
- “设置属性”图标：单击此按钮将仅显示那些已设置的属性。
- “附加样式表”按钮：单击此按钮将打开“链接外部样式表”对话框。选择要链接到或导入到当前文档中的外部样式表。

- “新建 CSS 规则”按钮：单击此按钮将弹出“新建 CSS 样式”对话框，在该对话框中可以选择要创建的样式类型。
- “编辑样式”按钮：单击该按钮，会打开“CSS 规则定义”对话框，在该对话框中编辑当前文档或外部样式表中的样式。
- “删除 CSS 规则”按钮：单击该按钮，将删除“CSS 样式”面板中所选的规则或属性，并从应用该规则的所有元素中删除格式。

## 2.8.3　创建新的 CSS 样式

### 1. 操作步骤

创建新的 CSS 样式的具体操作步骤如下。

(1) 打开“新建 CSS 规则”对话框。

将插入点放在文档中，然后执行以下操作之一打开“新建 CSS 规则”对话框。

- 在“CSS 样式”面板(“窗口”|“CSS 样式”)中，单击面板右下侧中的“新建 CSS 规则”(+)按钮。
- 选择“文本”|“CSS 样式”|“新建 CSS 规则”命令。

(2) 定义要创建的 CSS 样式的类型。

- 若要创建可作为 class 属性应用于文本范围或文本块的自定义样式，选择“类”选项，然后在“名称”文本框中输入样式名称。
- 若要重定义特定 HTML 标签的默认格式设置，选择“标签”选项，然后在“标签”文本框中输入一个 HTML 标签，或从弹出式菜单中选择一个标签。
- 若要为具体某个标签组合或所有包含特定 ID 属性的标签定义格式设置，选择“高级”选项，然后在“选择器”文本框中输入一个或多个 HTML 标签，或从下拉列表中选择一个标签。下拉列表中提供的选择器(称作伪类选择器)包括 a:active、a:hover、a:link 和 a:visited，如图 2-46 所示。

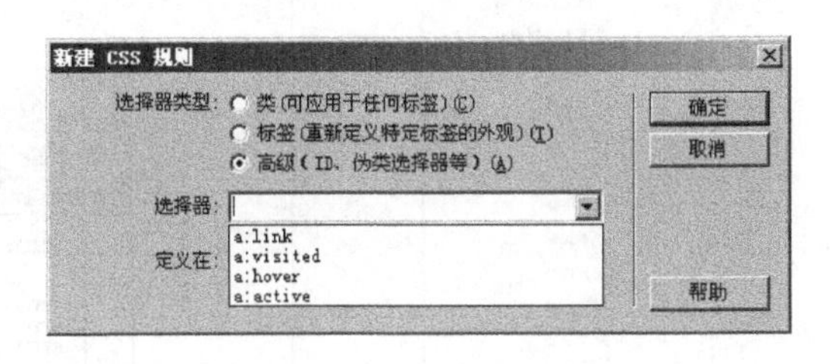


图 2-46　使用 CSS 选择器

系统中默认的 4 种伪类选择器所代表的含义如下。

- a:active：是定义页面中的文本链接被激活，在目标地址文件还没有打开时，文本呈现的状态。
- a:link：是当鼠标不在链接文本上时链接的状态。默认是蓝色文本，带下划线。
- a:hover：是鼠标移动到链接文本上时链接的状态。默认的是鼠标呈现小手的形状。
- a:visited：是链接目标文件打开后，再一次回到原来的页面时，刚刚单击的链接呈现的状态。默认的颜色是深红色。

(3) 选择定义样式的位置。

- 若要创建外部样式表，请在“定义在”选项组中选择“新建样式表文件”。
- 若要在当前文档中嵌入样式，请在“定义在”选项组中选择“仅对该文档”。

(4) 单击“确定”按钮，出现“CSS 规则定义”对话框。

(5) 选择要为新的 CSS 规则设置的样式选项。

(6) 设置完样式属性后，单击“确定”按钮。

2. 应用案例

本节将制作应用了 CSS 样式的“红楼人物栏目导航”页面，完成后的 2-7.html 网页，其效果如图 2-47 所示。

(1) 新建网页。

新建一个网页，在标题栏中输入“红楼人物栏目导航”。

(2) 表格布局。

在网页中插入 2 行 1 列的表格，第 1 行设置单元格背景颜色为#CC66CC；在第 2 行的单元格中嵌套了一个 16 行 1 列的表格。

(3) 添加图片和文字。

在第 1 个单元格中输入“红楼人物”，在“属性”面板中分别设置大小与颜色，会自动生成 CSS 样式；在嵌套表格中分别输入修饰小图片和文字内容。

(4) 文字 CSS 样式。

选中嵌套表格中十二钗名字的文字，在“属性”面板中设置文字大小为 9pt，文字颜色为#6b2ee9，会自动生成 CSS 样式，如图 2-48 所示。

(5) 边框 CSS 样式。

创建类名为 a 的自定义样式，设定表格左、右和下边框颜色、线型和粗细，具体设定如图 2-49 所示。

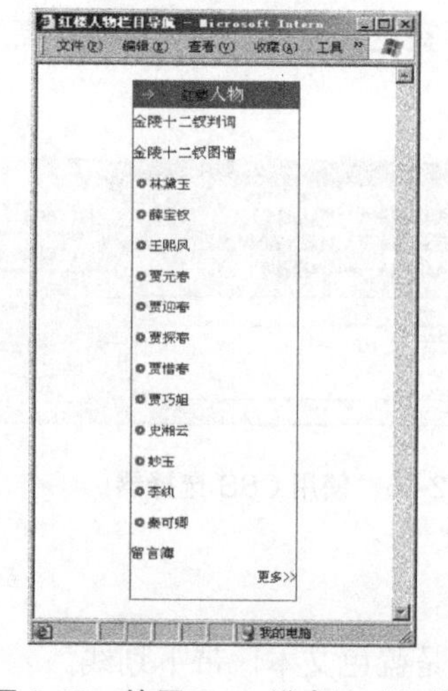


图 2-47 使用 CSS 样式的“红楼人物栏目导航”页面

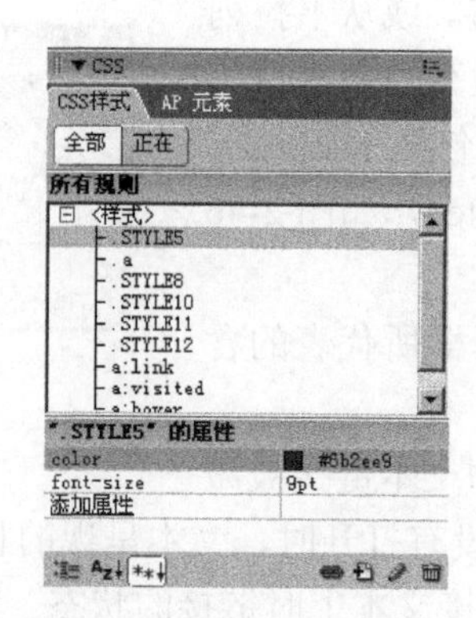


图 2-48 文字 CSS 样式

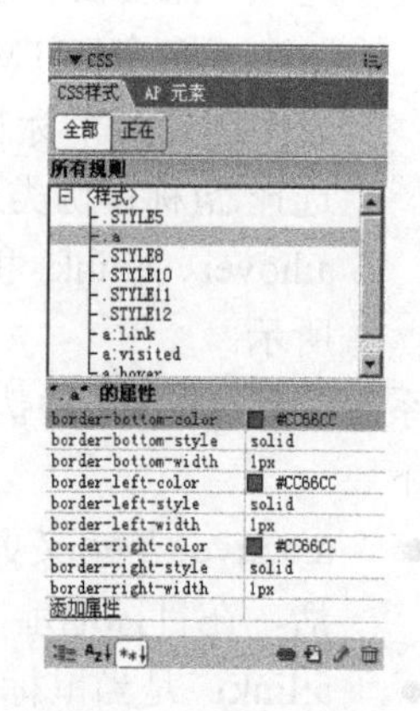


图 2-49 边框 CSS 样式

设置好样式后，将样式应用于表格，应用后如图 2-50 所示。

<body> <table.a> <tbody> <tr> <td> <table> <tbody> <tr> <td> <span.STYLE12> <a>

图 2-50 表格应用边框 CSS 样式效果

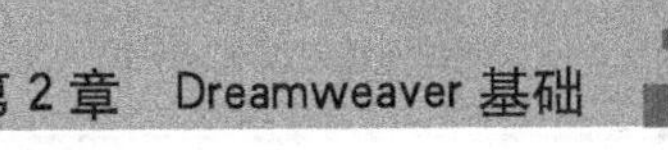

(6)　链接 CSS 样式。

为“金陵十二钗判词”“金陵十二钗图谱”“史湘云”和“调查表”设置超级链接。通过新建 CSS 样式设定链接外观。具体设定后的情况如图 2-51 所示。

图 2-51　从左到右为链接的三种状态的样式设置

通过图 2-51 可知，文字颜色设置为#6b2ee9，无修饰，当鼠标滑过时，文字加粗。

(7)　保存网页。

网页制作完成后，选择“文件”|“另存为”命令，将网页保存到指定位置。

# 2.9　使用框架

框架是一个较早出现的 HTML 对象，框架提供将一个浏览器窗口划分为多个区域，每个区域都可以显示不同 HTML 文档的方法。使用框架的最常见的用法是，将一些不需要更新的元素放在一个框架内作为单独的网页文档，这个文档是不变的；其他需要经常更新的内容放在主框架内。这就非常便于完成导航工作。框架技术一直被普遍应用于页面导航，它可以让网站的结构更加清晰。

框架由两部分组成：框架集和单个框架。框架集是定义框架结构的 HTML 页面，而框架是框架集中的单个区域，所以，框架集是框架的集合。

## 2.9.1　创建框架和框架集

选择“文件”|“新建”命令，打开“新建文档”对话框，在类别列表中选择“框架集”，在右侧的框架集列表中选择一种框架集，单击“创建”按钮，如图 2-52 所示。

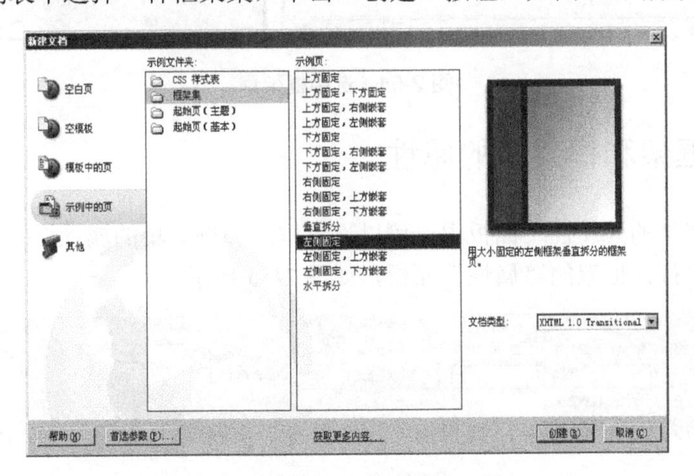


图 2-52　新建框架集

在 Dreamweaver 中，要设置框架和框架集的属性，必须先选择框架或框架集。

可以使用下列方法之一选择框架。

- 按住 Alt 键的同时，在文档窗口中单击框架，选中框架。
- 在“框架”面板中单击框架，则选中相应的框架，如图 2-53 所示。

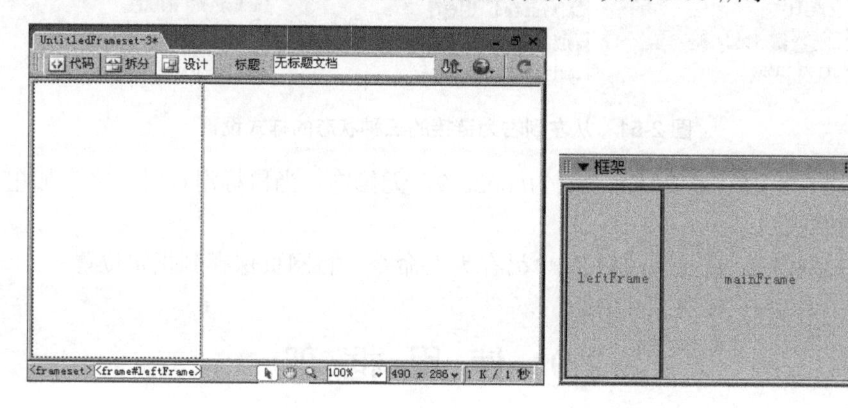


图 2-53　选中框架

可以使用下列方法之一选择框架集。

- 在文档窗口中，单击框架集中任意两个框架的边界。
- 在“框架”面板中，单击框架集的外围，如图 2-54 所示。

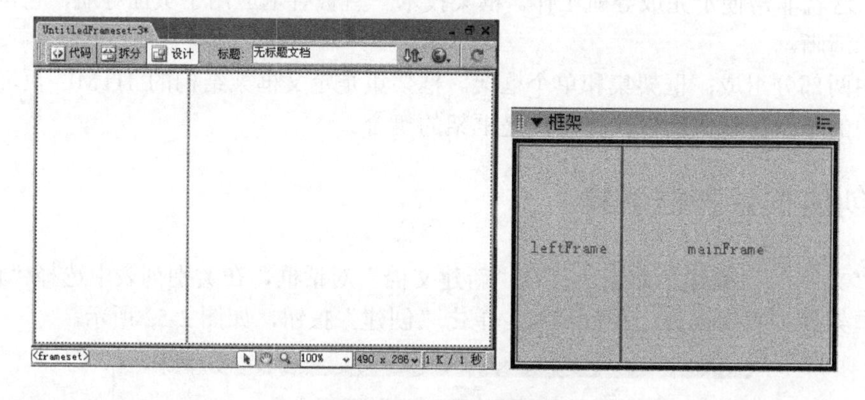


图 2-54　选中框架集

## 2.9.2　设置框架和框架集的属性

在框架和框架集的“属性”面板中，可以设置框架和框架集的属性。

选择框架后，打开框架的“属性”面板，如图 2-55 所示。

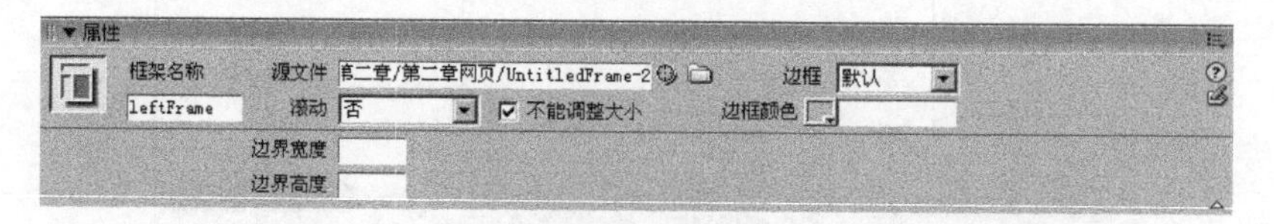


图 2-55　框架的“属性”面板

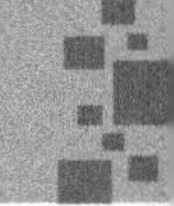

在框架的“属性”面板中设置下列选项。

- 框架名称：在此文本框中输入框架的名称。注意，框架的名称必须以字母开头，且必须是单个单词，不能使用 JavaScript 的保留字，不允许出现空格、句点“.”和连字符“－”，但允许使用下划线“_”。
- 源文件：在此文本框中指定框架中显示的文档。
- 滚动：在此下拉列表框中设置是否在框架中出现滚动条。大多数浏览器设置为“默认”；当内容超出框架范围时，显示滚动条。
- 不能调整大小：选中该复选框，则用户不能拖动框架边框以改变框架的大小。
- 边框：在此下拉列表框中设置是否显示框架边框。是——显示边框；否——隐藏边框；默认——根据浏览器的默认设置显示框架边框。
- 边框颜色：该选项用来设置所有边框的颜色。
- 边界宽度：在此文本框中输入以像素为单位的数值，确定框架左边框和右边框之间的距离。
- 边界高度：在此文本框中输入以像素为单位的数值，确定框架上边框和下边框之间的距离。

选择框架集后，打开框架集的“属性”面板，如图 2-56 所示。

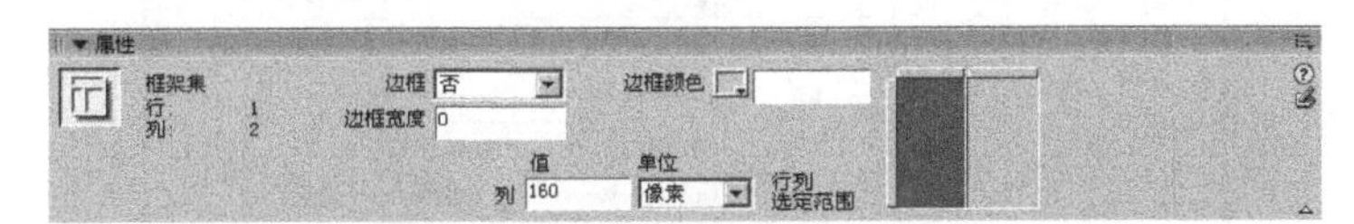

图 2-56　框架集的“属性”面板

在框架集的“属性”面板中设置下列选项。

- 边框：在此下拉列表框中设置是否显示边框。
- 边框宽度：在此文本框中设置框架集中所有框架的边框宽度。
- 边框颜色：此选项用来设置边框颜色，单击按钮选取颜色，或在文本框中输入颜色的十六进制代码。
- 行列选定范围：单击左侧或顶部的标签，选择行或列。
- 值：在此文本框中指定所选择的行或列的高度。
- 单位：在此下拉列表框中选择适当的单位：像素——输入以像素为单位的数值，指定所选行或列的绝对大小；百分比——所选择行或列相对于框架集大小的百分比；相对——在指定“像素”和“百分比”空间后，分配剩余的框架空间。

链接在框架中应用较为广泛。例如，在左侧框架放置导航条，单击导航条中的链接，则右侧框架中显示链接内容，这里就需要将导航条中链接的目标窗口设置为右侧框架窗口。

在为导航部分添加链接时，需要指定链接的文件在哪个窗口中打开，打开窗口的指定是在链接文本的“属性”面板的“目标”设置框中进行的，如图 2-57 所示。

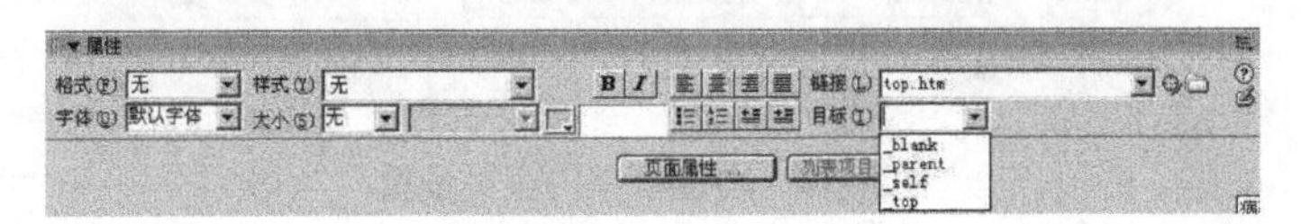

图 2-57　选择目标框架

在默认情况下，“目标”下拉列表框中总有 4 个选项：_blank——在新的窗口中打开链接；_parent——在当前框架的父框架中打开链接；_self——在当前框架中打开链接；_top——在当前窗口中打开链接，将清除所有框架。

除了以上几个目标位置以外，还可以在“目标”下拉列表框中输入当前页中的某一框架名称，那么指定的 HTML 文件就在指定的框架中打开。这就是我们自己创建框架集时，一定要给每个框架命名的原因。若是使用预定义的框架集，各框架的名称已自动给出，这时在“目标”下拉列表中可直接找到。

本节将制作利用框架的“红楼人物主体”页面，完成后的 2-8.html 网页，其效果如图 2-58 所示。

图 2-58　使用框架制作的“红楼人物主体”页面

(1) 新建网页。

新建一个网页，在标题栏中输入“红楼人物主体”。

(2) 新建框架集。

创建框架集，采用左右分框架的方式，左侧为红楼人物栏目导航页，右侧为相应的内容页。左侧框架链接导航页，右侧框架链接内容页，“属性”面板如图 2-59 和图 2-60 所示。

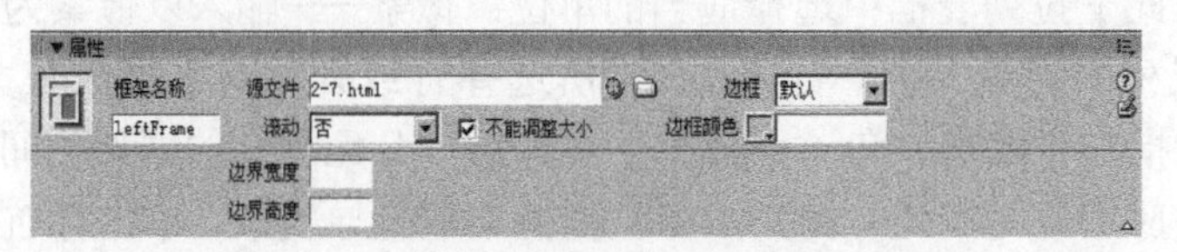


图 2-59　左侧框架导航页设置

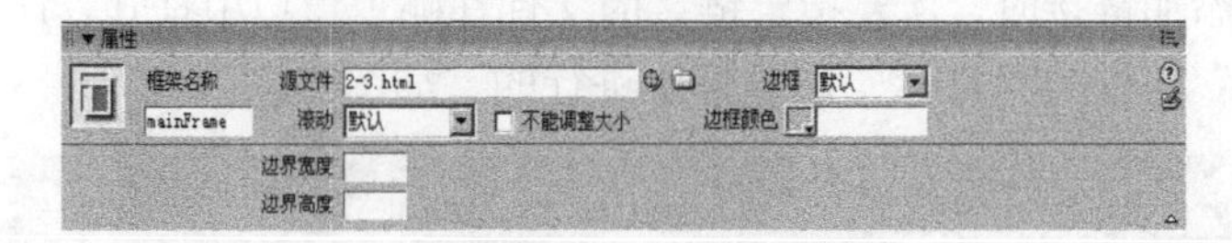


图 2-60　右侧框架内容页设置

(3) 调整左右框架宽度。

根据页面内容需要，调整左右框架的宽度，调整好整个框架后的“属性”面板如图 2-61 所示。

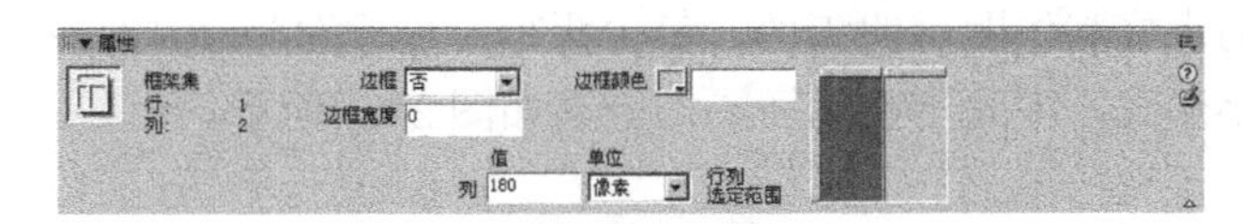


图 2-61 框架集属性设置

(4) 设置框架链接。

为左侧的导航页设置链接，分别链接到相应的页面在右侧框架中显示。如图 2-62 所示为设置链接的“属性”面板，注意目标窗口一定要选择右侧框架的名字。

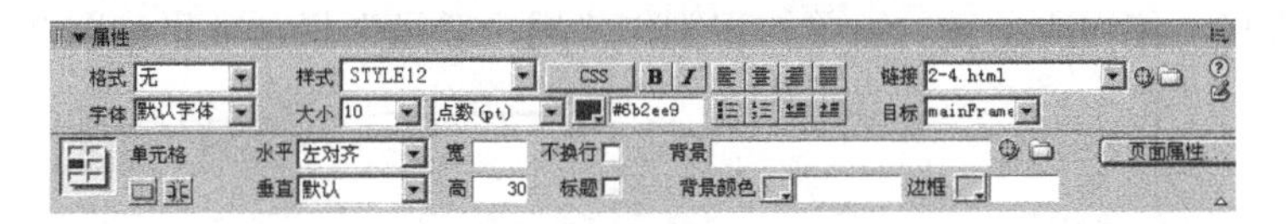


图 2-62 框架链接设置

(5) 保存网页。

网页制作完成后，选择“文件”|“保存全部”命令，将框架页及框架集保存到指定位置。

# 2.10 综 合 实 例

利用前面所介绍的内容制作的“梦回红楼之红楼人物”页面，完成后保存为 2-9.html，其效果如图 2-63 所示。

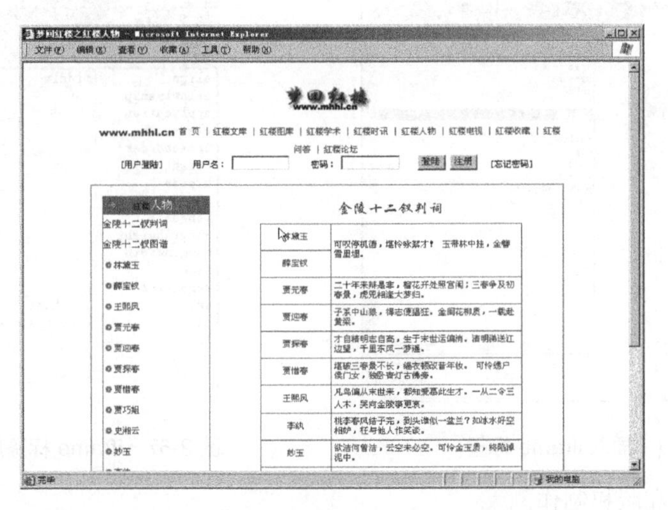


图 2-63 “梦回红楼之红楼人物”页面

(1) 新建网页。

新建一个网页，在标题栏中输入“梦回红楼之红楼人物”。

(2) logo 的制作。

利用 Photoshop 软件制作网页的 logo 梦回红楼 www.mhhl.cn。

(3) 网页头部制作。

插入 2 行 1 列的表格制作网页的头部，包含两行，一行为 logo，一行为整个网页的导航。网页的导航采用文字形式，中间用竖线间隔，效果如图 2-64 所示。

梦回红楼 www.mhhl.cn

www.mhhl.cn 首 页 | 红楼文库 | 红楼图库 | 红楼学术 | 红楼时讯 | 红楼人物 | 红楼电视 | 红楼收藏 | 红楼问答 | 红楼论坛

图 2-64 网页头部

(4) “用户登录”栏制作。

插入一个表格，使用所学过的表单知识制作“用户登录”栏，效果如图 2-65 所示。

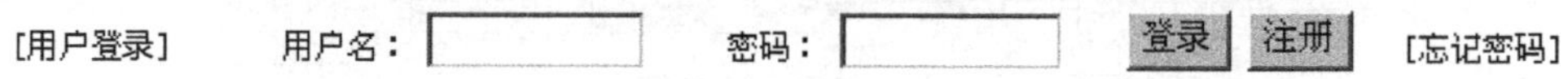

[用户登录] 用户名： 密码： 登录 注册 [忘记密码]

图 2-65 “用户登录”栏

(5) 网页主体制作。

红楼人物栏目主体内容已经在 2.8 节中制作完成，在综合网页中利用插入页面元素 iframe 内部框架的方式将已经制作好的网页整合进来。内部框架 iframe，可以实现在同一页面中开一个小窗口的功能，单击超级链接可以将相应的页面在 iframe 中显示。

通过选择“插入记录”|“标签”命令，打开标签选择窗口，选择 HTML 标签中的“页元素”，找到 iframe，如图 2-66 所示。

对 iframe 进行设定，链接到 2-8.html 网页，具体设置如图 2-67 所示。

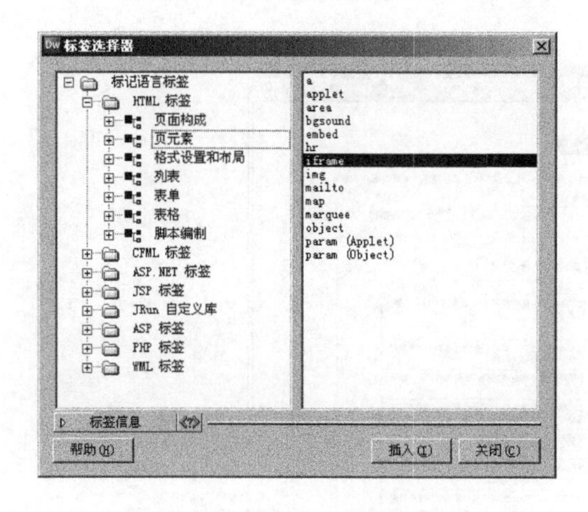


图 2-66 插入 iframe 标签

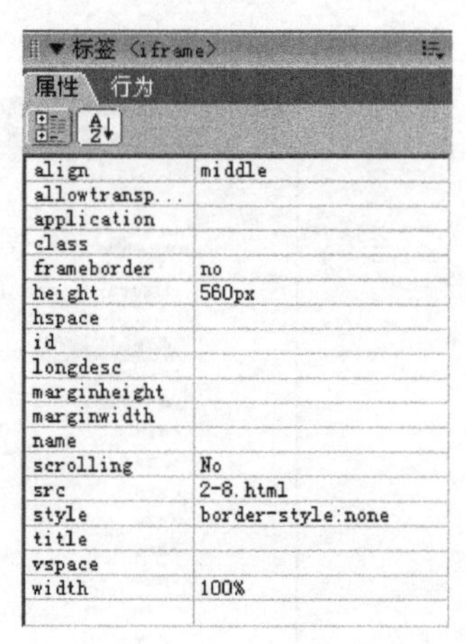


图 2-67 iframe 标签属性设置

(6) 友情链接和版权制作。

网页的底部放置了友情链接和版权等说明。

(7) 保存网页。

网页制作完成后，选择“文件”|“另存为”命令，将网页保存到指定位置。

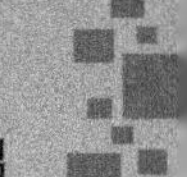

## 2.11　小　　结

本章以知识点为基础，通过分步骤对实例进行详细讲解的方式重点介绍了 Dreamweaver 的表格、AP 元素布局、超级链接、CSS 样式应用以及框架、表单等在网页制作中的具体运用。最后通过一个综合实例进行了概括总结，为动态网页的制作奠定了坚实的基础。

# 第3章　ASP 脚本语言

Active Server Pages (动态服务器主页，简称 ASP)是一套由微软开发的服务器端运行的脚本平台。ASP 可以结合 HTML 网页、ASP 指令和 ActiveX 元件建立动态、交互且高效的 Web 服务器应用程序。ASP 本身并不提供脚本语言，但采用 VBScript 或 JScript 作为开发语言。VBScript 语言是 ASP 默认的脚本语言。本章介绍 VBScript 语法基础，并通过实例进一步巩固对 VBScript 脚本语言的学习。

**学习目标 | Objective**

- 掌握 VBScript 数据类型。
- 掌握 VBScript 的运算符。
- 掌握 VBScript 的语句。
- 掌握 VBScript 的过程和函数。

## 3.1　VBScript 基础

### 1. VBScript 的主要特点

VBScript 的全称是 Visual Basic Scripting Edition，它是专业编程语言 Visual Basic 的子集。VBScript 脚本语言具有以下几个主要特点。

(1) 易学易用。已经了解 Visual Basic 或 Visual Basic for Applications，就会很快熟悉 VBScript。

(2) ActiveX 脚本。VBScript 使用 ActiveX 脚本与宿主应用程序对话；所用的脚本编写引擎是 vbscript.dll，该引擎能够识别 VBScript 代码；脚本编写宿主是使用脚本编写引擎的应用程序，Internet Explorer 浏览器就是宿主应用程序的一个例子，它通过引擎来运行脚本。

(3) 其他应用程序和浏览器中的 VBScript。开发者可以在其产品中免费使用 VBScript 来实现程序。

### 2. VBScript 在客户端浏览器中的使用方法

在 HTML 代码中，VBScript 代码需要添加在<SCRIPT>和</SCRIPT>标记之间。VBScript 在客户端浏览器中的使用方法具体如下：

```
<html>
<head>
<meta http-equiv="Content-Type" content="text/html; charset=gb2312">
```

```
<title>第一个 VBScript 例子</title>
</head>
<body>
<SCRIPT LANGUAGE="VBScript">        '脚本代码的起始
<!--
  MsgBox "欢迎使用 ASP 大全学习！"  '弹出带有"欢迎使用 ASP 大全学习"信息的对话框
-->
</SCRIPT>                           '脚本代码的结束
</body>
</html>
```

对以上代码说明如下。

(1) VBScript 代码包含在<SCRIPT>和</SCRIPT>标记之间。SCRIPT 标记可以出现在 HTML 代码中的任何地方，但是最好将 SCRIPT 标记放到 HTML 代码中的 HEAD 部分，这样可以使 VBScript 代码集中存放。

(2) LANGUAGE 属性用于指定所使用的脚本语言。由于浏览器支持多种脚本语言，所以需要指定类型，否则浏览器不能正确调用引擎解释执行的脚本。上面的例子使用 VBScript 作为脚本语言。

(3) 本段代码使用了注释标记(<!-- 和 -->)。如果浏览器不能识别<SCRIPT>标记，注释标记可以避免将代码显示在页面中。

(4) MsgBox 方法用来在对话框中显示消息，并返回一个指示用户单击的按钮。

(5) 运行这段代码时，浏览器解释执行该段代码。浏览器运行到<SCRIPT>标记，就通过 LANGUAGE 属性，获取所使用的脚本语言。浏览器调用 VBScript 的引擎解析这些脚本代码，然后脚本引擎执行该段代码。

将程序保存成 HTML 文件，然后利用浏览器直接打开，程序运行的结果如图 3-1 所示。

当用户访问网页时，被嵌入的 VBScript 代码会被发送到客户端浏览器。用户可以在客户端查看网页中的 VBScript 代码。选择浏览器中的“查看”|“源文件”命令，在新打开的窗口中，显示网页文件的 HTML 代码。该例网页的代码如图 3-2 所示。

图 3-1　第一个例子的运行结果

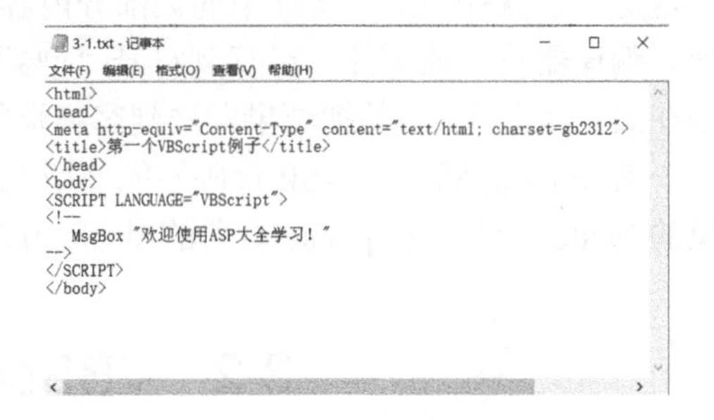


图 3-2　第一个例子的查看源码界面

### 3. 编写 VBScript 代码需遵循的规则

编写 VBScript 代码需要遵循一定的规则，具体如下。

(1) 一行代码可以有多条语句，语句间的间隔使用冒号分割。

(2) 一行代码语句也可以分在多行编写。这需要在行末加上续行符号(一般使用下划线)。下面是使用续行符号的例子。代码中的&为连接符号，用来连接两个字符串。代码如下：

```
<SCRIPT LANGUAGE="VBScript">
<!--
  MsgBox "欢迎使用"&_
         "ASP 大全学习！"
-->
</SCRIPT>
```

(3) 注释以单引号开始。注释既可以出现在语句后面，也可以单独成为一行。下面是使用注释的例子。代码如下：

```
<SCRIPT  LANGUAGE="VBScript">
<!---这是单独一行的注释
 MsgBox Form1.InputText.value   '显示 InputText 输入框中的值
-->
</SCRIPT>
```

下面是本书的第一个 VBScript 的例子。这个例子把指定的字符串显示在页面中。代码如下：

```
<html>
<head>
<meta http-equiv="Content-Type" content="text/html;
charset=gb2312">
<title>第一个 ASP 例子</title>
</head>
<body>
<%
Dim str                                  '定义一个变量
str="这是一个 ASP 的值为："& vbCrLf      '设置 str 的内容
Response.write str                       '输出 str 的内容
%>
</body>
</html>
```

这是一个 ASP 文件，文件中的大部分内容为 HTML 代码。ASP 代码包含在“<%”和“%>”之间。编译器执行该文件，运行到符号“<%”时，不是把该部分的代码传到客户端浏览器，而是在服务器上执行，并把结果发送到客户端的浏览器上。发布该文件，页面显示的内容是“这是一个 ASP 的值为：”。ASP 代码不能使用 MsgBox 函数，输出网页内容，需要使用 Response 对象的 Write 方法。Response 对象的 Write 方法将在第 4 章介绍。

## 3.2 VBScript 数据类型

VBScript 脚本语言只有一种 Variant 变量类型。下面介绍常量和变量的定义、变量的命名规则及变量的作用域。

### 3.2.1 Variant 变量类型

与 Visual Basic 相比，VBScript 只有一种数据类型。VBScript 语言拥有的数据类型是 Variant。

Variant 是一种特殊的数据类型，它会根据使用方式的不同而变化，这些变化着的数据称为“数据子类型”，常见的有字符串、整数、日期、布尔值、函数返回值的各种类型。因为 Variant 是 VBScript 中唯一的数据类型，所以它也是 VBScript 中所有函数的返回值的数据类型。

最简单的 Variant 可以包含数字或字符串信息。Variant 用于数字上下文中时作为数字处理，用于字符串上下文中时作为字符串处理。也就是说，如果使用看起来像是数字的数据，则 VBScript 会假定其为数字并以适用于数字的方式处理。与此类似，如果使用的数据只可能是字符串，则 VBScript 将按字符串处理。也可以将数字包含在引号(" ")中使其成为字符串。

VBScript 会根据代码的上下文自动转换数据的子类型。例如 T1=31，这里的 T1 将被作为一个整数来对待；如果 T1="31"，这时 T1 将被作为一个字符串来对待。但如果执行 T2=T1+10，VBScript 将 T1 转换为整数变量，下面通过实例进行说明(对应的文件为 3-02.htm)。

代码如下：

```
<HTML><HEAD><TITLE>Variant 数据类型</TITLE>
<SCRIPT LANGUAGE="VBScript">
  dim T1,T2
  T1="31"
  T2=T1+10
  document.write(T2)
</SCRIPT></HEAD><BODY></BODY></HTML>
```

程序运行的结果如图 3-3 所示。

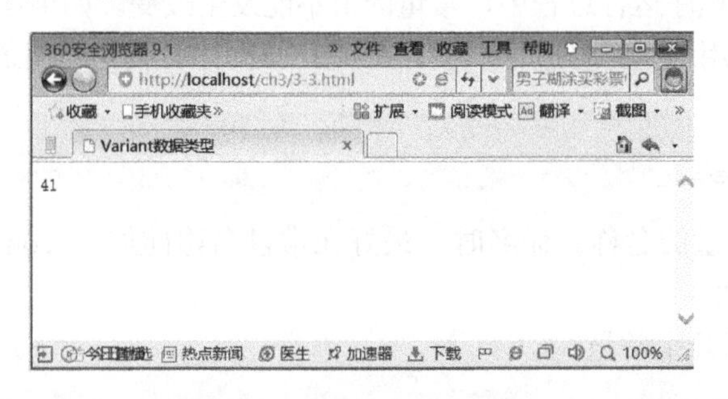


图 3-3　Variant 数据类型

除简单数字或字符串以外，Variant 可以进一步区分数值信息的特定含义。例如，使用数值信息表示日期或时间。Variant 包含的数值信息类型称为子类型。大多数情况下，可将所需的数据放进 Variant 中，而 Variant 也会按照最适用于其包含的数据的方式进行操作。Variant 包含的数据子类型如表 3-1 所示。

表 3-1　Variant 包含的数据子类型

| 子类型 | 说　明 |
|---|---|
| Boolean | 布尔类型，值可以为 True 或 False |
| Byte | 字节类型，值为 0 至 255 之间的整数 |
| Integer | 整型，值为-32768 至 32767 之间整数 |
| Long | 长整型，值为-2147483648 至 2147483647 之间整数 |
| Single | 单精度浮点数类型 |

续表

| 子类型 | 说　明 |
|---|---|
| Double | 双精度浮点数类型 |
| String | 字符串类型，字符串最大长度为 20 亿个字符 |
| Date | 日期类型，日期范围为公元 100 年 1 月 1 日至公元 9999 年 12 月 31 日 |
| Currency | 货币类型 |
| Null | 空数据类型，也就是不包含任何有效数据的 Variant |
| Empty | 没有初始化的 Variant 变量。若是数值型变量，值为 0；若是字符型变量，值为零长度的字符串“ ” |
| Object | 对象类型，可以为 FSO 对象、Stream 对象等 |
| Error | 包括错误号 |

可以使用转换函数来转换数据的子类型。另外，可以使用 VarType 函数返回数据的 Variant 子类型。

### 3.2.2 常量

在程序设计中，经常使用一些固定的值。这些固定的值常被符号代替，这些符号就是常量。常量具有固定的值，在程序运行过程中，常量的值不能发生改变。如果在脚本中使用这些固定的值，脚本程序只需要引用这些符号就可以了。在 VBScript 中，使用 Const 关键字定义常量。其语法格式如下：

```
Const Name=Value
```

其中，Name 为常量的名称。命名时，最好在常量名称前加上 con，以便与其他变量进行区分。Value 为常量的值。

下面的代码定义了几个常量：

```
Const MyName = "王齐"
Const MyClass = 6
Const OlympicDate = #8-8-08#
```

字符串文字包含在两个引号("")之间。这是区分字符串型常数和数值型常数的最明显的方法。日期文字和时间文字包含在两个#符号之间。可以一行定义多个常量，只要把每个常量定义用逗号隔开即可。

另外，VBScript 预先定义了很多常用的常量。VBScript 预先定义的常量，通常以 vb 开始，如颜色常量 vbRed 表示红色，另外还有比较常见的 Empty、Null、True、False 等。下面是使用系统常量的例子。代码如下：

```
<html>
<head>
<meta http-equiv="Content-Type" content="text/html; charset=gb2312">
<title>使用系统预先定义的常量</title>
</head>
<body>
<SCRIPT LANGUAGE="VBScript">
```

```
<!--
  MsgBox "欢迎使用"&vbCrLf&"ASP 大全学习！"
-->
</SCRIPT>
</body>
</html>
```

本例使用了常量 vbCrLf。它是该系统预先定义的一个常量，表示一个回车换行符号。在 VBScript 中，还可以使用 Chr(13)&Chr(10)表示一个回车换行符号。程序中符号&表示连接两个字符串。程序运行的结果如图 3-4 所示。

图 3-4　使用预定义常量

## 3.2.3　变量

变量是计算机内存中已命名的内存位置，该位置可存储脚本运行时能更改的信息。例如，可以创建一个名为 ClickCount 的变量来存储用户单击网页上某个对象的次数。使用变量并不需要了解变量在计算机内存中的地址，重要的在于可以引用变量名，可以查看或更改变量的值。

### 1. 声明变量

在 VBScript 脚本中，声明变量有下列两种类型。

1) 显式声明变量

在 VBScript 里，使用 Dim、Public、Private 来声明变量。例如：

```
Dim a
```

也可以同时声明多个变量，使用逗号分隔变量。例如：

```
Dim a, b, c, d
```

2) 隐式声明变量

使用一个变量之前也可以不专门声明它，直接在 Script 中使用变量。例如：

```
r=4
```

**注意：**隐式声明变量不是一个好习惯，因为这样有时会由于变量名被拼错而导致在运行脚本时出现意外的结果。因此，最好使用 Option Explicit 语句显式声明所有变量，并将其作为脚本的第一条语句。当 Option Explicit 出现在文件中时，必须使用 Dim、Private、Public 语句显式声明所有变量。如果使用未声明的变量名将发生编译时错误。

### 2. 变量命名规则

在 VBScript 中，变量命名必须遵守以下规则。

(1)　变量首字符必须为字母。

(2)　其他字符可以为数字、字母、下划线。

(3)　保留字不能作为变量名称。

(4)　变量名称不能超过 255 个字符。

(5)　在被声明的作用域内不能重名。

像下面这几个变量名称都是错误的。

```
Len           'len为求字符长度的函数名字，不能作为变量名称
2Num          '数字不能作为变量的首字符
File.Name     '.不能作为变量名称的一部分
File@Name     '特殊符号@不能作为变量名称一部分
```

另外，为了程序易于阅读、维护和调试，命名时可以用变量的首字母标识类型。例如，使用 int 标识整型变量，str 标识字符型变量，obj 标识对象型变量。

### 3．变量的作用域与存活期

变量的作用域由声明它的位置决定。如果在过程中声明变量，则只有该过程中的代码可以访问或更改变量值，此时变量具有局部作用域并被称为过程级变量。如果在过程之外声明变量，则该变量可以被脚本中所有过程所识别，称为脚本级变量，具有脚本级作用域。

变量存在的时间称为存活期。脚本级变量的存活期从被声明的一刻起，直到脚本运行结束。对于过程级变量，其存活期仅是该过程运行的时间，该过程结束后，变量随之消失。在执行过程时，局部变量是理想的临时存储空间。可以在不同过程中使用同名的局部变量，这是因为每个局部变量只被声明它的过程识别。

### 4．变量赋值

给变量赋值的表达式为：变量在表达式左边，要赋的值在表达式右边。例如：

```
b=40
c="表达式"
```

举一个简单的例子说明变量赋值的情况。代码如下：

```
<html>
<head><title>变量赋值</title></head>
<body>
<script language="VBScript">
dim a
a="第一次为变量赋值的过程叫为变量赋初值,也叫初始化变量"
document.write(a)
document.write("<br>")
a="第二次为变量赋值，变量显示新赋值的内容"
document.write(a)
</script>
</body>
</html>
```

程序运行的结果如图 3-5 所示。

图 3-5　变量赋值

下面通过实例介绍如何综合运用常量和变量代码如下：

```
<HTML>
<HEAD><TITLE>求圆的面积</TITLE>
<SCRIPT  LANGUAGE="VBScript">
Const pi=3.141592
dim r,s
r=5
s=pi*r^2
document.write("圆的半径为 5 厘米")
document.write("<br>")
document.write("圆的面积为"&s&"平方厘米")
</SCRIPT>
</HEAD>
<BODY></BODY>
</HTML>
```

在求圆的面积这个程序中，圆周率是一个固定的数值，使用常量声明并应用于程序中；半径和面积均随取值不同而发生变化，采用变量声明的方式。

程序运行的结果如图 3-6 所示。

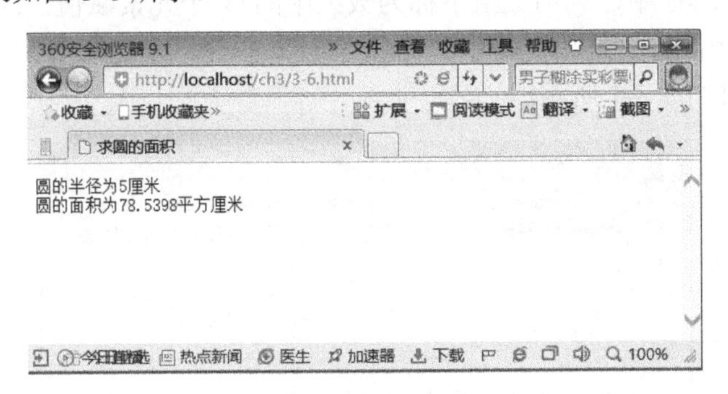


图 3-6 求圆的面积

## 3.2.4 数组

在多数情况下，只需要为声明的变量赋一个值。只包含一个值的变量被称为标量变量。如果多个变量具有相同的意义，则可以把这些变量合并为一个数组变量，使用一个变量名来标示这些变量。数组中包含多个元素，不同的元素使用不同的下标值来区分。数组变量与普通变量唯一的区别是声明数组变量时变量名后面带有括号( )。

下面的示例代码声明了一个包含 11 个元素的一维数组：

```
Dim  A(10)
```

括号中显示的数字是 10，但由于在 VBScript 中所有数组下标都是从 0 开始的，所以这个数组实际上包含 11 个元素。在下标从 0 开始的数组中，数组元素的数目总是括号中显示的数目加 1。这种数组被称为固定大小的数组。

在数组中可以使用索引为数组的每个元素赋值。对于一维数组 A(10)，它的下标从 0 到 10，数组中的元素分别使用 A(0)、A(1)、…、A(10)表示。

下面通过实例介绍一维数组的使用。代码如下：

```
<HTML>
<HEAD><TITLE>VBScript 的一维数组</TITLE>
<SCRIPT  LANGUAGE="VBScript">
dim A(10)
A(0) = 234
A(1) = 354
A(2) = 120
A(10) = 57
document.write(A(0))
document.write("<br>")
document.write(A(5))
document.write("<br>")
document.write(A(10))
</SCRIPT>
</HEAD>
<BODY></BODY>
</HTML>
```

在一维数组这个程序中，利用数组下标为数组中的 4 个元素赋值，因为没有为元素 A(5) 赋值，所以其输出为空。

程序运行的结果如图 3-7 所示。

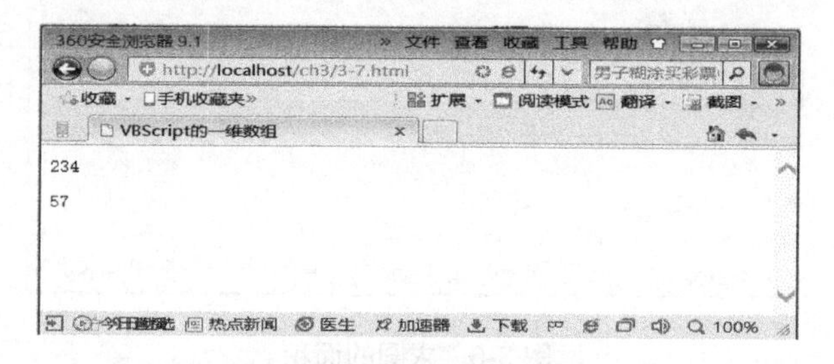


图 3-7　一维数组的使用

数组并不仅限于一维。数组的维数最大可以为 60。声明多维数组时用逗号分隔括号中每个表示数组大小的数字。在下面的示例中，intArray 变量是一个 2 行 3 列的二维数组：

```
Dim intArray(1,2)
```

在二维数组中，括号中第一个数字表示行的数目，第二个数字表示列的数目。上面这个数组拥有 6 个元素，这 6 个元素分别为：intArray(0,0)、intArray(0,1)、intArray(0,2)、intArray(1,0)、intArray(1,1)、intArray(1,2)。

除了固定长度的静态数组之外，也可以声明动态数组，即在运行时大小发生变化的数组。但是在对动态数组进行声明时，括号中不包含任何数字。例如：

```
Dim  MyArray()
```

要使用动态数组，必须随后使用 ReDim 确定维数和每一维的大小。在下面的示例代码中，ReDim 将动态数组的初始大小设置为 25，而后面的 ReDim 语句将数组的大小重新调整为 30，同时使用 Preserve 关键字在重新调整大小时将保留数组的内容。

ReDim 语句的格式如下：

```
ReDim MyArray(25)
 …
ReDim Preserve MyArray(30)
```

重新调整动态数组大小的次数是没有任何限制的，但是应注意：将数组的大小调小时，将会丢失被删除元素的数据。

该示例的具体代码如下：

```
<HTML>
<HEAD><TITLE>使用动态数组</TITLE>
<SCRIPT  LANGUAGE="VBScript">
dim A()
ReDim A(25)
A(0) = 234
A(1) = 354
ReDim Preserve A(30)
A(30) = 50
document.write(A(0))
document.write("<br>")
document.write(A(1))
document.write("<br>")
document.write(A(30))
</SCRIPT>
</HEAD>
<BODY></BODY>
</HTML>
```

程序运行的结果如图 3-8 所示。

图 3-8　使用动态数组

## 3.3　运　算　符

在 VBScript 中，运算符可以分为 4 类：算术运算符、比较运算符、连接运算符和逻辑运算符。运算符操作的对象可以是变量、常量或函数。

## 3.3.1 算术运算符

算术运算符包括加、减、乘、除、求余(MOD)等。算术运算符的操作数可以为常量、变量，也可以是表达式，具体如表 3-2 所示。

表 3-2 算术运算符

| 运算符 | 说 明 |
|---|---|
| + | 计算两个数的和 |
| - | 计算两个操作数的差(A-B)或者对操作数求负(-B) |
| * | 计算两个操作数的乘积 |
| / | 计算两个数的商，商以浮点数表示 |
| \ | 计算两个数的商，商以整数形式表示 |
| ^ | 计算操作数的指数次方，如 A=B^C |
| MOD | 求两个数相除的余数。如 A=B MOD C |

下面通过实例介绍算术运算符的使用方法。代码如下：

```
<HTML>
<HEAD><TITLE>算术运算符</TITLE>
<SCRIPT  LANGUAGE="VBScript">
Dim A,B
Dim str
A=20
B=3
str="A="&A&"  B="&B&"  A/B="&(A/B) & vbCrLf
str=str&"A="&A&"  B="&B&"  A\B="&(A\B) & vbCrLf
str=str&"A="&A&"  B="&B&"  A^B="&(A^B) & vbCrLf
str=str&"A="&A&"  B="&B&"  A MOD B="&(A MOD B) & vbCrLf
MsgBox  str
</SCRIPT>
</HEAD>
<BODY></BODY>
</HTML>
```

程序运行的结果如图 3-9 所示。

通过运行结果可以看出，运算符“\”和“/”的结果是不同的。运算符“/”返回的结果为浮点数；运算符“\”返回的结果为整数。

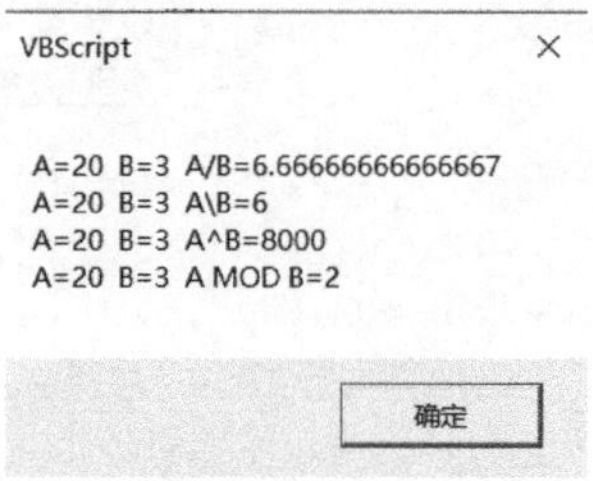

VBScript ×

A=20 B=3 A/B=6.66666666666667
A=20 B=3 A\B=6
A=20 B=3 A^B=8000
A=20 B=3 A MOD B=2

确定

图 3-9 算术运算的结果

## 3.3.2 比较运算符

比较运算符包括小于、大于、等于、不等于等操作，具体如表 3-3 所示。

表 3-3　比较运算符

| 运算符 | 说　明 |
| --- | --- |
| < | 小于 |
| <= | 小于或等于 |
| > | 大于 |
| >= | 大于或等于 |
| = | 等于 |
| <> | 不等于 |

除了 is 运算符外，比较运算符的两个操作数的类型可以为数值型或者字符型。比较方法如下。

(1) 若两个操作数的类型为数值型变量，则比较运算符比较两个操作数的数值，如果比较结果正确则返回 True，否则返回 False。

(2) 若两个操作数的类型为字符型，则比较字符的 ASCII 码值。如果第一个字符相同则比较第二个，直至不同或者比较完所有字符。

下面通过实例介绍比较运算符的使用方法。代码如下：

```
<HTML>
<HEAD><TITLE>比较运算符</TITLE>
<SCRIPT  LANGUAGE="VBScript">
Dim str
str=""
str=str&"asd>bsd 的比较结果为"&(asd>bsd)& vbCrLf
str=str&"6>7 的比较结果为"&(6>7)
MsgBox  str
</SCRIPT>
</HEAD>
<BODY></BODY>
</HTML>
```

程序运行的结果如图 3-10 所示。

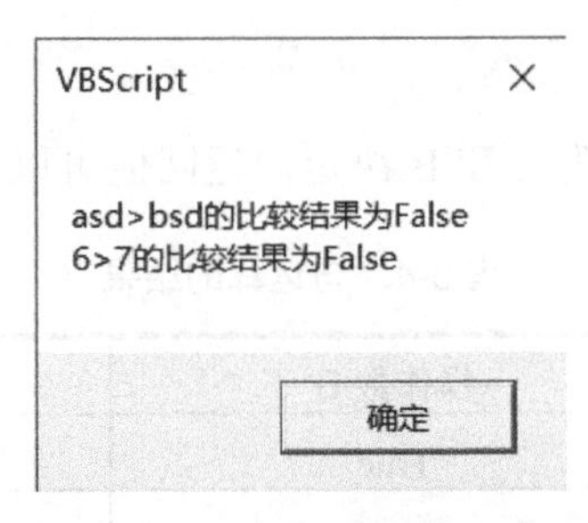


图 3-10　比较运算的结果

## 3.3.3　连接运算符

连接运算符是用来连接两个字符串的符号，包括&、+等。下面的代码将两个字符串连接成一个字符串并输出：

```
<SCRIPT LANGUAGE="VBScript">
Dim X,Y
Dim str
X="asp"
Y="大全"
MsgBox X&Y
MsgBox X+Y
</SCRIPT>
```

运行结果均为“asp 大全”。在这段代码中，连接符号“+”和“&”的作用是一样的。下面的代码使用符号“&”和“+”连接字符，运行结果就不一样了。代码如下：

```
<SCRIPT LANGUAGE="VBScript">
Dim intX,intY
intX=12
intY="23"
Dim str
str="intX&intY 运行结果为："&(intX&intY)&vbCrLf
str=str&"intX+intY 运行结果为："&(intX+intY)&vbCrLf
MsgBox str
</SCRIPT>
```

运行该段代码，结果如图 3-11 所示。

通过图 3-11 可以看出，intX&intY 的值为 1223，而 intX+intY 的结果却是 35。连接符&把两个字符串连接成了一个 1223；而连接符号+在执行时把字符“23”转换成了数字 23，然后进行了加法运算。

图 3-11　连接运算的结果

## 3.3.4　逻辑运算符

逻辑运算符包括：与(And)、非(Not)、或(Or)和异或(Xor)运算。

与运算(And)的语法格式如下：

```
Result=A And B
```

与运算的结果 Result 由操作数 A 和 B 决定，返回值可以根据表 3-4 确定。

表 3-4　与运算的结果

| 操作数 A | 操作数 B | 结果 Result 值 |
|---|---|---|
| True | True | True |
| True | False | False |
| False | False | False |
| False | True | False |

非运算(Not)的语法格式如下：

```
Result=Not B
```

非运算的结果 Result 由操作数 B 决定，返回值可以根据表 3-5 确定。

表 3-5　非运算的结果

| 操作数 B | 结果 Result 值 |
|---|---|
| True | False |
| False | True |

或运算(Or)的语法格式如下：

```
Result=A Or B
```

或运算的结果 Result 由操作数 A 和 B 决定，返回值可以根据表 3-6 确定。

表 3-6　或运算的结果

| 操作数 A | 操作数 B | 结果 Result 值 |
|---|---|---|
| True | True | True |
| True | False | True |
| False | False | False |
| False | True | True |

异或运算(Xor)的语法格式如下：

```
Result=A Xor B
```

异或运算的结果 Result 由操作数 A 和 B 决定，返回值可以根据表 3-7 确定。

表 3-7　异或运算的结果

| 操作数 A | 操作数 B | 结果 Result 值 |
|---|---|---|
| True | True | False |
| True | False | True |
| False | False | False |
| False | True | True |

下面通过实例介绍逻辑运算符的使用方法。代码如下：

```
<HTML>
<HEAD><TITLE>逻辑运算符</TITLE>
<SCRIPT LANGUAGE="VBScript">
Dim str
'在 and 运算中，只要有一个操作数为假，则整个运算即为假。下面结果为 False
str="15>4 and 'as' >'qw'的值为："&(15>4 and "as">"qw") & vbCrLf
'在 or 运算中，只要有一个操作数为真，则整个运算即为真。下面结果为 True
str=str&"15>4 or 'as'>'qw'的值为："&(15>4 or "as">"qw") & vbCrLf
'在 xor 运算中，只要有两个操作数的值相同，则整个运算就为 False，否则为 True。下面结果为 True
str=str&"15>4 xor 'as'>'qw'的值为："&(15>4 xor "as">"qw") & vbCrLf
```

```
str=str&"not(15>4) or 'as'>'qw'的值为: "&(not(15>4) or "as">"qw") & vbCrLf
MsgBox str
</SCRIPT>
</HEAD>
<BODY></BODY>
</HTML>
```

程序运行的结果如图 3-12 所示。

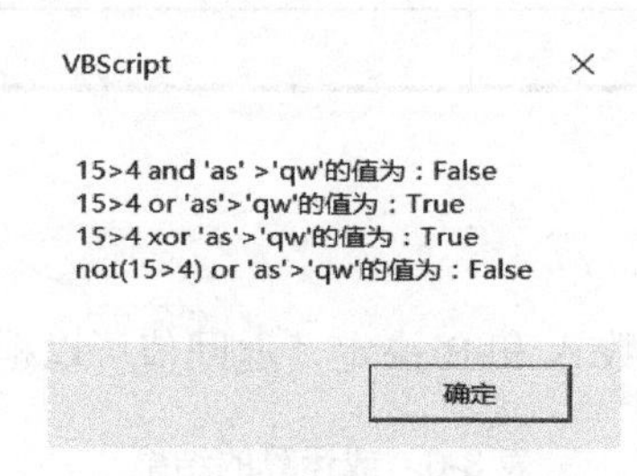


图 3-12　逻辑运算的结果

## 3.3.5　运算符的优先级

当一个表达式中包含多个运算符时，将会按照一定顺序计算每一部分的值。这个顺序就是运算符的优先级，如表 3-8 所示。

表 3-8　运算符的优先级

| 运算符类型 | 运算符 | 运算符优先级 |
|---|---|---|
| 算术运算符 | ^ | 依次从高到低 |
| | -(负号) | |
| | *、/ | |
| | \ | |
| | MOD | |
| | +、-(减号) | |
| 比较运算符 | >、>=、<、<=、<> | |
| 逻辑运算符 | 非 | |
| | 与 | |
| | 或 | |
| | 异或 | |

另外，括号可以改变运算符的优先级。如果表达式中有括号，先运算括号内的表达式，括号内的运算符计算顺序，仍然要遵循运算符的优先级。对于在表达式中出现的同一级别的运算符，按照从左到右的顺序运算。

例如，下面这段示例代码：

```
<SCRIPT LANGUAGE="VBScript">
Dim str
```

```
str="15>4 and not 'as'>'qw'的值为："&_
    (15>4 and not "as">"qw") & vbCrLf
MsgBox str
</SCRIPT>
```

运行该段代码，结果为 True。因为逻辑运算符 and 的优先级低于 not，因此先计算表达式 not "as">"qw"的值，该部分的值为 True；表达式 15>4 的值为 True，因此该表达式为 True。

# 3.4 条件语句

一般情况下，程序语句的执行是按照其书写顺序来执行的。前面的代码先执行，后面的代码后执行。但是这种简单的自上而下的单向流程只适于用一些很简单的程序。大多数情况下，需要根据逻辑判断来决定程序代码执行的优先顺序。要改变程序代码执行的顺序，这就需要用到条件语句。条件语句是脚本在执行过程中，依据条件的结果改变脚本执行流程的语句。VBScript 支持以下条件语句。

(1) 简单分支 If…Then。

(2) 选择分支 If…Then…Else。

(3) 多重选择 Select Case。

## 3.4.1 If…Then 语句

If…Then 是最常用的一种分支语句，该语句用于计算条件是否为 True 或 False，并且根据计算结果决定语句是否执行。通常，条件是使用比较运算符对值或变量进行比较的表达式。其语句组要执行的语句可以包含一条，也可以包含多条。

语法格式如下：

```
If 条件表达式 Then    动作语句
```

当条件表达式的结果为 True 时，则执行动作语句；否则，不执行动作语句。这种语句结构只能包含一条可执行语句，没有 End If。

下面的代码输出大于 60 的成绩：

```
<SCRIPT LANGUAGE="VBScript">
Dim score
'弹出输入数据的对话框，以便用户输入信息。用户输入的信息保存在变量score中
score=InputBox("请输入考试成绩","输入成绩")
If score>=60 Then MsgBox "成绩合格："& score
</SCRIPT>
```

在上述代码中，函数 InputBox()用来显示提示对话框，等待用户输入文本或单击按钮，并返回输入内容。如果输入的成绩大于 60，那么单击“确定”按钮后，将显示成绩是否合格的提示框。

这种条件分支结构的动作语句只能有一条，如果需要执行多条动作语句，就要使用下面的结构形式。这种语句结构必须有 End If。其语法格式如下：

```
If 条件表达式 Then
    动作语句
End If
```

下面的代码通过嵌套 If 语句对成绩进行分类并输出成绩级别：

```
<SCRIPT LANGUAGE="VBScript">
Dim score
'弹出输入数据的对话框，以便用户输入信息。用户输入的信息保存在变量 score 中
score= InputBox("请输入考试成绩","输入成绩")
'如果成绩小于 60 则输出 E
If score<60 Then MsgBox "成绩合格：E"
'输出成绩大于等于 60 的等级
If score>=60 Then
    '输出成绩大于等于 70 的等级
    If score >=70 Then
        '输出成绩大于等于 80 的等级
        If  score >=80 Then
            '输出成绩大于等于 90 的等级
            If  score >=90 Then
                MsgBox "成绩合格：A"
            End If
            '输出成绩在 80 至 90 之间的等级
            If score<90 Then MsgBox "成绩合格：B"
        End If
        '输出成绩在 70 至 80 之间的等级
        If score<80 Then MsgBox "成绩合格：C"
    End If
    '输出成绩在 60 至 70 之间的等级
    If score<70 Then MsgBox "成绩合格：D"
End If
</SCRIPT>
```

运行该段代码，输入成绩，单击“确定”按钮，将显示该成绩的档次。

### 3.4.2 If…Then…Else 语句

该语句的语法格式如下：

```
If 条件表达式 Then
    动作语句 1
Else
    动作语句 2
End If
```

If…Then…Else 语句可以完成双重条件的判断，当条件表达式为 True 时，执行动作语句 1；否则执行 2。

下面的实例使用 If…Then…Else 语句，实现 3.4.1 节中的成绩分类并输出成绩类别的功能。代码如下：

```
<SCRIPT LANGUAGE="VBScript">
```

```
Dim score
score= InputBox("请输入考试成绩","输入成绩")
If score>=60 Then
    If score >=70 Then
        If  score >=80 Then
            If score >=90 Then
                '输出大于 90 的成绩等级
                MsgBox "成绩合格：A"
            Else
                '输出小于 90 而大于 80 的成绩等级
                MsgBox "成绩合格：B"
            End If
        Else
            '输出小于 80 而大于 70 的成绩等级
            MsgBox "成绩合格：C"
        End If
    Else
        '输出小于 70 而大于 60 的成绩等级
        MsgBox "成绩合格：D"
    End If
Else
    MsgBox "成绩合格：E"
End If
</SCRIPT>
```

使用 If...Then...Else 语句虽然实现了这个功能，但是嵌套还是比较多。VBScript 还提供了多重条件判断语句结构。其语法格式如下：

```
If 条件表达式 1 Then
    动作语句 1
ElseIf 条件表达式 2
    动作语句 2
    …
Else
    动作语句 n
End If
```

多重条件语句在条件表达式值为 True 时，执行该表达式对应的动作语句，然后继续执行 End If 之后的语句。如果没有条件表达式的值为 True，并且存在 Else 分支，就执行 Else 后的动作语句。如果没有 Else 分支语句，则执行 End If 之后的语句。3.4.1 节讲述了成绩分类并输出成绩级别的例子，该例子使用多重条件语句也可以实现。具体代码如下：

```
<SCRIPT LANGUAGE="VBScript">
Dim score
score= InputBox("请输入考试成绩","输入成绩")
If score>=60 and score<70 Then
    MsgBox "成绩合格：D"
ElseIf score >=70 and score<80 Then
    MsgBox "成绩合格：C"
ElseIf score >=80 and score<90 Then
    MsgBox "成绩合格：B"
```

```
ElseIf  score >=90 Then
    MsgBox "成绩合格：A"
Else
    MsgBox "成绩合格：E"
End If
</SCRIPT>
```

### 3.4.3 Select Case 语句

Select Case 语句适用于选择条件比较多的多重选择。与 If…Then…Else 语句相比，Select Case 结构层次更清晰直观。语法格式如下：

```
Select  Case 表达式
Case 测试值 1
            动作语句 1
[Case 测试值 2
            动作语句 1]
…
[Case 测试值 n
            动作语句 n]
[Case Else
            动作语句]
End Select
```

执行 Select Case 语句时，先计算表达式的值，然后将每个测试的值进行匹配。如果匹配成功，则执行该 Case 后面的动作语句，执行该语句后，再执行 End Select 后面的代码。如果有多项测试值匹配成功，则执行第一个匹配成功测试值后的动作语句；如果没有与测试值匹配成功，并且存在 Case Else 语句块，则执行 Case Else 后面的动作语句。

Select Case 语句和 If 语句一样都允许嵌套，但是每一个 Select Case 语句都必须有 End Select 与之对应。

下面使用 Select Case 语句判断成绩等级。代码如下：

```
<HTML><HEAD><TITLE>判断成绩等级</TITLE>
<SCRIPT  LANGUAGE="VBScript">
dim num1
num1 = CInt(InputBox("请输入考试分数")/10)
Select Case num1
       Case 10,9
           document.write("成绩等级为优")
       Case 8
           document.write("成绩等级为良")
       Case 7
           document.write("成绩等级为中")
       Case 6
           document.write("成绩等级为差")
       Case 5,4,3,2,1,0
           document.write("成绩等级为不合格")
        Case else
           document.write("输入有错")
```

```
  End Select
</SCRIPT>
</HEAD><BODY></BODY></HTML>
```

代码中的 CInt()为转换函数，功能是将变量转换为整数类型。程序运行的结果如图 3-13 所示。

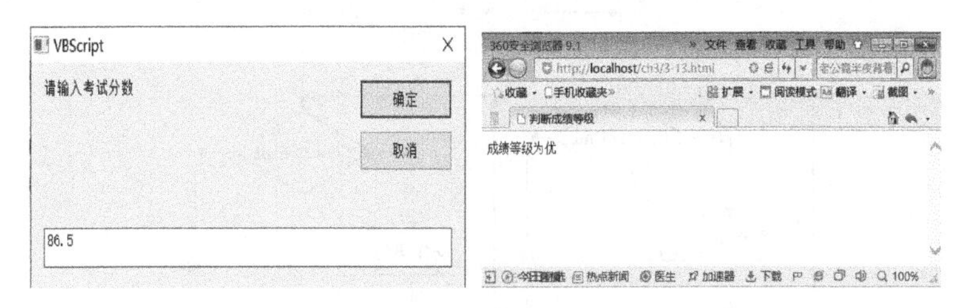


图 3-13　判断成绩等级

# 3.5 循环语句

循环语句是用来重复执行一段代码的语句。VBScript 常用的循环语句包括：Do…Loop、While…Wend、For…Next 和 For Each…Next。For…Next 语句常用于按照指定的循环次数进行操作的循环；For Each…Next 语句常用于对数组或集合中的每个元素进行操作的循环；Do…Loop 和 While…Wend 语句常用于按照指定条件进行操作的循环。

## 3.5.1 For…Next 语句

For…Next 语句常用于按照指定循环次数进行操作的循环。该语句的语法格式如下：

```
For Count=Start To End [Step n]
    动作语句
Next
```

语法说明如下。

(1) Count 是循环计数变量，变量名可以任意指定。

(2) Start 为计数变量的初值，End 为计数变量的终值。

(3) n 为步长，可以为正数也可以为负数。每执行一次循环，计数变量加上 n 值。若无 Step 子句，系统默认递增 1。

For…Next 语句的执行流程如图 3-14 所示。

下面是使用 For…Next 语句求 1～100 所有数之和的例子。代码如下：

```
<SCRIPT LANGUAGE="VBScript">
i=1
m=0
'从 1 到 100 进行循环，共循环 100 次
For i=1 to 100
    m=m+I                    '循环体内的操作语句
next
```

```
MsgBox  m& vbCrLf &i
</SCRIPT>
```

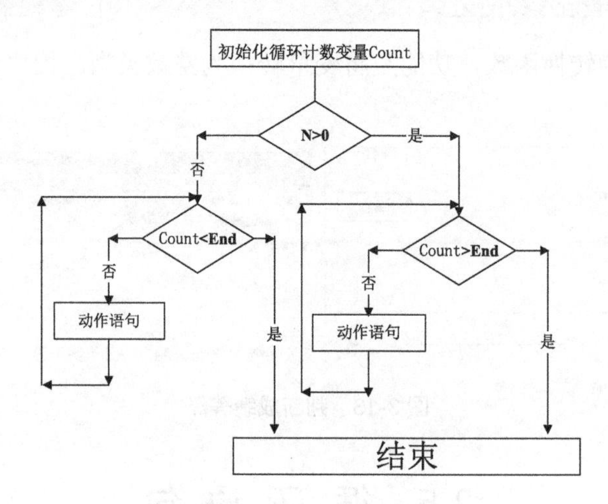


图 3-14　For...Next 的执行流程

如果在循环的过程中需要终止循环，可以使用 Exit For 语句。下面是终止循环的例子，超过 1000 后终止循环。代码如下：

```
<SCRIPT LANGUAGE="VBScript">
i=1
m=0
For i=1 to 100
    m=m+i
    '判断和是否超过 1000，超过 1000 将终止循环
    If m>1000 Then Exit For
next
MsgBox  m& vbCrLf &i
</SCRIPT>
```

## 3.5.2　For Each...Next 语句

For Each...Next 语句常用于对数组元素进行操作的循环。其语法格式如下：

```
For Each element In Array
    动作语句
Next
```

语法说明如下。

(1)　Array 表示集合或数组的名称。

(2)　element 用来枚举 Array 中所有元素的变量。对于数组，element 只能是 Variant 变量。

下面的例子是显示数组所有元素的值。代码如下：

```
<SCRIPT LANGUAGE="VBScript">
Dim Score(4)
Score(0)=60
Score(1)=70
```

```
Score(2)=80
Score(3)=75
Score(4)=63
Dim str
str=""
'使用 For each 语句循环输出数组的元素
'数组中的元素存放在变量 Stu_Score 中
For each Stu_Score in score
    Str=str& Stu_Score& vbCrLf
Next
MsgBox str
</SCRIPT>
```

在这个例子中，For Each 语句对数组中的所有元素执行连接操作。

### 3.5.3　While…Wend 语句

While…Wend 语句常用于按照指定条件的循环。其语法格式如下：

```
While 条件表达式
    动作语句
Wend
```

在执行循环时，如果条件表达式的值为 True，就执行动作语句，然后再次执行 While 语句；如果条件为 False，则终止循环，执行 Wend 后的脚本语句。

下面是使用 While 循环求出 1～100 所有数之和的例子。代码如下：

```
<SCRIPT LANGUAGE="VBScript">
i=1
m=0
'While 循环的条件是 i 小于等于 100。当 i 值大于 100 时结束循环
while i<=100
    m=m+i
    i=i+1
wend
MsgBox  m
</SCRIPT>
```

### 3.5.4　Do…Loop 语句

Do…Loop 语句可以与 While 或者 Until 结合，根据条件值实现循环。

Do While…Loop 语句的语法格式如下：

```
Do While 条件表达式
    动作语句
Loop
```

在条件表达式的值为 True 时，Do While 语句重复执行动作语句。

下面是使用 Do While 循环求出 1～100 所有数之和的例子。如果和超过 1000 则结束循环。代码如下：

```
<SCRIPT LANGUAGE="VBScript">
i=1
m=0
Do while i<=100
    m=m+i
    '判断 m 是否大于 1000 则终止 while 循环
    If m>1000 Then Exit Do
    i=i+1
loop
MsgBox  m& vbCrLf &i
</SCRIPT>
```

上面的形式是先检测 Do While 的条件表达式是否成立，然后才执行动作语句。也可以写成以下这种形式：

```
Do
    动作语句
Loop While 条件表达式
```

在执行这种形式的循环时，先执行一次动作语句，再执行条件表达式，依据条件表达式的值确定是否再次循环。修改代码如下：

```
<SCRIPT LANGUAGE="VBScript">
i=1
m=0
Do
    m=m+i
    If m>1000 Then Exit Do
    i=i+1
loop while i<=100
MsgBox  m& vbCrLf &i
</SCRIPT>
```

Do Until…Loop 语句的语法格式如下：

```
Do Until 条件表达式
    动作语句
Loop
```

在条件表达式的值为 False 时，Do Until 语句重复执行动作语句。Do Until 和 Do While 语句的不同之处在于：在执行 Do Until 时，条件表达式为 False 时才能执行动作语句；而在执行 Do While 时，表达式为 True 时才能执行动作语句。

使用 Do Until 循环实现求出 1～100 的数之和的例子。代码如下：

```
<SCRIPT LANGUAGE="VBScript">
i=1
m=0
'只有 i 值小于等于 100 时，才可以循环
Do until i>100
    m=m+i
    i=i+1
```

```
loop
MsgBox  m
</SCRIPT>
```

执行循环的时候，先测试 i 值是否大于 100，如果为 False 则执行加操作，再次执行 Do Until；如果为 True，则执行 Loop 后的语句。上述代码也可以像 Do While 语句那样写成下面的形式：

```
<SCRIPT LANGUAGE="VBScript">
i=1
m=0
'下面使用循环输出 100 个数值
Do
    m=m+i
    i=i+1
loop until i>100
MsgBox  m          '弹出信息
</SCRIPT>
```

# 3.6　过程和函数

在 VBScript 中，可调用的程序段被分为两类：Sub 过程和 Function 函数。过程是指能实现某种特定功能的程序代码段，执行结束后不返回任何值；函数也是实现某种特定功能的程序代码段，但是在执行结束前返回一个值。

## 3.6.1　过程的定义和调用

Sub 过程是包含在 Sub 和 End Sub 语句之间的一组 VBScript 语句，又叫 Sub 子程序。执行操作但不返回值，Sub 过程可以使用参数(由调用过程传递的常数、变量或表达式)，如果 Sub 过程无任何参数，Sub 语句也必须包含空括号()。

其语法格式如下：

```
Sub 过程名(参数 1,参数 2,…)
语句组
End Sub
```

定义了一个 Sub 过程后，就可以在程序代码中调用它。Sub 过程的调用有两种方式。一种是使用 Call 语句，它要求将所有参数包含在括号之中，语法格式如下：

```
Call Sub 过程名(参数 1,参数 2,…)
```

在使用的时候，Call 关键字可以省略。

另一种是直接使用子过程名，只需要输入过程名及其所有参数值，参数值之间使用括号分隔，语法格式如下：

```
Sub 过程名 参数 1,参数 2,…
```

可以使用 Exit Sub 语句从 Sub 过程中退出，程序继续执行调用 Sub 过程语句之后的语句。

下面通过实例介绍如何使用 Sub 过程。代码如下：

```
<HTML><HEAD>
<TITLE>使用 Sub 过程</TITLE>
<SCRIPT LANGUAGE="VBScript">
Sub myMulti(no1, no2)
document.write(no1&"*"&no2&"="&no1*no2&"<BR>")
End Sub
</SCRIPT></HEAD>
<BODY>
<SCRIPT LANGUAGE="VBScript">
Call myMulti(6,7)
myMulti 8,9
</SCRIPT>
</BODY>
</HTML>
```

该实例中使用带参数 Sub 过程求两个整数的乘积。调用时采用了两种调用方式：Call myMulti(6,7)使用 Call 语句；myMulti 8,9 是直接使用子过程名。该程序运行的结果如图 3-15 所示。

图 3-15　使用 Sub 过程

## 3.6.2　函数的定义和调用

过程可以实现代码的重用性，提高代码的可读性。如果需要过程的执行结果，将很难或者实现起来非常麻烦。这时可以使用函数代替过程，因为函数可以返回值。

Function 函数是包含在 Function 和 End Function 语句之间的一组 VBScript 语句。其语法格式如下：

```
Function 函数名(参数 1,参数 2,…)
语句组
函数名 = 表达式
End Function
```

Function 函数可以使用输入参数。如果 Function 过程无任何参数，则 Function 语句必须包含空括号()。其调用方法和过程的调用方法一样。

Function 函数可以通过函数名返回一个值，这个值需要在函数体内对函数名赋值。Function 返回值的数据类型总是 Variant。

下面通过实例介绍如何自定义求和函数。代码如下：

```
<HTML>
<HEAD><TITLE>自定义求和函数</TITLE>
<SCRIPT LANGUAGE="VBScript">
'定义一个求和函数
Function add(n)
   total=0
   For counter=1 TO n
     total=total+counter
   Next
   add=total         '给函数名赋值
End Function
   Dim n
   n=20
   t=add(20)
   document.write("1 加到"&n&"的总和为"&t)
</SCRIPT>
</HEAD><BODY></BODY></HTML>
```

程序运行的结果如图 3-16 所示。

图 3-16　自定义求和函数的运行结果

## 3.6.3　变量的作用域

在 VBScript 脚本中，变量被声明后不是在脚本的任何地方都可以被访问的，每个变量都有其使用范围，也就是变量的作用域。

变量的作用域是指变量从声明到释放的生存范围，其作用域由声明它的位置决定。如果变量在过程中声明，则只有该过程的代码可以访问该变量，在过程外部将无法访问，这种变量被称为过程级变量；在过程外部声明变量，可以被同一个 ASP 文件中的所有代码访问，这种变量被称为脚本级变量。

下面的例子是通过一个过程修改脚本级变量的值。代码如下：

```
<SCRIPT LANGUAGE="VBScript">
Option Explicit
Dim intX
intX=1
SetintX            '调用过程
MsgBox "intX 的值为："&intX
Sub SetintX        '定义过程 SetintX
```

```
intX=2
End Sub
</SCRIPT>
```

运行该段代码，从结果来看，该段代码输出为 2。intX 是脚本级变量的作用域作为整个文件。在过程 SetintX 中，修改了该变量的值，在过程外访问该变量也就是修改后的值 2。

修改成如下代码：

```
<SCRIPT LANGUAGE="VBScript">
Dim intX
intX=1
SetintX
MsgBox "intX 的值为："&intX
Sub SetintX
Dim intX
intX=2
End Sub
</SCRIPT>
```

运行该段代码，从结果来看，输出为 1。过程 SetintX 定义了一个和脚本级相同的变量 intX，两个变量的作用域重合。脚本级变量 intX 的作用域在此失效，过程 SetintX 访问的 intX 是过程级变量 intX，修改的 intX 的值也是过程级变量 intX 的值，过程并没有修改脚本级变量的值 intX。因此，在过程外输出 intX 的值仍为 1。

### 3.6.4 常用内置函数

除了自定义函数以外，系统还提供了许多重要的函数，这些函数可以在程序中直接使用。可以将 VBScript 函数分成 5 个类别：字符串处理函数；转换函数；日期和时间函数；数学函数；检验函数。

#### 1. 字符串处理函数

字符串处理函数是编写程序时使用最多的函数。通常用户输入的时候，都是作为字符串输入的，需要对这些输入进行适当的处理。常用的字符串处理函数如表 3-9 所示。

表 3-9 常用的字符串处理函数

| 函 数 | 功 能 | 用法举例 |
| --- | --- | --- |
| Len(string) | 返回字符串 string 的长度 | Len("study ")返回 5 |
| Trim(string) | 去掉字符串 string 左右的空格 | Trim(" study ")返回"study " |
| Mid(str, start , len) | 返回特定长度的字符串(从 start 开始,长度为 len) | Mid("My apple is red. ", 4 , 5)返回 "apple " |
| Left(str, len) | 从左边取 len 个字符 | Left("study ",3)返回"stu " |
| Right(str, len) | 从右边取 len 个字符 | Right ("study ",3)返回"udy " |
| Instr(str1, str2) | 返回 str2 在 str1 中首次出现的位置，两字符串相同返回 0 | Instr("study ", "udy ")返回 3 |

### 2. 转换函数

VBScript 提供了一些强制转换函数实现类型的转换。常用的转换函数如表 3-10 所示。

表 3-10　常用的转换函数

| 函　数 | 功　能 | 用法举例 |
|---|---|---|
| CStr (Variant) | 将变量转换成字符型 | CStr (789)返回"789" |
| CDate (Variant) | 将变量转换成日期型 | CDate ("2008-8-8 ")返回日期型的变量 |
| CInt (Variant) | 将变量转换成整数类型 | CInt ("2008 ")返回整数 2008 |
| CLng (Variant) | 将变量转换成长整数类型 | CLng ("200800")返回长整型数 |
| CSng (Variant) | 将变量转换成 Single 类型 | CSng ("2008.8")返回 Single 类型 |
| CDbl (Variant) | 将变量转换成 Double 类型 | CDbl ("2008.8")返回 Double 类型 |
| CBool (Variant) | 将变量转换成布尔型 | CBool ("True")返回真值 |

### 3. 日期和时间函数

可以使用日期和时间函数得到各种格式的日期和时间。常用的日期和时间函数如表 3-11 所示。

表 3-11　常用的日期和时间函数

| 函　数 | 功　能 | 用法举例 |
|---|---|---|
| Now () | 得到系统的当前日期和时间 | Now ()返回当前日期和时间 |
| Date () | 得到系统的日期 | Date ()返回"年:月:日" |
| Time () | 得到系统的时间 | Time ()返回"时:分:秒" |
| Year (Date) | 取得 Date 中的年 | Year (#2008-1-14#)返回 2008 |
| Month (Date) | 取得 Date 中的月 | Month (#2008-1-14#)返回 1 |
| Day (Date) | 取得 Date 中的日 | Day (#2008-1-14#)返回 14 |
| Hour (Time) | 取得 Time 中的小时 | Hour (#10:23:36#)返回 10 |
| Minute (Time) | 取得 Time 中的分钟 | Minute (#10:23:36#)返回 23 |
| Second (Time) | 取得 Time 中的秒 | Second (#10:23:36#)返回 36 |
| Weekday (Date) | 取得给定日期是星期几 | 如果是星期天返回 1，如果是星期一返回 2，以此类推 |

### 4. 数学函数

在设计某些系统的时候，数学函数可以大大简化代码的工作量。VBScript 常用的数学函数如表 3-12 所示。

表 3-12　VBScript 常用的数学函数

| 函　数 | 功　能 | 用法举例 |
|---|---|---|
| Abs (num) | 返回绝对值 | Abs (−1)的值为 1 |
| Sqr (num) | 返回一个数的平方根 | Sqr (4) 的值为 2 |
| Sin (num) | 返回正弦值 | Sin (3.14159265) 的值接近 0 |

续表

| 函　数 | 功　能 | 用法举例 |
|---|---|---|
| Cos (num) | 返回余弦值 | Cos (3.14159265) 的值接近-1 |
| Tan (num) | 返回正切值 | Tan (3.14159265) 的值接近 0 |
| Atn (num) | 返回反正切值 | Atn (0) 的值为 0 |
| Log (num) | 返回一个数的自然对数 | Log (2) 的值为 0.693 |
| Rnd () | 返回一个 0～1 之间的随机数 | Rnd ()的值为 0.5273 |
| Ubound (数组名，维数) | 返回数组某维的最大下标 | 如果只有一维可以省略维数 |
| Lbound (数组名，维数) | 返回数组某维的最小下标 | 如果只有一维可以省略维数 |

### 5. 检验函数

VBScript 提供了一些常用的检验函数，具体如表 3-13 所示。

表 3-13　常用的检验函数

| 函　数 | 功　能 | 用法举例 |
|---|---|---|
| VarType (Variant) | 检查变量 Variant 的值 | 如果返回 0 表示空，2 表示整数，7 表示日期，8 表示字符串，11 表示布尔变量，8192 表示数组 |
| IsNumeric (Variant) | 检查是否为数字类型 | IsNumeric (11)返回 true |
| IsDate (Variant) | 检查是否为日期型 | IsDate (Date())返回 true |
| IsNull (Variant) | 检查是否为 Null 值 | IsNull (Null)返回 true |
| IsEmpty (Variant) | 检查是否为空值 | IsEmpty (Empty)返回 true |
| IsArray (Variant) | 检查是否为数组 | IsArray (数组名)返回 true |

## 3.7 小　结

本章介绍了 VBScript 数据类型、过程、函数，以及常用的两种控制结构：分支语句和循环语句。本章的重点是分支语句和循环语句。分支语句有 3 种基本形式：If…Then、If…Then…Else 和 Select Case。这些语句都是根据是否满足某一条件，来决定执行的语句，在使用的时候需要注意每个分支语句的作用范围。本章的难点就是遍历数组元素。数组分为：静态和动态。遍历数组的元素，可以使用循环语句 For Each…Next 实现，这需要掌握 VBScript 的数据类型和循环语句。另外，Do…Loop 语句的功能比较强大，可以实现其他循环语句的功能。

# 第 4 章　Request/Response 对象

**内容摘要** Abstract

ASP 提供内建对象，这些对象都可以用来拓展 ASP 应用程序的功能。并且通过这些对象，使用户更容易收集通过浏览器请求发送的信息、响应浏览器以及存储用户信息。本章主要介绍 ASP 的两个主要对象 Request 和 Response。利用 Request 对象从客户端获取信息；利用 Response 对象向客户端传输信息。

**学习目标** Objective

- 掌握 Request 对象常用的集合和方法。
- 掌握 Response 对象常用的集合和方法。

## 4.1　内置对象简介

ASP 提供了很多重要内置对象，本章及以后章节将介绍这些对象。在使用这些对象时，用户不需要作任何声明，所以称它们是内置对象。这些内置对象如表 4-1 所示。

表 4-1　ASP 内置对象

| ASP 内置对象 | 功　能 |
| --- | --- |
| Request 对象 | 从浏览器端获取用户信息 |
| Response 对象 | 控制和管理发送到浏览器上的信息 |
| Server 对象 | 控制网络服务器各方面问题 |
| Session 对象 | 存储单个用户的信息，以便重复使用 |
| Application 对象 | 控制和管理一个 ASP 应用用户能得到的所有条目 |

每个内置对象的简要介绍如下。

(1) Application 对象。Application 对象用来存储一个应用中所有用户共享的信息。例如，可以利用 Application 对象在站点的不同用户间传递信息。

(2) Request 对象。Request 对象可以用来访问所有从浏览器到服务器的信息。因此，可以利用 Request 对象来接收用户在 HTML 页的窗体中的信息。

(3) Response 对象。Response 对象用来将信息发送回浏览器。可以利用 Response 对象将脚本语言结果输出到浏览器上。

(4) Server 对象。Server 对象提供运用在许多服务器端的应用函数。可以利用 Server 对象来控制脚本语言在超过时限前的运行时间。

(5) Session 对象。Session 对象用来存储一些普通用户在滞留期间的信息。可以用 Session 对象来存储一个用户在访问站点时的滞留时间。

这 5 大对象具有面向对象的特点，系统已经将大部分细节封装好了。这为 ASP 程序员编程带来了极大的方便。ASP 程序员只要了解这些对象的方法(Methods)、属性(Properties)和事件(Event)，就可以使用。

## 4.2 Request 对象

Request 对象是 ASP 最有用的对象之一，读者一定要理解并掌握它。Request 对象标识由客户端发出的 HTTP 请求报文。它包含客户端浏览器发送过来的数据，用来连接客户端和服务器端的 Web 页等信息。

事实上，Request 对象的功能是单向的，只能接收客户端 Web 页提交的数据。而另一个对象 Response 的功能，是将服务器端的数据发送到客户端浏览器。Response 对象将在下一节介绍。这两个对象的功能是对立的，结合在一起使用，可以实现客户端 Web 页面数据与服务器端的交换。

Request 对象包含了很多集合、属性和方法，利用这些集合、属性和方法可以接收到浏览器的请求信息。

Request 对象的应用非常简单，其语法格式如下：

```
Request[.集合|属性|方法](变量)
```

Request 对象唯一的属性 TotalBytes 提供用户请求的字节数量的信息，并很少用于 ASP 页中。Request 对象唯一的方法 BinaryRead 允许访问从一个<FORM>段中传递给服务器的用户请求部分的完整内容。

Request 对象主要以集合为主，共提供了 5 个集合，用来处理客户端的请求信息。Request 对象的常用集合如表 4-2 所示。

表 4-2 Request 对象的常用集合

| 集合名称 | 说　明 |
|---|---|
| Cookies | 所有 Cookies 值的集合。每个成员为只读 |
| form | Method 的属性值为 POST 时，客户端提交<form>段中 HTML 控件单元值的集合，每个成员为只读 |
| QueryString | 用户请求 URL 后面的文本，每个成员为只读 |
| ClientCertificate | 当客户端访问页面或资源时，用来向服务器表明身份的客户证书的字段或数值的集合，每个成员为只读 |

### 4.2.1 FORM 集合

HTML 表单是由 Web 页上的 HTML 标记排列组成的界面元素。例如，文本框和按钮都是典型的表单元素，这些元素可以使用户与 Web 页进行交互，并将信息提交给 Web 服务器。

当使用 POST 方式提交数据时，表单中数据被保存在 Request 对象的 form 集合中。用户可以使用 Request.form 集合获取表单中控件的值，语法格式如下：

```
Request.form(element)[(index)][.Count]
```

参数说明如下。

(1)　element 表示 form 集合要检索的控件名称。

(2)　当指定的控件具有多个值时，index 用于指定控件多个值中的某一个；当控件不具有多个值时，指定 index 没有意义；

(3)　Count 返回相同名称组件的总数。

下面通过实例介绍如何获取表单中控件的值。

该实例的界面代码如下：

```
<html>
<head>
<!---设置该网页的标题--->
<title>表单数据</title>
</head>
<body>
<!---添加一个表格--->
<table>
<tr>
        <td>
<!---添加一个表单--->
            <form action="logon.asp" method="post">
                <!---在该表单中添加一个文本框--->
                <P>用户名: <input type="text" size="20" name="User"></P>
                <!---  表示在网页中显示一个空格; --->
                <P>密  码: <input type="text" size="20"
name="Password"></P>
                <!---添加一个提交按钮--->
                <P> <input type="submit" size="20" name="B1" value="提交程序
"></P>
            </form>
        </td>
    </tr>
</table>
</body>
</html>
```

运行该段代码，结果如图 4-1 所示。

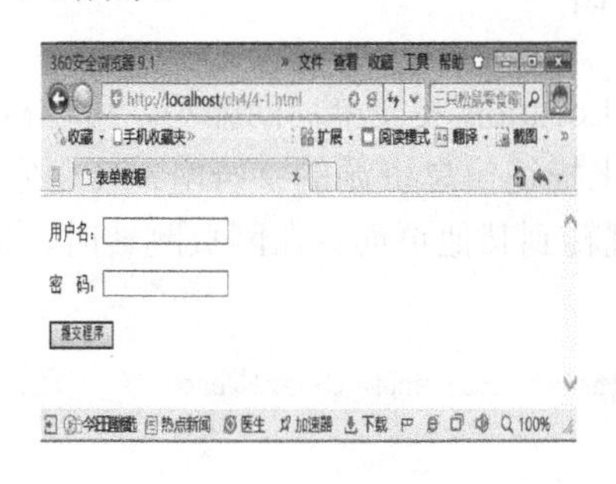


图 4-1　表单数据

下面是处理提交数据的代码。该段代码获取两个文本框的输入数据，并显示在页面上。代码如下：

```
<html>
<head>
<title>处理提交的数据</title>
</head>
<body>
<P><form >
<!---设置字体的颜色为红色--->
 <font color="red">
   <!---使用 request.form 获取名为"user"文本框的值--->
    <%=request.form("user")%>
</font>
 登录成功! </P>
<p>你输入的密码是:
<!---设置字体的颜色为红色--->
<font color="red">
<!---使用 request.form 获取名为" password"文本框的值--->
    <%=request.form("password")%>
</font></P>
</form>
</body>
</html>
```

在图 4-1 所示界面中的“用户名”文本框中输入了 analy，在“密码”文本框中输入 12345，则该程序的运行结果如图 4-2 所示。

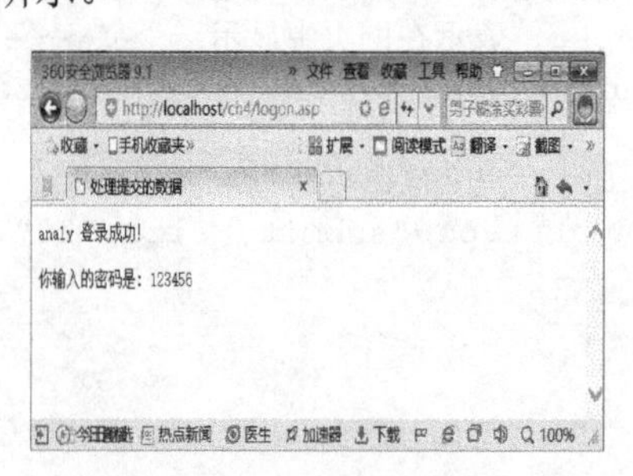


图 4-2　处理提交的数据

## 4.2.2　QueryString 集合

URL 是 Uniform Resource Location 英文单词的缩写，可以翻译为“统一资源定位符”。简单来说，URL 是 Internet 上用来描述信息资源的字符串，使用它可以确定文件、服务器地址或者目录。网页可以使用 URL 跳转到其他页面；在网页跳转时，也可以使用 URL 传递参数。通过 URL 传递参数的形式如下：

```
http://host/photo.asp?id=Num&name=UserName
```

URL 的形式说明如下。

(1)　host 为网站域名。

(2) photo.asp 为指定的文件名。

(3) 字符“?”后为参数列表。

(4) id 和 name 为参数名称。

(5) Num 和 UserName 为参数的内容。

(6) 使用&字符连接两个不同的参数。

通常使用 URL 传递参数的方法是 GET 方法，而不是 POST 方法。GET 方法把参数作为 URL 字符串的一部分，从一个页面传递到另一个页面。GET 方法传递数据的时候，需要传递的数据都会被追加放在 URL 地址后面，之间通过问号“？”隔开。传递参数的格式是 name=value，name 就是要传递数据的名称，value 是要传递的数值，其中 name 是要能够让服务器识别。当有多个值要传递的时候，多个值之间通过&分隔开。Request 对象的 QueryString 集合可以直接从 URL 中获取参数信息。

Request 对象的 QueryString 集合的语法格式如下：

```
Request.QueryString(VariName)[(index).Count]
```

参数说明如下。

(1) VariName 为变量的名称。

(2) index 为索引项，可以取得同名变量的名称。

(3) Count 为相同名称组件的个数。如果不存在相同的组件，则返回 1；不存在相同的组件的话则返回 0。

除了读取表单元素传递的参数外，QueryString 集合还可以通过读取 HTTP 查询字符串中的参数值来传递参数。使用 QueryString 集合的语法格式如下：

```
Request.QueryString(变量)[(index)|.count]
```

其中，“变量”为在 HTTP 查询字符串中指定要检索的变量名称；index 用于检索变量多个值中的某一个；count 用于指定 QueryString 中某变量值的个数。

QueryString 集合读取表单元素的方法与 Form 集合类似，只是必须把表单的 Method 属性设置为 GET。使用 Request 对象的 QueryString 集合可以获取 URL 信息，获取的方法有 3 种。下面是一个使用 QueryString 集合获取 URL 信息的例子，通过这个实例说明这 3 种方法。

可以把 Request 对象 QueryString 看作一个数组，使用 For...Next 循环获取 URL 请求中参数的名称和值。具体实现的代码如下：

```
<html>
<head>
<meta http-equiv="Content-Type" content="text/html; charset=gb2312">
<title>新建网页 1</title>
</head>
<a href="index.asp?id=3&name=admin">link</a>
<body>
<%
'使用循环获取 URL 中参数的值
For each str in  Request.QueryString
   Response.write str&"值是"&Request.QueryString(str)&"<BR>"
Next
```

```
%>
</body>
</html>
```

代码说明如下。

(1) link 链接是用来提交数据的。

(2) For…Next 循环获取 URL 请求中字符“?”后所有参数名称。

(3) 使用 QueryString 集合获取每个参数的值，并使用 Response 对象的 write 方法输出。

运行该段代码，单击 link 超链接，结果如图 4-3 所示。

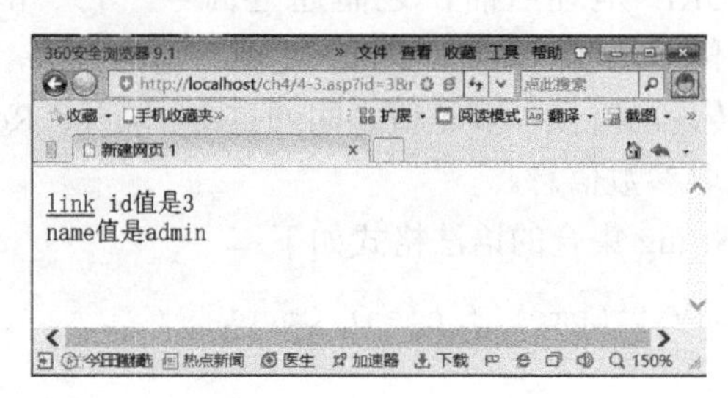


图 4-3　获取 URL 参数

如果知道参数的名字，可以使用 QueryString 集合直接获取该参数的值。这种方法比较简单，也比较方便。上面的例子可以改成如下代码：

```
<html>
<head>
<meta http-equiv="Content-Type" content="text/html; charset=gb2312">
<title>新建网页 1</title>
</head>
<a href="index.asp?id=3&name=admin">link</a>
<body>
<%
'使用参数的名字直接从 QueryString 集合中获取参数的值
Response.write  "参数 Name 的值是"&Request.QueryString("name")&"<BR>"
Response.write  "参数 id 的值是"&Request.QueryString("id")&"<BR>"
%>
</body>
</html>
```

运行该段代码，单击 link 超链接，结果如图 4-4 所示。

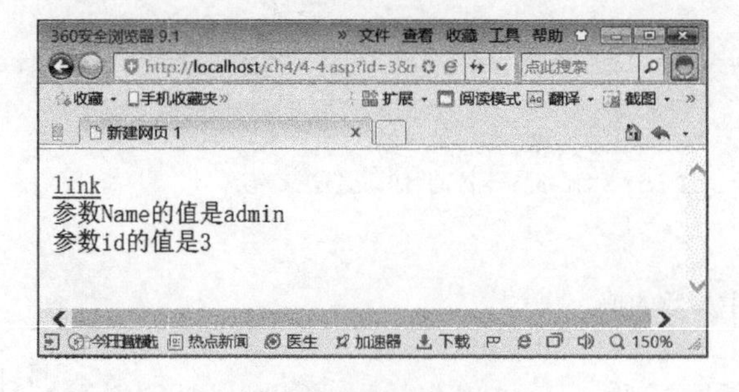


图 4-4　获取 URL 参数

如果知道参数在 QueryString 集合中的序号，使用序号也可以获取参数的值。使用序号获取参数的值比较麻烦，需要获取参数的序号。如果参数在 URL 中的顺序变了，就不能正确地获取参数的值。上面的例子可以改成如下代码：

```
<html>
<head>
<meta http-equiv="Content-Type" content="text/html; charset=gb2312">
<title>新建网页 1</title>
</head>
<a href="index.asp?id=3&name=admin">link</a>
<body>
<%
'使用参数的序号直接从 QueryString 集合获取参数的值
   Response.write  "参数 Name 的值是"&Request.QueryString(1)&"<BR>"
   Response.write  "参数 id 的值是"&Request.QueryString(2)&"<BR>"
%>
</body>
</html>
```

## 4.2.3　Cookies 集合

Cookies 是一种 Web 服务器通过浏览器在访问者的硬盘上存储信息的手段。Cookies 仅仅是一个文本文件，相当于具有唯一性的标签。当浏览者访问一个需要唯一标识站点信息的 Web 站点时，它会在浏览者的硬盘上留下一个标记，当浏览者下一次访问此站点时，站点的页面会查找这个标记。

通常 Cookies 的内容包含用户的有关信息，如用户访问该站点的次数、身份识别号码、用户在 Web 站点上购物的方式、注册论坛时的个人信息等。这些信息全部以 Cookies 保存在客户机上。对大型网站来说，节省了存储用户信息的大量空间。

Cookies 集合是 Request 对象和 Response 对象共有的一项常用到的集合。用户在通过 HTTP 协议访问一个主页时，每次连接时都要重新开始。因此，如果要判断某个用户是否曾经进入本网站，可以使用 Cookies 集合。

向 IE 浏览器写入 Cookies 对象的方法如下：

```
Response.Cookies("Cookies 对象名称")="Cookies 对象的内容"
```

读取 IE 浏览器中保存的 Cookies 对象的方法如下：

```
Request.Cookies("Cookies 对象名称")
```

存储在 IE 浏览器中的 Cookies 对象也有生命周期。在默认情况下，Cookies 对象的生命周期为 IE 浏览器打开期间，一旦 IE 浏览器关闭，Cookies 对象也被清除。可以通过 Cookies 集合的 Expires 属性来设置 Cookies 对象的生命周期。Expires 可以理解为 Cookies 的过期日期。使用方法如下：

```
Response.Cookies("Cookies 名称").Expires="YYYY/MM/DD"
Response.Cookies("Cookies 名称").Expires=date()+number
```

上面的 YYYY/MM/DD 代表年月日的格式；number 代表的是某个整数。含义为定义的

Cookies 对象在某个日期前都有效。

下面通过实例介绍如何统计用户访问站点次数。

当用户首次访问某站点网页时，客户端机器上没有保存相应 Cookies，网页显示“欢迎首次光临”。以后当用户再次打开此页面时，用户机器上已经被写入了相应的 Cookies 内容，从而显示出用户是第几次登录本网站。

该实例的核心代码如下：

```
<%
dim num
num=request.cookies("visitnum")
if num="" then
response.write "欢迎您首次光临本站！"
num=1
else
   num=num+1
   response.write "欢迎进入本站，您是第"&num&"次访问本站！"
end if
response.cookies("visitnum")=num
response.cookies("visitnum").expires=date+7
%>
```

在上述代码中，首先定义变量 num，用来记录某用户的访问次数。通过 Request 对象读取客户端的名为 visitnum 的 Cookies 值，并将该值赋给变量 num。

如果用户是首次访问该网页，此时根本不能提取到 Cookies 值，所以变量的值为空。此时输出信息“首次访问”，同时为变量 num 赋值为 1。

如果用户不是首次访问，则提取的 Cookies 必定有值，该值表示记录上次是第几次访问，而本次的访问计数加 1 后输出第几次访问。

最后，将本次计数的值，即变量 num 的值写入到客户端名称为 visitnum 的 Cookies 上，并为其设定过期时间为当前时间之后的 7 天内有效，以作下次提取同名 Cookies 之用。

当用户第一次登录时的页面如图 4-5 所示。

用户第二次登录时的页面结果如图 4-6 所示。

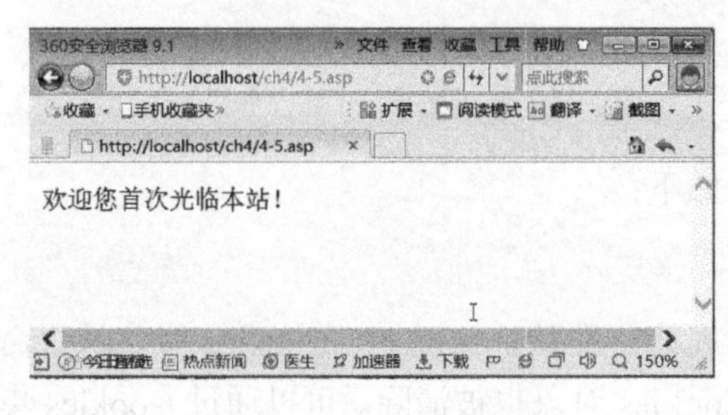


图 4-5　首次登录页面

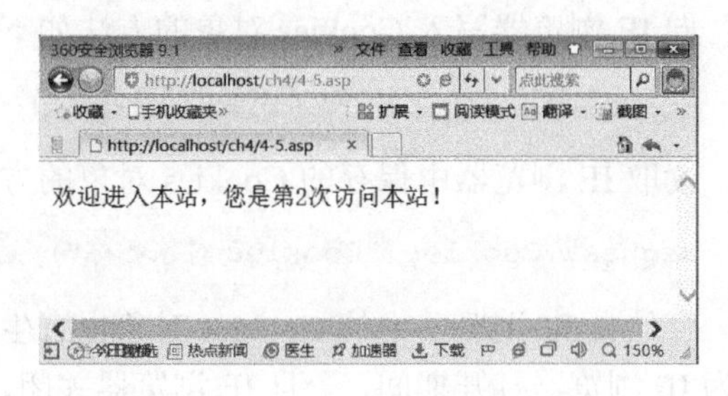


图 4-6　第二次登录

## 4.2.4　ServerVariables 集合

在通常情况下，浏览器的 HTTP 请求和服务器响应都包含了很多 Header(即 HTTP 的头信

息)。它们主要用于提供有关请求和响应的附加信息。要查看这些 Header，可以使用 Request 对象的 ServerVariables 集合。在该集合中，除了包含 HTTP Header 外，还有一些服务器端的相关信息。通过使用 ServerVariables 集合的成员，可以获取有关发出请求的浏览器类型的信息、请求者的 IP 地址、构成请求的 HTTP 方法以及 ASP 脚本参与的 HTTP 事务的其他相关数据。

ServerVariables 集合可以获取的环境变量众多，常用的如表 4-3 所示。

表 4-3 环境变量

| 环境变量名称 | 说 明 |
| --- | --- |
| All_HTTP | 客户端传送的 HTTP 的 Header |
| Auth_Password | 客户端浏览器中输入的密码 |
| Auth_Type | 客户端用户认证方式 |
| Auth_User | 客户端输入的用户名 |
| Content_Length | 客户端发出的内容长度 |
| Content_Type | 内容传送的类型 |
| HTTP_Connection | 客户端与服务器端建立的连接类型 |
| HTTP_Host | 客户端主机名称 |
| HTTP_User_Agent | 浏览器的相关信息 |
| HTTP_Referer | 浏览器导向至该页前的网址 |
| HTTP_Cookie | 浏览器的 Cookie |
| Local_Addr | 服务器 IP 地址 |
| Logon _User | 登录 Windows 的用户账号 |
| Query_string | 浏览器端返回的表单数据 |
| Remote_Addr | 发出请求的远程主机的 IP 地址 |
| Remote_Host | 发出请求的远程主机的名称 |
| Remote _USER | 远程用户的名称 |
| Request_Method | 发送数据到服务器所采取的方式 |
| Server_Name | 服务器端的计算机名称 |
| Server _Port | 服务器端的连接端口 |
| URL | 当前网页的虚拟路径 |

Request 对象的 ServerVariables 集合获取环境变量信息的方法如下：

```
Request.ServerVariables(环境变量)
```

下面是获取一些常用环境变量的例子。代码如下：

```
<html>
<body>
客户端的 IP 地址为：<%=Request.servervariables("remote_addr")&"<BR>"%>
客户端主机名称为：<%=Request.servervariables("http_host")&"<BR>"%>
客户端浏览器信息为：<%=Request.servervariables("http_user_agent")&"<BR>"%>
网页导向前的网址为：<%=Request.servervariables("http_refer")&"<BR>"%>
</body>
```

```
</html>
```

运行该段代码，结果如图 4-7 所示。

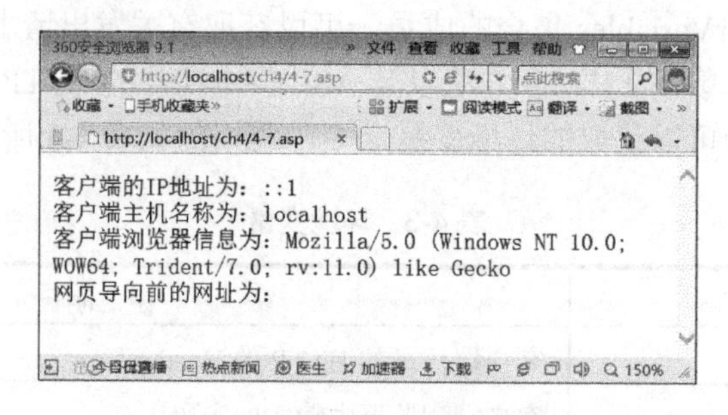


图 4-7　获取常用环境变量值

ServerVariables 集合的返回值，可以看作一个数组。使用 For...Next 循环可以获取所有的环境变量信息。下面是获取所有环境变量值的例子。代码如下：

```
<html>
<body>
<P>环境变量列表：</p>
<%
for each ser_varName in Request.ServerVariables
    Response.write ser_varName&":"&_
        Request.ServerVariables(ser_varName)&"<BR>"
Next
%>
</body>
</html>
```

运行该段代码，结果如图 4-8 所示。

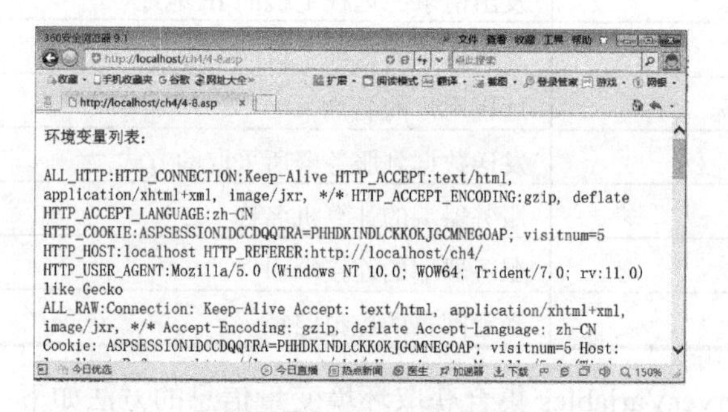


图 4-8　获取环境变量

## 4.2.5　ClientCertificate 集合

当客户端访问服务器的时候，使用 Client Certificate 集合，服务器可以获取客户端身份验证信息。Client 语法格式如下：

```
Request.ClientCertificate(Key)
```

其中，参数 Key 指定客户端返回身份验证信息内容。该关键字可以带子参数。

ClientCertificate 集合常用的关键字如表 4-4 所示。

表 4-4　ClientCertificate 集合常用的关键字

| 关键字 | 说　明 |
| --- | --- |
| Certificate | 获取 ASN1 格式的所有二进制信息 |
| SerialNumber | 获取使用“”分割的四组十六进制序号，使用 ASCII 码表示 |
| Flags | 获取其他的身份验证信息标示 |
| Subject | 获取子关键字所指定的信息，如果子关键字个数超过一个需要用“,”分隔 |
| Issuers | 获取指定子关键字的身份验证信息，如果子关键字个数超过一个需要用“,”分隔 |
| ValidFrom | 获取身份验证信息的开始时间 |
| ValidUntil | 获取身份验证信息的结束时间 |

Subject 和 Issuers 可以使用子关键字获取身份验证信息，这些子关键字的说明如表 4-5 所示。

表 4-5　Subject 和 Issuers 的子关键字

| 子关键字 | 说　明 |
| --- | --- |
| C | 国家的名称 |
| CN | 客户端名称 |
| GN | 客户端用户名称 |
| I | 客户的姓氏 |
| L | 客户端的位置 |
| O | 公司或者组织的名称 |
| OU | 公司或者组织中的部门名称 |
| T | 用户职称 |

# 4.3　Response 对象

Response 对象也是 ASP 中最常用的对象之一。4.2 节中介绍的 Request 对象的功能是单向的，它只能接收客户端 Web 页提交的数据。对象 Response 的功能将信息传递给客户端对象，如将服务器端的数据发送到客户端用户的浏览器、重定向浏览器到另一个 URL 或设置 Cookie 等。这两个对象结合在一起使用，可以实现客户端与服务器端的数据文换。

Response 对象的功能是将服务器的数据发送到用户端的浏览器。使用 Response 对象的集合、属性和方法，可以设置数据输出到浏览器端的方式。Response 对象的主要功能如下。

(1)　把字符串发送到客户端。这是 Response 对象的基本功能，可以使用 Response 对象将输出内容输出。

(2)　控制信息的传送。Response 对象可以控制服务器把数据传送到客户端的方式。Response 对象可以控制服务器一边执行脚本、一边向客户端发送数据信息，也可以在执行完脚本后把数据一并输出到客户端。

(3) 重定向网页。该功能使用比较普遍。重定向网页可以直接控制 Web 页的跳转。如当网页出现错误时，可以把网页重新定向到错误处理页。

(4) 控制客户端浏览器 Cache。该功能可以设置网页是否可被浏览器缓存。缓存就是客户端在访问网页后，把网页缓存到客户端浏览器。客户端再次访问该网页时，就从缓存访问该网页。

(5) 设置客户端浏览器的 Cookie。Cookie 存放着客户端用户信息。

Response 对象的属性和方法分别如表 4-6 和表 4-7 所示。

表 4-6 Response 对象的属性

| 属 性 | 说 明 |
|---|---|
| Buffer | 设置是否缓冲输出页 |
| CacheControl | 设置代理服务器是否缓存 ASP 的输出页 |
| Charset | 将字符编码方式添加到内容类型标题中 |
| ContentType | 设置输出的 HTTP 内容类型，默认的为 Text/HTML |
| Expires | 设置浏览器中缓存页面的缓存的时间，单位为分钟 |
| ExpiresAbsolute | 设置浏览器上缓存页面超时的日期和时间 |
| IsClientConnected | 说明客户端是否与服务器连接 |
| Status | 服务器返回的状态行的值 |

表 4-7 Response 对象的方法

| 属 性 | 说 明 |
|---|---|
| AddHeader | 使用用户定义的标头信息设置 HTML 标题 |
| AppendToLog | 在服务器日志记录后添加信息 |
| BinaryWrite | 将信息写入到 HTTP 输出，并且不作任何字符转换 |
| Clear | 清除任何缓冲的 HTML 输出 |
| End | 停止 ASP 文件的执行并返回当前的结果 |
| Flush | 立即输出缓冲区的输出并清除缓冲区 |
| Redirect | 将客户端的浏览器重定向至指定的网页 |
| Write | 将信息写入当前的 HTTP 输出 |

## 4.3.1 Write 方法

Response 对象的 Write 方法可以向客户端浏览器输出信息。语法格式如下：

```
Response.Write Data
```

其中，Data 为需要输出的信息。该方法并不是把输出的内容直接显示在客户端浏览器，而是输出到 HTML 代码中。输出内容可以为 HTML 代码、VBScript 代码或者 JavaScript 代码。以下是输出信息的几种方式。

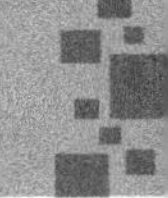

(1) 直接输出字符串。

下面的两种方法都可以直接输出字符串。

```
<%
Response.Write "ASP 大全"          '输出"ASP 大全"
Response.Write ("ASP 大全")        '输出"ASP 大全"
%>
```

(2) 输出变量值。

字符串和变量一起输出，需要使用符号&连接。

```
<%
Data=" ASP 大全"
Response.Write Data                          '输出 Data 的内容
Response.Write (Data)                        '输出 Data 的内容
Response.Write ("输出的内容是："&Data)      '输出"输出的内容是：ASP 大全"
%>
```

(3) “=”输出形式。

如果符号“<%”和“%>”中间只有一行代码，并且是输出代码，可以使用“=”代替输出语句。下面是使用“=”输出的例子，代码如下：

```
<% =Now() %>
```

上述代码与下面的效果是一样的。

```
<%
'向客户端页面中输出当前的日期和时间
Response.Write Now()
%>
```

但是下面的代码是错误的，因为“=”与 Response.Write 语句不能同时使用。

```
<% =Response.Write Now() %>
```

另外，Response 对象 Write 方法可以输出含有 HTML 标记数据，方法如下：

```
<%
'输出 HTML 标记，在客户端会居中显示 ASP 大全
Response.Write "<p align=center>ASP 大全</p>"
%>
```

如果输出信息中含有引号，不能直接写成“"”，可以使用“'”来代替。下面是输出一个超链接的例子。代码如下。

```
<%
Response.Write "<A href='index.asp' >ASP 大全</A>"
%>
```

如果输出信息含有“%>”，不能直接写成“%>”，要使用“%/>”代替“%>”。下面是输出一个表格的例子。在本例中，表格宽度使用百分比形式，“%”与“>”形成了“%>”。这时需要使用“%/>”代替“%>”。代码如下。

```
<%
```

```
'向客户端输出表格
Response.Write "<Table Align=Center Width=50%/> "
Response.Write "<TR><TD>"
Response.Write "<A href='index.asp' >ASP 大全</A>"
Response.Write "</TD></TR><Table >"
%>
```

下面是输出页面的例子：

```
<%
Response.Write "<p align='center'><font size=""6"" color='#0000FF' face='华文行楷' >ASP 大全目录</font></p>"
Response.Write "<p align='center'>ASP 基础篇</p>"
Response.Write "<table border='1' align=center width=100%/>"
Response.Write "<tr><td>第 1 章  ASP 构建网站概述</td></tr>"
Response.Write "<tr><td>第 2 章  VBScript 语句</td></tr>"
Response.Write "<tr><td>第 3 章  VBScript 内置函数</td></tr>"
Response.Write "<tr><td>第 4 章  VBScript 对象</td></tr>"
Response.Write "</table>"
%>
```

## 4.3.2　Redirect 方法

现在，很多网站的网页都是限制访问的网页。如果用户没有访问该网页的权限，网页自动转向登录页面，让用户登录后才可以访问该页。这样的跳转功能，使用 Response 对象的 Redirect 方法也可以实现。

Response 对象的 Redirect 方法可以将客户端的浏览器连接至指定的页面。该方法的语法格式如下：

```
Response.Redirect URL
```

其中 URL 是为指定的页面地址。URL 可以是同一网站下的虚拟地址，也可以是其他网站的网址。

例如，要实现网站依据用户的类别，显示不同界面的功能。下面是该网站显示不同界面的例子，简化后的代码如下：

```
<%
Dim UserID                              '保存用户的用户名称信息
UserID =Trim(Request.Form("UserID"))
'判断当前用户是否为管理员用户
If IsAdmin(UserID) Then
'重定向页面到 Admin.asp 页面
    Response.Redirect "Admin.asp"
ElseIf IsTeacher(UserID) Then
    Response.Redirect "Teacher.asp"
ElseIf IsStudent(UserID) Then
    Response.Redirect "Student.asp"
Else
    Response.Redirect "Index.asp"
End If
%>
```

代码说明如下。

(1) 代码使用了函数 IsAdmin(UserID)、IsTeacher(UserID)和 IsStudent(UserID)。这些函数实现方法，可以参考第十一章介绍的函数 IsAdmin(UserID)的实现方法，这里不作介绍。

(2) 函数 IsAdmin(UserID)判断当前用户是否为管理员。如果是则返回 True，否则返回 False。

(3) 函数 IsTeacher (UserID)判断当前用户是否为老师。如果是则返回 True，否则返回 False。

(4) 函数 IsStudent (UserID)判断当前用户是否为学生。如果是则返回 True，否则返回 False。

(5) 代码使用到了文件 Admin.asp、Teacher.asp、Student.asp 和 Index.asp。在测试代码时，这些文件可以使用下面内容代替。下面是 Admin.asp 文件内容：

```
<html>
<head>
<meta http-equiv="Content-Type" content="text/html; charset=gb2312">
<title>某某网站--管理员界面</title>
</head>
<body>
<%
Response.Write "这是管理员界面！"
%>
</body>
</html>
```

下面的实例是实现网页重定向。

在 Dreamweaver 中新建站点，并且新建两个页面 4-04.asp 和 4-05.asp。

页面的核心代码如下：

```
<body>
<%
response.redirect("4-05.asp")
%>
```

4-05.asp 页面的核心代码如下：

```
<body>
<p align="center" class="STYLE1"><strong>欢迎进入本网站！</strong></p>
<p align="center" class="STYLE1"><strong>(此网页是由 index.asp 页面重定向而来)
</strong></p>
</body>
```

通过上述两个页面的简单代码，即可实现页面的重定向。

在浏览器的地址栏中输入 http://localhost/xnasp/4-04.asp 后，会发现页面显示的是 4-05.asp 的内容，结果如图 4-9 所示。

图 4-9　Redirect 方法的使用

Redirect 方法应该放在所有文字之前，以确定不向浏览器返回任何内容。如果的确需要将 Redirect 方法放在某些内容之后，就必须启动缓冲输出方式，否则就会出现错误。下面的示例代码是使用 Response.Redirect 方法在一周内显示不同的网页，周一到周五显示 workday.html，周六和周日显示 offday.html。代码如下：

```
<%@language=VBScript%>
<%Response.buffer=True%>
<html>
<body>
<%
x=weekday(date())
select case x
case "1","2","3","4","5"
pagename="workday.html"
   case"6","7"
      pagename="offday.html"
end select
response.redirect pagename
%>
</body>
</html>
```

运行上述 ASP 代码后，浏览器中将根据日期不同重定向到不同的网页 workday.html 或者 offday.html 中。代码开始已经把缓冲器 Buffer 设置为 True 的状态。

### 4.3.3　综合实例——使用文件名显示图片

网页需要经常显示图片。使用 HTML 语言的 IMG 标记可以在网页中显示图片，也可以使用 Repsonse 对象的 BinaryWrite()方法显示图片。使用 BinaryWrite()显示图片，可以隐藏图片的路径，防止被盗链。本实例实现了利用 Response 对象显示图片的方法。

直接使用文件名显示图片，可以借助 HTML 的标记<IMG>，把文件路径，以及文件名赋给 IMG 的属性 SRC 就可以了。

下面是使用 IMG 显示指定文件夹下所有图片的例子，实现流程如下。

(1) 获取指定目录的路径。

(2) 判断文件路径是否存在，不存在则转(6)。

(3) 获取当前路径下的所有文件。

(4) 获取当前文件的扩展名。

(5) 如果是特定文件类型，则显示图片，否则转(4)。

(6) 结束。

该实例的代码如下：

```
<%
Path="img"
Path=Server.MapPath(Path)
Set fs=server.createObject("Scripting.FileSystemObject")
'判断是否存在当前的文件夹，存在则返回 true
if fs.FolderExists(Path) Then
    '获取当前文件夹对象
    Set objfolder=fs.GetFolder(Path)
    '获取当前文件夹下的文件对象
    Set Files=objfolder.Files
    '遍历该文件夹下的所有文件
    For each File in Files
        '获取文件的扩展名
        n=instrRev( File,".")
        extPath=Ucase(mid(File,n))
        '文件是指定的图像文件则显示该图片文件
        If extPath=".BMP" or extPath=".JPG" or extPath=".GIF" Then
            Response.write "<img src='"&File.name&"' width=60% ><BR>"
        End If
    Next
End if
%>
```

该例枚举指定文件夹下的所有图片文件(包括 BMP、JPG 和 GIF 格式文件)。运行该段代码，结果如图 4-10 所示。

图 4-10　使用文件名显示图片

# 4.4　小　　结

本章介绍了 Request 对象和 Response 对象。这两个对象是 ASP 中非常重要的内置对象。Request 对象可以在网页间传递参数，以及获取环境变量都需要使用该对象。Response 对象可以向客户端输出指定的数值、字符及二进制数据，也可以对输出进行控制。本章的重点是使用 Request 对象的集合获取用户提交的数据，以及 Response 对象的属性和输出方法。

# 第 5 章　Session/Application 对象

**内容摘要** Abstract

本章介绍 ASP 的另外两个内置对象 Session 和 Application。Session 对象用来存储特定的用户会话信息。Application 对象能用于存储和接受可以被某个应用程序的所有用户共享的信息。本章重点介绍 Session 对象和 Application 对象的属性、方法及实例。


**学习目标** Objective

- 掌握 Session 对象常用的属性和方法。
- 掌握对 Application 对象常用的属性和方法。

## 5.1　Session 对象

客户端用户访问网页时，服务器会为用户分配一个 Session 对象。Session 对象可以记录客户端用户信息，储存客户端用户的一些喜好，记录用户的习惯，记录用户登录的用户名和密码等。

在使用 Session 对象时，需要注意以下 3 点。

(1) Session 对象仅能在支持 Cookies 的浏览器中保留。如果客户端浏览器不支持 Cookies，Session 对象就不能发挥作用。

(2) Session 对象使用方便，不用声明就可以使用。

(3) Session 对象占用服务器内存。Session 应避免包含大量数据的对象，这样可以防止服务器崩溃。

### 5.1.1　创建和获取 Session 对象变量

Session 对象变量的声明方式和普通方式相似。下面介绍使用 Session 对象保存字符、数值、数组及对象的方法。

#### 1. Session 对象变量声明

Session 对象变量声明的语法格式如下：

```
Session(Var)=Value
```

其中，Var 为变量名称；Value 为变量的值。

下面的代码声明了两个 Session 对象变量：

```
<%
Session("UserName")="ASP"
Session("PWD")="ASP"
%>
```

读取 Session 对象变量值可以使用下面的方法：

```
<%
Dim str
str=Session("UserName")
Response.write str
'可以直接输出该 Session 对象的值
Response.write Session("PWD")
%>
```

### 2. 用 Session 对象存储数组

Session 对象不但可以保存字符和数值，还可以保存数组。下面的例子是把数组保存到 Session 对象变量中。代码如下：

```
<html>
<head>
<meta http-equiv="Content-Type" content="text/html; charset=gb2312">
<title>新建网页 1</title>
</head>
<body>
<%
'定义数组 ASPContent 并赋值
Dim ASPContent(4)
ASPContent(0)="ASP 大全目录"
ASPContent(1)="ASP 内置对象"
ASPContent(2)="ASPFSO 对象"
ASPContent(3)="ASPADO 对象"
ASPContent(4)="ASP 网站安全"
'把 ASPContent 数组的值存在 Session 对象中
Session("ASP")=ASPContent
'从 Session 对象中获取存有的数组
strASP=Session("ASP")
'遍历数组中的所有元素并输出
for each str in strASP
    Response.write str&"<BR>"
Next
%>
</body>
</html>
```

运行该段代码，结果如图 5-1 所示。

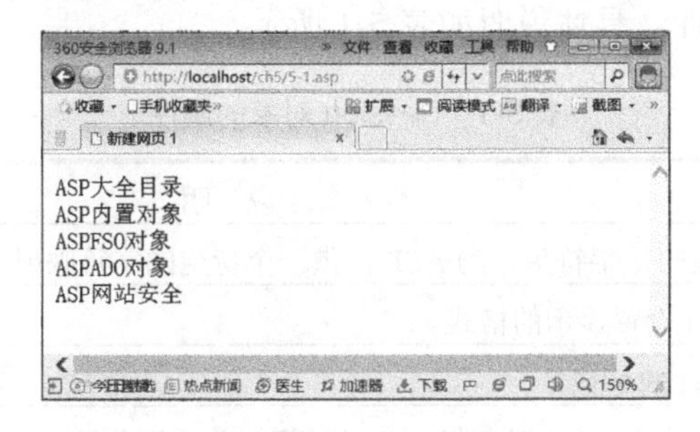


图 5-1　用 Session 对象存储数组的运行结果

### 3. 用 Session 对象保存对象

Session 对象也可以保存对象。下面的例子是把对象保存到 Session 对象中。代码如下：

```
<html>
<head>
<meta http-equiv="Content-Type" content="text/html; charset=gb2312">
<title>新建网页 1</title>
</head>
<body>
<%
'把创建的对象实例保存在 Session 对象中
set Session("ObjConn")=Server.CreateObject("scripting.filesystemobject")
'把保存有对象实例的 Session 对象取出并赋给变量 obj
set obj=Session("ObjConn")
'使用 obj 打开文件 txt.txt
set objfile=obj.opentextfile(server.Mappath("txt.txt"),1,true)
'输出文本文件的内容
response.write objfile.readall
%>
</body>
</html>
```

运行该段代码，结果如图 5-2 所示。

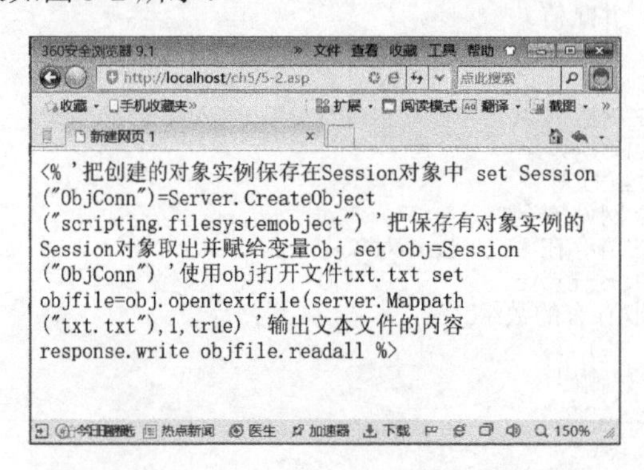


图 5-2　用 Session 对象保存对象的运行结果

## 5.1.2　Session 对象的属性

Session 对象有 4 个属性，具体说明如表 5-1 所示。

表 5-1　Session 对象的属性

| 参　数 | 说　明 |
|---|---|
| CodePage | 该属性代表的是字符集，为 ASP 提供一个特定的字符映射 |
| LCID | 为 ASP 文件设置显示的格式 |
| SessionID | 获取 Session 的标识 |
| TimeOut | 为应用程序的 Session 对象指定超时时间，单位为分钟 |

### 1. 用 SessionID 属性

当客户端向服务器请求某个页面时，服务会为该客户端生成一个 Session 对象。这时，服务器会生成一个全局唯一的值，表示该 Session 对象。服务器使用该 Session 标识与其他 Session 对象区分。该标识可以通过 Session 对象的 SessionID 属性获取。

使用下面的方法可以获取 Session 对象的 SessionID 属性值：

```
<html>
<head>
<meta http-equiv="Content-Type" content="text/html; charset=gb2312">
<title>本次会话的 SessionID</title>
</head>
<body>
本次会话的 SessionID 为：
<%
Response.write Session.SessionID
%>
</body>
</html>
```

运行该段代码，结果如图 5-3 所示。

图 5-3　使用 SessionID 属性的运行结果

### 2. TimeOut 属性

服务器建立 Session 后，会占用一定的系统资源。长时间保留 Session，显然是一种资源的浪费，对用户来说也是非常不安全的事情。因此，有必要限制 Session 保留时间。

系统默认的 Session 保留时间为 20 分钟。如果在 20 分钟内，客户端用户没有刷新页面，或没有再打开新的页面，服务器就会终止该用户的 Session 对象。

通过 Session 对象的 TimeOut 属性可以设置 Session 对象的保留时间。下面的实例是获取 Session 对象的默认保留时间，并设置保留时间为一小时。代码如下：

```
<html>
<head>
<meta http-equiv="Content-Type" content="text/html; charset=gb2312">
<title>本次会话</title>
</head>
<body>
系统默认会话保留时间为：
<%
'输出系统当前的会话保留时间，以分钟为单位
Response.write Session.timeout&"分钟<BR>"
```

```
'设置系统当前的系统会话保留时间为一小时
Session.TimeOUt=60
Response.write "系统当前会话保留时间为："&Session.timeout&"分钟。"
%>
</body>
</html>
```

运行该段代码，结果如图 5-4 所示。可以看到，Session 对象默认保留时间为 20 分钟。

图 5-4　设置 TimeOut 属性的运行结果

### 3. CodePage 属性

不同地区的用户可能使用不同的语言，不同的语言和区域使用不同字符集。网页不可能事先设计不同的版本，以适应不同的用户。Session 对象拥有 CodePage 属性，该属性可以为不同的 ASP 页面指派字符映射。CodePage 属性为一个无符号的整数，代表 ASP 脚本引擎有效的代码页。代码页可以包括数字、标点符号以及其他字母的字符集。不同语言和地区可以使用不同的编码文件。例如，对于简体中文，CodePage 的属性值为 936；对于日文，为 932；对于美国英文，为 1252。

实例代码如下：

```
<html>
<head>
<meta http-equiv="Content-Type" content="text/html; charset=gb2312">
<title>本次会话</title>
</head>
<body>
系统的代码页为：
<%
Response.write Session.CodePage&"<BR>"
%>
</body>
</html>
```

运行该段代码，结果如图 5-5 所示。可以看到，当前使用的代码页为 936。

图 5-5　使用 CodePage 属性的运行结果

4. LCID 属性

Session 对象的 LCID 属性和 CodePage 属性相似。LCID 属性依据地区或国家设置字符的显示格式。如对于简体中文，LCID 为 2052；对于繁体中文，则为 1028；对于英语(英国)，则为 1033。下面的代码显示简体中文和繁体中文的显示格式。

```
<html>
<head>
<meta http-equiv="Content-Type" content="text/html; charset=gb2312">
<title>本次会话</title>
</head>
<body>
<%
Session.LCID=2052
'输出当前系统的 LCID 的值，当前系统为简体中文
Response.write "当前系统的 LCID 为："&Session.LCID&"<BR>"
'以下输出系统的时间和货币格式
Response.write "时间格式为："&now()&"<BR>"
response.write "货币格式为："&CCur(12360.12)&"<BR>"
Response.write "<BR>"
'设置 LCID 为繁体中文
Session.LCID=1028
'输出繁体中文的时间和货币的显示格式。
response.write "繁体中文的 LCID 为："&Session.LCID&"<BR>"
Response.write "时间格式为："&now()&"<BR>"
response.write "货币格式为："&CCur(12360.12)&"<BR>"
%>
</body>
</html>
```

运行该段代码，结果如图 5-6 所示。可以看到，页面中显示了简体中文和繁体中文的日期格式。

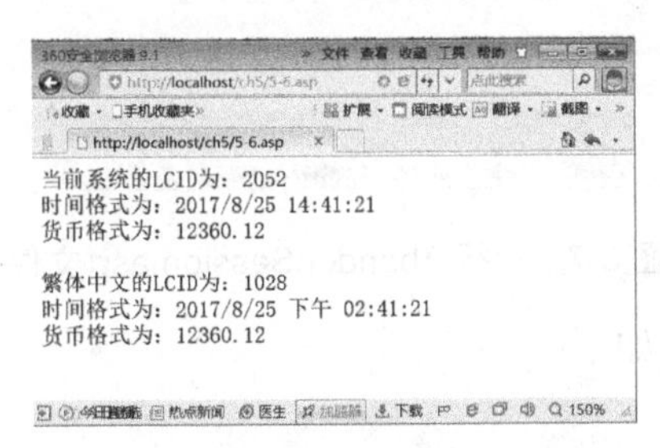


图 5-6　设置 LCID 属性的运行结果

## 5.1.3　Session 对象的方法

Session 对象仅有一个方法：Abandon 方法。Abandon 方法可以删除 Session 对象中所有的值，并终止当前用户的 Session，释放 Session 对象占有的资源。语法格式如下：

```
Session.Abandon
```

但是调用 Abandon 方法后，Session 对象并不是立即被删除。只有当前页面中的所有脚本执行完毕后，Session 对象才会被删除。虽然调用 Abandon 方法的网页可以正常访问 Session 对象值，但在该页之后的其他页，都不能访问。本例可以删除 Session 对象。该例有两个文件，分别是 AbandonSession.asp 和 ReDisplay.asp。AbandonSession.asp 文件用来调用 Abandon 方法删除 Session 对象；ReDisplay.asp 文件用来显示 Session 对象的值。

AbandonSession.asp 文件的代码如下：

```
<html>
<head>
<meta http-equiv="Content-Type" content="text/html; charset=gb2312">
<title>新建网页 1</title>
</head>
<body>
<%
'设置 Session 对象的值
Session("Name")="ASP"
'调用 Abandon 方法删除 Session 对象中的所有值
Session.Abandon
'输出 Session 对象的值
Response.write "Session('Name')的值为: "&Session("Name")
%>
<a href="ReDisplay.asp">ReDisplay 文件</a>
</body>
</html>
```

运行该段代码，结果如图 5-7 所示。这说明调用 Abandon 方法之后，该文件的其他脚本仍然被执行。

图 5-7　运行 AbandonSession.asp 文件

ReDisplay.asp 文件的代码如下：

```
<html>
<head>
<meta http-equiv="Content-Type" content="text/html; charset=gb2312">
<title>新建网页 1</title>
</head>
<body>
<%
Response.write "Session('Name')的值为: "&Session("Name")
%>
</body>
</html>
```

运行该段代码，结果如图 5-8 所示。

图 5-8　运行 ReDisplay.asp 文件

## 5.1.4　Session 对象的事件

Session 对象具有两个事件：Session_OnEnd 和 Session_OnStart。这两个事件的作用如表 5-2 所示。

表 5-2　Session 对象的事件

| 参　数 | 说　明 |
| --- | --- |
| Session_OnStart | 在 Session 对象启动时触发该事件 |
| Session_OnEnd | 在 Session 对象终止时触发该事件 |

Session 对象的两个事件必须保存在 Global.asa 文件中。首先介绍一下 Global.asa 文件的结构。

### 1. 文件 Global.asa 的结构

Global.asa 文件是一个可选文件。该文件可以包含指定事件脚本，也可以声明具有会话和应用程序作用域的对象。任何 ASP 应用程序都可以包含 Global.asa 文件。每个应用程序只能有一个 Global.asa 文件，并且存储在根目录下面。

Global.asa 文件可以包含以下的内容。

(1) Application 的对象事件。

(2) Session 的对象事件。

(3) 声明对象实例。

(4) 类库声明。

Global.asa 文件主要在以下情况下被调用。

(1) Application 对象的事件被触发。

(2) Session 对象的事件被触发。

(3) 在 Global.asa 文件里被实例化的对象被引用。

在 Global.asa 文件中，声明对象实例需要使用<OBJECT>标记。除此之外的代码，必须使用标记<Script>和</Script>来界定，不能使用“<%”和“%>”标记。在<Script>和</Script>标记之间，可以使用服务器支持的任何脚本语言书写。

Global.asa 文件的基本结构如下：

```
<Object RunAt="Server" Scope={Application|Session} ID=Identifier
{PROGID="progID"|CLASSID="ClassID"}></OBJECT>
<Script Language="VBScript" RunAt="Server">
Sub Application_OnStart
    ' Application_OnStart 事件的处理代码
End Sub
Sub Application_OnEnd
    ' Application_OnEnd 事件的处理代码
End Sub
Sub Session_OnStart
    ' Session_OnStart 事件的处理代码
End Sub
Sub Session_OnEnd
    ' Session_OnEnd 事件的处理代码
End Sub
</Script>
```

结构说明如下。

(1) 使用<Object>和</Object>标记声明对象实例。声明对象实例只能在标记<Script>和</Script>之外进行，不能在标记<Script>和</Script>之间声明。

(2) <Script Language="VBScript" RunAt="Server">：表示所用语言为 VBScript，并且脚本运行在服务器端。

(3) Sub Application_OnStart…End Sub：表示 Application_OnStart 事件所要执行的代码。

(4) Sub Application_OnEnd…End Sub：表示 Application_OnEnd 事件所要执行的代码。

(5) Sub Session_OnStart…End Sub：表示 Session _OnStart 事件所要执行的代码。

(6) Sub Session _OnEnd…End Sub：表示 Session _OnEnd 事件所要执行的代码。

### 2. Session 对象的事件

Session_OnStart 事件主要用于初始化变量、创建对象和运行一些关键代码。该事件必须包含在 Global.asa 文件中。该事件的语法格式如下：

```
<Script Language=VBScript RunAt=Server>
Sub Session_OnStart
    ' Session_OnStart 事件的处理代码
End Sub
</Script>
```

代码说明如下。

(1) 在 ASP 内置组件中，只有 Application、Server 和 Session 对象，可以在 Session_OnStart 事件脚本中使用。

(2) Server 对象的 MapPath 方法在 Session_OnStart 事件中不能使用。

Session_OnEnd 事件的语法格式如下：

```
<Script Language=VBScript RunAt=Server>
Sub Session_OnEnd
    ' Session_OnEnd 事件的处理代码
```

```
End Sub
</Script>
```

代码说明：在 Session _OnEnd 事件中，可以使用 ASP 的内置对象 Response、Request、Server 和 Session 等内置对象。

下面是一个 Global.asa 文件代码。该文件定义了 Session_OnStart 和 Session_OnEnd 事件。具体代码如下：

```
<OBJECT RUNAT=Server SCOPE=Session ID=fso
PROGID="Scripting.FileSystemObject"></OBJECT>
<OBJECT RUNAT=Server SCOPE=session ID=ado PROGID="ADODB.Connection">
</OBJECT>
<Script Language="VBScript" RunAt="Server">
Sub Session_OnStart
    Session("Path")=Server.MapPath("/9/9.1.3.asp")
End Sub
Sub Session_OnEnd
    Session("Path")=""
End Sub
</Script>
```

代码说明如下。

(1)　该文件声明了两个对象：ADO 对象实例和 FSO 对象实例。ADO 对象实例用来连接数据库；FSO 对象实例用于操作文件。

(2)　在 Session _OnStart 事件中，声明了 Session("Path")变量，并向该变量赋值。

(3)　在 Session_OnEnd 事件中，清空 Session("Path")变量的值。

### 3. 启动 Session 对象的事件

下面是显示在 Session _OnStart 事件声明的变量的例子。代码如下：

```
<html>
<head>
<meta http-equiv="Content-Type" content="text/html; charset=gb2312">
<title>新建网页 1</title>
</head>
<body>
<%
Response.write Session("Path")&"<BR>"
'下面循环显示所有的对象
For Each obj in Session.StaticObjects
    If IsObject(Session.StaticObjects(obj)) Then
        Response.Write "OBJECT 元素 ID 为: "&obj &"<br>"
    End If
Next
%>
</body>
</html>
```

运行该段代码，结果如图 5-9 所示。

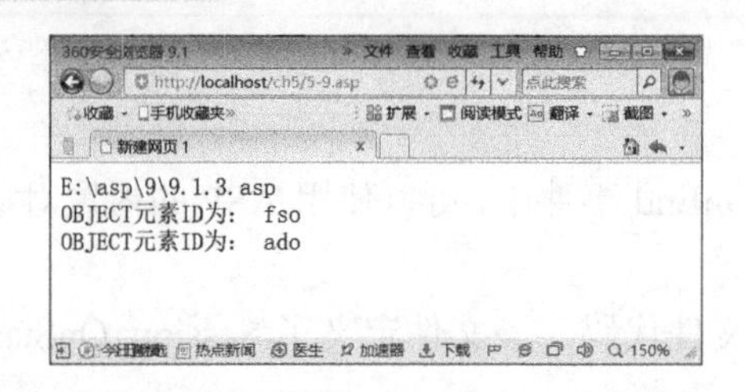


图 5-9 启动 Session 对象的事件的运行结果

### 5.1.5 Session 应用实例——购物车

使用 Session 对象可以实现购物车的功能。下面的例子使用 Session 对象，实现了一个简单的购物车功能，如图 5-10 所示。

图 5-10 购物车实例的运行界面

该实例界面包含 4 条商品记录。网页为每条商品提供了一个文本框和一个提交按钮。文本框用来记录购买商品的数量。文本框和提交按钮在一个表单中，这样，可以把订购的数量提交到相应的文件。代码如下：

```
<div align="center">
<table  width="53%" id="table1">
    <tr>
        <td width="181">商品名称</td>
        <td width="103">价格</td>
        <td width="67">数量</td>
        <td>操作</td>
    </tr>
    <tr>
        <td width="181">液晶显示器</td>
        <td>1800</td>
        <form method="post" action="Insert.asp?id=1">
        <td width="67"><input type=text name="Text1" size="8"></td>
        <td width="79"><input type=submit name="提交"></td>
        </form>
    </tr>
    <tr>
        <td width="181">键盘</td>
        <td>120</td>
        <form method="post" action="Insert.asp?id=2">
```

```
        <td width="67"><input type=text name="Text2" size="8"></td>
        <td width="79"><input type=submit name="提交"></td>
        </form>
    </tr>
    <tr>
        <td width="181">1G 优盘</td>
        <td>170</td>
        <form method="post" action="Insert.asp?id=3">
        <td width="67"><input type=text name="Text3" size="8"></td>
        <td width="79"><input type=submit name="提交"></td>
        </form>
    </tr>
    <tr>
        <td width="181">光电鼠标</td>
        <td>130</td>
        <form method="post" action="Insert.asp?id=4">
        <td width="67"><input type=text name="Text4" size="8"></td>
        <td width="79"><input type=submit name="提交"></td>
        </form>
    </tr>
</table>
</div>
<p align="center"><a href="GWC.asp">查询购物车</a></p>
```

本例定义了两个 Session 变量数组。这两个数组保存用户购买的商品类型和商品总价。代码如下：

```
<%
Session("Count")=0              '设置购买商品的次数为 0
Dim GWC(10)                     '声明数组
'对数组的每个元素赋值
For i=0 to 10
GWC(i)=0
Next
Session("GWCH")=GWC             '把数组保存在 Session 变量中
Session("GWCHTotal")=GWC
%>
```

下面的代码把用户购买的商品序号和总价存入 Session 变量中：

```
<%
ID=Trim(Request.QueryString("ID"))      '获取用户购买的商品序号
'判断商品序号是否为空，为空则停止处理
If ID="" Then
    Response.write "没有选择商品！"
    Response.end
End If
ID=Cint(ID)                             '把商品序号转换成数值
'获取用户购买数量
Num=Trim(Request.Form("Text"&ID))
'判断用户购买数量是否正确，不正确则停止处理
If Num="" Then
```

```
    Response.write "没有选择商品！"
    Response.end
End If
Num=Cint(Num)
Dim Total                                        '保存总价
'计算总价
Total=0
If ID=1 Then
    Total=Total+Num*1800
ElseIf ID=2 Then
    Total=Total+Num*120
ElseIf ID=3 Then
    Total=Total+Num*170
ElseIf ID=4 Then
    Total=Total+Num*130
End If
'判断总价是否为 0，为 0 则停止处理
If Total=0 Then
    Response.write "没有选择商品！"
    Response.end
End If
Count=Session("Count")                       '获取购买的商品次数
GWC=Session("GWCH")                          '获取购买的商品序号
GWCTotal=Session("GWCHTotal")                '获取购买的商品价格
GWC(Count+1)=ID                              '添加新的商品序号
GWCTotal(Count+1)=Total                      '添加新购买的商品价格
Session("GWC")=GWC                           '保存新购买的商品
Session("GWCTotal")=GWCTotal                 '保存新购买的商品价格
%>
```

本例提供了查看购物车内的商品功能。购物车内的商品保存在 Session 数组中。查看购物车的代码如下：

```
<%
Num=Cint(Num)
Dim Total
Total=0
'下面获取购买的商品序号和价格
Count=Session("Count")
GWC=Session("GWCH")
GWCHTotal=Session("GWCHTotal")
'循环显示所有的购物车信息
for i=0 To Count
    ID=GWC(i)
    Total=GWCHTotal(i)
    If ID=1 Then
        str="液晶显示器。单价为 1800。总价为"&Total
    ElseIf ID=2 Then
        str="键盘。单价为 120。总价为"&Total
    ElseIf ID=3 Then
        str="1G 优盘。单价为 170。总价为"&Total
```

```
    ElseIf ID=4 Then
        str="光电鼠标。单价为 130。总价为"&Total
    End If
Next
%>
```

### 5.1.6　Session 应用实例——记录用户在网站上停留的时间

使用 Session 对象可以记录用户在网站的停留时间。下面介绍利用 Session 对象统计网站停留时间的例子。

记录用户停留时间的实现流程如下。

(1)　在 Session_OnStart 的事件中，声明 Session 对象的变量并赋初值。

(2)　在 Session_OnEnd 的事件中，计算用户本次停留时间。

(3)　在 Session_OnEnd 的事件中，写入指定的文件。

(4)　结束。

下面是该例子的具体实现方法。

用户在线时，Session 对象的变量记录用户的在线时间；如果用户离线超过指定时间，Session 对象的变量就会被清除。因此，需要使用文件记录 Session 对象的变量的值。本例子使用文件 starttime.txt 记录 Session 对象的变量的值。

该事件的具体实现代码如下：

```
<Script Language="VBScript" RunAt="Server">
Sub Session_OnStart
    '使用 Session 对象的变量记录用户登录网站时间
    Session("StartTime")=Now()
    '获取记录用户停留时间的文本文件的物理路径
    FilePath=Server.MapPath("startTime.txt")
    '检查是否存在该文件，不存在该文件则建立该文件，存在则打开文件
    If fso.FileExists(FilePath) Then
        Set fin=fso.OpenTextFile(FilePath,1)
        '判断文件是否为空文件，为空文件则设置停留时间为 0
        '不为空文件，则读取该文件中的值
        If not fin.AtEndOfStream  Then
            str=Trim(fin.readline)
            nTime=Cint(str)
        Else
            nTime=0
        End if
        Session("nTime")=nTime
        fin.close
    Else
        '创建文本文件
        set fin=fso.CreateTextFile(FilePath)
        '写入用户停留时间。当前停留时间为 0
        fin.writeLine "0"
        fin.close
        Session("nTime")=0
```

```
    End If
End Sub
</Script>
```

用户在指定时间内没有动作，或调用 Abandon()方法，都会触发 Session_OnEnd 事件。触发 Session_OnEnd 事件后，需要记录当前用户的停留时间。

该事件的具体实现代码如下：

```
<Script Language="VBScript" RunAt="Server">
Sub Session_OnEnd
    '获取 Session 对象的变量 StartTime 的值
    startTime=Session("StartTime")
    '计算用户的停留时间，停留时间为用户登录时间到当前时间的间隔时间
    nTime=DateDiff("s",Now(),startTime)
    Session("nTime")=Session("nTime")+nTime
    '下面是把用户停留时间保存到指定的文件
    FilePath=Server.MapPath("startTime.txt")
    Set fin=fso.OpenTextFile(FilePath)
    fin.writeLine nTime
    fin.close
End Sub
</Script>
```

global.asa 文件声明 FileSystemObject 对象的实例。声明对象实例的代码如下：

```
<OBJECT RUNAT=Server SCOPE=Session ID=fso
PROGID="Scripting.FileSystemObject">
</OBJECT>
```

## 5.2 Application 对象

在 Web 应用程序中，同一个文件可以通过变量进行数据交换。变量分为过程级变量和脚本级变量。过程级变量只能在局部使用，在该变量的使用范围之外，就会被释放掉，不再起作用；脚本级变量是在整个脚本文件内使用。

网站内不同网页的脚本需要交换数据，可以通过 Cookies 或者 Session 对象进行交换。如果网页记录不同客户端用户的数据，就要借助于 Application 对象。Application 和 Session 对象具有相似的作用，但也有一定的区别，具体如下。

(1) 作用范围不同。

Application 对象记录不同用户信息，范围为所有的用户。而 Session 对象只能记录单个用户信息，该用户信息不能被其他用户获取，范围为单一用户。

(2) 使用环境要求不同。

Session 对象需要在支持 Cookies 的浏览器中使用。如果客户端浏览器不支持 Cookies，则 Session 对象也不能使用；Application 对象不需要 Cookies 的支持，无论客户端浏览器是否支持 Cookies，Application 对象都可以使用。

通过上述比较可以看出，Session 对象和 Application 对象一样，存储的都是 ASP 网页可以

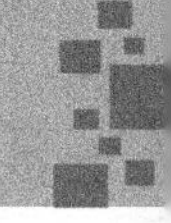

共同访问的内容。但 Application 对象存储的信息是所有的用户、所有的 ASP 网页共有的信息。而 Session 对象存储的是特定某个用户的所有 ASP 网页共用的信息。所有的用户可以共用一个 Application 对象，但每位用户都有自己的 Session 对象。两者的比较如图 5-11 所示。

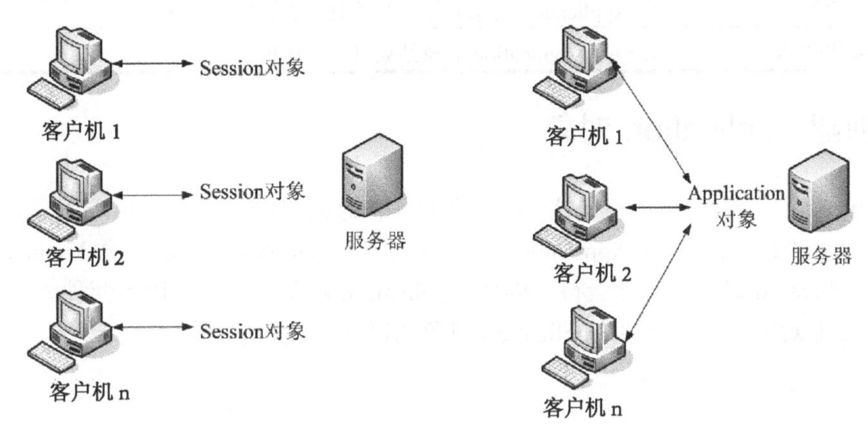


图 5-11　Session 对象和 Application 对象的比较

Application 对象，可以在不同客户端浏览器之间提供共享的信息。无论多少个客户端浏览网页，都可以访问 Application 对象保存的数据。Application 可以看作是应用程序级的对象，可以在所有用户间共享信息。

相同的虚拟目录及其子目录下的所有 ASP 文件，组成了 Web 应用程序。Application 对象默认的生命周期，从 Web 应用程序运行时开始，至结束时为止。整个 Web 应用程序期间，所有用户都可以访问 Application 对象。根据 Application 对象的这个特性，可以有以下的应用。

(1) 在用户间共享数据。利用这个特点，可以记录网站的访问人数、记录广告的访问次数和在聊天室内进行用户通信。

(2) 可以共享一个对象的实例。

(3) 同一个网站可以有多个 Application 对象。

(4) 同一个服务器的不同网站，可以创建不同的 Application 对象。

Application 对象成员包括：Application 对象的集合、方法和事件，如表 5-3 所示。

表 5-3　Application 对象的集合

| 集　合 | 说　明 |
|---|---|
| Contents | 所有的不是由<object>标记声明变量和对象的集合 |
| StaticObjects | 所有的用<object>标记声明的对象 |

Application 对象有两个方法：Lock 和 UnLock，如表 5-4 所示。

表 5-4　Application 对象的方法

| 方　法 | 说　明 |
|---|---|
| Lock | 禁止其他客户修改 Application 对象的属性 |
| UnLock | 允许其他客户修改 Application 对象的属性 |

Application 对象有两个事件：Application_OnStart 和 Application_OnEnd，如表 5-5 所示。

表 5-5　Application 对象的事件

| 事　件 | 说　明 |
| --- | --- |
| Application_OnStart | 在 Application 对象开始运行的时候被触发该事件 |
| Application_OnEnd | 在整个 Application 对象结束时触发该事件 |

### 5.2.1　创建 Application 对象

Application 对象提供多个客户端用户之间共享信息的机制，每个客户端用户都可以访问 Application 对象中保存的数据。Application 对象并没有内置的属性，但是创建 Application 对象，可以作为 Application 对象的属性看待。创建 Application 对象的方法有以下两种。

(1)　对于非对象变量，创建 Application 对象的语法格式如下：

```
Application(var)=Value
```

参数说明如下。

①　var 为 Application 对象的属性名称。

②　Value 为 var 的值。Value 可以为字符串、数值和布尔型值，也可以为数组。

(2)　对于对象变量，创建 Application 对象的语法格式如下：

```
Set Application(ObjName)=Obj
```

参数说明如下。

①　ObjName 为 Application 对象属性的名称。

②　Obj 为对象实例的名称。

下面是创建 Application 对象的例子。代码如下：

```
<%
'在 Application 对象中存储字符串和数值
Application("BookName")="ASP"
Application("Counter")=2000
'在 Application 对象存储 ADODB 对象
Set Application("ObjConn")=Server.CreateObject("ADODB.Connection")
Dim Book(10)
Application("Book")=Book    '在 Application 对象中存储数组
%>
```

虽然 Application 对象可以保存对象，但是不能保存 ASP 内置对象。下面的例子是错误的。代码如下：

```
<%
'下面在 Application 对象中存储 ASP 内置对象是错误的
Set Application("ObjSer")=Server
Set Application("ObjSession")=Session
Set Application("ObjRequest")=Request
Set Application("ObjResponse")=Response
Set Application("ObjApplication")=Application
%>
```

运行该段代码，会出现下面的错误提示：

```
Application 对象 错误 'ASP 0180 : 80004005'
不允许的对象使用方式
/10/application.asp，行 5
不能在 Application 对象中存储固有对象
```

## 5.2.2　读取 Application 对象

创建 Application 对象之后，可以使用下面的方式读取 Application 对象的值：

```
Var=Application(var)
```

其中，Var 为变量的名称，并创建了 Application 对象的属性名称。

下面的例子是创建并获取 Application 对象的值。代码如下：

```
<%
Application("BookName")="ASP"
Application("Counter")=2000
Dim str
'获取 Application 对象并赋给 str 变量
str=Application("BookName")
Response.write str&"<BR>"
'可以直接输出该 Application 对象的值
Response.write Application("BookName")&"<BR>"
Response.write Application("Counter ")&"<BR>"
%>
```

获取 Application 对象存储的值，可以使用下面的方式：

```
<%
'在 Application 对象中存储 ADODB 对象
Set Application("ObjConn")=Server.CreateObject("ADODB.Connection")
'把 Application 对象赋给变量 Conn
Set Conn=Application("ObjConn")
'引用 Conn 对象，并给 Conn 对象的属性赋值
Conn.ConnectionString="Provider=Microsoft.Jet.OLEDB.4.0;"&_
            "Data Source="&Server.MapPath("../User.mdb")
'直接引用 Application 对象中存储的对象并赋值
Application("ObjConn").ConnectionString="Provider=Microsoft.Jet.OLEDB.4.0;"&_
            "Data Source="&Server.MapPath("../User.mdb")
%>
```

如果 Application 对象存储的是数组，可以使用下面的方式获取和修改数组的值：

```
<%
'下面定义数组并赋值
Dim Book(4)
Book(0)="ASP 概述"
Book(1)="Response 概述"
Book(2)="Request 概述"
Book(3)="Application 概述"
```

```
Book(4)="Server 概述"
'在 Application 对象中存储数组
Application("Book")=Book
'引用数组并赋给 BookArray 变量
BookArray=Application("Book")
Response.write "下面是 Application 对象的数组值<BR>"
'输出 BookArray 变量中所有的值
For each arr in BookArray
    Response.write arr&"<BR>"
Next
'修改数组的值
BookArray(1)="Cookies 对象"
BookArray(2)="Session 对象"
'把修改后的数组存储在 Application 对象中
Application("Book")=BookArray
Response.write "下面是修改后的 Application 对象的数组值<BR>"
'输出修改后的 Application 对象中的数组值
BookArray=Application("Book")
For each arr in BookArray
    Response.write arr&"<BR>"
Next
%>
```

运行该段代码，结果如图 5-12 所示。

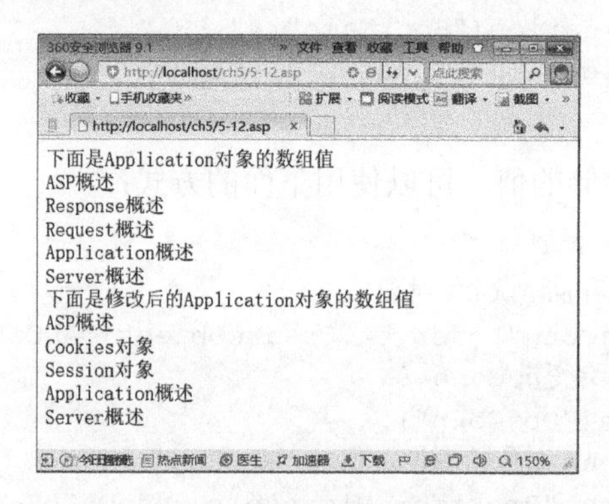


图 5-12　显示 Application 对象的属性值

## 5.2.3　在文件 Global.asa 中使用标记<OBJECT>声明对象

在 Global.asa 文件中，使用<OBJECT>标记可以声明带有会话或者应用程序作用域的对象实例。在 Global.asa 中，声明对象实例的语法格式如下：

```
<OBJECT RUNAT=Server SCOPE={Application|Session} ID=Identifier
{PROGID="progID"|CLASSID="ClassID"}></OBJECT>
```

语法格式说明如下。

(1)　<OBJECT>标记用来声明对象实例。

(2)　“RUNAT=Server”是必需的，且 RUNAT 的值只能是 Server，表示在服务器上声明对象。

(3) SCOPE 用来指定对象的作用域。该值常被设置为 Application 和 Session。

(4) Identifier 表示对象实例化的名称。

(5) PROGID 表示与类相关的标识，如 ADODB.Connection。

(6) ClassID 用来指定 COM 对象的唯一标识。如，ADODB.Connection 对象的 ClassID Clsid:8AD3067A-B3FC-11CF-A560-00A0C9081C21 声明数据库连接对象。

下面是使用<OBJECT>标记声明对象实例的例子。具体代码如下：

```
<%
<OBJECT RUNAT=Server SCOPE=Application ID=Conn PROGID="ADODB.Connection">
</OBJECT>
%>
```

Global.asa 文件定义了对象实例之后，其他 Web 页就可以使用该对象实例。下面是调用 Global.asa 文件定义的对象 Conn 的例子。具体代码如下：

```
<%
Conn.ConnectionString="Provider=Microsoft.Jet.OLEDB.4.0;"&_
            "Data Source="&Server.MapPath("../User.mdb")
%>
```

在 Global.asa 文件中，<OBJECT>标记可以声明的对象实例。这些对象实例存储在 Application 对象的 StaticContents 集合中。而使用非<OBJECT>标记声明的变量或者对象实例，保存在 Application 对象的 Contents 集合中。

### 5.2.4 使用集合创建和读取 Application 对象

Application 对象有两个集合：Contents 和 StaticObjects，使用这两个集合可以创建和读取 Application 对象。

#### 1. Contents 集合

Contents 集合包含未用<Object>标记声明的变量。Contents 集合的语法格式如下：

```
Application.Contents(key)
```

其中，key 为 Application 对象中属性的名称。

下面是创建 Application 对象的方法，这两种方法是等效的。代码如下：

```
<%
Application("Book")="ASP 大全"
Application.Contents("Book")="ASP 大全"
%>
```

创建新的 Application 属性，就是在 Contents 集合中添加一项内容。通过 Contents 集合获取 Application 对象的属性值。下面是读取 Application 对象属性值的两种方法，变量 str 和 str1 的值是一样的。代码如下：

```
<%
Dim str,str1
str=Application("Book")
```

```
str1=Application.Contents("Book")
%>
```

如果获取所有 Application 对象的属性值，可以使用 For Each…Next 遍历 Contents 集合。Contents 集合的每一项可能是普通的变量、数组或者一个对象，不同类型的值需要不同的处理。因此，在遍历的时候需要对每项都进行类别检查。具体代码如下：

```
<%
'循环遍历 Contents 集合中的每一项
for each i in Application.Contents
    'i 中保存的属性的名称，item 为变量的值、数组或者对象
    item=Application.Contents(i)
    '判断当前项是否是对象，如果是则显示对象
    If IsObject(item) Then
        Response.write i&"是一个对象:"&item&"。<BR>"
    ElseIf IsArray(item) Then
        '显示数组的名称和元素个数
        Response.write i&"是一个数组，元素个数为："&Ubound(item)&"。值分别为：<BR>"
        '遍历数组中的每一项并输出每项的值
For j=0 To Ubound(item)
            Response.write "  "&item(j)&"<BR>"
        next
    Else
        '当前项是普通的变量，显示名称和其值
        Response.write i&"的值是：<BR>"
    End If
Next
%>
```

运行该段代码，结果如图 5-13 所示。

如果删除 Contents 集合中某个元素，可以使用 Contents 集合的 Remove()方法。下面的例子显示 Contents 集合所有元素，并删除例子。该例子的界面如图 5-14 所示。

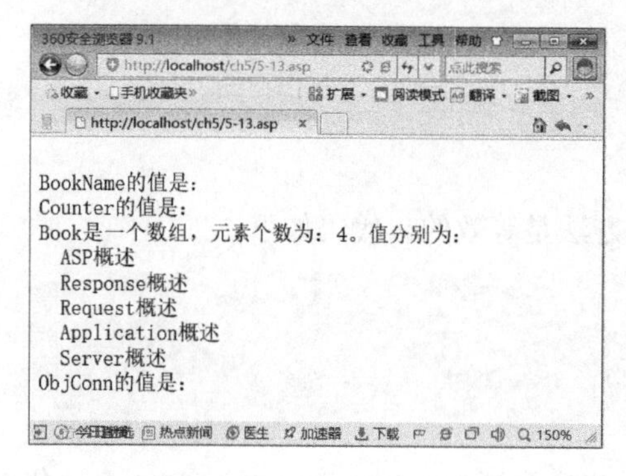


图 5-13　读取并显示 Application 对象的属性值

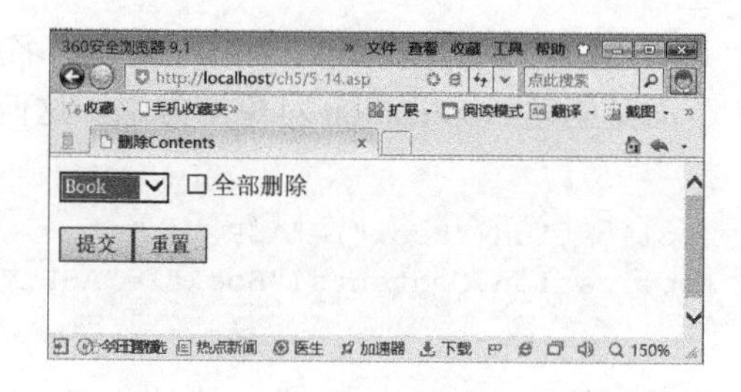


图 5-14　删除 Application 对象的属性值

下拉列表框显示 Contents 集合所有的元素。单击下拉列表框选择相应的属性值，单击“提交”按钮，就可以删除相应的属性值。该界面的代码如下：

```
<html>
<head>
```

```
<meta http-equiv="Content-Type" content="text/html; charset=gb2312">
<title>删除 Contents</title>
</head>
<body>
<form method="POST" action="DeleContents.asp">
<SELECT NAME="ContentRemove" SIZE="1">
<%
'获取 Contents 集合中的所有元素并放入 Select 中
For Each objItem in Application.Contents
    Response.Write "<OPTION value='"&objItem &"'>" & objItem & "</OPTION>"
Next
%>
</select>
<input type="checkbox" name="C1" value="ON">全部删除<p>
<input type="submit" value="提交" name="B1"><input type="reset" value="重置"
name="B2"></p>
</p>
</form>
</body>
</html>
```

单击“提交”按钮，将表单提交到文件 DeleContents.asp 处理。代码如下：

```
<html>
<head>
<meta http-equiv="Content-Type" content="text/html; charset=gb2312">
<title></title>
</head>
<body>
<%
Dim item
'获取用户选择的元素和多选框的值
item=Request.Form("ContentRemove")
all=trim(Request.Form("C1"))
Application.Lock
'如果用户选中了全部删除选项，多选框的值为 ON
If all="ON" Then
    Application.Contents.Removeall
Else
    Application.Contents.Remove(item)
End If
Application.Unlock
%>
</body>
</html>
```

代码说明如下。

(1) 方法 Remove(Item)从 Contents 集合内删除 Item 指定的属性。Item 可以为字符串，也可以为属性的索引值。

(2) 方法 RemoveAll()从集合 Contents 集合内删除所有属性。

#### 2. StaticObject 集合

StaticObject 集合包含所有在文件 Global.asa 中，使用标记<OBJECT>声明的对象。具体代码如下：

```
<%
For Each obj in Application.StaticObjects
    If IsObject(Application.StaticObjects(obj)) Then
        Response.Write "OBJECT 元素 ID 为： "& obj &"<br>"
    End If
Next
%>
```

### 5.2.5 锁定 Application 对象

Web 应用程序中所有的用户，都可以访问已有的 Application 对象，也可以修改这些对象的值。例如，Application("Counter")用来记录网站的访问人数，该变量的初始值为 2000。用户 A 和 B 同时访问该对象属性 0，并分别对 Application("Counter")的值增加 1。A 和 B 访问该属性值时，均为 2000。当然 A 和 B 也就把该属性值修改为 2001。两个用户访问该属性，该属性值应该增加 2，也就是 2002 才对。修改结果和实际情况不符。为了防止这种情况，使用 Application 对象的 Lock 方法和 UnLock 方法可以解决。Lock 方法用来阻止其他客户修改 Application 对象的属性值，确保在同一时刻只能有一个客户修改属性。Lock 方法的语法格式如下：

```
Application.Lock
```

在 Application 对象锁定后，只有使用 Unlock 方法解锁，其他用户才可以访问 Application 对象。UnLock 方法解除 Lock 方法的锁定，允许其他用户访问 Application 对象。UnLock 方法的语法格式如下：

```
Application.UnLock
```

如果 Web 应用程序锁定 Application 对象后，没有使用 UnLock 方法解锁，Web 服务器会在脚本文件结束后，解除对 Application 对象的锁定。

### 5.2.6 Application 应用实例——网站访问计数器

Application 对象提供了多个客户端用户之间共享信息的机制，每个客户端用户都可以访问 Application 对象中保存的数据。利用这 Application 对象的这种性质，可以实现很多功能，如构建网站的访问计数器。下面是一个简单的网站访问计数器，这个网站计数器以图形的方式显示本网站的访问数目。

网站访问计数器具体的实现代码如下：

```
<%
Application.Lock
Application("Counter")=Application("Counter")+1
Application.UnLock
%>
```

```
<html>
<head>
<meta http-equiv="Content-Type" content="text/html; charset=gb2312">
<title>计数器</title>
</head>
<body>
<%
Dim count                                    '保存网站访问次数
Dim str                                      '保存输出内容
str=""
count=Application("Counter")                 '获取网站的访问人数
'下面使用图片显示访问人数
n=count\10
m=count mod 10
'把访问人数的每位数字转换成图片形式
Do while not (n=0 and m=0)
    str="<img src='"&m&".gif' >"&str
    m=n mod 10
    n=n\10
Loop
Response.write str
%>
</body>
</html>
```

运行该段代码，结果如图 5-15 所示。

图 5-15　网站计数器

这个网站访问计数器可以正确统计网站的访问人数。但是当网站服务器关闭该网站或者修改 Global.asa 时，存储在 Application 对象中的访问人数就会丢失。为了在 Application 对象结束时不丢失网站的访问数目，需要保存网站访问人数。在本例子中，使用文本文件保存网站访问人数。

(1)　声明 FileSystemObject 对象实例。

为了保存访问人数，需要在 Global.asa 中声明 FileSystemObject 对象实例。文件 Global.asa 中的具体代码如下：

```
<OBJECT RUNAT=Server SCOPE=Application ID=fso
PROGID="Scripting.FileSystemObject"></OBJECT>
```

(2)　设置初始值。

网站服务器可能多次修改 Global.asa 文件，Application 对象的属性每次都需要设置初始值。

Application 对象属性的初始值，可以从保存网站访问人数的文本文件读取。具体实现代码如下：

```
<Script Language="VBScript" RunAt="Server">
Sub Application_OnStart
    '获取保存网站访问人数的文本文件名称
    FileName=Server.MapPath("Counter.txt")
    '判断是否存在该文件，不存在该文件设置初始值为1
    If not fso.FileExists(FileName) Then
        Application("Counter")=1
    Else
        '如果存在该文件，读取该文件中的网站访问人数并赋值给Application对象的属性
        Set fs=fso.OpenTextFile(FileName)
        Application("Counter")=fs.ReadLine
        fs.Close
    End If
    Application("CounterFile")=FileName
End Sub
</Script>
```

(3) 保存 Application 对象的属性值。

在 Application 对象结束前，需要保存 Application 对象的属性值。具体代码如下：

```
<Script Language="VBScript" RunAt="Server">
Sub Application_OnEnd
    FileName=Application("CounterFile")
    counter=Application("Counter")                        '获取访问人数
    Set fs=fso.CreateTextFile(FileName,true)              '创建文件
    fs.writeLine(counter)
    fs.close
End Sub
</Script>
```

## 5.3 小 结

本章介绍了 Session 对象和 Application 对象的属性、方法和事件，并通过 3 个综合实例介绍了 Session 对象和 Application 对象的使用方法。本章的重点是 Session 变量的使用以及 Application 对象的创建、锁定和解锁。本章的难点是结合 Session 事件，使用 Session 变量。对于 Application 对象则是在使用数据库的系统中，网页创建连接数据库的实例，存在一定不安全因素。为了网站安全，可以在 Global.asa 文件中，声明一个连接数据库的对象。因此，Global.asa 文件的使用也是本章的另外一个难点。

# 第6章 Server对象

本章介绍ASP中一个重要的内置对象Server。Server对象是专为处理服务器上的特定任务而设计的。特别是与服务器的环境和处理活动有关的任务。该对象提供访问服务器的方法和属性，允许用户取得Web服务器提供的各项功能，甚至可以在服务器上使用ActiveX对象编程。

**学习目标 | Objective**

- 掌握Server对象常用的属性和方法。
- 掌握利用Server对象实现的服务器操作。

## 6.1 Server对象概述

Server对象是一个用来控制服务器行为和管理的对象，它允许用户取得服务器提供的各项功能。Server对象是专门处理服务器上特定任务的对象，该对象提供了一个属性和7个方法。使用Server对象的属性和方法可以管理对象或组件的执行、网页的运行及错误的处理。

### 6.1.1 Server对象的属性

Server对象只有唯一的一个属性，ScriptTimeOut属性。该属性指定脚本在结束前最多可运行多长时间。即设置ASP页面中超时的事件限制。当一个ASP页面在脚本超时时限之内仍然没有执行完毕，ASP将终止执行并显示超时错误。默认脚本超时时限为90秒，通常这个期限值足够让ASP页面执行完毕。但是在一些特殊场合也许不能满足要求，如生成一个门户网站巨大的首页，或者用户在上传一个很大的文件时，90秒的超时期限不能满足要求，这时可以设置ScriptTimeOut属性，允许脚本执行更长的时间。

关于时间约定方面的应用程序，有两个对象的属性使用到TimeOut的时间。分别是Session对象的TimeOut属性和Server对象的ScriptTimeOut属性。在IIS的控制管理中可以直接定义相关的默认值。

如图6-1所示，打开IIS，选择“默认网站”或相关虚拟目录，右击并选择“属性”命令，在弹出的对话框中，选择“主目录”选项卡。

在“主目录”选项卡中，单击“配置”按钮，会弹出“应用程序配置”对话框。在此对话框的“选项”选项卡中，可以设置“会话超时”，即Session对象的会话时间，还可以设置“ASP脚本超时”，即Server对象的脚本超时时间，如图6-2所示。

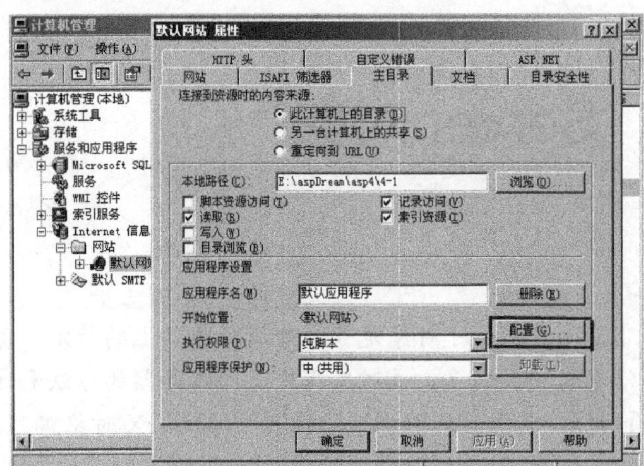

图 6-1　属性面板

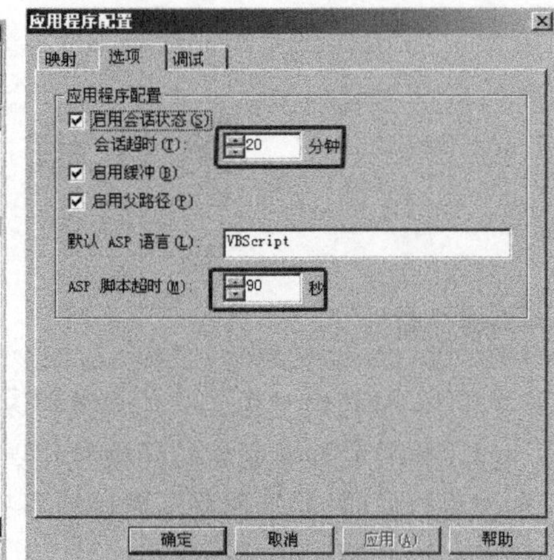

图 6-2　“应用程序配置”对话框

以上操作即是对 IIS 的直接设置。但由于目前大多数用户使用的是“虚拟主机”，不能控制服务器的 IIS，所以可以分别使用 Session.TimeOut 和 Server.ScriptTimeOut 就可自行定义相关的超时时间了。

例如，将某个脚本的超时时间设置为 2 分钟，可以在该脚本文件开始处加入如下程序代码：

```
server.scripttimeout=120
```

注意默认时间单位为秒。

网站大多具有与用户交互的能力。如果用户输入了一些错误数据，使服务器陷入死循环，这样会占用大量的服务器资源，甚至导致服务器的崩溃。为防止这种情况出现，应该为每个脚本设置一定的执行时间。在服务器特别繁忙，或生成大页面时，脚本执行时间往就会特别长。系统应该设置较大的执行时间，以防止脚本没有执行完就被强行终止。

下面是设置脚本超时的例子。该例子设置脚本超时时间为 10 秒钟。该例通过循环，使网页运行时间超过脚本的超时时间，以便查看超时后服务器的输出结果。该例子的实现流程如下。

(1)　设置脚本的超时时间。

(2)　循环 100 次。

(3)　停留 1 秒。

(4)　输出*。

(5)　重复步骤(3)。

(6)　结束。

具体实现代码如下：

```
<%
'设置脚本的超时时间为 10 秒钟
Server.scriptTimeout=10
%>
<html>
<head>
<meta http-equiv="Content-Language" content="zh-cn">
<meta http-equiv="Content-Type" content="text/html; charset=gb2312">
```

```
<title>新建网页 1</title>
</head>
<body>
<%
dim start
start=100
'重复 100 次，以等待超过 10 秒钟检验脚本超时时间
for k=1 To start
    '获取当前时间的秒数
    nexttime=dateadd("s",1,time)
    '设置停留 1 秒钟。原理是获取当前的秒数，使用循环等待时间过去 1 秒钟
    do while time<nexttime
    loop
    '在当前行输出 k 个"*"
    for i=1 To k
        response.write "*"    '输出信息
    Next
    response.write "<BR>"
next
%>
</body>
</html>
```

运行该段代码，结果如图 6-3 所示。在脚本运行时间超过指定的脚本时间后，脚本输出了已经执行的结果，并终止了脚本的执行，还显示出超时错误信息。

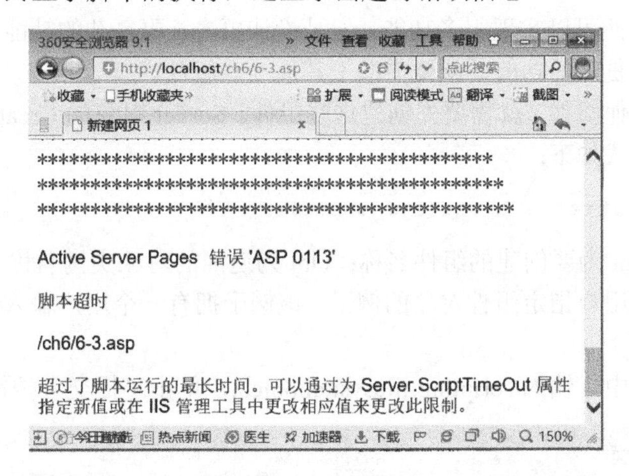


图 6-3　超时的例子

## 6.1.2　Server 对象的方法

Server 对象拥有很多方法，这些方法主要用于格式化数据、管理网站以及创建其他对象实例。Server 对象的方法如表 6-1 所示。

表 6-1　Server 对象的方法

| 方　法 | 说　明 |
| --- | --- |
| CreateObject | 创建服务器组件实例 |
| HTMLEncode | 将指定的字符串进行 HTML 编码，使字符串不会被解释成 HTML 标记 |
| URLEncode | 将指定的字符串进行编码，以 URL 形式返回服务器 |
| MapPath | 将指定的虚拟路径转换成物理路径 |
| Execute | 执行指定的 ASP 程序 |
| Transfer | 停止当前页面执行，将控制转到指定的页面 |
| GetLastError | 获取 ASP 脚本执行过程中发生的错误 |

Server 对象功能强大。下面通过例子详细介绍 Server 对象常用的方法。这些例子包括以下几个方面。

(1) 使用 CreateObject()方法创建对象实例。

(2) 使用 HTMLEncode()方法对网页内容进行 HTML 编码。

(3) 使用 URLEncode()方法对字符串进行 URL 编码。

(4) 使用 MapPath()方法获取文件或文件夹的物理路径。

(5) 使用 CreateObject()方法创建 WScript.Shell 对象实例获取服务器功能。

### 1. 创建服务器组件

ASP 内置对象虽然可以实现很多功能，但是设计更多、更复杂的功能显得非常麻烦。如果要简单地实现这些更复杂的功能，就要借助于其他一些组件。

如果需要使用其他组件，就需要先创建这些组件。Server 对象的 CreateObject()方法可以创建组件实例。语法格式如下：

```
Set Obj=Server.CreateObject(Component)
```

其中，Component 为要创建的组件名称；Obj 为返回的对象实例名称。

下面是一个创建用户指定组件对象的例子。该例子拥有一个用户输入组件名称的界面，如图 6-4 所示。

在该界面文本框中，输入 scripting.filesystemobject，单击“提交”按钮，如图 6-5 所示。

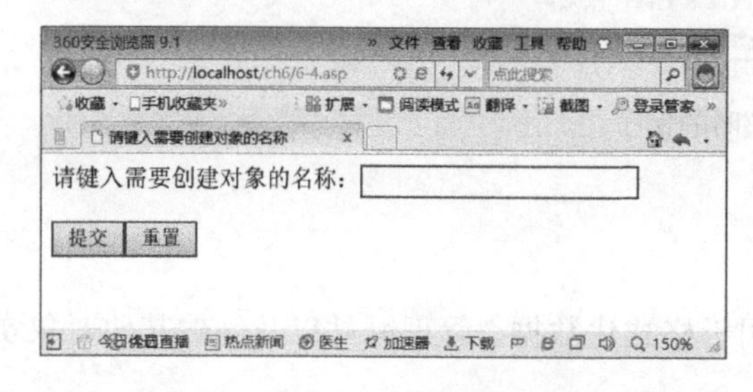


图 6-4　创建组件

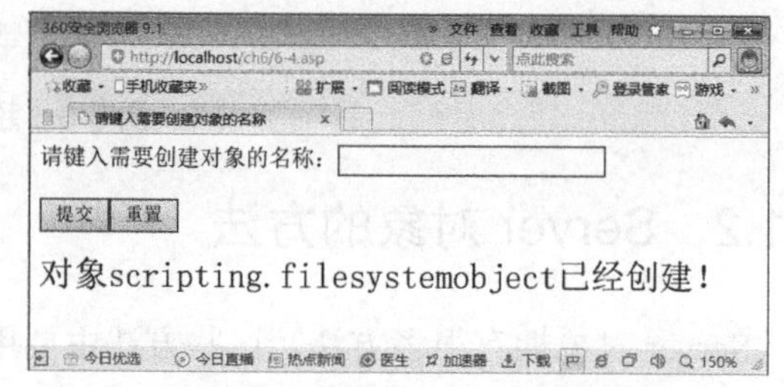


图 6-5　创建组件成功的界面

如果输入错误的组件名称 script.filesystemobject，再次单击“提交”按钮，如图 6-6 所示。

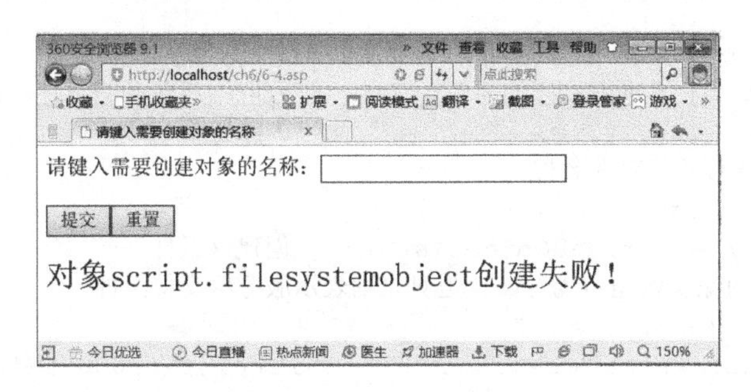


图 6-6　创建组件失败的界面

该例子的具体实现代码如下。

1)　界面实现代码

该界面拥有一个表单，表单拥有一个文本框和一个提交按钮。该界面的实现代码如下：

```
<html>
<head>
<meta http-equiv="Content-Language" content="zh-cn">
<meta http-equiv="Content-Type" content="text/html; charset=gb2312">
<title>请键入需要创建对象的名称</title>
</head>
<body>
<form method="POST" action="<%=Request.ServerVariables("SCRIPT_NAME")%>">
    <p>请键入需要创建对象的名称：<input type="text" name="nameText" size="26"></p>
    <p><input type="submit" value="提交" name="B1"><input type="reset" value="
重置" name="B2"></p>
</form>
</body>
</html>
```

代码说明：使用 Request.ServerVariables("SCRIPT_NAME")获取当前脚本文件。判断服务器是否支持该组件的代码，保存在当前文件中。所以使用该环境变量获取当前文件的名称。

2)　创建对象代码

创建对象的流程如下。

(1)　启用错误处理。

(2)　获取用户。

(3)　判断用户输入内容，为空则转(8)。

(4)　创建对象。

(5)　判断创建对象是否成功，不成功转(7)。

(6)　显示创建成功信息。

(7)　显示不成功信息。

(8)　结束。

创建对象的代码如下：

```
<%
'启用错误处理程序。如果用户输入错误组件名称，创建时将产生错误
'产生错误时将会显示错误信息，并终止脚本的运行。为了防止这种情况，启用错误处理程序
```

```
On Error Resume Next
str=Request.Form("nameText")                '获取用户输入的组件名称
str=trim(str)                               '去除空格
'判断用户是否输入有效的组件名称
If len(str)>0 Then
    Set obj=Server.CreateObject(str)        '创建该组件
    '判断创建的对象实例是否为对象。是对象则表示服务器支持组件
    If IsObject(obj) Then
        Response.write "<H><font  size='5' color='#0000FF'>对象"&str&"已经创建!
</font>"
    Else
        Response.write "<H><font  size='5' color='#0000FF'>对象"&str&"创建失败!
</font>"
        On Error Go 0                       '禁用错误处理
    End If
End If
%>
```

代码说明如下。

- On Error 语句用来启用或者终止错误处理程序。
- 启用错误处理程序的语句是 On Error Resume Next。在不启用错误处理程序时，脚本运行时遇到错误，会显示错误信息，并终止脚本的执行。启用错误处理程序后，遇到错误时，系统跳过错误语句，使脚本按照产生错误之后的语句继续运行。
- 禁用错误处理程序的方法是 On Error Goto 0。

### 2. 进行 HTML 编码

论坛都允许用户留言。论坛帖子经常有字体颜色和大小都不相同的留言，这些都是用户输入了带有 HTML 标记的留言。下面是一个显示用户输入内容的例子，如图 6-7 所示。

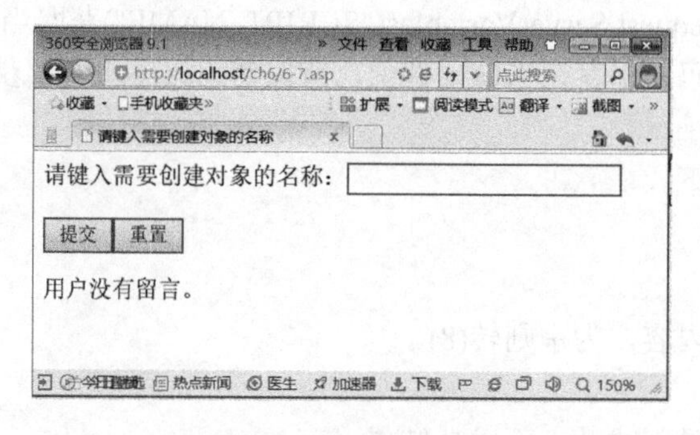


图 6-7　HTML 编码界面

1)　不进行 HTML 编码显示留言

(1)　界面代码。

该例子界面包含一个表单，表单含有 1 个文本框和 2 个按钮。用户可以在文本框内输入留言内容，界面代码如下：

```
<html>
<head>
<meta http-equiv="Content-Language" content="zh-cn">
```

```
<meta http-equiv="Content-Type" content="text/html; charset=gb2312">
<title>留言内容</title>
</head>
<body>
<form method="POST" action="<%=Request.ServerVariables("SCRIPT_NAME")%>">
    <p>留言内容：<input type="text" name="nameText" size="26"></p>
    <p ><input type="submit" value="提交" name="B1"><input type="reset" value="
重置" name="B2"></p>
</form>
</body>
</html>
```

(2) 显示留言内容。

显示留言内容的代码如下：

```
<%
On Error Resume Next                              '启用错误处理程序
str=Request.Form("nameText")                      '获取用户输入的留言
str=trim(str)
'显示用户的留言
If len(str)>0 Then
    Response.write "用户留言内容是："&str
Else
    Response.write "用户没有留言。"
End If
%>
```

该例子比较简单，不再解释。运行该段代码，文本框中输入带有 JavaScript 脚本的 HTML 留言。留言内容：

```
"<p onmousemove="alert('你上当了啊')"><font face="华文行楷" size="6"
color="#FF0000"> 谢谢你浏览我的留言！</font></p>"
```

单击“提交”按钮，如图 6-8 所示。

图 6-8 只显示了红色的“谢谢你浏览我的留言！”内容。当浏览用户鼠标在留言内容上滑过时，弹出如图 6-9 所示的对话框。

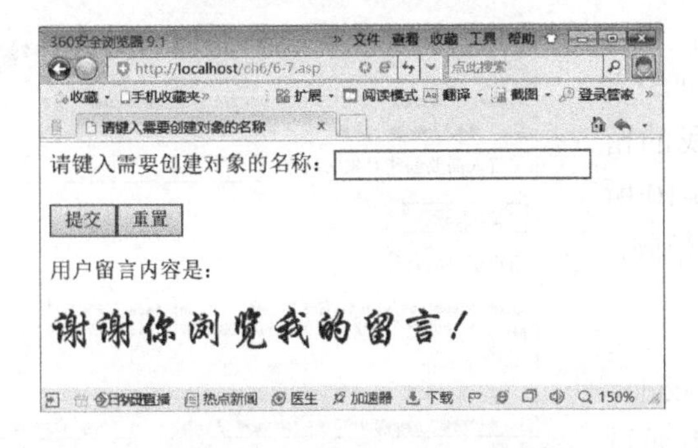


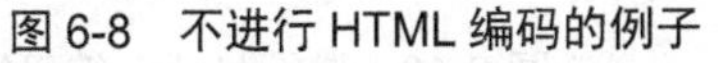
图 6-8 不进行 HTML 编码的例子

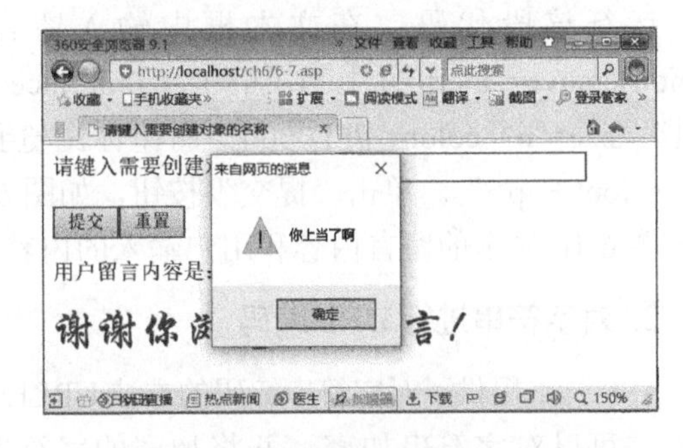


图 6-9 弹出对话框

由此可见，网页把用户的留言作为 HTML 页的一部分进行处理。如果用户的留言含有其他 JavaScript 或者 VBScript 代码，可能会对系统产生更大的破坏作用。因此，需要对用户的留言进行处理。

2) 进行 HTML 编码显示留言

为了防止这种情况，可以使用 HTMLEncode 方法处理留言内容。HTMLEncode 方法的语法格式如下：

```
Str=Server.HTMLEncode(String)
```

其中，String 为待处理的字符串；Str 为处理后的字符串。

把上面的例子使用 HTMLEncode 方法进行修改。代码如下：

```
<html>
<head>
<meta http-equiv="Content-Language" content="zh-cn">
<meta http-equiv="Content-Type" content="text/html; charset=gb2312">
<title>留言内容</title>
</head>
<body>
<form method="POST" action="<%=Request.ServerVariables("SCRIPT_NAME")%>">
    <p>留言内容: <input type="text" name="nameText" size="26"></p>
    <p ><input type="submit" value="提交" name="B1"><input type="reset" value="
重置" name="B2"></p>
</form>
<%
On Error Resume Next
str=Request.Form("nameText")
str=trim(str)
If len(str)>0 Then
    '显示 HTML 语句
    Response.write "用户留言内容是: "&Server.HTMLEncode(str)
Else
    Response.write "用户没有留言。"
End If
%>
</body>
</html>
```

运行该段代码，在文本框中输入留言“<p onmousemove="alert('你上当了啊')"><font face="华文行楷" size="6" color="#FF0000">谢谢你浏览我的留言！</font></p>”。单击“提交”按钮，如图 6-10 所示。图 6-10 显示的留言内容和用户输入的内容相同。

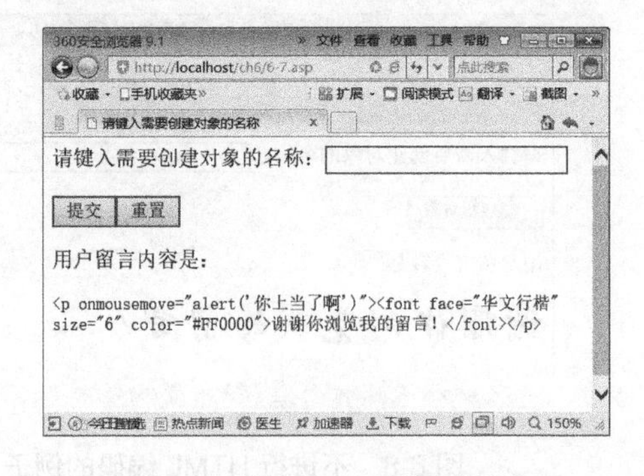


图 6-10 进行 HTML 编码的例子

### 3. 对字符串进行 URL 编码

ASP 脚本提供了对字符串编码的方法 URLEncode。该方法可以对字符串加密，并将加密的字符串通过 URL 传送到服务器。

URLEncode 方法的语法格式如下：

```
Str=Server.URLEncode(String)
```

其中，String 为待编码的字符串；Str 为编码后的字符串。

下面是将用户留言的内容编码并显示的例子。该例子通过 URL 地址传送留言内容并显示。具体代码如下：

```
<html>
<head>
<meta http-equiv="Content-Language" content="zh-cn">
<meta http-equiv="Content-Type" content="text/html; charset=gb2312">
<title>留言内容</title>
</head>
<body>
<%
Content="留言内容"
'设置超级链接以便传送加密的字符串
%>
<a href="<%
=
Request.ServerVariables("SCRIPT_NAME")&"?Content="&Server.URLEncode(Content
)
%>">显示留言内容</a><br>
<%
'使用 Request 可以获取 Content 的内容
str=Request.querystring("Content")
str=trim(str)
If len(str)>0 Then
    Response.write "用户留言内容是: "&Server.HTMLEncode(str)
End If
%>
</body>
</html>
```

代码说明如下。

(1)　本界面显示了一个超级链接。该链接的链接地址为当前文件，传递的参数为 Content，其值为加密的“留言内容”。

(2)　直接使用 Request 对象就可以获取编码后的参数内容。

运行该段代码，单击“显示留言内容”链接，如图 6-11 所示。图 6-11 显示“留言内容”。但是地址栏内，URL 中的“留言内容”已经转换成了加密后的字符串%C1%F4%D1%D4%C4%DA%C8%DD。

图 6-11　进行 URL 编码的例子

### 4. 获取路径

服务器操作文件或文件夹时，需要使用文件或文件夹的物理路径。但是在编写 ASP 网页脚本时，大多使用文件或文件夹的虚拟路径。因此，需要把虚拟路径转换成物理路径。使用 Server 对象的 MapPath()方法可以实现转换功能。

MapPath()方法可以将指定的路径转换成物理路径，语法格式如下：

```
Path=Server.MapPath(FilePath)
```

其中，FilePath 为文件或者文件夹的虚拟路径；Path 为转换后的物理路径。FilePath 可以为文件，或者文件夹名称，也可以是下列的字符。

(1) /：获取根目录路径。

(2) ./：获取当前文件或者文件夹的路径。

(3) ../：获取当前文件或者文件夹的父目录。

下面是获取当前文件的相关路径的例子，具体实现代码如下：

```
<html>
<head>
<meta http-equiv="Content-Language" content="zh-cn">
<meta http-equiv="Content-Type" content="text/html; charset=gb2312">
<title>留言内容</title>
</head>
<body>
<%
Response.write "当前文件为："&Request.ServerVariables("SCRIPT_NAME")&"<BR>"
Response.write "该文件的路径为：
"&Server.MapPath(Request.ServerVariables("SCRIPT_NAME"))&"<BR>"
Response.write "该文件的当前路径为："&Server.MapPath("./")&"<BR>"
Response.write "该文件的父目录路径为："&Server.MapPath("../")&"<BR>"
Response.write "该文件的根目录路径为："&Server.MapPath("/")&"<BR>"
%>
</body>
</html>
```

运行该段代码，如图 6-12 所示。

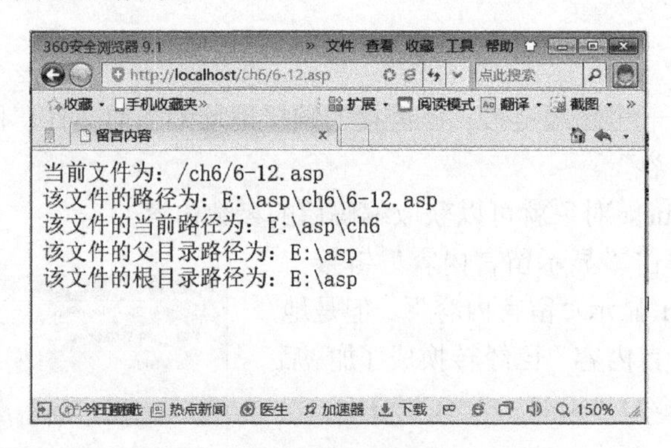


图 6-12　获取文件路径的示例运行结果

### 5. 获取服务器操作系统信息

获取服务器的操作系统可以通过组件 WScript.Shell 的 Environment 来获取。Environment 属性常用的环境变量如表 6-2 所示。

表 6-2　环境变量说明

| 环境变量 | 说　明 |
|---|---|
| NUMBER_OF_PROCESSORS | 计算机上运行的处理器数目 |
| PROCESSOR_ARCHITECTURE | 处理器类型 |
| OS | 服务器所用的操作系统 |
| COMSPEC | 运行"命令提示"的命令，通称为 cmd.exe |
| HOMEDRIVE | 服务器本地驱动器 |
| HOMEPATH | 服务器上用户的默认路径 |
| PATH | 环境变量的路径 |
| SYSTEMROOT | 系统目录 |
| TEMP | 系统存储临时文件目录 |

获取操作系统信息的代码如下：

```
<%
GetOSInfo        '调用自定义的过程 GetOSInfo 获取操作系统信息
Response.write "操作系统为: "&strOS&"<BR>"         '调用过程中的变量显示指定信息
Response.write "本地驱动器为: "&strHomeDrive&"<BR>"
Response.write "用户默认路径为: "&strHomePath&"<BR>"
Response.write "环境变量路径为: "&strPath&"<BR>"
Response.write "系统目录为: "&strWindir&"<BR>"
Response.write "临时文件目录为: "&strTemp&"<BR>"
'把获取操作系统信息的代码形成一个过程
sub GetOSInfo()
  on error resume next
'创建 wscript.shell 对象
  Set WshShell = Server.CreateObject("WScript.Shell")
'获取系统环境变量，通过环境变量获取操作系统参数
  Set WshEnv = WshShell.Environment("SYSTEM")
'获取操作系统的类型
  strOS = cstr(WshEnv("OS"))
  '获取本地驱动器，一般为 c:
  strHomeDrive=cstr(WshEnv("HOMEDRIVE"))
  strHomePath=cstr(WshEnv("HOMEPATH")) '获取用户默认路径
  strPath=cstr(WshEnv("PATH")) '获取环境变量路径
 strWindir=cstr(WshEnv("SYSTEMROOT"))'获取系统目录
  '获取系统的临时文件夹路径
  strTemp=cstr(WshEnv("TEMP"))
  if strOS & "" = "" then
    strOS = "未知操作系统！"
  end if
end sub
%>
```

### 6. 获取支持的组件

获取支持组件的方法就是创建该组件的对象，然后判断创建对象是否成功。如果成功，则

支持该组件；否则，服务器不支持该组件。

把判断服务器是否支持组件的方法形成一个过程 ObjCheck()，具体代码如下：

```
<%
sub ObjCheck(strObj)
'启动错误处理，防止创建组件对象错误，不能进行判断服务器是否支持该组件
 on error resume next
  IsObj=false
  VerObj=""
'创建指定的组件对象
  set Obj=server.CreateObject(strObj)
  If IsObject(Obj) then
IsObj = True
'获取该组件对象的版本说明，如果不存在则显示相关信息
   VerObj =Obj.version
   if VerObj="" or isnull(VerObj) then VerObj=Obj.about
  end if
  set Obj=nothing
End sub
%>
```

设置指定的组件，调用过程 ObjCheck(strObj)判断服务器是否支持该组件，并显示相关信息。具体代码如下：

```
<%
  on error resume next                          '启用错误处理程序
'设置脚本级变量，在过程内外都可以调用这些变量
  Dim strOS,strHomeDrive,strHomePath,strPath,strWindir,strTemp
  '设置指定的组件名称和相应的相关信息
  Dim ObjName(13,2)
  ObjName(0,0) = "MSWC.AdRotator"
  ObjName(0,1) = "系统自带广告组件"
  ObjName(1,0) = "MSWC.BrowserType"
  ObjName(1,1) = "浏览器信息组件"
  ObjName(2,0) = "MSWC.NextLink"
  ObjName(2,1) = "系统自带链接组件"
  ObjName(3,0) = "MSWC.Tools"
  ObjName(4,0) = "MSWC.Status"
  ObjName(5,0)= "MSWC.Counters"
  ObjName(5,1) = "系统自带计数组件"
  ObjName(6,0)= "IISSample.ContentRotator"
  ObjName(6,1) = "系统自带内容广告组件"
  ObjName(7,0)= "IISSample.PageCounter"
  ObjName(7,1) = "系统自带统计组件"
  ObjName(8,0) = "Microsoft.XMLHTTP"
  ObjName(8,1) = "(Http 组件，常在采集系统中用到)"
  ObjName(9,0) = "WScript.Shell"
  ObjName(9,1) = "(Shell 组件，可能涉及安全问题)"
  ObjName(10,0) = "Scripting.FileSystemObject"
  ObjName(10,1) = "(FSO 文件系统管理、文本文件读写)"
  ObjName(11,0) = "Adodb.Connection"
```

```
ObjName(11,1) = "(ADO 数据对象)"
ObjName(12,0) = "Adodb.Stream"
ObjName(12,1) = "(ADO 数据流对象, 常见被用在无组件上传程序中)"
ObjName(13,0) = "JMail.SmtpMail"
ObjName(13,1) = "JMail 发送邮件组件"
'循环检查服务器是否支持指定的组件, 并显示相关信息
For i=0 To 13
  ObjCheck(ObjName(i,0))
  If IsObj Then
      Response.write "系统支持"&ObjName(i,0)&"组件。"&ObjName(i,1)&"
"&VerObj&"<BR>"
  Else
      Response.write "系统不支持"&ObjName(i,0)&"组件。"&"<BR>"
  End If
Next
%>
```

## 6.2　文件夹操作

网站经常需要对文件，或者文件夹进行处理。这就要用到 FSO 对象或 Stream 对象。FSO 对象和 Stream 对象功能强大，为网站管理人员带来了方便。同时，也给非法用户提供了入侵的机会。因此，使用时需要谨慎。本节将介绍使用 FSO 操作文件夹的例子。

### 6.2.1　FSO 概述

FSO(File System Object)对象是操作文件系统的对象。FSO 对象可以对文件或文件夹进行处理，包括新建文件夹，新建、读写和修改文件。FSO 对象包含以下 5 个对象。

(1) 驱动器对象(Drive)。通过该对象可以获取有关磁盘驱动器的信息。这些磁盘驱动器包括软盘、硬盘、光驱、虚拟盘及网络驱动器。

(2) 文件夹对象(Folder)。通过该对象可以新建、删除文件夹以及查询文件夹信息。

(3) 文件对象(File)。通过该对象可以新建、删除文件以及查询文件信息。

(4) 文件系统对象(FileSystemObject)。该对象是 FSO 对象的主要对象，它包含了操作驱动器、文件夹、文件的所有方法。

(5) 文本流对象(TextStream)。通过该对象对文本进行读写操作。

本节使用 FileSystemObject 对象对磁盘驱动器、文件夹和文件进行操作。如果系统不支持 FileSystemObject 对象，需要注册该组件。注册该组件的方法如下。

(1) 打开命令提示符窗口，在命令提示符窗口中输入命令 Regsvr32.exe scrrun.dll，如图 6-13 所示，按 Enter 键。

(2) 弹出如图 6-14 所示的对话框，则恢复 FileSystemObject 组件成功；否则，需要重新执行上述命令。

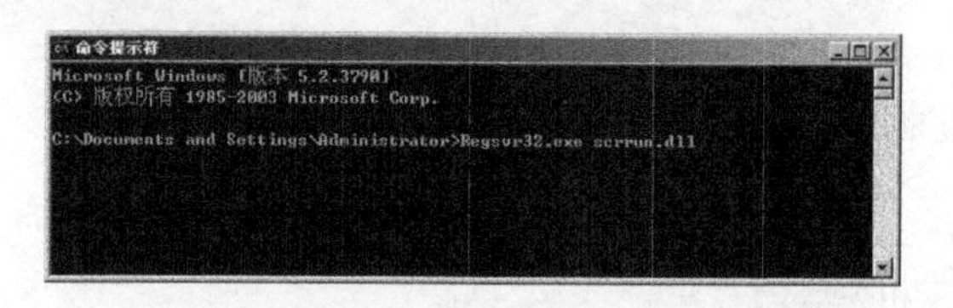


图 6-13　恢复 FileSystemObject 组件

图 6-14　注册 FileSystemObject 组件

## 6.2.2　获取磁盘信息

FileSystemObject 对象可以获取磁盘驱动器的信息。使用 FileSystemObject 对象提供的方法和 Drive 对象都可以获取磁盘信息。

### 1. 使用 FileSystemObject 对象的方法获取磁盘信息

使用 FileSystemObject 对象的方法获取磁盘信息的流程如下。

(1)　创建 FileSystemObject 对象。

(2)　获取磁盘信息数组。

(3)　输出当前磁盘信息。

(4)　重复步骤(3)。

(5)　结束。

获取磁盘驱动器信息的代码如下：

```
<%
'使用函数 Num2Info()把驱动器编码转换成驱动器的说明信息
Function Num2Info(Driver)
Select Case Driver
Case 0: Num2Info="设备无法识别"
Case 1: Num2Info="软盘驱动器"
Case 2: Num2Info="硬盘驱动器"
Case 3: Num2Info="网络硬盘驱动器"
Case 4: Num2Info="光盘驱动器"
Case 5: Num2Info="RAM 虚拟磁盘"
End Select
End Function
'创建 FSO 对象实例并赋给变量 fso
set fso=Server.CreateObject("Scripting.FileSystemObject")
%>
<table border=1 width="100%">
<tr><td>盘符</td><td>类型</td><td>卷标</td><td>总计大小</td><td>可用空间</td>
<td>文件系统</td><td>序列号</td><td>是否可用</td><td>路径</td></tr>
<%
'循环处理每一个驱动器磁盘，所有驱动器信息存在 Drives 中
For each driver in fso.Drives
    Response.Write "<tr>"
    Response.Write "<td>" & driver.DriveLetter & "</td>"    '输出盘符
    Response.write "<td>" & Num2Info(driver.DriveType) & "</td>" '输出磁盘类型
    '判断当前磁盘是否可以用，如果为光驱却没有放入光盘时是不可以用的，因此需要判断
```

```
    If drv.IsReady Then
        '以上依次输出卷标、磁盘容量、可用空间、文件系统和序列号
        Response.write "<td>" & driver.VolumeName & "</td>"
        Response.write "<td>" & FormatNumber(driver.TotalSize / 1024, 0)&
"</td>"
        Response.write "<td>" & FormatNumber(driver.Availablespace / 1024, 0)
& "</td>"
        Response.write "<td>" & driver.FileSystem & "</td>"
        Response.write "<td>" & driver.SerialNumber & "</td>"
    Else
        '磁盘不可以用，则输出以下信息
        Response.write "<td>无</td>"
        Response.write "<td>无 </td>"
        Response.write "<td>无 </td>"
        Response.write "<td>无 </td>"
        Response.write "<td>无 </td>"
    End If
    Response.write "<td>" & driver.IsReady & "</td>"
Response.write "<td>" & driver.Path & "</td>"
Response.Write "</tr>"
Next
set fso=nothing
%>
</table>
```

代码说明如下。

(1) 创建 Scripting.FileSystemObject 对象的方法如下：

```
set fso=Server.CreateObject("Scripting.FileSystemObject")
```

(2) Drives 是 FileSystemObject 对象的属性。该属性返回当前机器的磁盘驱动器的集合。访问磁盘驱动器集合的方法如下：

```
For each driver in fso.Drives
    '输出当前驱动器信息
......
Next
```

(3) 通过 Drive 对象的属性可以获取驱动器信息，说明如表 6-3 所示。

表 6-3　Drive 对象的属性说明

| 属性或方法 | 说　明 |
|---|---|
| DriveLetter | 返回磁盘驱动器盘符 |
| DriveType | 返回当前磁盘驱动器的类型<br>0：无法识别设备；<br>1：软盘驱动器；<br>2：硬盘驱动器；<br>3：网络硬盘驱动器；<br>4：光盘驱动器；<br>5：虚拟驱动器 |

续表

| 属性或方法 | 说　明 |
|---|---|
| AvailableSpace | 返回当前磁盘驱动器的可用空间 |
| TotalSize | 返回当前磁盘驱动器的总容量 |
| VolumnName | 返回当前磁盘驱动器的卷名 |
| ShareName | 返回当前磁盘驱动器共享名称 |
| SerialNumber | 返回当前磁盘驱动器的序列号 |

(4) 本例使用函数 Num2Info()，把当前磁盘驱动器的类型转换成用户易读的形式。参数为 DriveType 属性返回值。

运行该段代码，结果如图 6-15 所示。

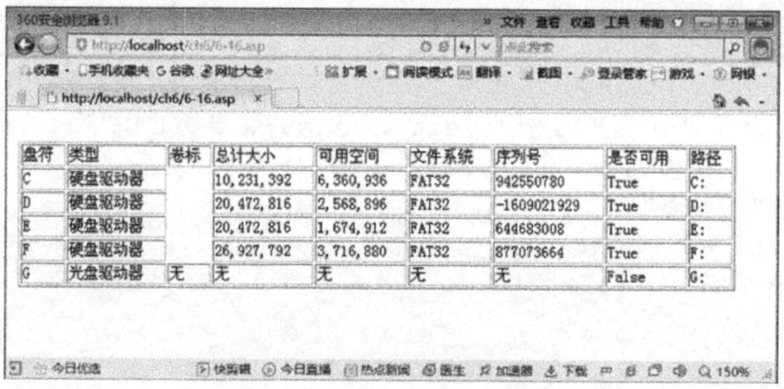

图 6-15　显示磁盘驱动器信息

### 2. 使用 Drive 对象获取磁盘信息

使用 Drive 对象获取磁盘信息的流程如下。

(1) 创建 FileSystemObject 对象。

(2) 获取 Drive 对象。

(3) 输出当前磁盘信息。

(4) 结束。

获取磁盘驱动器信息的代码如下：

```
<table border=1 width="100%">
<tr><td>盘符</td><td>类型</td><td>卷标</td><td>总计大小</td><td>可用空间</td>
<td>文件系统</td><td>序列号</td><td>是否可用</td><td>路径</td></tr>
<%
set fso=Server.CreateObject("Scripting.FileSystemObject")
DriverPath="c"
'判断当前驱动器是否存在,如果存在方法DriveExists(DriverPath)则返回True,否则返回False
If fso.DriveExists(DriverPath) Then
    '使用 GetDrive()方法获取 Drive 对象
    Set drive=fso.GetDrive(DriverPath)
    Response.Write "<tr>"
    Response.Write "<td>" & drive.DriveLetter & "</td>"
    Response.write "<td>" & Num2Info(drive.DriveType) & "</td>"
    '判断当前磁盘是否可以用，如果为光驱却没有放入光盘时是不可以用的，因此需要判断
    If drive.IsReady Then
        '以上依次输出卷标、磁盘容量、可用空间、文件系统和序列号
```

```
        Response.write "<td>" & drive.VolumeName & "</td>"
        Response.write "<td>" & FormatNumber(drive.TotalSize / 1024, 0)&
"</td>"
        Response.write "<td>" & FormatNumber(drive.Availablespace / 1024, 0)
& "</td>"
        Response.write "<td>" & drive.FileSystem & "</td>"
        Response.write "<td>" & drive.SerialNumber & "</td>"
    Else
        '磁盘不可以用，则输出以下信息
Response.write "<td>无</td>"
        Response.write "<td>无 </td>"
        Response.write "<td>无 </td>"
        Response.write "<td>无 </td>"
        Response.write "<td>无 </td>"
    End If
    Response.write "<td>" & drive.IsReady & "</td>"
    Response.write "<td>" & drive.Path & "</td>"
    Response.Write "</tr>"
End If
set fso=nothing
%>
</table>
```

代码说明如下。

(1) 方法 GetDrive(Driver)返回参数 Driver 指定驱动器的 Drive 对象。其中，参数 Driver 为指定驱动器的字符串。对于 Drive 对象的属性读者可以参考前面内容。

(2) FileSystemObject 对象还提供了如表 6-4 所示的方法。这些方法可以获取磁盘驱动器的信息。

表 6-4　FileSystemObject 对象提供的属性和方法

| 方　法 | 说　明 |
| --- | --- |
| DriveExists(Driver) | 若存在 Driver 指定的磁盘驱动器，该方法返回 True；否则返回 False |
| GetDriveName(Path) | 返回当前磁盘驱动器的名称 |

运行该代码，结果如图 6-16 所示。

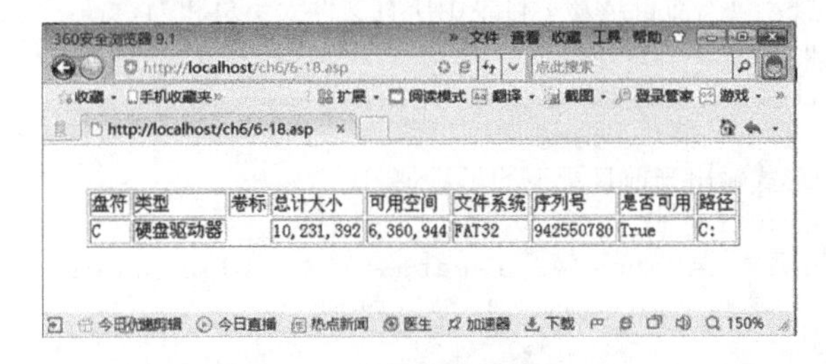


图 6-16　磁盘驱动器信息

## 6.2.3　获取目录信息

使用 FileSystemObject 对象和 Folder 对象可以轻易获取目录信息。下面通过一个例子向读者介绍获取目录信息的方法。这个例子不但列举指定目录的信息，还列举了该目录下子目录和文件，并为子目录添加链接。单击链接可以看到该子目录信息。

该例子的实现流程如下。

(1) 获取指定文件路径。

(2) 判断是否存在该路径，不存在则转(6)。

(3) 输出当前目录的信息。

(4) 输出当前目录下所有子目录，并添加链接。

(5) 输出当前目录下所有文件。

(6) 结束。

该例子具体实现代码如下：

```
<%
Set fs=server.createObject("Scripting.FileSystemObject")
FilePath=Request("FilePath")
Path="d:"
'设置指定文件的物理路径
Path=Path&FilePath
'判断指定的文件夹是否存在，存在则 FolderExists 返回 True
if fs.FolderExists(Path) Then
    '获取指定路径文件夹的对象并返回给 objfolder
Set objfolder=fs.GetFolder(Path)
'获取当前文件夹下的子目录
    Set folders=objfolder.subfolders
    response.write "当前目录为<font
color=#FF9900>"&objfolder.Name&"</font><BR>" '输出文件夹的名称
    '判断当前目录是否为根目录，是根目录 IsRootFolder 返回 True，否则返回 False
If objfolder.IsRootFolder Then
        response.write "当前目录为<font color=#FF9900>根目录</font>。"
    Else
        response.write "当前目录不是根目录。父目录为<font color=#FF9900>"
        '如果当前目录不是根目录，则输出当前目录的父目录
response.write objfolder.ParentFolder&"</font><BR>"
    End If
    Response.write "当前目录的创建时间为："&folder.datecreated&"<BR>"
    response.write "当前目录及子目录中所有文件大小总和为<font color=#FF9900>"& _
objfolder.Size&"</font><BR>"
    '循环输出当前目录下的所有子目录
    For Each folder In folders
        '以链接的形式输出当前目录下的子目录
        Response.write "<a
href='folders.asp?FilePath="&FilePath&"\"&folder.name&"'>"& _
                folder.name&"</A><BR>"
    Next
    Response.write "<font color=#FF0000>当前目录下所有文件为：</font><BR>"
    Set Files=objfolder.Files  '获取当前目录下的文件
'循环输出当前目录下的所有文件名称
    For each File in Files
        Response.write "<font color=#FF9900>"&File.name&"</font><BR>"
    Next
```

```
End if
%>
```

代码说明：该段代码使用 FileSystemObject 和 Folder 对象的方法或属性获取目录信息。这些方法或属性的说明如表 6-5 所示。

表 6-5　操作文件夹的方法或属性

| 方法或属性 | 说　明 |
|---|---|
| FolderExists(Path) | 判断是否存在 Path 指定的目录，存在返回 True；否则返回 False |
| GetFolder(Path) | 返回 Path 指定路径的子目录集合 |
| ParentFolder | 返回上一级目录 |
| Name | 返回当前目录名称 |
| Size | 返回当前目录及子目录中所有文件总和 |
| Files | 返回当前目录下所有文件的集合，隐藏文件除外 |
| SubFolders | 返回当前目录下所有子目录的集合 |
| IsRootFolder | 判断当前目录是否为根目录，是返回 True；否则返回 False |
| datecreated | 获取文件夹的创建时间 |

## 6.2.4　文件夹管理

现在，网站后台管理程序大多提供在线管理功能。在线管理功能中的一项，就是对服务器上的文件夹进行管理。文件夹管理包括建立、复制和删除文件夹。

下面介绍文件夹的建立、复制和删除。

### 1. 建立新文件夹

创建文件夹可以使用 Server 对象的 CreateFolder()方法创建。CreateFolder()方法的语法格式如下：

```
Obj. CreateFolder(FolderName)
```

语法说明如下。

(1)　FolderName 为创建文件夹的名称。该参数必须使用物理路径，否则将不能建立成功。

(2)　Obj 为 Server 对象的名称。

下面是创建一个文件夹的例子。

(1)　建立新文件夹界面。代码如下：

```
<html>
<head>
<meta http-equiv="Content-Language" content="zh-cn">
<meta http-equiv="Content-Type" content="text/html; charset=gb2312">
<title>留言内容</title>
</head>
<body>
<form method="POST" action="<%=Request.ServerVariables("SCRIPT_NAME")%>">
    <p>创建文件夹名称：<input type="text" name="nameText" size="26"></p>
```

```
    <p ><input type="submit" value="提交" name="B1"><input type="reset" value="
重置" name="B2"></p>
</form>
</body>
</html>
```

(2) 获取新文件夹的名称。代码如下：

```
<%
On Error Resume Next
str=Request.Form("nameText")
str=trim(str)
%>
```

(3) 建立新文件夹。代码如下：

```
<%
'如果用户输入的文件夹名称不为空，则进行创建文件夹
If len(str)>0 Then
    Dim obj
    set obj=Server.CreateObject("Scripting.FileSystemObject")
    obj.CreateFolder(Server.MapPath("\"&str))              '创建新文件
    Response.write str&"文件夹已经建立"
    set obj=nothing
Else
    Response.write "请输入文件夹的名称。"
End If
%>
```

该段代码比较简单，不再解释。运行该段代码，如图 6-17 所示。在文本框中输入待建立的文件夹名称“建立文件夹的例子”，单击“提交”按钮。服务器的根目录下将出现新建立的文件夹。

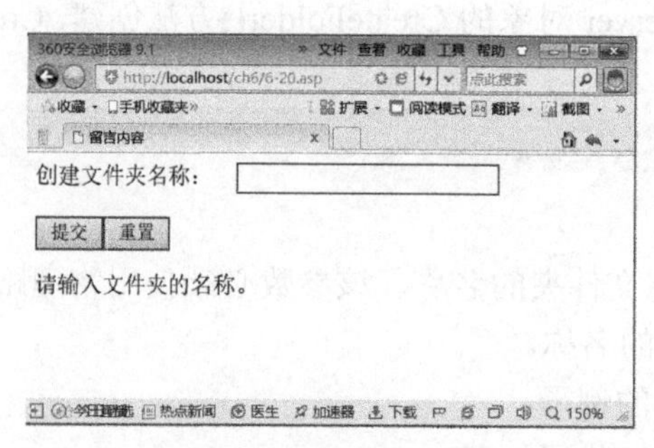


图 6-17　创建文件夹

### 2. 复制文件夹

复制文件夹可以使用 Server 对象的 MoveFolder()方法创建。CopyFolder()方法的语法格式如下：

```
Obj. CopyFolder SourceFolder, DestinationFolder
```

语法说明如下。

(1) SourceFolder 为待复制的文件夹名称，该参数必须使用物理路径。

(2) DestinationFolder 为复制后文件夹名称，该参数必须使用物理路径。

(3) Obj 为 FSO 对象的名称。

下面是复制一个文件夹的例子。

(1) 复制文件夹的界面。代码如下：

```
<html>
<head>
<meta http-equiv="Content-Language" content="zh-cn">
<meta http-equiv="Content-Type" content="text/html; charset=gb2312">
<title>留言内容</title>
</head>
<body>
<form method="POST" action="<%=Request.ServerVariables("SCRIPT_NAME")%>">
    <p>源文件夹名称：  <input type="text" name="SText" size="26"></p>
    <p>目的文件夹名称：<input type="text" name="DText" size="26"></p>
    <p ><input type="submit" value="提交" name="B1"><input type="reset" value="
重置" name="B2"></p>
</form>
</body>
</html>
```

(2) 获取源文件夹和目的文件夹名称。代码如下：

```
<%
'获取源文件夹和目的文件夹路径并转换成物理路径
Dim SourcePath,DestinPath
Sstr=Request.Form("SText")
Sstr=trim(Sstr)
Dstr=Request.Form("DText")
Dstr=trim(Dstr)
'把获取到的文件物理路径赋给变量
DestinPath=Server.MapPath("\"&Dstr)
SourcePath=Server.MapPath("\"&Sstr)
%>
```

(3) 复制文件夹。代码如下：

```
'如果源文件夹和目的文件夹名称不为空，则进行复制文件夹
If len(Sstr)>0 and len(Dstr)>0  Then
    Dim obj
    set obj=Server.CreateObject("Scripting.FileSystemObject")
    '如果指定的文件夹存在，则复制该文件夹，否则报错误
    If obj.FolderExists(SourcePath) Then
       obj.CopyFolder SourcePath,DestinPath  '复制文件夹
       Response.write "文件夹已经复制完毕"
    Else
       Response.write "源文件夹不存在！"
    End If
    set obj=nothing
Else
```

```
    '显示用户输入数据不完整的错误信息
    If len(Sstr)>0 Then
        Response.write "请输入源文件夹的名称。"
    Else
        Response.write "请输入目的文件夹的名称。"
    End If
    Response.end
End If
%>
```

代码说明：FolderExits()方法检查指定的文件夹是否存在。若存在，返回 True；否则，返回 False。

运行该段代码，结果如图 6-18 所示。在“源文件夹名称”文本框中，输入“新建文件夹的例子”；在“目的文件夹名称”文本框中，输入“新建文件夹的例子 1”。单击“提交”按钮，就可以复制该文件夹了。

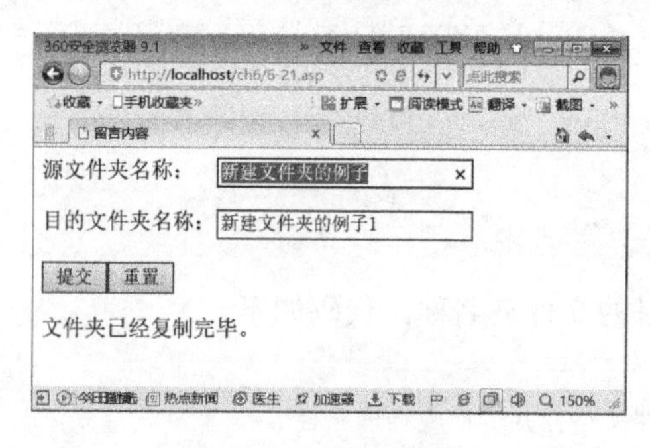


图 6-18　复制文件夹

也可以使用 MoveFolder 方法替代 CopyFolder 方法，这样，这段代码就可以实现修改文件夹名称的功能了。MoveFolder 方法的语法格式如下：

```
Obj. MoveFolder SourceFolder, DestinationFolder
```

语法说明如下。

(1) SourceFolder 为待改名的文件夹名称，该参数必须使用物理路径。

(2) DestinationFolder 为改名后文件夹名称，该参数必须使用物理路径。

(3) Obj 为 FSO 对象的名称。

### 3. 删除文件夹

删除文件夹可以使用 Server 对象的 DeleteFolder()方法，其语法格式如下：

```
Obj. DeleteFolder SourceFolder, Type
```

语法说明如下。

(1) SourceFolder 为待删除的文件夹名称，该参数必须使用物理路径。

(2) Type 为布尔值，默认值为 False，表示不删除只读文件夹；若该值为 True，则表示要删除只读文件夹。

(3) Obj 为 FSO 对象的名称。

下面是删除一个文件夹的例子。

```
<html>
<head>
<meta http-equiv="Content-Language" content="zh-cn">
<meta http-equiv="Content-Type" content="text/html; charset=gb2312">
<title>留言内容</title>
</head>
<body>
<form method="POST" action="<%=Request.ServerVariables("SCRIPT_NAME")%>">
    <p>删除文件夹名称：<input type="text" name="nameText" size="26"></p>
    <p ><input type="submit" value="提交" name="B1"><input type="reset" value="
重置" name="B2"></p>
</form>
<%
On Error Resume Next                                    '启动错误处理程序
'str 保存用户输入的文件名称，SourcePath 为保存指定文件夹的物理路径
Dim str,SourcePath
str=Request.Form("nameText")
str=trim(str)
'获取指定文件夹的物理路径
SourcePath=Server.MapPath(str)
'判断用户是否输入了有效文件夹名称
If len(str)>0 Then
    Dim obj
    set obj=Server.CreateObject("Scripting.FileSystemObject")
    '如果该文件夹存在，则删除该文件夹并输出删除信息
    If obj.FolderExists(SourcePath) Then
        obj.DeleteFolder(SourcePath)                    '删除指定的文件夹
        Response.write str&"文件夹已经删除"
        set obj=nothing
    End IF
Else
    Response.write "请输入文件夹的名称。"
End If
%>
</body>
</html>
```

本段代码比较简单，不再解释。

## 6.3　Stream 对象

现在很多网站大量使用图片。在显示图片时，需要获知图片的高度和宽度，以确定图片显示的空间。本节将通过两个例子介绍 Stream 对象读取文件和读取指定数目数据的方法。一个例子是获取 BMP 图片高度和宽度；另一个例子是无组件上传图片。

### 6.3.1　获取 BMP 图片的高度和宽度

BMP 图片是一种与硬件设备无关的图像文件格式，在 Windows 环境中使用非常广泛。它采用位映射存储格式，基本不采用任何压缩。因此，BMP 文件占用的空间很大。在 Windows

环境中运行的图形图像软件，基本都支持 BMP 图像文件。

BMP 图像文件具有一定的格式。在 BMP 文件中，从第 18 字节起的 4 个字节空间中存储着图像的宽度数据；从第 22 字节起的 4 个字节存储着高度数据。这些数据确定了图像的高度和宽度。虽然前面介绍的 FSO 对象，可以操作文件和文件夹，但它无法直接操作二进制文件，导致图片上传和维护不方便。如果读取二进制数据，需要使用 ADODB 的 Stream 对象。Stream 对象提供存取二进制数据，或文本流的操作，从而实现对流的读写操作。

下面的例子获取 BMP 图像的高度和宽度，具体实现流程如下。

(1) 判断是否是 BMP 类型的文件，不是则转(5)。

(2) 获取指定的字节值。

(3) 把获取的字节值转换成数字。

(4) 显示宽度和高度。

(5) 结束。

### 1. 获取指定的字节值

本例用到了函数 GetBytes(Path, offset, bytes)。该函数功能是获取指定的字节值，如表 6-6 所示。

表 6-6 GetBytes()参数说明

| 参 数 | 说 明 |
|---|---|
| Path | BMP 图像的文件路径 |
| offset | 指定读取的字节偏移量 |
| bytes | 读取的字节数 |

该函数的实现流程如下。

(1) 创建 Stream 对象。

(2) 打开图像文件。

(3) 装入图形文件数据。

(4) 读取指定的字节。

该函数的具体实现代码如下：

```
<%
function GetBytes(Path, offset, bytes)
    Dim objFSO                        '保存 Stream 对象实例
    Dim lngSize
    '创建并返回 Stream 对象
    Set objFSO = CreateObject("ADODB.Stream")
    objFSO.Type=1 '设置打开文件的方式：二进制打开
    objFSO.Mode=admoderead '以只读方式打开文件
    'Open 的语法格式为 objFSO.Open Source,Mode,OpenOption,UserName,Password
    '参数具体介绍见表 6-7
    objFSO.Open
    objFSO.LoadFromFile(Path)   '装入指定的文件
    if offset > 0 then
       '使用 Read 方法先读出 offset 个字节，使指针移到待读取的字节处
```

```
        objFSO.Read(offset)
    end if
    if bytes = -1 then
        GetBytes =0
    else
        '使用自定义的函数 Byte2Lng 把读取的字节数转换成数字
        GetBytes =Byte2Lng(objFSO.Read(bytes))
    end if
    objFSO.Close
    set objFSO = nothing
end function
%>
```

代码说明如下。

(1)　创建 Stream 对象的方法如下：

```
    Set objFSO = CreateObject("ADODB.Stream")
```

(2)　Stream 对象拥有很多属性和方法，常用的属性或方法如表 6-7 所示。

表 6-7　Stream 对象常用的属性或方法

| 属性或方法 | 说　明 |
| --- | --- |
| Type | 说明 Stream 对象操作的数据是二进制还是文本类型。默认值为文本类型。<br>adTypeBinary：二进制数据，值为“1”；<br>adTypeText：文本数据，值为“2” |
| CharSet | 设置或返回一个代表字符集的字符串值，默认的字符集是 Unicode |
| Mode | 设置打开 Stream 对象的访问权限。<br>adModeRead：只读权限，值为“1”；<br>adModeReadWrite：读/写权限，值为“3”；<br>adModeWrite：写权限，值为“2” |
| Open Source,Mode,Option,User,Pwd | 打开 Stream 对象，参数意义如下：<br>Source：指定对象源。<br>Mode：打开方式，参数 Mode 的属性说明。<br>Option：确定打开模式，1 为异步打开；-1 为默认选项。<br>User 和 Pwd 为需要的用户名和密码 |
| LoadFromFile FileName | 将 FileName 文件装入到打开的 Stream 对象中 |
| Read(offset) | 从 Stream 对象中读取 offset 个字节数据 |

### 2. 转换字节值

在本例中，Read 方法读取的是二进制数据，需要把它转换成十进制数据。函数 Byte2Lng(bin)把获取的字节值转换成十进制数据。具体实现代码如下：

```
<%
```

```
Function Byte2Lng(bin)
  dim ret                                    '保存转换后的数值
  ret = 0                                    '设置 ret 的初始值
  '对所有的二进制位进行循环处理
  for i = lenB(bin) to 1 step -1
   ret = ret *256 + ascb(midb(bin,i,1))
  next
  Byte2Lng=ret
End Function
%>
```

代码说明如下。

(1) 函数 lenB(bin)返回 bin 字符串中字符的字节数，不是字符的个数。

(2) 函数 midb(bin,i,m)返回二进制流数据 bin 从第 *i* 个字节起的 m 个字节数据。

(3) ascb(bin)返回参数 bin 首字节的值。

(4) 字节数据转换成十进制的方法，是所有字节的数据乘以该位权值的总和。第 *i* 位字节数据的权值是 $256^{(i-1)}$。

(5) 获取图像信息。

获取图像的代码如下：

```
<%
FileName=Trim(Request.querystring("file"))          '获取文件名称
n=instrRev( FileName ,".")                          '确定出扩展名所在位置
extPath=Lcase(mid(FileName ,n))                     '获取文件的扩展名
FileName=Server.MapPath(FileName)                   '获取文件的物理路径
'判断文件是否为 BMP 文件，是则进行处理
If extPath=".bmp" Then
    'BMP 图像的第 22 字节储存图像的高度数据
Height = GetBytes(FileName,22,4)
'BMP 图像的第 18 字节存储着图像的宽度数据
    Width = GetBytes(FileName,18,4)
    Response.write "图片宽度为:"
    Response.write  Width&"<BR>"
    Response.write "图片高度为: "
    Response.write  Height &"<BR>"
%>
<img src="<%=FileName%>" width=<%=Width%> height="<%=Height%>">
<%
Else
    Response.write "无法取得图片宽度和高度数据! "
End IfEnd If
%>
```

## 6.3.2 无组件上传图片

ASP 程序可以将客户端的文件上传到服务器，主要有以下两种方法。

(1) 服务器安装文件上传组件，ASP 程序调用该组件以实现文件的上传。这种方法必须在服务器上安装组件，免费的个人主页空间上并不适合这种方法。

(2) 使用 ASP 内置对象实现无组件上传文件。这种方法不需要在服务器上安装组件，管理方便。

下面介绍无组件上传文件的例子。

### 1. 无组件上传文件界面

本例提供了上传文件的界面，界面含有“浏览”和“提交”按钮，如图 6-19 所示。用户选择合适的文件，单击“提交”按钮，就可以把文件传到指定的文件夹。

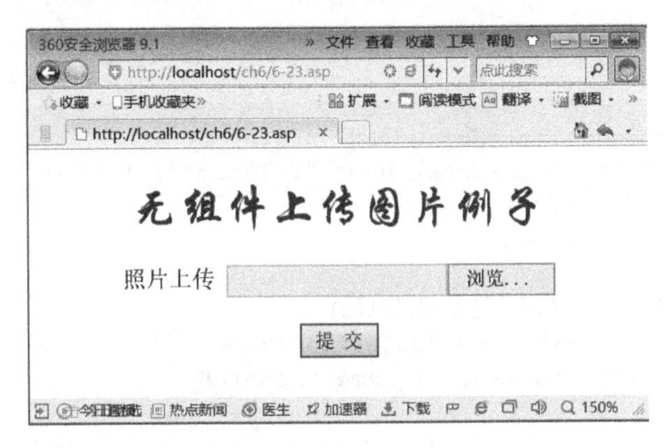


图 6-19　图片上传界面

该界面的代码如下：

```
<form name="form1" method="post" action="savephoto.asp"
enctype="multipart/form-data" >
<input type="hidden" name="act" value="upload">
<input type="hidden" name="filepath" value="images">
<table width="100%" border="0" cellspacing="0" bordercolordark="#CCCCCC"
bordercolorlight="#000000">
<tr>
<td align="center"> <p style="margin-top: 0; margin-bottom: 0">
<font face="华文行楷" size="6" color="#FF00FF">无组件上传图片例子</font></p>
<p style="margin-top: 0; margin-bottom: 0"> </p>
<p style="margin-top: 0; margin-bottom: 0">照片上传
<input type="file" name="filename" style="width:229; height:23" class="tx1"
value=""></p>
<p style="margin-top: 0; margin-bottom: 0">
<input type="submit" name="Submit" value="提 交" class="tx">
</td></tr>
</table>
</form>
```

代码说明：form 表单元素含有 enctype 属性。该属性规定表单数据集的编码内容类型。其默认值是 application/x-www-form-urlencoded，这是标准的编码格式，表单数据被编码为名称/值格式。但是表单数据是大量文本或者二进制数据时，该类型就不能胜任了。因此文件上传提交表单时，应使用格式 multipart/form-data。

### 2. 无组件上传文件原理

在提交上传文件表单后，在服务器上接收到如下信息：

```
-----------------------------7d63a918a012e
Content-Disposition: form-data; name="act"

upload
-----------------------------7d63a918a012e
Content-Disposition: form-data; name="filepath"

images
-----------------------------7d63a918a012e
Content-Disposition: form-data; name="filename"; filename="F:\man\My
Pictures\慈禧\191139.jpg"
Content-Type: image/pjpeg

…..(文件数据，上传的文件是图片这里将是乱码)
-----------------------------7d63a918a012e
Content-Disposition: form-data; name="Submit"

提 交
-----------------------------7d63a918a012e--
```

文件内容说明如下。

(1) 该信息有三部分数据。第一部分是起始标志：“-----------------------------7d63a918a012e”。它后面跟着一个回车和换行符，随上传文件的不同而不同。

(2) 第二部分是 Content-Disposition…image/pjpeg 部分。“filename=”后的信息就是上传文件名和上传文件路径。

(3) 第三部分为文件数据。image/pjpeg 后有一空行，该空行后的数据就是文件数据。如果上传文件是图片，这部分数据将是乱码。文件数据的结束位置，是第四个起始标志的开始处。

(4) 上传文件时，ASP 程序需要获取上传文件的类型和文件的数据。filename 存有上传文件的路径，分析这个路径可以获取文件的类型；Content-Type: image/pjpeg 后的数据就是文件的数据。因此，获取这两部分值后，使用 Stream 对象的 SaveToFile 方法，就可以把文件数据保存成文件了。

### 3. 获取文件名和文件数据

从以上分析可以看出，第三个起始标志后的数据包含了文件名，这部分数据后有一个空行，空行后的数据就是文件数据。因此，可以通过查找第三个起始标志以获取文件名，查找回车和换行符号确定文件信息数据。

获取文件名的流程如下。

(1) 获取保存图像文件的文件夹路径。

(2) 获取所有请求数据信息并写入 Stream 对象。

(3) 获取起始标志。

(4) 获取文件名。

(5) 获取文件信息起始地址。

(6) 把文件信息保存入文件。

具体实现代码如下：

```
<%
'求出该文件的物理路径，以确定保存图像的文件夹的物理路径
path=server.mappath("savephoto.asp")
'path 路径去掉文件名就是保存图像的文件夹物理路径
'反向查找"\"的位置 n，截取 path 的前 n 位就是保存图像的文件夹路径
path=mid(path,1,instrRev(path,"\"))
'获取所有请求的信息并存放入 Stream 对象中
formsize=request.totalbytes '求出整个接收的数据大小
formdata=request.binaryread(formsize)'读取整个二进制数据
'创建 Stream 对象并打开
Set st1=Server.CreateObject("Adodb.Stream")
st1.Type= 1
st1.Mode=3
st1.open
'把获取的请求数据写入 st1 对象中，以供以后截取使用
st1.Write formdata
return=chrB(13)&chrB(10)  '构造一个回车换行符号
'求出起始标志数据。起始标志数据就是第一个回车换行符之前的数据
divider=leftB(formdata,clng(instrb(formdata,return))-1)
'下面是求出第二个起始标志起始位置
datastart=instrb(lenb(divider),formdata,divider)
'下面是求出第三个起始标志起始位置
datastart1=instrb(datastart+1,formdata,divider)
'下面是求出文件数据的起始位置
'文件数据起始位置等于第三个起始标志后的回车换行符的起始位置加上回车换行符的字节数
datastart=instrb(datastart1+1,formdata,return&return) +3
'获取文件路径。把第三个起始标志后的文件路径信息转换成文本，通过查找"filename="获取文件路径信息
set tempStream = Server.CreateObject("adodb.stream")
tempStream.Type = 1
tempStream.Mode =3
tempStream.Open
'把 st1 中文件路径信息部分数据复制到 tempStream 对象中
st1.Position=datastart1
st1.CopyTo tempStream ,datastart-datastart1
'把 tempStream 对象中的数据以文本形式读取
tempStream.Position = 0
tempStream.Type = 2
tempStream.Charset ="gb2312"
'FilePath 中保存文件路径信息的文本形式
FilePath= tempStream.ReadText
'确定"filename="的位置，通过查找"."获取文件扩展名起始位置
Filename=mid(FilePath,instr(FilePath,"filename=")+10)
'获取扩展名，并组合出文件的路径和文件名
ext=mid(Filename,instr(Filename,"."),4)
'makefilename 是依据当前时间组合出文件名的函数
filename="images\"&makefilename&ext
```

```
filename=path&filename
%>
```

代码说明如下。

(1) 使用 Request.binaryread 可以获取上传文件提交的数据。该函数读取指定字节数的二进制数据。使用该函数后，就不能使用 Request.Form 和 Request.QueryString 集合。

(2) 本段用到的函数如表 6-8 所示，使用的 Stream 属性或方法如表 6-9 所示。

表 6-8 常用函数

| 函 数 | 说 明 |
|---|---|
| instr(start,str1,str2,Type) | 返回 str2 在 str1 字符串中的位置。参数说明如下：<br>Start：表示在 str1 中的开始检查位置。<br>Type：为 0 表示区分大小写；为 1 表示不区分大小写 |
| instrRev(start,str1,str2,Type) | 返回从 str1 的右边开始检查 str2 在 str1 字符串中的位置。其他参数同 Instr 函数 |
| LeftB(str,Num) | 返回 str 左端指定个数的字节 |
| RightB(str,Num) | 返回 str 右端指定个数的字节 |

表 6-9 Stream 属性或方法

| 属性或方法 | 说 明 |
|---|---|
| Position | 取得或设置读写 Stream 对象的位置 |
| ReadText(Num) | 从 Stream 对象中读取 Num 字节的数据，不指定参数则读取整个文本文件 |
| CopyTo DestObj,Num | 从源 Stream 对象中复制 Num 字节数到 DestObj 对象中 |

### 4. 保存文件

保存文件的方法，就是把文件数据写入到一个文件中。具体实现代码如下：

```
<%
'求出图片文件的长度，文件的结束位置就是第四个起始标志的开始处
'因此文件的长度就是第四个起始标志的开始位置减去文件信息的起始位置
dataend=instrb(datastart+1,formdata,divider)-datastart
Set st2=Server.CreateObject("Adodb.Stream")
st2.Type= 1
st2.Mode=3
st2.open
st1.Position=datastart
'把 st1 对象中的从 datastart 开始的 dataend 个字节数据复制到 st2 对象中
st1.copyto st2,dataend
'把 st2 对象的数据保存在文件 filename 中
st2.SaveToFile filename,2
st2.Close
response.write "<H2>图片上传成功！</H2>"
%>
```

代码说明：Stream 对象的方法 SaveToFile 将二进制内容保存在本地文件中。语法格式如下：

```
StreamObj.SaveToFile FileName,Type
```

其中，参数说明如表 6-10 所示。

表 6-10　SaveToFile 方法

| 参　数 | 说　明 |
|---|---|
| FileName | 必选参数，指定要保存的文件名和路径 |
| Type | 指定文件的操作选项：<br>adSaveCreateNotExist：值为 1，表示创建一个新文件，这是缺省值。<br>adSaveCreateOverwrite：值为 2，覆盖一个已有的文件 |

运行该代码，上传的图片保存到文件夹 images 中。但是，这个程序没有验证上传图片大小和图片类型，只是实现了图片上传的功能。

## 6.4　小　　结

本章讲述了 ASP 的 Server 对象，介绍了 Server 对象的属性和方法，并通过举例详细地介绍了 Server 对象的使用方法。另外，本章重点介绍了使用 FSO 对象操作文件夹的方法，以及 Stream 对象获取和上传图片的方法。这些是 ASP 程序员必须掌握的知识点。

# 第 7 章　ADO 数据库访问

**内容摘要** Abstract

现在很多动态网页是基于数据库的。网页的内容依靠数据库生成，信息的查询和输入也需要数据库支持，可以说网站的操作基本离不开数据库的支持。在 ASP 网站中，所有访问数据库的操作，都可以由 ADO 来实现。如果不能掌握 ADO 的使用方法，ASP 程序员就无法编写出功能强大的 ASP 应用程序。本章将介绍 ADO 对象和访问数据库的方法。

**学习目标** Objective

- 掌握 Access 数据库的基本操作。
- 掌握基本的 SQL 语句。
- 掌握 ADO 中的常用对象。

## 7.1　Access 数据库基本操作

Access 数据库是目前应用十分广泛的桌面型关系数据库，广泛应用于各种中小型管理信息系统中。Access 除了能够做各种编程语言的后台数据库之外，自己本身也是一种很好的数据库开发工具。

### 7.1.1　Access 数据库的基本概念

1. 表

表是数据库中最常用的数据存储单元，它包括所有用户可以访问的数据。Access 的表是二维结构的，由行和列两部分组成。列也叫字段，它可以定义表的结构。行也叫记录，保存表中的一条数据。如表 7-1 所示，为一个学生登记表，该表中包含了学生的姓名、性别、年龄、学院等内容，每项内容是一个字段；包含每个学生内容的一组信息是一条记录。建立表时，表中的字段必须指定一种数据类型。字段中存储的数据必须与字段所指定的数据类型一致。

表 7-1　学生登记表

| 姓　名 | 性　别 | 年　龄 | 学　院 |
| --- | --- | --- | --- |
| 张小明 | 男 | 21 | 计算机学院 |
| 王枫 | 男 | 19 | 音乐学院 |
| 李星 | 女 | 20 | 音乐学院 |
| 赵晓 | 女 | 21 | 物理学院 |

### 2. 数据库

数据库简称 DB(Database 的简写)，是存储在计算机中有组织、可共享的数据的集合。可以通过数据库管理系统进行管理，并能生成相应的数据库文件。它具有三大特点：数据的结构化、数据的独立性和数据的共享性。

数据库将数据表示为多个表的集合，通过建立表与表之间的关系来定义数据库的结构。例如，在表示用户的数据库中，可以包含学生登记表、教师登记表等多个表格。

### 3. 查询

查询用于在一个或多个表中查找满足指定条件的数据，Access 提供了多种查询方法。例如，汇总查询、动作查询、选择查询、SQL 查询。其中 SQL 是指结构化查询语言。

### 4. 窗体

窗体是 Access 中的主要界面对象，即通常所说的窗口或对话框。用户对数据库的任何操作都可以在窗体中完成。用户可以使用窗体向导创建窗体，也可以使用“自动窗体”创建显示基础表或查询中所有字段和记录的窗体。

如果只是将 Access 作为后台数据库，则不需要使用窗体对象。

## 7.1.2　创建 Access 数据库实例

下面以 Microsoft Access 2003 为例，创建一个 Access 数据库。假设建立一个学生信息管理数据库。具体操作步骤如下。

(1) 打开 Access，选择“文件”|“新建”|“空数据库”命令，给这个数据库取名为 DB_STUDENT，并保存到相应的位置，出现如图 7-1 所示的对话框。

(2) 有 3 种创建数据库表的方式，即“使用设计器创建表”“使用向导创建表”和“通过输入数据创建表”，这里采用第 1 种，单击“使用设计器创建表”选项，出现如图 7-2 所示的对话框。

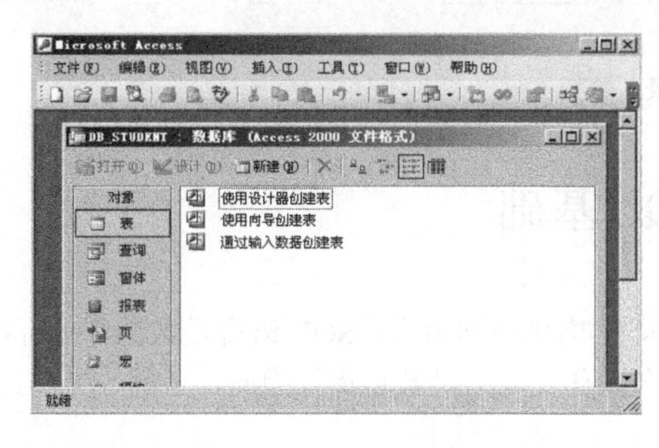


图 7-1　Access 的视图

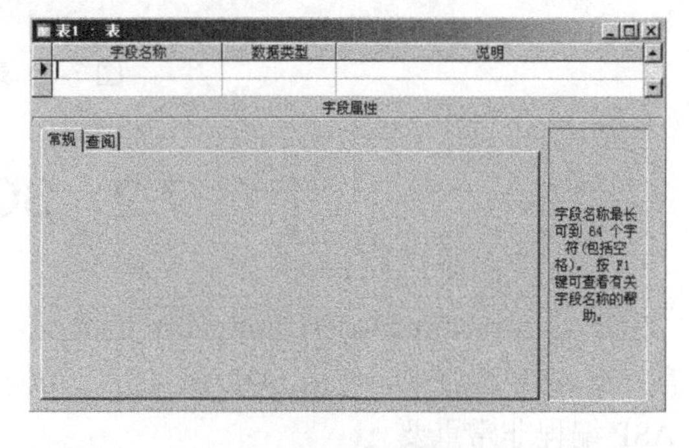


图 7-2　使用设计器创建表

(3) 首先创建学生基本情况表 T_STUDENT。在数据库表的设计窗口中输入“字段名称”，并选择字段对应的“数据类型”。

字段 T_S_ID：表示学生的学号。在这里定义为数字类型，在字段中右击，选择“主键”命令，将其设置为主键。字段 T_S_NAME、T_S_SEX、T_S_CLASS 等分表代表学生的姓名、性别、班级，在此都设置为文本类型。字段 T_S_BIRTHDAY 代表学生的出生日期，设置为时间类型。字段的详细设计还可以通过“常规”和“查阅”选项卡进行。

建立好的学生基本信息表如图 7-3 所示。

(4) 以相同的方式创建数据库中的其他表，如学生家庭情况表 T_FAMILY、院系表 T_ACADEMY、班级表 T_CLASS 等。创建完成后的数据库如图 7-4 所示。

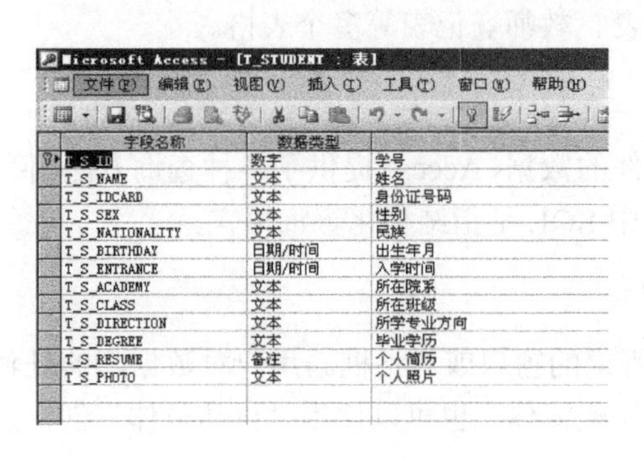

| 字段名称 | 数据类型 | |
|---|---|---|
| T_S_ID | 数字 | 学号 |
| T_S_NAME | 文本 | 姓名 |
| T_S_IDCARD | 文本 | 身份证号码 |
| T_S_SEX | 文本 | 性别 |
| T_S_NATIONALITY | 文本 | 民族 |
| T_S_BIRTHDAY | 日期/时间 | 出生年月 |
| T_S_ENTRANCE | 日期/时间 | 入学时间 |
| T_S_ACADEMY | 文本 | 所在院系 |
| T_S_CLASS | 文本 | 所在班级 |
| T_S_DIRECTION | 文本 | 所学专业方向 |
| T_S_DEGREE | 文本 | 毕业学历 |
| T_S_RESUME | 备注 | 个人简历 |
| T_S_PHOTO | 文本 | 个人照片 |

图 7-3 学生基本信息表

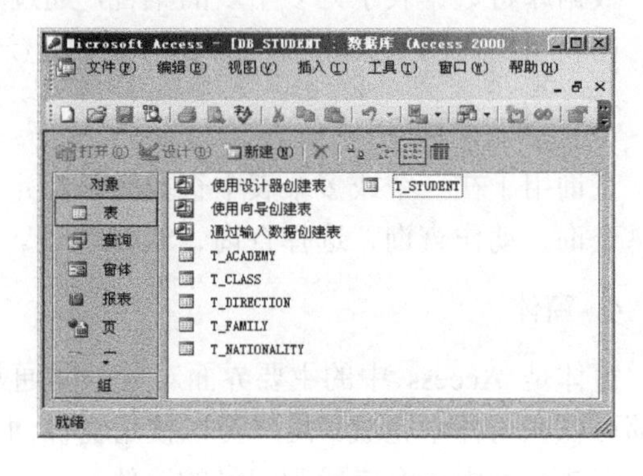


图 7-4 Students 数据库

(5) 在创建完数据库文件，建立好数据库的表及其相关字段后，则可将相关的外部数据录入数据库了。在数据库中选择已建立的表，单击数据库窗口中的“打开”按钮，或者直接双击该数据库表，打开该表进行数据的录入，如图 7-5 所示。

| T_S_ID | T_S_NAME | T_S_IDCARD | T_S_S | T_S_NA | T_S_BIRTHDAY | T_S_ENTRA | T_S_ACADE | T_S_CLASS | T_S_DIRE |
|---|---|---|---|---|---|---|---|---|---|
| 2002080520 | 赵国 | 110806198302010021 | 男 | 汉族 | 1983-2-1 | 2002-9-1 | 计算机 | 2002本科1班 | 软件工程 |
| 2002080521 | 王荣 | 310907198409080021 | 男 | 汉族 | 1984-9-8 | 2002-9-1 | 计算机 | 2002本科1班 | 软件工程 |
| 2002080522 | 王家凌 | 430708198208070023 | 男 | 汉族 | 1982-8-7 | 2002-9-1 | 计算机 | 2002本科1班 | 软件工程 |
| 2002080523 | 朱琳 | 240605198312230034 | 女 | 汉族 | 1983-12-23 | 2002-9-1 | 计算机 | 2002本科1班 | 软件工程 |
| 2002080524 | 魏小萍 | 240605198411230034 | 女 | 汉族 | 1984-11-23 | 2002-9-1 | 计算机 | 2002本科2班 | 数据库 |
| 2002080525 | 李军 | 110605198410030037 | 男 | 汉族 | 1984-10-3 | 2002-9-1 | 计算机 | 2002本科2班 | 数据库 |
| 2002080526 | 张芝红 | 300307198312230034 | 女 | 汉族 | 1983-12-23 | 2002-9-1 | 计算机 | 2002本科2班 | 数据库 |
| 2002080527 | 王婷婷 | 240605198509030034 | 女 | 汉族 | 1985-9-3 | 2002-9-1 | 计算机 | 2002本科2班 | 数据库 |
| 2002080528 | 陈军 | 120403198411050029 | 男 | 汉族 | 1984-11-5 | 2002-9-1 | 计算机 | 2002本科2班 | 数据库 |
| 2002080529 | 唐黎明 | 110305198501030034 | 女 | 汉族 | 1985-1-3 | 2002-9-1 | 计算机 | 2002本科2班 | 数据库 |
| 2002080530 | 彭德华 | 240305198411230015 | 男 | 汉族 | 1984-11-23 | 2002-9-1 | 计算机 | 2002本科2班 | 数据库 |

图 7-5 录入数据

# 7.2 SQL 基础

SQL 是 Structured Query Language 的缩写，即结构化查询语言。SQL 语言是数据库的标准语言。在 ASP 程序中，使用 SQL 语言可以访问和操作任何一种数据库。因此，了解 SQL 语言对 ASP 编程非常重要。

SQL 分为以下 4 个部分。

(1) 数据查询语言：查询数据。

(2) 数据定义语言：建立、删除和修改数据对象，如创建表等。

(3) 数据操作语言：完成数据操作的命令，如插入、删除和修改数据等。

(4) 数据控制语言：控制对数据库的访问，如服务器的关闭、启动等。

SQL 语句的常用核心动词及其代表的语句功能如表 7-2 所示。

表 7-2　SQL 语句的常用核心动词

| 核心动词 | 代表的语句功能 |
|---|---|
| SELECT | 查询数据 |
| INSERT | 插入数据 |
| UPDATE | 更新数据 |
| DELETE | 删除数据 |

## 7.2.1　SELECT 语句

SQL 语句最主要的部分就是它的查询功能。查询语句用来对已经存在于数据库中的数据按照特定的组合、条件表达式或者次序进行检索，它的基本格式如下：

```
Select<列表名>
From<表或视图>
Where<查询限定条件>
```

在上述代码中，Select 指定了需要检索的哪些列数据，也就是哪些字段的数据；from 指定了这些数据来自哪些表或者视图；Where 指定了检索的哪些行。

(1)　查询表中所有记录和字段。

语法格式如下：

```
select  * from  数据表名
```

例如查询 7.1 节中建立的数据库 DB_STUDENT 中的 T_STUDENT 表中所有数据。编写的 ASP 网页主要代码如下：

```
<%
...
Sql="select * from T_STUDENT"
Rs.open sql,conn,1,1
...
%>
```

上述代码的运行结果如图 7-6 所示。

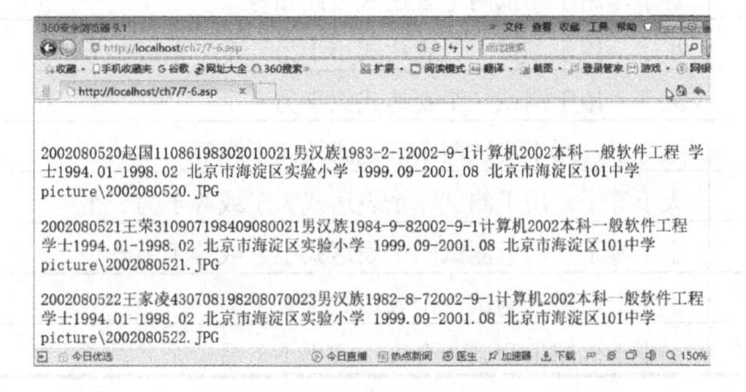


图 7-6　查询表中所有记录的结果

(2) 查询表中指定字段的所有记录。

语法格式如下：

```
select 字段 1，字段 2，字段 3... FROM  数据表名
```

查询DB_STUDENT数据库的T_STUDENT表中指定字段T_S_ID,T_S_NAME和T_S_SEX的所有数据。编写的 ASP 网页主要代码如下：

```
<%
...
Sql="select  T_S_ID,T_S_NAME,T_S_SEX  from T_STUDENT"
Rs.open sql,conn,1,1
...
%>
```

上述代码的运行结果如图 7-7 所示。

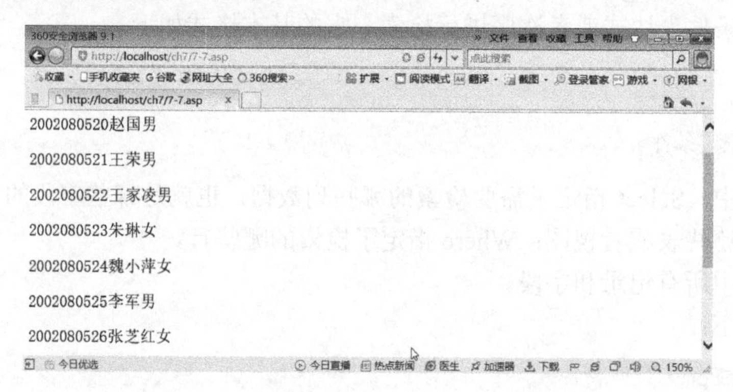


图 7-7　查询表中指定字段的所有记录的结果

(3) 利用 where 进行选择查询。

通常的查询不是对表的全部数据进行查询，而只是从表中选择出所需要的数据，此时就需要用到关键字 where。它用来指定限制返回数据的查询条件。条件表达式是由各种字段、常量、表达式、关系运算符、逻辑运算符和特殊的运算符组合起来的，具体如表 7-3 到表 7-5 所示。

表 7-3　where 条件中的关系运算符

| 关系运算符 | 含　义 |
| --- | --- |
| = | 等于，用于测试两个表达式彼此相等 |
| < | 小于，用于测试一个表达式小于另一个 |
| > | 大于，用于测试一个表达式大于另一个 |
| != | 不等于，用于测试两个表达式彼此不相等 |
| >= | 大于等于，用于测试一个表达式大于或等于另一个 |
| <= | 小于等于，用于测试一个表达式小于或等于另一个 |
| !> | 不大于，用于测试一个表达式不大于另一个 |
| !< | 不小于，用于测试一个表达式不小于另一个 |

表 7-4 where 条件中的逻辑运算符

| 逻辑运算符 | 含 义 |
|---|---|
| NOT | 非(否) |
| AND | 与(并且) |
| OR | 或 |

表 7-5 where 条件中的特殊运算符

| 特殊运算符 | 含 义 |
|---|---|
| % | 通配符，代表任意多个字符 |
| - | 通配符，代表严格的一个字符 |
| [ ] | 指定范围(如[a～f])或集合中的任何单个字符 |
| [^] | 不属于指定范围(如[a～f])或集合中的任何单个字符 |
| BETWEEN | 定义一个取值范围区间，使用 AND 将开始值和结束值分开 |
| LIKE | 字符串匹配 |
| IN | 一个字段的值是否在一组定义的值之中 |
| EXISTS | 某个字段是否有值 |
| IS NULL | 字段是否为 NULL |
| IS NOT NULL | 字段是否不为 NULL |

例如，查询 DB_STUDENT.MDB 数据库的 T_STUDENT 表，完成数值型字段的 BETWEEN 介于之间查询，查询学生学号在 2002050820～2005080525 之间的记录，并按照要求的字段显示。ASP 网页的主要代码如下：

```
<%
...
Sql="select  T_S_ID,T_S_NAME,T_S_SEX  from T_STUDENT  where T_S_ID BETWEEN
2002050820 AND 2005080525"
Rs.open sql,conn,1,1
...
%>
```

上述代码的运行结果如图 7-8 所示。

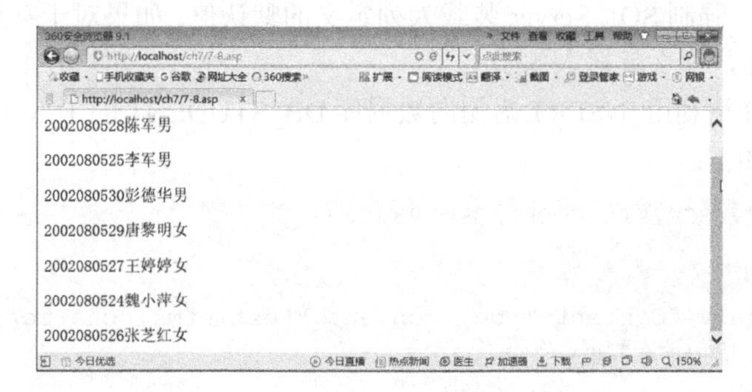


图 7-8 条件查询

Select 语句中需要用到的参数如下。

(1) ALL：显示结果集中的所有行，ALL 是默认值。

(2) DISTINCT：只是显示结果集中的唯一行，即不显示重复的行。

(3) TOP n：显示结果集中的前 n 行。

### 7.2.2 INSERT 语句

在建成数据库结构后，首先要做的一项工作就是插入数据。使用 INSERT 语句可以实现此功能。INSERT 语句的语法格式如下：

```
INSERT  [INTO]
{ table_name   WITH(<table_hint_limited>[…n])
 | view_name
 | rowset_function_limited
}
{ [ ( column_list)]
{ VALUES
 ( {DEFAULT|NULL|expression} […n] )
 | derived_table
 | execute_statement
}
}
| DEFAULT VALUES
```

语法中的主要参数说明如下。

(1) INTO：一个可选的关键字，可以将它用在 INSERT 和目标表之间。

(2) table_name：将要接收数据的表的名称。

(3) WITH(<table_hint_limited>[…n])：指定目标表所允许的一个或多个表提示。

(4) view_name：视图的名称及可选的别名。

(5) rowset_function_limited：是 OPENQUERY 或 OPENROWSET 函数。

(6) (column_list)：要在其中插入数据的一列或多列的列表。必须用圆括号将 column_list 括起来，并且用逗号进行分隔。

(7) VALUES：引入要插入的数据值的列表。对于 column_list 中或者表中的每个列，都必须有一个数据值。必须用圆括号将值列表括起来。

(8) DEFAULT：强制 SQL Server 装载为列定义的默认值。如果对于某列并不存在默认值，并且该列允许 NULL，那么就插入 NULL。

下面通过实例介绍利用 INSERT 语句向数据库 DB_STUDENT 的 T_STUDENT 表中插入一条记录，具体代码如下：

```
<%@LANGUAGE="VBSCRIPT" CODEPAGE="936"%>
<html>
<head>
<meta http-equiv="Content-Type" content="text/html; charset=gb2312">
<title>INSERT 语句录入数据</title>
</head>
<body>
```

```
<%
   dim conn
   dim sql
   Set conn = Server.CreateObject("ADODB.Connection")
   conn.Open "driver={Microsoft Access Driver
(*.mdb)};dbq="&Server.MapPath("db_student.mdb")
   'INSERT 语句录入数据
   sql="INSERT INTO
T_STUDENT(T_S_ID,T_S_NAME,T_S_IDCARD,T_S_SEX,T_S_NATIONALITY,"

sql=sql&"T_S_BIRTHDAY,T_S_ENTRANCE,T_S_ACADEMY,T_S_CLASS,T_S_DIRECTION,T_S_
DEGREE,"
   sql=sql&"T_S_RESUME,T_S_PHOTO)  "
   sql=sql&" VALUES(2002080531,'张静','110203198409070012','女','汉族'"
   sql=sql&",'1984-9-7','2002-9-1','计算机','2002 本科 2 班','软件工程','本科'"
   sql=sql&",' ','Picture\2002080531.JPG')"
   conn.execute sql
   conn.close
   set conn=nothing
 %>
 <script language="vbscript">
   MsgBox "成功向 T_STUDENT 表中录入一条数据", , "成功提示"
 </script>
</body>
</html>
```

上述代码的运行结果如图 7-9 所示。

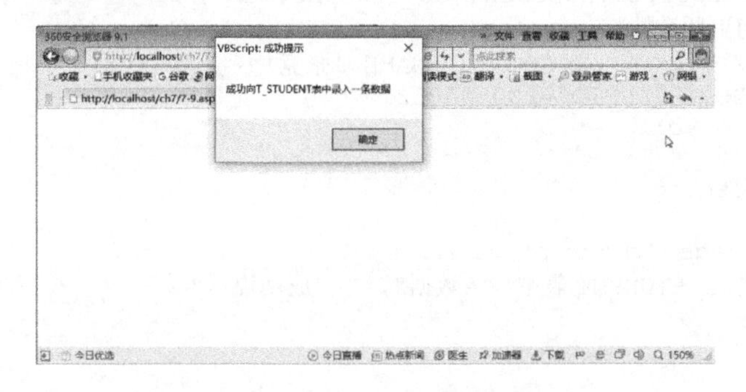


图 7-9　用 INSERT 语句成功插入数据

可以打开 T_STUDENT 表来查看插入新记录后的结果。如图 7-10 所示，新记录已经插入表中。

图 7-10　插入记录后的结果

### 7.2.3 UPDATE 语句

UPDATE 语句的功能是更新表中的数据。其语法格式如下：

```
UPDATE { table_name }
SET [(table_name)] {column_list | variable_list }=expression
[WHERE  clause]
```

语法中的参数 table_name 表示需要更新的表的名称。参数 SET 指定要更新的列或者变量名称的列表。参数 column_list 表示数据列的名称。WHERE 指定条件来限定所更新的行。

下面通过实例介绍利用 UPDATE 语句在数据库 DB_STUDENT 的 T_STUDENT 表中更新学号(T_S_ID)为 2002080531 的学生记录的姓名(T_S_NAME)为“张竟”。页面具体代码如下：

```
<%@LANGUAGE="VBSCRIPT" CODEPAGE="936"%>
<html>
<head>
<meta http-equiv="Content-Type" content="text/html; charset=gb2312">
<title>UPDATE 语句更新数据</title>
</head>
<body>
<%
   dim conn
   dim sql
   Set conn = Server.CreateObject("ADODB.Connection")
   conn.Open "driver={Microsoft Access Driver
(*.mdb)};dbq="&Server.MapPath("db_student.mdb")
   'UPDATE 语句更新数据
   sql="UPDATE T_STUDENT SET T_S_NAME='张竟'"
   sql=sql&"WHERE T_S_ID =2002080531"
   conn.execute sql
   conn.close
   set conn=nothing
 %>
 <script language="vbscript">
   MsgBox "更新 T_STUDENT 表中一条数据", , "成功提示"
 </script>
</body>
</html>
```

上述代码的运行结果如图 7-11 所示。

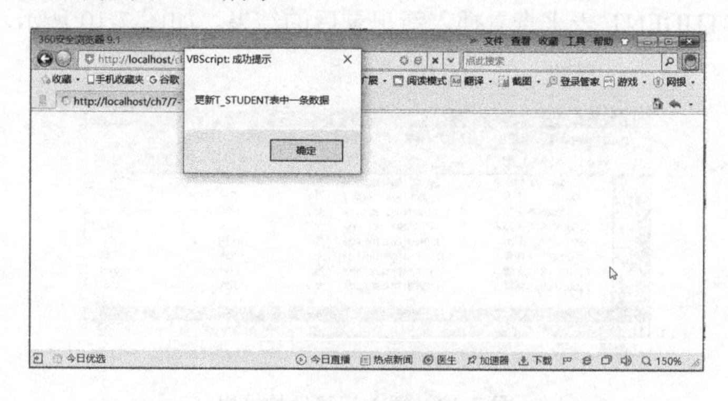


图 7-11　用 UPDATE 语句成功更新记录

打开 T_STUDENT 表来查看更新记录后的结果，如图 7-12 所示。

Microsoft Access

文件(F)　编辑(E)　视图(V)　插入(I)　格式(O)　记录(R)　工具(T)　窗口(W)　帮助(H)

| | | | | |
|---|---|---|---|---|
| 2002080524 | 魏小萍 | 240605198411230034 | 女 | 汉族 |
| 2002080525 | 李军 | 110605198410030037 | 男 | 汉族 |
| 2002080526 | 张芝红 | 300307198312230034 | 女 | 汉族 |
| 2002080527 | 王婷婷 | 240605198509030034 | 女 | 汉族 |
| 2002080528 | 陈军 | 120403198411050029 | 男 | 汉族 |
| 2002080529 | 唐黎明 | 110305198501030034 | 女 | 汉族 |
| 2002080530 | 彭德华 | 240305198411230015 | 男 | 汉族 |
| 2002080531 | 张竟 | 110203198409070012 | 女 | 汉族 |
| 0 | | | | |

姓名

图 7-12　更新记录后的结果

## 7.2.4　DELETE 语句

DELETE 语句的功能是删除表中的数据。其语法格式如下：

```
DELETE [FROM] table_name
WHERE search_condition
```

语法中的参数 FROM 为可选的关键字，可以用在 DELETE 关键字与目标 table_name 之间。参数 table_name 表示要从其中删除行的表的名称。参数 WHERE 指定用于限制删除行数的条件。如果没有提供 WHERE 字句，则删除表中的所有行。

例如，利用 DELETE 语句在数据库 DB_STUDENT 的 T_STUDENT 表中删除学号(T_S_ID)为 2002080531 的学生记录信息。在 Dreamweaver CS3 中设计 ASP 页面，主要代码如下：

```
<%
…
Sql="DELETE  FROM  T_STUDENT  WHERE  T_S_ID=2002080531"
…
%>
```

注意 DELETE 语句不能删除一个字段的值，只能删除整个记录。通过上面的代码，可以将表中的学号为 2002080531 的整条学生记录删除。

# 7.3　ADO 概述

ADO 是英文 ActiveX Data Objects 的缩写。它提供了访问各种数据库的连接机制，是目前流行的数据库连接方法之一。ADO 提供了访问数据库统一接口，用户使用它可以读取和写入几乎所有的数据库系统，包括 Microsoft SQL Server、Oracle、Microsoft Access 等数据库应用程序，也可以访问 Microsoft Excel 的数据文件。

ADO 是一个 COM 组件，任何支持 COM 技术的编程语言都可以使用。这包括 Microsoft Visual Basic、Microsoft Visual C++、Delphi 等语言，当然 ASP 语言也可以使用 ASP。ASP 脚本通过 ADO 技术，执行 SQL 指令，对数据库记录进行添加、更新和删除操作。可以说 ADO 适合 Web 数据库应用的最佳选择。

### 7.3.1 ADO 对象

ADO 提供了一系列的对象、属性和方法。用户使用这些对象、属性和方法，可以轻松完成对数据库的连接，以及对数据的查询、添加、修改、删除等各种操作。在 ASP 中，ADO 由 ADODB 对象库中的子对象组成。ADO 常用的对象如表 7-6 所示。

表 7-6 ADO 常用的对象

| 对 象 | 说 明 |
| --- | --- |
| Connection | 连接对象，用来建立 ASP 脚本与数据源之间的连接 |
| Recordset | 记录集对象，表示从数据源返回的数据集 |
| Command | 命令对象，用来执行 SQL 语句或者 SQL Server 的存储过程 |
| Field | 域对象，表示记录集中一个字段 |
| Parameter | 参数对象，代表与带参数查询或者 SQL 存储过程的 Command 对象的一个参数 |
| Property | 属性对象，代表提供者的动态特征 |
| Error | 错误对象，与数据访问错误有关的详细信息 |

ADO 集合如表 7-7 所示。

表 7-7 ADO 集合

| 对 象 | 说 明 |
| --- | --- |
| Fields | 与 Recordset 对象关联的所有 Field 对象 |
| Parameters | 与 Command 对象关联的所有 Parameter 对象 |
| Properties | 所有的 Property 对象 |
| Errors | 为连接错误创建的所有 Error 对象 |

### 7.3.2 使用 ADO 的步骤

在 ASP 中，ADO 操作数据库的具体步骤如下。

(1) 连接数据源。

(2) 设置访问数据源的命令，一般为 SQL 语句。

(3) 执行命令。

(4) 如果命令按行返回数据，则将数据存储在缓存中。使用 SELECT 语句，则将返回的数据保存在 Recordset 对象中。

(5) 对缓存中的数据进行更改操作。

(6) 检测出现的错误。

(7) 结束连接。

ASP 在使用 ADO 操作数据库时所用到对象如下。

#### 1. 连接数据源

对数据库操作前，必须先建立与该数据库的连接。成功的连接才可以使应用程序访问数据

源。可以说 Command、Recordset、Field 等对象对数据库操作时，都必须依赖连接才可以进行。Connection 对象可以实现连接数据源操作。

Connection 对象常用的属性如表 7-8 所示。

表 7-8　Connection 对象常用的属性

| 属　性 | 说　明 |
|---|---|
| ConnectionString | 连接字符串，表示与数据源建立连接的相关信息。需要连接前设置 |
| ConnectionTimeout | 设置超时时间，默认值为 30 秒。需要在连接前设置 |
| Mode | 设置连接的模式，需要连接前设置 |
| DefaultDatabase | 为连接设置一个默认的数据库 |
| Provider | 为连接指定一个驱动程序 |
| Version | 获取 ADO 的版本 |
| CursorLocation | 获取或者设置游标的位置。该属性的取值如下。<br>adUseNone：不使用游标服务。<br>adUseServer：默认值，实时反映数据库服务器上的修改，开销很大。<br>adUseClient：没有实时性，但可以对数据进行查询等操作 |

Connection 对象常用的方法如表 7-9 所示。

表 7-9　Connection 对象常用的方法

| 方　法 | 说　明 |
|---|---|
| Open | 建立一个连接 |
| Close | 关闭一个连接 |
| Execute | 执行命令，如执行 SQL 语句 |

### 2. 设置访问数据源的命令

访问数据源，既可以直接使用 SQL 语句，也可以通过 Command 对象的属性设置。Command 对象具有强大的数据库访问能力，通过它可以轻松地完成对数据库的各种操作。Command 对象常用的属性如表 7-10 所示。

表 7-10　Command 对象常用的属性

| 属　性 | 说　明 |
|---|---|
| ActiveConnection | 将 Command 对象与一个打开的连接关联 |
| CommandText | 设置或获取命令 |
| CommandTimeout | 设置或者获取执行命令的最大时间，超过该值将终止命令的执行或者产生错误。该属性为长整型值，默认值为 30，单位为秒 |
| CommandType | 表示 Command 对象的类型 |
| State | 说明对象的状态是打开还是关闭 |

Command 对象常用的方法如表 7-11 所示。

表 7-11　Command 对象常用的方法

| 方　法 | 说　明 |
| --- | --- |
| Cancel | 取消执行的命令 |
| Execute | 执行在 CommandText 属性中指定的命令 |

### 3. 获取数据

Recordset 对象可以从执行的命令中返回数据集。它也是 ADO 普遍使用的一个对象。Recordset 对象可以存放命令返回的结果，并可以对记录进行增、删、排序等操作。

Recordset 对象常用的属性如表 7-12 所示。

表 7-12　Recordset 对象常用的属性

| 属　性 | 说　明 |
| --- | --- |
| RecordCount | 返回记录集记录的数目 |
| AbsolutePage | 指定当前记录所在的页，长整型。该值可以从 1 到所含页数，也可以是下列常数。<br>AdPosUnknown：当前 Recordset 为空。<br>AdPosBOF：当前记录指针位于记录集的头。<br>AdPosEOF：当前记录指针位于记录集的尾 |
| BOF | 指示当前记录位置是否位于记录集第一个记录之前。是，则为 True；否则为 False |
| EOF | 指示当前记录位置是否位于记录集最后一个记录之后。是，则为 True；否则为 False |
| PageCount | 设置或者获取当前记录集中的数据页数 |
| PageSize | 设置或者获取记录集中一页所包含的记录数 |
| RecordCount | 获取记录集中记录的数目 |
| LockType | 设置或者获取访问记录的锁定类型。常用的值如表 7-13 所示 |
| CursorType | 记录集中的游标类型。常用的值如表 7-14 所示。 |

LockType 常用的值如表 7-13 所示。

表 7-13　LockType 常用的值

| 方　法 | 值 | 说　明 |
| --- | --- | --- |
| adLockReadOnly | 1 | 默认值，只读，不能更改记录数据 |
| adLockPessimistic | 2 | 通常在采用 Update 方法时锁定数据源的方式 |
| adLockOptimistic | 3 | 通常在调用 Update 方法时锁定记录 |
| adLockBatchOptimistic | 4 | 用于成批更新 |

CursorType 常用的值如表 7-14 所示。

表 7-14　CursorType 常用的值

| 方　法 | 值 | 说　明 |
| --- | --- | --- |
| AdOpenForwardOnly | 0 | 默认值，向前游标，只能向前滚动访问记录 |
| AdOpenKeyset | 1 | 键集游标，可以看到其他用户除了删除和添加之外的操作 |

续表

| 方　法 | 值 | 说　明 |
|---|---|---|
| AdOpenDynamic | 2 | 动态游标，可以看到其他用户的修改操作 |
| AdOpenStatic | 3 | 静态游标，只能查找记录集的静态副本，看不到其他用户的操作 |

Recordset 对象常用的方法如表 7-15 所示。

表 7-15　Recordset 对象常用的方法

| 方　法 | 说　明 |
|---|---|
| MoveFirst | 将当前记录的指针移动到记录集的第一个记录 |
| MoveLast | 将当前记录的指针移动到记录集的最后一个记录 |
| MovePrevious | 将当前记录的指针向前移动一个记录 |
| MoveNext | 将当前记录的指针向后移动一个记录 |
| AddNew | 添加一个新记录 |
| Delete | 删除当前记录 |
| Save | 保存记录 |
| Update | 更新记录 |

#### 4. 检测出现的错误

使用 ADO 操作数据库时，可能会出现错误。每次出现错误，会有一个或者多个 Error 对象放入 Connection 对象的 Errors 集合中。通过 Error 对象可以获取每个错误的信息。

Error 对象的属性如表 7-16 所示。

表 7-16　Error 对象的属性

| 属　性 | 说　明 |
|---|---|
| Description | 错误的说明信息 |
| Number | 标示错误的常量 |
| Source | 说明产生错误的对象 |
| adLockBatchOptimistic | 用于成批更新 |

## 7.4　Connection 对象

ASP 程序在操作数据库时，需要建立与数据库的连接。ADO 提供了 Connection 对象，以建立与数据库的连接。Connection 对象的属性和方法，可以打开和关闭与数据库的连接。

在 ASP 中，ADO 连接数据库常用的方法有以下 3 种。

(1)　使用 OLE DB 连接。

(2)　使用 ODBC 连接。

(3)　使用 DSN 连接。

### 7.4.1 使用 OLE DB 连接数据库

使用 OLE DB 可以连接 SQL Server、Microsoft Access、Excel 等数据源。下面是连接不同数据库的方法。

1. 建立与 Access 数据库的连接

下面的代码使用 OLE DB 连接 Access 数据库 user.mdb：

```
<%
'创建 ADO DB.Connection 对象
Set Conn=Server.Createobject("Adodb.Connection")
'获取要连接的数据库的物理路径
Path= Server.MapPath("/user.mdb")
'依据连接的数据库设置连接字符串
Conn.ConnectionString="Provider=Microsoft.Jet.OLEDB.4.0;"&_
                       "Data Source="&Path
Conn.Open  '打开与数据库的连接
%>
```

代码说明如下。

(1) Provider：OLE DB 提供者名字，如 Microsoft.Jet.OLEDB.4.0。

(2) Data Source：指定数据源的名称，如 d:\test\13\user.mdb。

(3) UserID：连接数据源时所用的用户名称。

(4) Password：连接数据库时用户的密码。

上面的形式也可以修改成下面的代码：

```
<%
'创建 ADO DB.Connection 对象
Set Conn=Server.Createobject("Adodb.Connection")
'获取要连接的数据库的物理路径
Path= Server.MapPath("/user.mdb")
Conn.Open  '"Provider=Microsoft.Jet.OLEDB.4.0;","Data Source="&Path
%>
```

Open 方法的语法格式如下：

```
connection.Open ConnectionString, UserID, Password, Options
```

语法格式说明如下。

(1) ConnectionString：可选项，指定连接信息的字符串。

(2) ConnectionString 字符串包含由分号隔开的一系列语句。这些语句设置连接的属性，如：“Provider=Microsoft.Jet.OLEDB.4.0;”。

(3) UserID：可选项，指定连接数据库所用的用户名。此处指定的 UserID，将覆盖 ConnectionString 字符串中指定的 UserID。

(4) Password：可选项，指定连接数据库所用的密码。此处指定的 Password，将覆盖 ConnectionString 字符串中指定的 Password。

(5) Options：可选项，指定建立连接的方式。常用的常量如表 7-17 所示。

表 7-17　常用的常量

| 常　量 | 说　明 |
| --- | --- |
| adConnectUnspecified | 默认值，同步打开连接 |
| adAsyncConnect | 异步打开连接 |

### 2. 建立与 SQL Server 数据库的连接

下面的例子使用 OLE DB 连接 SQL Server 数据库。代码如下：

```
<%
'创建 ADODB.Connection 对象
Set Conn=Server.Createobject("Adodb.Connection")
'依据连接的数据库设置连接字符串
Conn.ConnectionString='"Provider=SQLOLEDB;DataSource=ServerName;"&_
                 "Initial Catalog=
DataBaseName ;UserID=UserName;Password=PWD; "
Conn.Open  '打开与数据库的连接
%>
```

代码说明如下。

(1) 连接 SQL Server 时, OLE DB 的提供者的名字为 SQLOLEDB。

(2) DataSource 为 SQL Server 服务器的名字。

(3) Initial Catalog 为数据库的名字。

(4) UserID：可选项，指定连接数据库所用的用户名。

(5) Password：可选项，指定连接数据库所用的密码。

## 7.4.2　使用 ODBC 连接

ODBC 也可以连接 SQL Server、Microsoft Access 等数据库。从连接形式上，可以使用 DRIVER、DBQ、Provider、DataSource 等关键字区分 ODBC 和 OLE DB 连接方式。使用 ODBC 连接数据库时，连接字符串通常有 DRIVER 和 DBQ；使用 OLE DB 连接数据库时，连接字符串通常含有 Provider 和 DataSource 等关键字。

下面是使用 ODBC 连接不同数据库的方法。

### 1. 建立与 Access 数据库的连接

下面是使用 ODBC 连接 Access 数据库的代码：

```
<%
'创建 ADODB.Connection 对象
Set Conn=Server.Createobject("Adodb.Connection")
'依据连接的数据库设置连接字符串
Conn.ConnectionString="DRIVER={Microsoft.Access.Driver(*.mdb)};"&_
                 "DBQ="&Server.MapPath("/user.mdb")
Conn.Open
%>
```

代码说明如下。

(1) DRIVER 指定 ODBC 所用的驱动程序，如连接 Access 数据库所用驱动为 Microsoft.Access.Driver(*.mdb)。

(2) DBQ 指定 Access 数据库的物理路径。

### 2. 建立与 SQL Server 数据库的连接

下面是使用 ODBC 连接 SQL Server 数据库的代码：

```
<%
'创建 ADODB.Connection 对象
Set Conn=Server.Createobject("Adodb.Connection")
'依据连接的数据库设置连接字符串
Conn.ConnectionString='"DRIVER=(SQLServer);Server=ServerName;"&_
                      "Database= DataBaseName ;UID=UserName;PWD=Password; "
Conn.Open  '打开与数据库的连接
%>
```

代码说明如下。

(1) 连接 SQL Server 时, OLE DB 的提供者的名字为 SQLOLEDB。

(2) Server 为 SQL Server 服务器的名字。

(3) Database 为数据库的名字。

(4) UID：可选项，指定连接数据库所用的用户名。

(5) PWD：可选项，指定连接数据库所用的密码。

### 3. 建立与 Excel 的连接

在网站设计时，有时需要获取 Excel 数据源中的数据。ADO 连接 Excel 文件的方法如下：

```
<%
Set ExcelConn = Server.CreateObject("ADODB.Connection")
ExeclFile=Server.mappath("test.xls")
'依据连接的数据库设置连接字符串
ExcelDriver = "Driver={Microsoft Excel Driver (*.xls)};DBQ=" & ExeclFile
ExcelConn.Open ExcelDriver
%>
```

代码说明如下。

(1) DRIVER 为连接 Excel 文件所用的驱动程序。

(2) DBQ 指定 Excel 文件的物理路径。

## 7.4.3 使用 DSN 连接数据库

DSN(Data Source Name)是 ODBC 的数据源名，用来标识数据源的字符串。DSN 包含了连接特定数据源的信息，这些信息包括数据源名称以及 ODBC 驱动程序。

DSN 主要有以下 3 种类型。

(1) 用户 DSN。只有建立该 DSN 的用户才能访问该数据源，只能在本计算机上使用，不能从网络上访问该数据源。

(2) 系统 DSN。可以被该计算机上的所有有权限的用户访问。

(3) 文件 DSN。与系统 DSN 相似，但是可以从网络上访问该数据源。

DSN 可以由控制面板中的数据源创建、修改及删除。下面介绍建立 Microsoft Access 和 SQL Server 的 DSN 的方法。建立 DSN 的步骤如下。

### 1. 建立 Access 数据库的 DSN

(1) 打开设置 DSN 的窗口。

在 Windows 2000 Server 操作系统中，选择“开始”|“程序”|“管理工具”|“数据源 ODBC”命令，如图 7-13 所示。也可以进入控制面板，双击“管理工具”|“数据源 ODBC”图标，打开设置 DSN 的窗口。

(2) 单击“系统 DSN”选项卡，设置系统数据源名称，如图 7-14 所示。

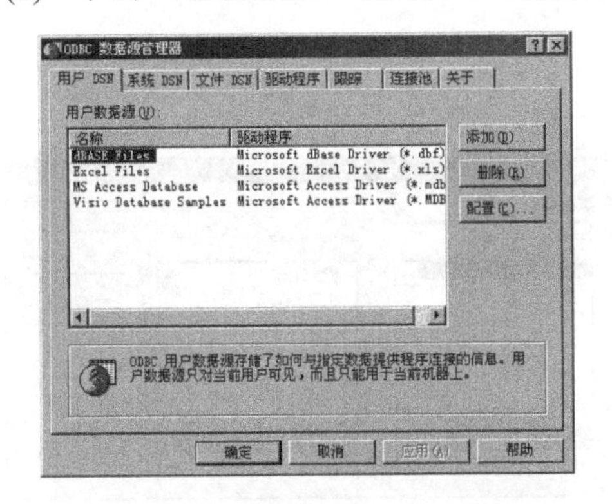


图 7-13　打开设置 DSN 的窗口

图 7-14　设置系统数据源名称

(3) 单击“添加”按钮，弹出“创建新数据源”对话框，如图 7-15 所示。

(4) 从下拉列表框中选择 Microsoft Access Driver(*.mdb)选项，单击“完成”按钮，弹出如图 7-16 所示的对话框。

图 7-15　“创建新数据源”对话框

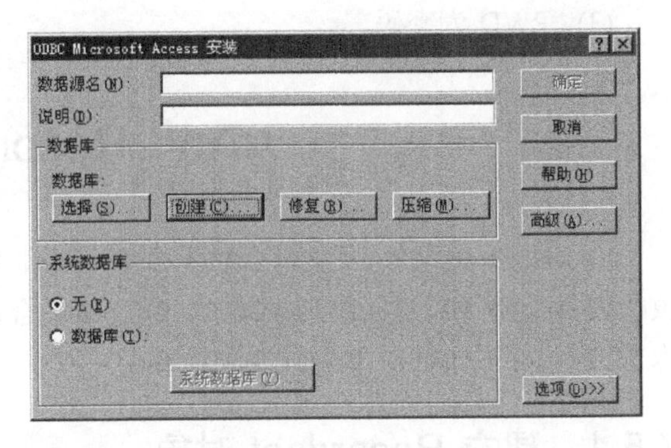


图 7-16　“ODBC Microsoft Access 安装”对话框

(5) 输入数据源名。单击“选择”按钮，选择要连接的数据库后，数据库的名字和驱动程序的类型如图 7-17 所示。

(6) 在目录列表框中，选择数据库所在的目录；在数据库名列表框中，选择数据库。单击“确定”按钮，如图 7-18 所示。

Access 数据库的 DSN 添加完毕。

#### 2. 使用 DSN 连接数据库

设置 DSN 之后，可以通过 DSN 连接数据库。下面为使用 DSN 连接数据库的例子，代码如下：

```
<%
'创建 ADODB.Connection 对象
Set Conn=Server.Createobject("Adodb.Connection")
'依据连接的数据库设置连接字符串
Conn.ConnectionString="DSN=Test;UID=sa;PWD=;"
Conn.Open  '打开与数据库的连接
%>
```

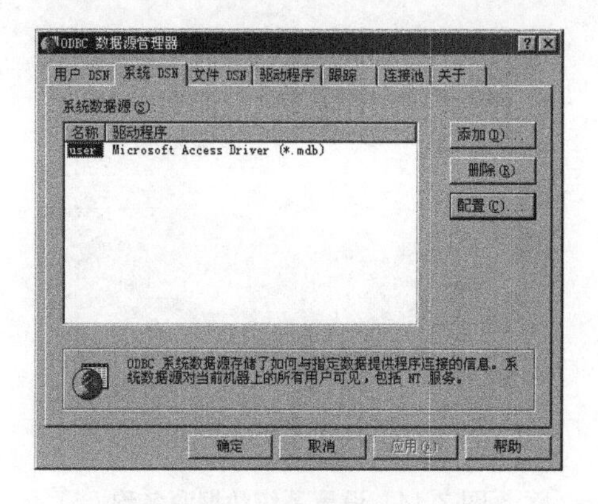


图 7-17　添加的新数据源

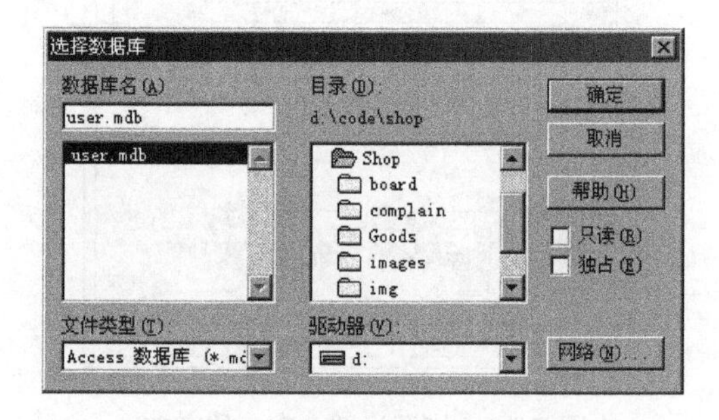


图 7-18　“选择数据库”对话框

代码说明如下。

(1) DSN 为数据来源名称。

(2) UID 为用户名。

(3) PWD 为密码。

## 7.5　Recordset 对象

Recordset(记录集)对象是 ADO 中另一个非常重要的对象，它在数据库中经常用到。该对象代表执行命令后返回的记录集合，通过该集合可以对记录进行查看、修改、删除等各种操作。本节介绍 Recordset 对象的方法和属性。

### 7.5.1　建立 Recordset 对象

在使用 Recordset 对象前，需要创建 Recordset 对象。语法格式如下：

```
Set rs=Server.CreateObject("ADODB.Recordset")
```

下面是读取表中所有记录的例子。该例子的具体实现过程如下。

### 1. 连接数据库

下面是连接数据库的代码。这段代码已经介绍过，这里不再介绍。具体代码如下：

```
<%
'创建 ADODB.Connection 对象
Set Conn=Server.Createobject("Adodb.Connection")
'依据连接的数据库设置连接字符串
Conn.ConnectionString="Provider=Microsoft.Jet.OLEDB.4.0;"&_
                      "Data Source="&Server.MapPath("oa.mdb")
Conn.Open  '打开与数据库的连接
%>
```

### 2. 建立 Recordset 对象并获取所有记录

下面的代码建立 Recordset 对象，并使用 Open()方法获取指定表记录。具体代码如下：

```
<%
Set rs=Server.CreateObject("ADODB.Recordset")
rs.Open "Group_Info",Conn,adOpenKeyset,adLockOptimistic,adCmdTable
%>
```

代码说明：本段代码使用 Open()方法获取表 Group_Info 中所有的记录。

Open()方法获取表的所有记录，或查询的记录。语法格式如下：

```
Rs.Open DataSource,Conn, CursorType, LockType, Options
```

语法格式说明如下。

(1) Rs 为 Recordset 对象实例。

(2) DataSource：可选项，可以为 SQL 语句、表名、存储过程调用等。

(3) Conn：可选项，可以为 Connection 对象的实例，也可以是包含 ConnectionString 的字符串。

(4) CursorType：可选项，指定使用的游标类型。CursorType 常用的值如表 7-14 所示。

(5) LockType：可选项，指定使用的锁定类型。LockType 常用的值如表 7-13 所示。

(6) Options：可选项，指定执行 DataSource 的方式。

### 3. 输出记录

可以使用下面的方式获取记录指定字段的内容：

```
rs(Name)
```

其中，rs 为 Recordset 对象实例。Name 为字段的名称。rs(Name)为当前记录的 Name 字段的内容。

输出所有记录内容，会用到 Recordset 对象的 EOF 或者 BOF 属性。EOF 属性标识记录指针是否移动到最后一条记录之后，也就是访问是否结束；属性 BOF 用来标识记录指针是否移动到首条记录之前。

下面的例子使用 Recordset 对象，输出所有记录的内容。代码如下：

```
<%
```

```
'判断记录指针是否移动到最后一条记录之后，也就是记录访问是否结束
If not rs.EOF then
    '访问所有可以访问的记录
    Do while not rs.Eof
        Response.write "<font color='#FF0000'>职位：</font>"&rs("Name")&_
                "。<font color='#FF0000'>描述信息：</font>"&rs("Info")&"<BR>"
        '需要使用 MoveNext 把记录指针移动到下一条记录
        rs.MoveNext
    Loop
Else
    Response.write "没有记录！"
End If
rs.close                        '关闭 recordset
Set rs=Nothing
Conn.Close
Set Conn=Nothing
%>
```

4. 包含 adovbs.inc 文件

本例使用了很多常量，这些常量需要声明才可以使用。ASP 已经提供了这些常量的定义值，ASP 程序员不需要单独定义这些常量。这些常量包含在文件 adovbs.inc 中。使用这些常量时，需要包含这个文件。

文件 adovbs.inc 存放在系统盘下目录 Program Files\Common Files\System\ado 下。用户把该文件复制到指定的目录下，就可以引用。本例把该文件复制到当前目录下，使用下面的方式引用：

```
<!--#include file="adovbs.inc"-->
```

运行该段代码，结果如图 7-19 所示。

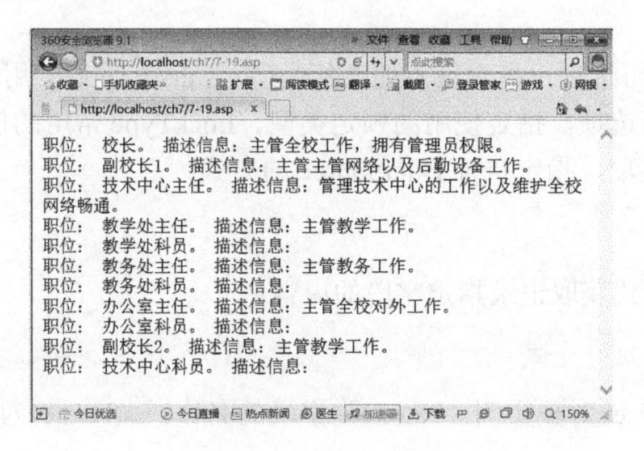


图 7-19 输出记录

## 7.5.2 获取记录总数

当对网站查询，而记录数目特别多时，需要分页显示。分页显示需要确定记录的数目，才可以进行分页显示。Recordset 对象提供了属性 RecordCount，返回 Recordset 对象的记录总数。

### 1. 使用属性 RecordCount 实现分页显示

下面的例子使用属性 RecordCount 实现分页显示。

(1) 连接数据库。

下面是连接数据库的代码。具体代码如下：

```
<%
'创建 ADODB.Connection 对象
Set Conn=Server.Createobject("Adodb.Connection")
'依据连接的数据库设置连接字符串
Conn.ConnectionString="Provider=Microsoft.Jet.OLEDB.4.0;"&_
                      "Data Source="&Server.MapPath("oa.mdb")
Conn.Open  '打开与数据库的连接
%>
```

(2) 建立 Recordset 对象并获取所有记录。

下面的代码建立 Recordset 对象，并使用 Open()方法获取所有的记录。具体代码如下：

```
<%
Set rs=Server.CreateObject("ADODB.Recordset")
rs.Open "Group_Info",Conn,adOpenKeyset,adLockOptimistic,adCmdTable
%>
```

(3) 设置分页参数。

分页时，需要获取记录总数，设置每页显示的记录数目、总页数和当前页数。下面的代码设置这些参数：

```
<%
Dim rsCount '存储记录总的数目
'获取所有的记录数目并赋给变量 rsCount
rsCount=rs.RecordCount
'变量 Page 存储总的页数，PageSize 为每页显示的记录数目
Dim Page,PageSize
Dim n    '用来存储查询过的记录数
n=0      '初始值为 0
'设置每页的记录数目为 2
PageSize=2
'计算总的页数
Page=rsCount/PageSize
'获取当前的页数
PageNo=Trim(Request.QueryString("Page"))
'如果用户指定的页号为空，则使该页的数值为第一页
If PageNo="" Then PageNo=1
'把页号转化成数值，如果不是数值将出错
PageNo=Cint(PageNo)
'如果该值小于 1，则使该值为 1；如果大于总页数，则设置该值为总页数
If PageNo<1 Then PageNo=1
If PageNo>Page Then PageNo=Page
%>
```

(4) 显示记录。

显示指定页的记录，就要使记录指针移动到指定页。本例创建一个计数器 n，判断记录指针是否移动到指定页中记录。下面的代码使记录指针移动到指定页。但是这种方法效率不高，在常见模块一章的分页模块一节，介绍了另外一种分页办法，读者可以参考。代码如下：

```
<%
'读取所有的记录
Do while not rs.Eof
    '判断当前记录是否是指定页内的记录。是则输出
    If n>PageNo*PageSize and n<=PageSize*(PageNo+1) Then
        Response.write "<font color='#FF0000'>职位：</font>"&rs("Name")&_
                "。<font color='#FF0000'>描述信息：</font>"&rs("Info")&"<BR>"
    End If
    n=n+1           '记录数目加一
    rs.MoveNext     '读取下一条记录
Loop
%>
```

(5) 显示页号。

下面显示页号链接，以方便用户查询。代码如下：

```
<%
'显示所有的分页链接
For i=1 to Page
   Response.write "<a href='13.3.2.asp?Page="&i&"'>第"&i&"页</a>  "
Next
%>
```

(6) 关闭连接。代码如下：

```
<%
rs.close
Set rs=Nothing
Conn.Close
Set Conn=Nothing
%>
```

运行该段代码，结果如图 7-20 所示。

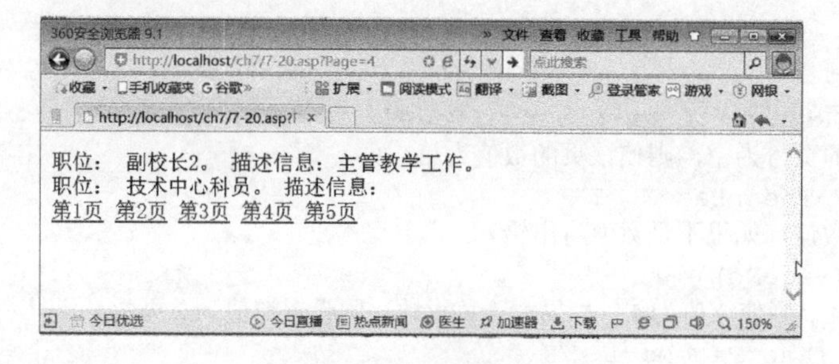


图 7-20　分页显示

### 2. 使用 AbsolutePage 分页

上面的例子需要程序员设置和计算页数，相对麻烦。Recordset 对象提供了实现分页的属性，这些属性是：AbsolutePage、PageCount 和 PageSize。

下面是使用这几个属性实现分页的例子。

(1) 连接数据库。

下面是连接数据库的代码。具体代码如下：

```
<%
'创建 ADODB.Connection 对象
Set Conn=Server.Createobject("Adodb.Connection")
'依据连接的数据库设置连接字符串
Conn.ConnectionString="Provider=Microsoft.Jet.OLEDB.4.0;"&_
                      "Data Source="&Server.MapPath("oa.mdb")
Conn.Open  '打开与数据库的连接
%>
```

(2) 建立 Recordset 对象并获取所有记录。

下面的代码建立 Recordset 对象，并使用 Open()方法获取所有的记录。具体代码如下：

```
<%
Set rs=Server.CreateObject("ADODB.Recordset")
rs.Open "Group_Info",Conn,adOpenKeyset,adLockOptimistic,adCmdTable
%>
```

(3) 设置分页参数。代码如下：

```
<%
'设置每页显示记录的数目
rs.PageSize=2
Dim page                                       '保存总的页数
page=rs.PageCount                              '获取总页数
PageNo=Trim(Request.QueryString("Page"))       '获取读取页的页码
'如果指定的页码为空，则设置读取第一页
If PageNo="" Then PageNo=1
'把指定页的页码转换成整数
PageNo=Cint(PageNo)
'如果小于 1 则设置该页码为 1
If PageNo<1 Then PageNo=1
'如果指定页的页码大于总页数则设置该页码为总页数
If PageNo>Page Then PageNo=Page
'设置当前页为指定页的页码
rs.AbsolutePage=PageNo
%>
```

代码说明如下。

(1) PageSize 为每页的记录条数。

(2) PageCount 属性表示 Recordset 对象的分页总数。

(3) AbsolutePage 属性可以获取或设置当前页的页码。

(4) 显示当前页记录。代码如下：

```
<%
'显示当前页的记录
```

```
For i=1 To rs.PageSize
    '如果记录指针已经移动到最后一条记录之后则终止读取记录
    If rs.EOF then exit for
    Response.write "<font color='#FF0000'>职位：</font>"&rs("Name")&_
                "。<font color='#FF0000'>描述信息：</font>"&rs("Info")&"<BR>"
    rs.movenext         '读取下一条记录
next
%>
```

(5) 显示页号。代码如下：

```
<%
For i=1 to Page
    Response.write "<a href='13.3.2.asp?Page="&i&"'>第"&i&"页</a>  "
Next
%>
```

(6) 关闭连接。代码如下：

```
<%
rs.close
Set rs=Nothing
Conn.Close
Set Conn=Nothing
%>
```

运行该段代码，结果如图 7-21 所示。

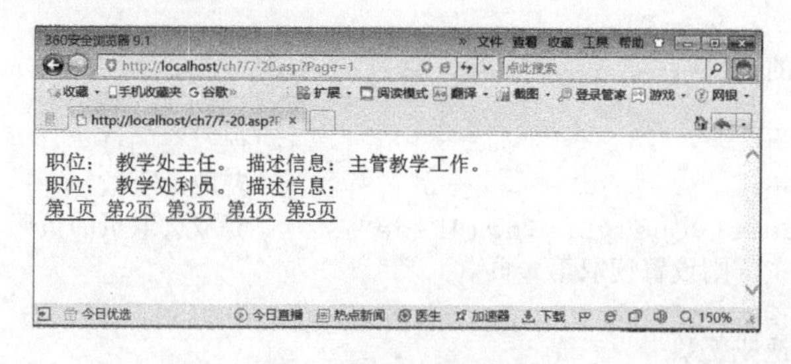


图 7-21　分页显示

## 7.5.3　添加、删除记录

Recordset 对象的属性和方法，也可以实现对记录的添加和删除操作。Recordset 对象提供了 Addnew()方法添加记录，Delete()方法删除操作。

下面的例子使用这两个方法对记录进行添加和删除，如图 7-22 所示。

该例子的具体实现方法如下。

### 1. 界面

该例子提供了一个表单，含有两个文本框和提交按钮。该例子显示所有的记录，每个记录都有“删除”超级链接。

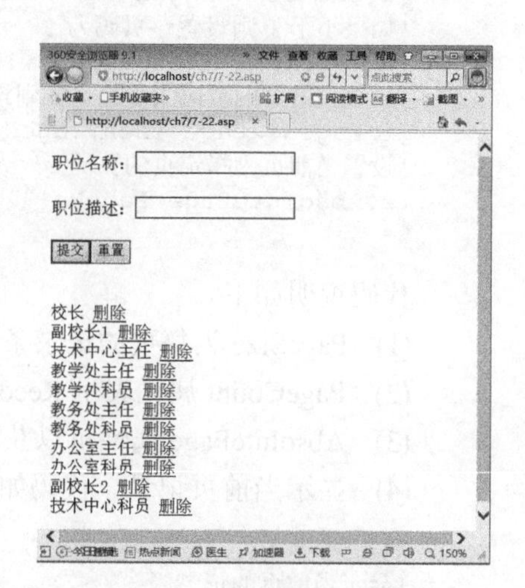


图 7-22　添加和删除记录

添加记录时，数据提交到 Insert.asp 文件处理，删除记录由文件 delete.asp 实现。

界面的具体实现代码如下(这些代码在前面章节大多介绍过，这里不再赘述)：

```
<!--#include file="adovbs.inc"-->
<html>
<head>
<meta http-equiv="Content-Language" content="zh-cn">
<meta http-equiv="Content-Type" content="text/html; charset=gb2312">
<title> </title>
</head>
<body>
<table ><tr><td>
<form method="POST" action="insert.asp">
    <p>职位名称：<input type="text" name="MingCheng" size="20"></p>
    <p>职位描述：<input type="text" name="XinXi" size="20"></p>
    <p><input type="submit" value="提交" name="B1"><input type="reset" value="
重置" name="B2"></p>
</form>
<%
'创建 ADODB.Connection 对象
Set Conn=Server.Createobject("Adodb.Connection")
'依据连接的数据库设置连接字符串
Conn.ConnectionString="Provider=Microsoft.Jet.OLEDB.4.0;"&_
                       "Data Source="&Server.MapPath("oa.mdb")
Conn.Open  '打开与数据库的连接
Set rs=Server.CreateObject("ADODB.Recordset")
rs.Open "Group_Info",Conn,adOpenKeyset,adLockOptimistic,adCmdTable
'显示所有的记录
Do While not rs.EOF
    Response.write rs("Name")&"  <a href='delete.asp?id="&rs("ID")&"'>删除
</a><BR>"
    rs.movenext
Loop
rs.close
Set rs=Nothing
Conn.Close
Set Conn=Nothing
%>
</td></tr></table>
</body>
</html>
```

### 2. 添加记录

下面的代码把获取的记录信息添加到表中：

```
<!--#include file="adovbs.inc"-->
<%
'创建 ADODB.Connection 对象
Set Conn=Server.Createobject("Adodb.Connection")
'依据连接的数据库设置连接字符串
```

```
Conn.ConnectionString="Provider=Microsoft.Jet.OLEDB.4.0;"&_
                     "Data Source="&Server.MapPath("oa.mdb")
Conn.Open  '打开与数据库的连接
Set rs=Server.CreateObject("ADODB.Recordset")
'打开指定的表
rs.Open "Group_Info",Conn,adOpenKeyset,adLockOptimistic,adCmdTable
'获取添加记录的信息
Name=Request.Form("MingCheng")
Info=Request.Form("XinXi")
Response.write Name&Info
'使用 Addnew 方法添加一条记录
rs.Addnew Array("Name","Info"),Array(Name,Info)
rs.Update                '更新记录
rs.close
Set rs=Nothing
Conn.Close
Set Conn=Nothing
%>
```

代码说明如下。

(1) AddNew()方法向数据库中增加记录。语法格式如下:

```
Rs.AddNew Field, Values
```

其中，Field 可选项，可以为记录字段名称，也可以为一组记录名称；Values 也是可选项，可以为新记录中的字段值，或者一组字段的值。

(2) AddNew()方法添加记录后，需要使用 Update()方法更新记录，才能添加成功。

(3) Update()方法用来保存向数据库中增加的记录。语法格式如下:

```
Rs. Update Field, Values
```

其中，Field 可选项，可以为记录字段名称，也可以为一组记录名称；Values 也是可选项，新记录中的字段值，或者一组字段的值。

### 3. 删除记录

下面是删除用户指定记录的代码:

```
<!--#include file="adovbs.inc"-->
<%
'创建 ADODB.Connection 对象
Set Conn=Server.Createobject("Adodb.Connection")
'依据连接的数据库设置连接字符串
Conn.ConnectionString="Provider=Microsoft.Jet.OLEDB.4.0;"&_
                     "Data Source="&Server.MapPath("oa.mdb")
Conn.Open  '打开与数据库的连接
Set rs=Server.CreateObject("ADODB.Recordset")
'获取用户指定的记录序号
ID1=Request.QueryString("ID")
Dim sql
'设置查询该记录的 SQL 语句
sql="SELECT * FROM [Group_Info] WHERE  [ID]="&ID1
```

```
'查询记录
rs.Open sql,Conn,adOpenKeyset,,adCmdTable
rs.Delete                   '删除查询记录集中的记录
rs.Update                   '更新数据库
rs.close
Set rs=Nothing
Conn.Close
Set Conn=Nothing
%>
```

代码说明：删除记录主要使用 Delete()方法实现。语法格式如下：

```
Rs.Delete AffectRecords
```

其中，Rs 为 Recordset 对象实例。参数 AffectRecords 指定操作所影响的记录数目，常用的常量值如表 7-18 所示。

表 7-18　AffectRecords 的常量

| 常　量 | 说　明 |
|---|---|
| AdAffectCurrent | 默认值，仅删除当前记录 |
| AdAffectGroup | 删除满足 Filter 属性设置记录 |
| adAffectAll | 删除所有记录 |
| adAffectAllChapters | 删除所有子记录 |

## 7.5.4　跳转到指定记录

Recordset 对象提供的方法和属性，既可以实现分页显示的功能，也可以实现跳转页面的功能。下面的例子跳转到指定记录，也可以跳转到第一条和最后一条记录，如图 7-23 所示。

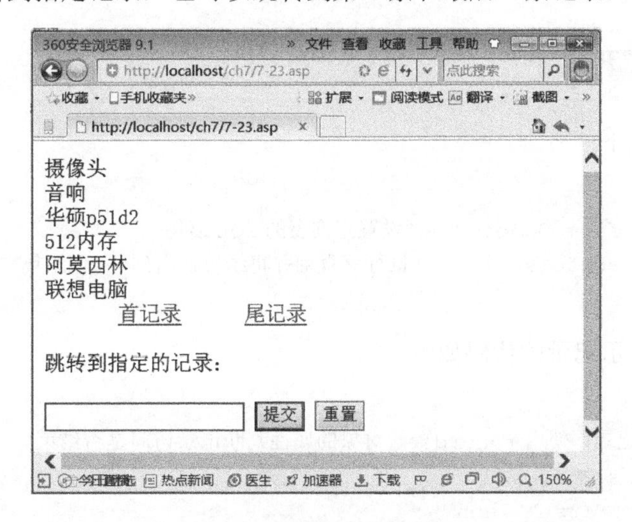


图 7-23　跳转到指定记录

该例子的具体实现流程如下。

(1) 连接数据库。

(2) 获取操作类型。

(3) 查询数据库中的表。

(4) 依据操作类型设置记录指针。

(5) 判断指针是否到尾记录，是则转(7)。

(6) 显示记录信息。

(7) 结束。

该例子的具体实现代码如下。

### 1. 连接数据库

连接数据库的代码如下：

```
<%
Set conn=Server.CreateObject("ADODB.Connection")
Conn.ConnectionString="Provider=Microsoft.Jet.OLEDB.4.0;"&_
                       "Data Source="&Server.MapPath("user.mdb")
Conn.Open
%>
```

### 2. 获取操作类型

在本例中，变量 action 标识操作类型。action 值为 First，表示将记录指针移动到首记录；若为 Last，则表示将记录指针移动到尾记录；若为 1，则表示将记录向前，或向后移动指定数目的指针。

获取操作类型的代码如下：

```
<%
action=Trim(Request.QueryString("action"))
%>
```

查询表的代码如下：

```
<%
sql="select * from Goods "    '设置查询表的 SQL 语句
Set rs=Conn.Execute(sql)      '执行该查询并将结果输出到 rs 记录集中
%>
```

依据操作类型显示记录的代码如下：

```
<%
'下面输出所有的记录，使用 recordset 对象的属性判断记录访问是否结束
Do while not rs.Eof
    If action="First" Then
        '将记录指针移动到首记录
        rs.MoveFirst
        '将 action 赋值为空，否则会每次进入死循环状态
```

```
        action=""
    ElseIf action="Last" then
        '将记录指针移动到尾记录
        rs.MoveLast
        action=""
    ElseIf IsNumeric(action) Then
        '获取用户输入的字符并转换成数字
        action=Cint(request.Form("T1"))
        '将记录指针向前或向后移动指定的数目
        rs.Move action
        action=""
    else
        '向后移动一个记录
        rs.MoveNext
    ENd If
    If not rs.EOF Then Response.write rs("Name")&"<BR>"
Loop
%>
```

代码说明如下。

(1) 该段代码使用了 Recordset 对象的 MoveFirst()、MoveLast()、MoveNext()和 Move()方法进行移动记录指针。

(2) MoveFirst()方法把 Recordset 对象的记录指针移动到第一条记录。使用该方法时，CursorType 属性只能为 adOpenForwardOnly。语法格式如下：

```
Rs.MoveFirst
```

其中，rs 为 Recordset 对象实例。

(3) MoveLast()方法把 Recordset 对象的记录指针移动到最后一条记录。如果 Recordset 对象不支持书签功能，执行时会出现错误。语法格式如下：

```
Rs.MoveLast
```

(4) MoveNext()方法把 Recordset 对象的记录指针移动到下一条记录。

(5) Move()方法把记录指针向前或者向后移动指定的数目。

(6) 使用 Recordset 对象的 EOF 属性，判断访问是否结束。Recordset 对象还有一个类似属性 BOF，该属性用来标识记录指针是否移动到首条记录之前。

### 3. 交互界面

交互界面包含 2 个超链接、1 个文本框和 2 个按钮。具体实现代码如下：

```
<a href="13.3.5.asp?action=First" >首记录</a>     <a
href="13.3.5.asp?action=Last" >尾记录</a>
<form method="POST" action="13.3.5.asp?action=1">
    <p><input type="text" name="T1" size="20">
    <input type="submit" value="提交" name="B1">
    <input type="reset" value="重置" name="B2"></p>
</form>
```

在图 7-23 中的文本框内输入 2，单击“提交”按钮，结果如图 7-24 所示。可以看到，图 7-24 中显示的记录比图 7-23 中少了一个。

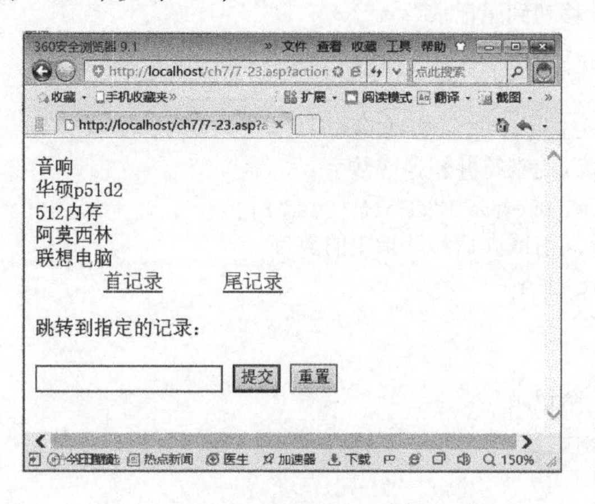


图 7-24　跳转到指定记录

# 7.6　Command 对象

Command 对象是 ADO 对象模型中非常重要的一个对象。使用 Command 对象可以执行操作数据库资源的任何命令，包括执行按行返回的命令和非行返回的命令。在 SQL Server 上，Command 对象大多用来执行 SQL 的存储过程。

## 7.6.1　Command 对象的建立与连接

Command 对象的创建方法与 ADO 的 Connection 和 Recordset 对象的创建方法相同。具体操作步骤如下。

(1) 创建 Command 对象。

(2) 建立与数据库的连接。

(3) 设置 Command 对象的类型。

(4) 设置执行命令。

(5) 执行命令。

### 1. 创建 Command 对象

创建 Command 对象的语法格式如下：

```
Set cmd=Server.CreateObjcet("ADODB.Command")
```

其中，cmd 为创建的 Command 对象实例。

### 2. 建立与数据库的连接

Command 对象与数据库的连接可以使用 Connection 对象，也可以不创建 Connection 对象而直接使用 Command 对象。通过 Command 对象的属性 Activeconnection，设置 Command 对

象与数据库的连接关系。

下面使用属性 Activeconnection，设置 Command 对象与 Connection 对象的连接关系。代码如下：

```
<%
'创建 Command 对象
Set CMD=Server.CreateObject("ADODB.Command")
'创建 Connection 对象
Set conn=Server.CreateObject("ADODB.Connection")
Conn.ConnectionString="Provider=Microsoft.Jet.OLEDB.4.0;"&_
                        "Data Source="&Server.MapPath("oa.mdb")
Conn.Open            '建立与数据库的连接
'使用 ActiveConnection 属性建立与数据库的连接
CMD.ActiveConnection=Conn
%>
```

代码说明：属性 ActiveConnection 可以设置或者获取定义的连接字符串，或 Connection 对象字符串。该对象为可读可写。

还可以使用下面的方法建立 Command 对象与数据库的连接关系。具体代码如下：

```
<%
Set CMD=Server.CreateObject("ADODB.Command")
CMD.ActiveConnection="DSN=Test;UID=sa;PWD=;"
%>
```

### 3. 设置执行命令

使用 CommandText 属性可以为 Command 对象设置执行命令。设置 CommandText 属性的语法格式如下：

```
Set cmd.CommandText=strCommand
```

其中，cmd 为建立的 Command 对象的实例；strCommand 为设置的执行命令字符串。

设置 Command 对象执行命令的代码如下：

```
cmd.CommandText="select * from User_info "
```

### 4. 设置 Command 对象的类型

使用 Command 对象的属性 CommandType 可以设置 Command 对象的类型。使用 CommandType 属性可以优化数据库命令的执行。该属性的使用语法格式如下：

```
Cmd.CommandType=CommandTypeEnum
```

其中，CommandTypeEnum 为 CommandType 属性的常数，具体如表 7-19 所示。

表 7-19　CommandTypeEnum 的值

| 常　量 | 说　明 |
|---|---|
| AdCmdText | 将 CommandText 作为文本化的命令或存储过程进行执行 |
| AdCmdTable | 将 CommandText 作为记录表名称进行执行 |
| AdCmdStoredProc | 将 CommandText 作为存储过程名进行执行 |

续表

| 常　量 | 说　明 |
|---|---|
| AdExecuteNoRecords | 指示 CommandText 为不返回行的命令或存储过程 |
| AdCmdUnknown | 默认值，指示 CommandText 属性中的命令类型未知 |

5. 执行命令

使用 Command 对象的 Execute()方法可以执行在 CommandText 属性中指定的查询，该方法可以返回记录集。

该方法的执行语法格式如下：

```
Set recordset = cmd.Execute [RecordsAffected[, Parameters[, Options]]]
```

语法格式说明如下。

(1) cmd 为 Command 对象实例。

(2) Execute()的参数如表 7-20 所示。Execute()方法中的参数 Options 可以使用 AND，或 OR 对命令进行组合。

表 7-20　Execute()的参数

| 参　数 | 说　明 |
|---|---|
| RecordsAffected | 可选项，返回操作所影响的记录数目 |
| Parameters | 可选项，表示 SQL 语句参数列表，具体值见表 7-21 |
| Options | 可选项，指示如何执行 CommandText 属性中的命令。参数可以参考表 7-19 |

(3) Execute()方法的参数 Parameters 的具体值如表 7-21 所示。

表 7-21　参数 Parameters 的值

| 常　量 | 值 | 说　明 |
|---|---|---|
| adParamUnknown | 0 | 表示参数类型未知 |
| adParamInput | 1 | 默认，表示输入参数 |
| adParamOutput | 2 | 表示输出参数 |
| adParamInputOutput | 3 | 表示输入和输出参数 |
| adParamReturnValue | 4 | 表示返回值 |

下面是使用 Command 对象进行查询的例子。代码如下：

```
<%
Set conn=Server.CreateObject("ADODB.Connection")
Conn.ConnectionString="Provider=Microsoft.Jet.OLEDB.4.0;"&_
                        "Data Source="&Server.MapPath("oa.mdb")
Conn.Open
Set cmd=Server.CreateObject("ADODB.Command")
cmd.ActiveConnection=Conn
cmd.CommandText="select * from User_info "
'执行 SQL 查询
```

```
Set rs=cmd.Execute
%>
```

## 7.6.2　执行存储过程

存储过程就是存储在数据库中预先定义的一个或多个 SQL 语句命令。通过创建和调用存储过程，可以避免在 ASP 代码中使用 SQL 字符串。这样做有以下几点优点。

(1) 提高效率。存储过程被数据库编译过，可以大大减少同数据库的交互次数，执行速度非常快。

(2) 提高安全性。将 SQL 语句从 ASP 代码分开，即使代码被窃取，也不会导致数据库结构被获取。

(3) 易于维护。将 SQL 语句从 ASP 代码分开，使 ASP 代码更易于维护。

(4) 提供 SQL 语句的重用性。存储过程可以被多次、多个文件调用，大大增加了 SQL 语句的重用性。

SQL Server 存储过程是可以使用 Transact-SQL 语句 CREATE PROCEDURE 创建的，也可以使用存储过程创建向导创建。

下面列举的是所有商品价格大于 100 元的商品的存储过程的例子。具体代码如下：

```
User Database_Name
Go
Create Proc List_Goods
AS
    Select *
    From Goods
    Where Price>=100
Go
```

代码说明如下。

(1) User Database_Name 为打开 Database_Name 数据库。

(2) Create Proc 语句在当前数据库中创建存储过程。

(3) 要执行 Create Proc 语句，必须为系统管理员用户、数据库所有者用户，或者被授予创建存储过程的用户。

在 ASP 中使用 Command 对象调用存储过程的代码如下：

```
<%
Set conn=Server.CreateObject("ADODB.Connection")
Conn.ConnectionString="Provider=Microsoft.Jet.OLEDB.4.0;"&_
                        "Data Source="&Server.MapPath("oa.mdb")
Conn.Open
Set cmd=Server.CreateObject("ADODB.Command")
cmd.ActiveConnection=Conn
'设置 CommandText 的值为存储过程的名称
cmd.CommandText=" List_Goods"
cmd.CommandType=adCmdStoreProc
'执行存储过程
cmd.Execute ,,AdCmdTable
%>
```

### 7.6.3 存储过程传递的参数

7.6.2 节介绍的存储过程，可以查取所有价格大于 100 元的商品。如果查询其他价格段的商品，就要修改该存储过程才能实现，这样未免有些太麻烦。这个问题的解决办法，就是使用带参数的存储过程，实现这个功能。带有参数的存储过程扩展了存储过程的功能，可以把参数信息传入存储过程，或者从存储过程中输出。带有参数的存储过程，可以让用户使用同一个存储过程多次搜索数据库，避免了为不同的值创建不同的存储过程。

下面是创建一个带有参数的存储过程的代码：

```
<%
User Database_Name
Go
Create Proc List_Goods
    @Price int =100
AS
    Select *
    From Goods
    Where Price>=@Price
Go
%>
```

代码说明如下。

(1) 这段存储过程定义了一个输入参数 Price，该参数的类型为 int，默认值为 100。

(2) 定义接收输入参数的存储过程，需要在 Create Proc 语句中声明一个或多个变量作为参数。

(3) 变量必须以符号@开始。

(4) 一个存储过程最多可有 255 个参数。

(5) 参数是存储过程局部的，不同的存储过程可以使用相同的参数名。

(6) 声明参数的语法格式如下：

```
@parameter type[=default]
```

其中，parameter 为参数的名字；type 为参数的类型；default 为可选项，表示定义的参数默认值。参数的默认值必须为常量或者 NULL。

前面小节介绍了使用 Command 对象调用存储过程的方法。如果使用 Command 对象调用带有参数的存储过程，需要使用集合 Parameter。Parameter 集合包含存储过程每个参数的 Parameter 对象。使用 Parameter 对象可以获取有关 Command 对象中指定的存储过程的参数信息。Parameter 对象在使用前需要创建。创建 Parameter 对象的语法格式如下：

```
Set parameter=cmd.CreateParameter(Name[,Type][,Direction][,Size][,Value])
```

语法格式说明如下。

(1) CreateParameter()方法使用指定的名称、参数类型等信息创建新的 Parameter 对象。

(2) CreateParameter()方法的参数如表 7-22 所示。

表 7-22　CreateParameter()方法的参数

| 参　数 | 说　明 |
| --- | --- |
| Name | 可选项，Parameter 集合中的参数名 |
| Type | 可选项，参数的数据类型，具体值见表 7-23 |
| Size | 参数长度，可以省略 |
| Value | 参数的值 |
| Direction | 参数的方向，指明是输入参数、输出参数还是输出参数又输入参数，具体见表 7-21 |

表 7-23　Type 常量

| 常　量 | 说　明 |
| --- | --- |
| AdArray | 数组 |
| Adbinary | 二进制值 |
| AdBoolean | 布尔型值 |
| Adchar | 字符串值 |
| AdVarChar | 字符串值 |
| AdDate | 日期值 |
| AdInteger | 带符号型整数 |
| AdNumeric | 数字 |
| AdsmallInt | 2 字节带符号整型 |
| AdDouble | 双精度浮点值 |
| Adsingle | 单精度浮点值 |
| Adempty | 未指定值 |

在 ASP 中使用 Command 对象调用带有参数的存储过程的代码如下：

```
<%
Set conn=Server.CreateObject("ADODB.Connection")
Conn.ConnectionString="Provider=Microsoft.Jet.OLEDB.4.0;"&_
                        "Data Source="&Server.MapPath("oa.mdb")
Conn.Open
Set cmd=Server.CreateObject("ADODB.Command")
cmd.ActiveConnection=Conn
'创建 Parameter 集合。该集合设置参数的值为 200
Set Param=cmd.CreateParameter("@Price", AdInteger, adParamInputOutput,12,200)
'将创建的 Parameter 集合添加到 Parameters 集合中
cmd.Parameters.Append Param
'设置执行的存储过程
cmd.CommandText=" List_Goods"
cmd.CommandType=adCmdStoreProc
cmd.Execute
%>
```

代码说明：Parameters 集合的 Append()方法，可以将对象增加到集合 Parameters 中。

# 7.7 ADO 应用实例——图片信息的数据库存储

数据库中不但可以保存字符串、数值或日期时间等类型的数值，也可以保存图片。下面的例子就是把用户指定图片上传到数据库中的特定字段。

如果需要使用数据库保存图片，需要把保存图片的字段设置成 OLE 字段。下面是把图片上传到 Access 数据库的例子。

## 7.7.1 上传界面

上传界面由一个表单构成，该表单有 1 个浏览按钮和 1 个提交按钮，如图 7-25 所示。

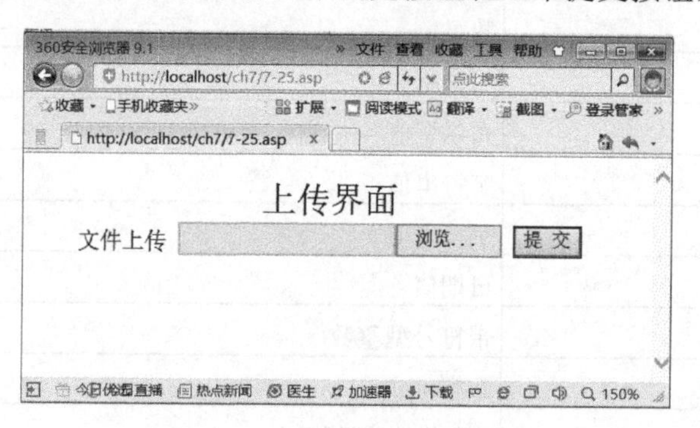


图 7-25 图片信息的数据库存储

上传界面的代码如下：

```
<html>
<head>
<meta http-equiv="Content-Type" content="text/html; charset=gb2312">
<title></title>
</head>
<body leftmargin="0" topmargin="0">
<form name="upform" method="post" action="test.asp"
enctype="multipart/form-data" >
<input type="hidden" name="act" value="upload">
<input type="hidden" name="filepath" value="images">
<table width="100%" border="0" cellspacing="0" bordercolordark="#CCCCCC"
bordercolorlight="#000000">
<tr><td >
<p style="margin-top: 0; margin-bottom: 0" align="center"> </p>
<p style="margin-top: 0; margin-bottom: 0" align="center">
<font size="5" color="#0000FF">上传界面</font></p>
<p style="margin-top: 0; margin-bottom: 0" align="center">文件上传
<input type="file" name="filename" style="width:229; height:23"  class="tx1"
value="">
<input type="submit" name="Submit" value="提 交" class="tx">
</p>
<p style="margin-top: 0; margin-bottom: 0" align="center"></td></tr>
</table></form>
```

```
</body>
</html>
```

## 7.7.2　获取上传图片数据

把上传图片保存到数据库的方法与上传图片的方法相似。上传图片的方法在第 6 章已经介绍过了，这里就不再赘述。

获取上传图片的代码如下：

```
<%
'下面是获取图片数据的代码，详细介绍可以参考第 6 章
formsize=request.totalbytes '求出整个数据的大小
formdata=request.binaryread(formsize)'读取整个二进制数据
return=chrB(13)&chrB(10)
divider=leftB(formdata,clng(instrb(formdata,return))-1)
datastart=instrb(lenb(divider),formdata,divider)

datastart1=instrb(datastart+1,formdata,divider)
datastart=instrb(datastart1+1,formdata,return&return) +3
set tempStream = Server.CreateObject("adodb.stream")
tempStream.Type = 1
tempStream.Mode =3
tempStream.Open
st1.Position=datastart1
st1.CopyTo tempStream ,datastart-datastart1
tempStream.Position = 0
tempStream.Type = 2
tempStream.Charset ="gb2312"
FilePath= tempStream.ReadText
'求出文件的名称，以此存储该图片的文件类型
Filename=mid(FilePath,instr(FilePath,"filename=")+10)
ext=mid(Filename,instr(Filename,"."),4)
dataend=instrb(datastart+1,formdata,divider)-datastart '求出图片的长度
'获取图片的所有二进制数据
mydata=midb(formdata,datastart,dataend)
%>
```

## 7.7.3　保存到数据库

保存图片到数据库的实现流程如下。

(1)　建立与数据库的连接。

(2)　建立 Recordset 对象。

(3)　打开数据库中指定的表。

(4)　增加新的记录。

(5)　把图片二进制数据存入指定的字段。

(6)　更新该记录。

(7)　断开与数据库的连接。

(8) 结束。

保存图片到数据库的代码如下：

```
<%
Set Conn= Server.CreateObject("ADODB.Connection")
Conn.ConnectionString="Provider=Microsoft.Jet.OLEDB.4.0;"&_
                        "Data Source="&Server.MapPath("img.mdb")
Conn.Open
'建立 Recordset 对象以便保存图片数据
Set rs=Server.CreateObject("ADODB.Recordset")
'如果打开指定的表需要使用"[]"把表名称括起来，以告诉系统方括号之间为表名，不是 Sql 语句
TableName="[image]"
rs.Open TableName,Conn,1,3
rs.AddNew                           '增加新记录
rs("IMG").AppendChunk mydata        '把图片数据存入到字段 img 中
rs("FilePath")=Filename
rs("FileName")=Name
rs.Update                           '更新该字段
set rs=nothing
set Conn=Nothing
%>
```

代码说明如下。

(1) AppendChunk()方法将大型文本、二进制数据写入到指定的 Field 对象或者 Parameter 对象中。该方法的语法格式如下；

```
OBJ.AppendChunk Data
```

其中，OBJ 为 Field 对象或者 Parameter 对象；Data 为待写入的数据。

(2) Fields 集合为 Recordset 对象集中的一行，Field 对象为 Recordset 对象集中的一列。在本例子中，rs("IMG")就是一个 Field 对象，因此，可以调用 AppendChunk()方法。

## 7.7.4 读取数据库中的图像

读取数据库中的图像数据由文件 GetPhot.asp 实现。该文件把获取图像数据的代码整合成一个过程 DisplayBMP(ID)。该文件的代码如下：

```
<%
ID=Request("FileName")
Call DisplayBMP(4)                  '调用函数输出图像数据
'该函数用来获取图像的数据
Sub  DisplayBMP(ID)
    ID=Cint(ID)                     '获取图像在数据库中存储的序号
    '连接数据库
    Set Conn= Server.CreateObject("ADODB.Connection")
    Conn.ConnectionString="Provider=Microsoft.Jet.OLEDB.4.0;"&_
                        "Data Source="&Server.MapPath("img.mdb")
    Conn.Open
    '查询指定的记录并获取该记录的图像值
    Set rs=Conn.Execute("select * from [image] where id="&ID)
```

```
    '获取图像数据的大小，以便输出指定大小的数据
    FSize = rs("img").ActualSize
    Response.Buffer = true'设置缓存
    extPath=Ucase(mid(FilePath,n+1))
    Response.Expires = -1
    '输出类型为图像类型
    Response.ContentType = "image/"&extPath
    '输出图像的数据
    Response.BinaryWrite rs("img").getChunk(FSize )
    Response.end
End Sub
%>
```

代码说明如下。

(1) ActualSize 属性为 Field 对象的属性，用来指定字段的值的实际大小。

(2) getChunk()方法为 Field 对象的方法，用来获取大型文本或二进制数据的全部或部分内容。该方法的语法格式如下：

```
Value= Field.GetChunk( Size )
```

其中，Field 为 Field 对象；Size 为获取数据的大小；Value 为获取的数据。

### 7.7.5　显示图像

显示图像的时候把 GetPhoto.asp 文件输出的内容作为 Img 标记的源文件，这样就可以在 Web 页中显示图像了。

显示图像的具体代码如下：

```
<html>
<head>
<meta http-equiv="Content-Type" content="text/html; charset=gb2312">
<title> </title>
</head>
<body>
<img src="GetPhoto.asp?id=<% =Trim(Request.Form("ID"))%>" >
</body>
</html>
```

## 7.8　小　　结

本章介绍了 ADO 的对象模型，以及使用 ADO 对象操作数据库的方法。本章的重点是连接数据库的方法和使用 Recordset 对象操作数据库的方法。不同的网站可能使用不同的数据库，如：有的使用 Access，有的网站使用 Excel 当作网站的数据源。因此，需要根据不同的数据源，设置不同的连接方式。当连接数据库后，可以使用 Recordset 对象或者 Command 对象添加、更新和删除数据库中的记录，这也是本章介绍的重点。但是如何高效、快速地操作数据库中的记录是一大难点，需要开发者在实践中不断摸索。

# 第 8 章　ASP 常用内置组件

组件是在服务器上安装注册的 ActiveX 控件。ASP 能使用的组件包括其内置组件，用 VB、VC、Java 等语言开发的 ActiveX 组件，以及从开发商那里购买或从网上免费下载的 ActiveX 组件。ASP 支持广泛的 ActiveX 组件，具有很强的可扩展性，可实现很多种功能。本章介绍 ASP 中常用的内置组件的使用方法。

**学习目标 | Objective**

- 掌握文件存取组件的基本用法。
- 掌握广告轮显组件的基本用法。
- 掌握浏览器兼容组件的基本用法。
- 掌握文件超级链接组件的基本用法。
- 掌握计数器组件的基本用法。

## 8.1　ASP 的内置组件简介

ASP 的内置组件是指安装 ASP 时自动注册到 ASP Web 服务器上的组件。它一般是一些.exe、.dll 或者.ocx 程序文件。该文件包含执行某项或一组任务的代码。组件可以执行公用任务，实现代码的重用。并且使用组件就不必自己去创建执行这些任务的代码了，而只需要了解如何访问和应用这些组件对象即可。在 ASP 中常见的内置组件如表 8-1 所示。

表 8-1　ASP 的内置组件

| 组件名称 | 中文名称 | 主要作用 |
|---|---|---|
| AdRotator | 广告轮显组件 | 随机显示广告图像 |
| ContentRotator | 内容轮显组件 | 随机显示 Web 页面 |
| ContentLinking | 内容链接组件 | 网页导航 |
| Counter | 计数器组件 | 统计页面访问次数、广告点击次数等 |
| PageCounter | 页面计数器组件 | 仅用来统计页面访问次数 |
| BrowserCapabilities | 浏览器信息组件 | 获取客户浏览器信息 |
| Dictionary | 数据目录组件 | 保存数据 |
| FileAccess | 文件访问组件 | 访问文件系统，创建显示文件，读取驱动器信息等 |
| DatabaseAccess | 数据库访问组件 | 在应用程序中访问数据库 |

由于组件是包含在动态链接库(.dll)或可执行文件(.exe)中的可执行代码。组件可以提供一个或多个对象，以及对象的方法和属性。要使用组件提供的对象，首先要创建对象的实例，并将这个新的实例分配变量名。创建组件对象的方法主要有两种。

(1) 首先使用 ASP 的内置组件必须先使用 Server 内置对象的 CreateObject 方法创建该组件的一个实例(变量)。然后使用脚本语言的变量分配指令为对象实例命名。创建对象实例时，必须提供实例的注册名称(PROGID)。如下要创建一个 NextLink 对象的实例：

```
<%set NextLink=Server.CreateObject("MSWC.NextLink")%>
```

此对象的 PROGID 是 MSWC.NextLink。必须注意的是，必须使用 ASP 的 CreateObject 方法来创建对象实例，否则 ASP 将无法跟踪脚本中对象的使用。

(2) 使用 HTML 的<OBJECT>标记来创建对象实例，但必须为 Runat 属性提供服务器值。同时也要为将在脚本语言中使用的变量名提供 ID 属性组。使用注册名(PROGID)或者注册号(CLSID)可以识别该对象。

例如，使用注册名(PROGID)创建 NextLink 对象：

```
<OBJECT  Runat=Server  ID=NextLink  PROGID="MSWC.NextLink"></OBJECT>
```

还可以在 Global.asa 文件中使用上述方法创建一个组件的实例(变量)。有了对象的实例后，就可以把它当 ASP 内置对象来处理。可以引用该组件的属性、方法、集合来实现组件提供的功能。

下面具体介绍各种常用组件的使用实例。

## 8.2　文件存取组件

文件存取组件 FileAccess 提供了可以用来访问服务器文件系统的方法和属性。利用该组件可以实现对服务器文件的控制。

FileAccess 组件实际上表示了一个对象集。它可以用于创建、改编、移动和删除文件夹或文件，还可以获取文件夹或文件的各种信息。FileAccess 组件中的对象如表 8-2 所示。

表 8-2　FileAccess 组件中的对象

| 对　象 | 说　明 |
|---|---|
| FileSystemObject 对象 | 包含了操作文件系统的基本方法 |
| TextStream 对象 | 用于读、写一个文件 |
| File 对象 | 允许创建、删除或移动文件，并向系统查询文件的名称或路径等 |
| Folder 对象 | 允许创建、删除或移动文件夹，并向系统查询文件夹的名称或路径等 |
| Drive 对象 | 表示一个磁盘驱动器或网络共享 |

在上述对象中，FileSystemObject 对象提供了一套用于创建、删除、收集相关信息，以及通常的操作驱动器、文件夹和文件的方法。为简单起见，本章主要介绍使用 FileSystemObject 对象管理文件夹、文件，使用 TextStream 对象读、写文件。

## 8.2.1 FileSystemObject 对象

FileSystemObject 对象可以用来存取 Web 服务器上的文件和文件夹，其方法及说明如表 8-3 所示。

表 8-3 FileSystemObject 对象的方法

| 方 法 | 说 明 |
|---|---|
| BuildPath(Path,Name) | 将 Name 加到 Path 后面，必要时会自动修正路径符号(\)。例如 ObjFSO.BuildPath(server.Mappath("\F"),"a.asp") 会返回 c:\inetpub\wwwroot\F\a.asp 路径 |
| CopyFile (Source,Destination,Overwrite) | 将 Source 指定的文件复制到 Destination。若 Overwrite 的值为 True 表示覆盖 Destination 的已有同名文件 |
| CopyFolderSource (Destination,Overwrite) | 将 Source 指定的文件夹复制到 Destination。若 Overwrite 的值为 True 表示覆盖 Destination 的已有同名文件夹 |
| CreateFolder(Foldername) | 建立 Foldername 文件夹，并返回一个 Folder 对象实例 |
| CreateTextFile(Filename, Overwrite,Unicode) | 建立一个名称为 Filename 的文本文件，并返回一个 TextStream 对象实例；Overwrite 为布尔值，若值为 True，表示可覆盖，否则为不可覆盖，默认值皆为 False；Unicode 为布尔值，若值为 True，表示为 Unicode 文本文件，否则为 ASCII 文本文件，默认值皆为 False |
| DeleteFile (Path,Force) | 删除 Path 指定的文件。Force 为布尔值，若值为 True，表示删除只读文件，默认值为 False(不删除只读文件) |
| DeleteFolder (Path,Force) | 删除 Path 指定的文件夹。Force 为布尔值，若值为 True，表示删除只读文件夹，默认值为 False(不删除只读文件夹) |
| DriveExists(Path) | 若 Path 指定的磁盘存在，返回 True，否则返回 False |
| FileExists(Path) | 若 Path 指定的文件存在，返回 True，否则返回 False |
| FolderExists(Path) | 若 Path 指定的文件夹存在，返回 True，否则返回 False |
| GetDrive(Path) | 返回包含 Path 的磁盘，返回值为一个 Drive 对象实例 |
| GetDriveName(Path) | 返回包含 Path 的磁盘名称，返回值为一个字符串 |
| GetExtensionName(Path) | 返回 Path 指定的文件的扩展名，返回值为一个字符串 |
| GetFile(Path) | 返回 Path 指定的文件，返回值为一个 File 对象实例 |
| GetFileName(Path) | 返回 Path 最后的文件名称或文件夹名称 |
| GetFolder(Path) | 返回 Path 指定的文件夹，返回值为一个 Folder 对象实例 |
| GetParentFolderName(Path) | 返回 Path 的父文件夹名称，返回值为一个字符串 |
| GetSpecialFolder(Name) | 返回特殊文件夹的路径，Name 可以是 WindowsFolder、SystemFolder 或 TemporaryFolder，分表代表 Windows 文件夹、系统文件夹及存放临时文件的文件夹 |
| MoveFile (Source,Destination) | 将 Source 指定的文件移动到 Destination 中 |

续表

| 方　法 | 说　明 |
|---|---|
| MoveFolder (Source,Destination) | 将 Source 指定的文件夹移动到 Destination 中 |
| OpenTextFile(Filename, Iomode,Create,Format) | 打开 Filename 指定的文本文件，并返回一个 TextStream 对象实例；Iomode 为文本文件的打开方式，1 表示只读，2 表示可写，3 表示附加到后面；Create 表示当文本文件不存在时，是否要建立；Format 为文本文件的格式，-1 表示 Unicode 文本文件，0 表示 ASCII 文本文件，-2 表示采用系统默认值 |

下面介绍如何利用 FileSystemObject 对象管理文件和文件夹。

### 1. 创建文本文件

创建文本文件的方法有两种。

(1)　CreateTextFile 方法。

其语法格式如下：

```
FSobj.CreateTextFile(filename[,overwrite[,format]])
```

创建文件并返回 TextStream 对象，该对象用于读写创建的文件。CreateTextFile 方法中所含的参数可以参照表 8-3 中的介绍。

假设当前目录为 E:\aspDream\asp8。在程序同目录下，创建一个名为 file1 的文本文件的代码如下：

```
<%
Set  MyFSObj=Server.Createobject("Scripting.FileSystemObject")
'创建 MyFSObj 对象
Set  MyTextFile=MyFSObj.CreateTextFile("file1.txt",true)
'创建文件
%>
```

运行程序后，可以查看在 E:\aspDream\asp8 目录下，创建了一个名为 file1 的文本文件。

(2)　OpenTextFile 方法。

其语法格式如下：

```
FSobj.OpenTextFile(filename[,iomode[,create[,format]]])
```

打开指定的文件，如果指定的文件不存在，则创建该 TextStream 对象。OpenTextFile 方法中所含的参数可以参照表 8-3 中的介绍。

假设当前目录为 E:\aspDream\asp8。使用 OpenTextFile 方法打开 file2.txt。如果该文本文件不存在，则使用 OpenTextFile 可以创建 file2.txt 文件。具体代码如下：

```
<%
Set  MyFSObj=Server.Createobject("Scripting.FileSystemObject")
'创建 MyFSObj 对象
Set  MyTextFile=MyFSObj.OpenTextFile("file2.txt",2,true,-2)
'打开或创建文件
%>
```

上述代码表示，以可读写的方式，采用系统默认格式打开文件 file2.txt。如果文件不存在时，进行创建。

### 2. 拷贝、移动和删除文件

移动文件的方法是 MoveFile，删除文件的方法是 DeleteFile，复制文件的方法是 CopyFile。其中所含参数的介绍如表 8-3 所示。

在当前目录 E:\aspDream\asp8 下，复制文件 file2.txt，重命名为 file3.txt。再把 file3.txt 移动到 E 盘根目录中，并且把 file2.txt 删除。上述过程的具体代码如下：

```
<%
Set MyFSObj=Server.CreateObject("Scripting.FileSystemObject")
Set MyTextFile=MyFSObj.CreateTextFile("file2.txt",true)
MyTextFile.write("Hello,everyone!")
'向文件书写数据
MyTextFile.close
'关闭文件
MyTextFile.CopyFile "file2.txt" "file3.txt"
'复制文件
MyTextFile.MoveFile "file3.txt" "D:\"
'移动文件
MyTextFile.DeleteFile "file2.txt"
'删除文件
%>
```

### 3. 文件夹的创建和删除

创建文件夹的方法是 CreateFolder，删除文件夹的方法是 DeleteFolder。其中参数的使用参照表 8-3 中的介绍。

下面是一个处理文件夹的简单实例。代码如下：

```
<%
Set MyFSObj=Server.CreatObject("Scripting.FileSystemObject")
'创建 MyFSObj 对象
Path=Server.MapPath('\test\')
'路径映射为绝对路径
If  FolderExists(Path)=false then
'测试文件夹存在与否
Set MyFSObj.CreateFolder(Path)
'创建文件夹
End If
Set MyFolder=MyFSObj.GetFolder(Path)
'创建 Folder 对象
MyFolder.DeleteFolder Path
%>
```

在上述代码中，通过测试文件夹是否存在，来判断是否建立一个文件夹。最后将指定路径的文件夹删除。

## 8.2.2　TextStream 对象

TextStream 对象对应于一个文本文件的内容。要对文件进行读写操作，必须使用 TextStream 对象。TextStream 对象可以使用 FileSystemObject 对象的 CreateTextFile 方法或者 OpenTextFile 方法得到。

TextStream 对象的常用属性和方法如表 8-4 所示。

表 8-4　TextStream 对象的常用属性和方法

| 属性和方法 | 说　明 |
|---|---|
| AtEndOfLine 属性 | 若文件指针位于文件中某一行的尾端，返回 True，否则返回 False |
| AtEndofstream 属性 | 若文件指针位于文件的尾端，返回 True，否则返回 False |
| Column 属性 | 返回文件指针位于文件的第几行 |
| Line 属性 | 返回文件指针位于文件的第几列 |
| Close 方法 | 关闭文件 |
| Read(Num)方法 | 从文件指针的位置读取后面的 Num 个字符，然后存放至字符串 |
| ReadAll 方法 | 读取整个文件，然后存放至字符串 |
| ReadLine 方法 | 从文件指针的位置读取一行，然后存放至字符串 |
| Skip(Num)方法 | 读取文件时跳过 Num 个字符 |
| SkipLine 方法 | 读取文件时跳过一行 |
| Write(String)方法 | 将字符串 String 写入文件 |
| WriteLine(String)方法 | 将字符串 String 写入文件，并在字符串的末尾加上换行字符，若没有指定 String，表示写入一个空行 |
| WriteBlankLine(Num)方法 | 将 Num 个换行字符写入文件，即写入 Num 个空行 |

TextStream 对象的应用，可以通过下面简单实例来介绍。实例代码保存为 801.asp。通过显示一个文本框，让用户输入姓名，并保存到文件 name.txt 中。具体代码如下：

```
<html>
<head>
<title>填写姓名</title>
<style>
Body{
Font-size:12px;
}
</style>
<%
Const  forwriting=2
Dim ofso,otext,scount,sfile
Sfile=server.mappath("name.txt")
Set ofso=server.createobject("scripting.filesystemobject")
If not ofso.fileexists(sfile) then
   Set otext=ofso.createtextfile(sfile)
   Name="0"
```

```
    Otext.write(name)
Else
    If request.form("submit")="保存姓名" then
        Set otext=ofso.opentextfile(sfile,forwriting)
        Name=request.form("age")
        Otext.write(age)
    Else
        Set  otext=ofso.opentextfile(sfile)
        Name=otext.readline()
    End if
End if
Otext.close()
%>
</head>
<body>
<form  action="801.asp"  method="post"  name="frmcount">
姓名为：<input name="name"  value="<%=name%>"><br><br>
<input type="submit"  name="submit"  value="保存姓名">
<input type="button"  name="refresh"  value="刷新姓名"
onclick="window.navigate('801.asp');">
</form>
</body>
</html>
```

程序的运行结果如图 8-1 所示，在文本框中输入了用户的姓名。

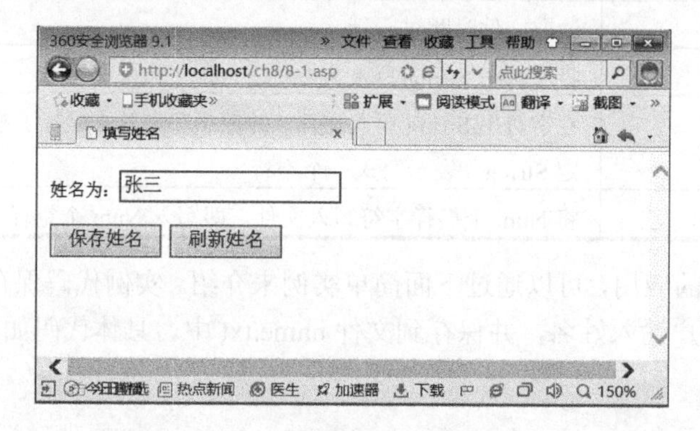


图 8-1　程序的运行结果

在 801.asp 中，当用户输入新的用户姓名时，单击“保存姓名”按钮，会将新的用户名保存到文件 name.txt 中。如果 name.txt 不存在，则会自动创建。如果已经有了此文件，则会自动从中读取数据，并显示出来。

## 8.2.3　应用实例

利用 FileSystemObject 对象和 TextStream 对象可以设计一个综合应用的例子。在本实例中，可以收集浏览者提交的内容信息，保存或者追加在某个文件中。

下面的程序代码用来创建记录用户提交内容的文件 survey.txt。具体代码如下：

```
<%
Set fs=Server.CreateObject("Scripting.FileSystemObject")
Set textfile=fs.CreateTextFile(Server.MapPath("./survey.txt"))
textFile.Close
%>
```

创建 survey.txt 文件后的结果如图 8-2 所示。

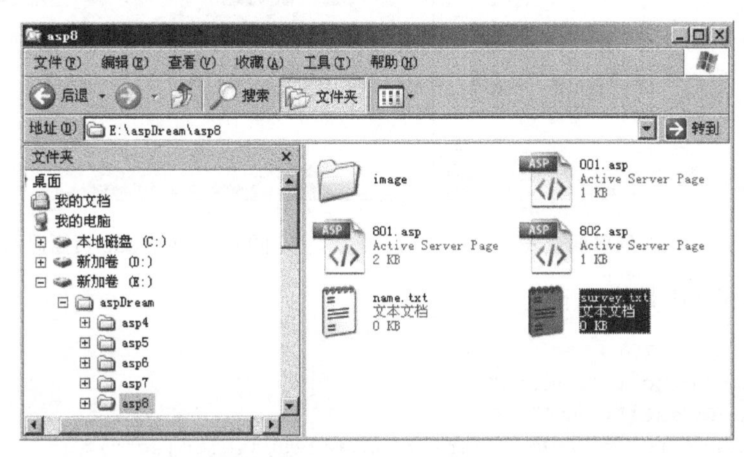


图 8-2　创建 survey.txt 文件

在设计网页时，需要浏览者提交一些内容信息。具体代码如下：

```
<body>
<h2>用户信息调查表</h2>
<form  action="803.asp"  method="post">
<b>您对我们的产品是否满意？</b>
<br>
<input type="radio"  name="rate"  value="satisfy"  checked>非常满意
<br>
<input type="radio"  name="rate"  value="unsatisfy"  >非常不满意
<br>
<input type="radio"  name="rate"  value="normal"  >一般情况
<p>您是通过什么方式了解到我们的产品的？
<br>
<input type="radio"  name="source"  value="friend"  checked>朋友介绍
<br>
<input type="radio"  name="source"  value="web"  >通过网站
<br>
<input type="radio"  name="source"  value="book"  >通过杂志
<p>
<input type="submit"  value="提交">
</form>
</body>
```

上述代码的运行结果如图 8-3 所示。

当浏览者提交信息以后，提交的内容会自动写入文件 survey.txt 中。然后出现 803.asp 所示的页面，如图 8-4 所示。表示用户提交的信息已经成功写入文件中了。

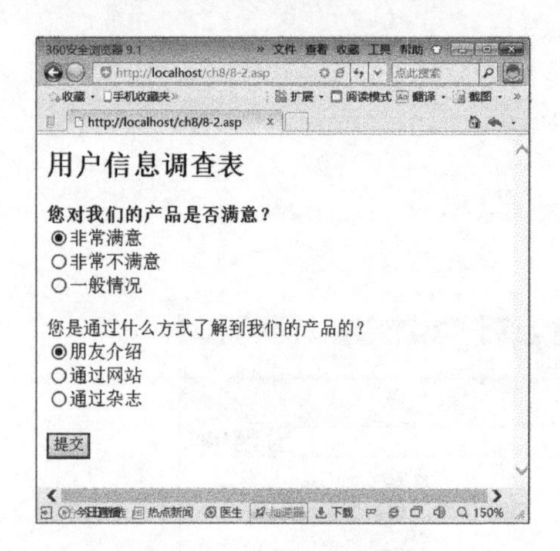


图 8-3　用户信息调查表

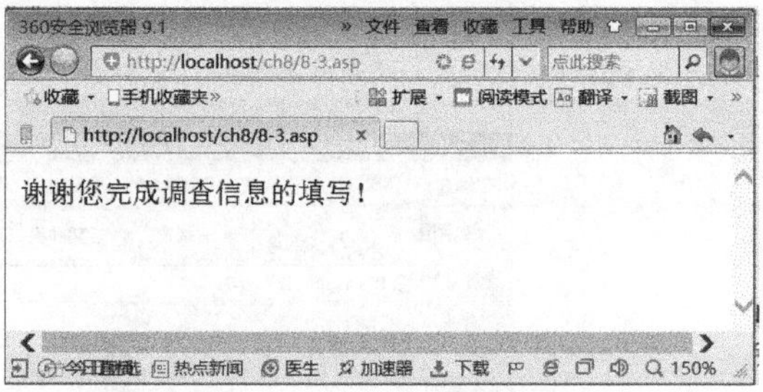

谢谢您完成调查信息的填写！

图 8-4　803.asp 页面显示结果

该页面的程序代码具体如下：

```
<%
Source=trim(request("source"))
rate=trim(request("rate"))
set fs=server.CreateObject("scripting.filesystemobject")
set textfile=fs.OpenTextFile(server.mappath("./survey.txt"),8,true)
textfile.WriteLine"================="
textfile.WriteLine"answers submitted on:"&now()
textfile.WriteLine"source="&source
textfile.WriteLine "rating="&rate
textfile.close
%>
<html>
<body>
谢谢您完成调查信息的填写！
</body>
</html>
```

当用户选择一些选项，提交窗体以后，记录文件 survey.txt 中就会添加一条记录，如图 8-5 所示。

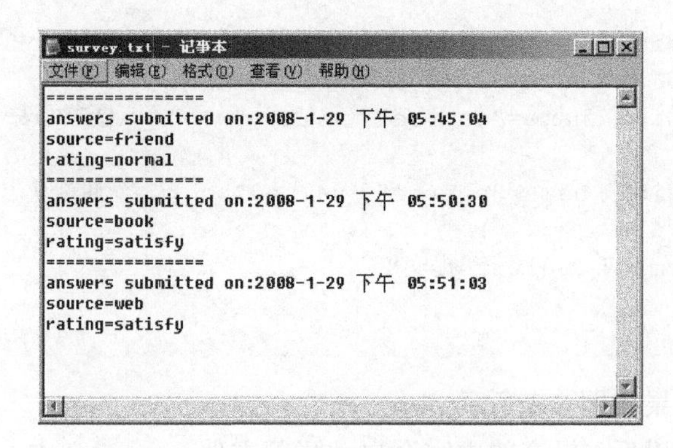


图 8-5　survey.txt 文件的内容

通过运行程序会发现。打开 survey.txt 文件，用户提交的信息，每次都被追加在文件尾部，继续成为文件的一部分。

# 8.3　广告轮显组件

AdRotator 组件，中文叫作广告轮显组件。用户每次载入此页面时，按照概率来显示不同的广告图片。AdRotator 组件能够建立可以循环显示不同广告的 ASP 页面，并容易添加新广告。AdRotator 组件能够添加或修改广告的超级链接，这样就可以通过单击广告来访问广告客户的 Web 结点。AdRotator 组件还可以旋转显示广告的图像，并能通过重定向文件跟踪广告点击次数。

## 8.3.1　AdRotator 对象的属性和方法

AdRotator 对象含有如下的 3 个属性和 1 个方法。

- Border 属性：指定广告条边界的宽度，若该属性未设定，则采用在文件第一部分内设定的值。
- TargetFrame 属性：用于指定广告条连接的目标框。如果用户点击广告图像文件的话，这个框用于显示广告客户的页面。如果忽略的话，页面装载到当前浏览器的目标框或窗口内，并且取代含有广告栏图像的页面。这个属性也可以设置成一个标准的 HTML 框标识。如：_top、_new、_child、_self、_parent 和_blank。
- Chickable 属性：规定广告栏图像文件是否被显示为一个超级链接，默认值为 True。
- GetAdvertisement(Rotator Schedule File)方法：该方法用于获取广告信息文件中的数据。它将从 Rotator 计划文件中获取下一个计划广告的详细说明，并将其格式细化为 HTML 格式。

## 8.3.2　使用广告轮显组件的步骤

使用广告轮显组件首先要创建一个 AdRotator 组件的实例，即 AdRotator 对象。使用 Server.CreateObject 方法实例化 AdRotator 对象，其中，PROGID 属性的值是 MSWC.AdRotator。具体的语法格式如下：

```
Set  实例对象名=Server.CreateObject("MSWC.AdRotator")
```

使用广告轮显组件就是使用 AdRotator 对象。使用 AdRotator 对象需要两个文件：重定向文件(包含指向广告的 URL 链接)和轮换计划文件(包含显示数据)。通过建立这两个文件，网站上的任何 ASP 网页都可以使用 AdRotator 对象。

使用广告轮显组件的具体步骤如下。

### 1. 创建一个 AdRotator 轮换计划文件

轮换计划文件是一个文本文件，为要显示的广告编录信息。这些信息包括单击广告后的重定向信息，要显示的广告大小，要显示的图像、广告的注释，以及表明特定广告被选中的频率的数字。在 ASP 网页中调用 AdRotator 组件的方法时，组件会使用此文件来选择要显示的广告。

轮换计划文件用星号(*)分成两节：第一节提供了所有广告的公共信息；第二节则列出了每个广告的特定数据。若要测试轮转计划文件，可以使用 Microsoft.com 上的一些图像作为广告图像。表 8-5 介绍了轮换计划文件的结构。

表 8-5　轮换计划文件的结构

| 内　容 | 表　格 |
|---|---|
| Redirection URL | 形式的、可在显示广告前执行的 ASP 文件的路径和名称。此文件可用于记录单击广告的用户的相关信息。可以记录客户端 IP 地址、客户端看到的广告所在的网页、广告单击的频率等信息。如果没有任何 URL 与第二节中的广告相关联，ASP 文件也可以处理这种情况，在按广告单击次数向广告客户收费时，最好能够向客户证明这些单击不是同一位用户反复单击“刷新”的结果 |
| Width | 每个广告图像的宽度，以像素为单位，默认值为 440 |
| Height | 每个广告图像的高度，以像素为单位，默认值为 60 |
| Border | 环绕在每个广告图像周围的边框宽度，默认值为 1 |
| * | 将第一节与第二节分开。此字符必须独立成行 |
| 图像 URL | 广告的图像文件的虚拟路径和文件名 |
| 广告客户主页的 URL | 选择此链接时跳转到的 URL |
| 文本 | 浏览器不支持图片时显示的文字 |
| 印记 | 一个整数，表示 AdRotator 组件选择广告时选中此广告的相对概率 |

### 2. 创建一个 AdRotator 重定向文件

重定向文件是用户创建的文件。它通常包含用来解析由 AdRotator 组件发送的查询字符串的脚本，并将用户重定向到与用户所单击的广告相关的 URL。用户也可以将脚本包含进重定向文件中，以便统计单击某一特定广告的用户的数目，并将这一信息保存到服务器上的某一文件中。

当用户单击广告时，用 ASP 编写的 AdRotator 重定向文件可以在显示广告之前，捕获某些信息，并将这些信息写入一个文件。

该文件首先读取用户单击广告时的信息：URL＝Request(“URL”)，然后将网页导向广告所指向的网页：Response.Redirect URL。

### 3. 创建一个调用 AdRotator 组件的 ASP 网页来显示和轮换广告

调用 AdRotator 组件首先要创建一个 AdRotator 对象，代码如下：

```
Set  objLoad=Server.CreateObject("MSWC.AdRotator")
```

如果网页使用框架，则应设置 TargetFrame 属性，以便在这个框架中打开 URL。代码如下：

```
objLoda.TargetFrame="TARGET=NEW"
```

然后可以设置其他的 AdRotator 属性：

```
objLoad.Border=1
```

最后调用 GetAdvertisement 方法从文本文件获取随机广告。

## 8.3.3　应用实例

下面介绍利用广告轮显组件具体设计一个随机广告播放器。

首先准备 3 个作为广告的图片文件：pic1.gif、pic2.gif、pic3.gif，然后依次编写如下文件。

### 1. 轮换计划文件 adrot.txt

具体代码如下：

```
Redirect/asp/redirect.asp
Width 180
Height 80
Border 1
*
Pic1.gif
http://www.sina.com.cn
新浪网
2
Pic2.gif
Http://www.eachnet.com
易趣网
2
Pic3.gif
http://www.163.net
网易
7
```

这个文件的前 4 行为广告的全局设置。第 1 行指定 redirect.asp(重定向文件)的路径，该路径必须是完整的路径(http://www.myserver.com/asp/redirect.asp)或者是相对的虚拟路径(/asp/redirect.asp)。第 2、3 行以像素为单位指定了网页上广告的高度和宽度。第 4 行以像素为单位指定了网页上广告边框的宽度，默认值是 1，若设为 0 则没有边框。

星号下面以每 4 行为一组描述具体的广告细节。第 1 行指出广告图像的位置。第 2 行指向广告主页的位置，如果广告客户没有主页，则在该行上写一个连字符(_)，指出该广告没有链接。第 3 行是在浏览器不支持图形或关闭图像功能的情况下显示的替代文字。第 4 行指出广告显示所占的百分比，即显示频率。

### 2. 重定向文件 Redirect.asp

具体代码如下：

```
<%
URL=Request("URL")
Response.Redirect  URL
%>
```

#### 3．显示和轮换广告网页文件 ShowAd.asp

具体代码如下：

```
<html>
<head>
<title>广告轮显</title>
</head>
<body>
<h1>广告轮显</h1>
<%
Set objad=server.CreateObject("MSWC.AdRotator")
Response.Write  objad.GetAdvertisement("adrot.txt")
Set objad=Nothing
%>
</body>
</html>
```

当在浏览器中运行网页文件 ShowAd.asp 时，显示的结果如图 8-6 所示。单击广告图片，将指向所链接的网站。

图 8-6　广告轮转效果

单击广告轮显中的图片会转向在 adrot.txt 文件中设置的网站主页。

## 8.4　浏览器兼容组件

众所周知，并不是所有的浏览器都能够支持当今 Internet 技术的各方面。有一些特征，某些浏览器支持而另外一些浏览器却不支持，如 ActiveX 控件、Flash、脚本程序等。但当 ASP 的浏览器兼容(BrowserCapabilities)组件时，就能够制作“智能”的 Web 页面，以适合浏览器性能的格式呈现页面内容。

通过使用 BrowserCapabilities 组件能够正确地裁剪出自己的 ASP 文件输出。使得 ASP 文

件适合于用户的浏览器。可以根据浏览器检测组件来判断浏览器的类型并依此来显示不同的主页。这样，可以尽量使用最新的 HTML 扩展而在不支持的浏览器上显示别的东西。

在默认的情况下，可以检测到的浏览器特性如下。

(1) Browser：浏览器类型，如 Internet Explorer 或者是 NetScape。

(2) Version：浏览器当前的版本。

(3) Majorver：浏览器的主版本(小数点以前的)。

(4) Minorver：浏览器的辅版本(小数点以后的)。

(5) Frames：指示浏览器是否支持分屏方式。

(6) Tables：指示浏览器是否支持表格。

(7) Cookies：指示浏览器是否支持 Cookies。

(8) VBScript：指示浏览器是否支持客户端 VBScripts 脚本。

(9) JScript：指示浏览器是否支持客户端 JScripts 脚本。

(10) JavaApplets：指示浏览器是否支持 Java Applets。

(11) ActiveXControls：指示浏览器是否支持客户端 ActiveX 控件。

BrowserCapabilities 组件具有很强的灵活性。事实上，组件几乎所有的编程界面都是基于 Browscap.ini 文件中的表项。它是一个文本文件，用记事本就能打开。如果希望为组件增加新的属性，只要为 INI 文件增加新的表项就可以。

## 8.4.1　browscap.ini 文件

BrowserCapabilities 组件使用一个基于服务器的 browscap.ini 文本文件。该文件必须和 browscap.dll 组件文件处于同一目录中。browscap.ini 文件包含着大多数关于以前和当前浏览器的信息。并且当浏览器的用户代理字符串与文件中的指定字符串都不匹配时，将使用 browscap.ini 文件中默认的部分。所以添加关于浏览器的新信息或者更新现有的信息，只需要编辑 browscap.ini 文件即可。

在 browscap.ini 文件中所有条目都是可选的。如果使用的浏览器与 browscap.ini 文件中的任何一个都不匹配，并且没有指定默认浏览器设置，那么所有的特性都将被设置成 Unknown。

下面是 browscap.ini 文件的格式：

```
;we can add comments anywhere, prefaced by a semicolon like this
;entry for a specific browser
[HTTPUserAgentHeader]
Parent=browserDefinition
Property1=value1
Property2=value2
...
[Default Browser capability Settings]
defaultProperty1=defaultValue1
defaultProperty2=defaultValue2
...
```

[HTTPUserAgentHeader]行定义了特定浏览器的起始段，并且在 parent 行中指明了包含浏览器更多信息的另外一个定义。下面的各行定义了希望通过 BrowserCapabilities 组件获得的属

性以及对于该浏览器的相应值。如果浏览器没有列在所属段中，或者尽管列出了但没有列出所有的属性，将采用 Default 部分所列出的属性和相应值。

## 8.4.2 应用实例

本实例介绍使用 BrowserCapabilities 组件，检测浏览器是否支持一些常用的特性。

具体代码如下：

```
<body bgcolor="#ffffff">
<%
'创建浏览器组件
set bc=server.createobject("MSWC.BrowserType")
%>
浏览器名称：<%=bc.browser%><p>
浏览器版本：<%=bc.version%><p>
<%
if (bc.frames=true) then
%>
支持 frame <p>
<% else %>
不支持 frame <p>
<%
end if
%>
<%
if (bc.table=true) then
%>
支持表格<p>
<% else %>
不支持表格<p>
<%
end if
%>
<%
if (bc.backgroundsounds=true) then
%>
支持背景音乐<p>
<%else%>
不支持背景音乐<p>
<%
end if
%>
<%
if (bc.vbscript=true) then
%>
支持 vbscript
<p>
<%else%>
不支持 vbscript<p>
<%
end if
```

```
%>
<%
if (bc.JavaScript=true) then
%>
支持 JavaScript
<p>
<%else%>
不支持 JavaScript<p>
<%
end if
set bc=nothing
%>
</body>
```

上述代码的运行结果如图 8-7 所示。

图 8-7　浏览器兼容组件实例效果

# 8.5　文件超级链接组件

文件超级链接组件，也称为 ContentLinking 组件。它主要用来管理 URL 列表的内容链接(NextLink)对象，通过该对象可以自动生成和更新目录列表及先前和后续的 Web 页的导航链接。可以将各 Web 页像书一样管理。维护时只需要更改列表的内容链接文件，而无须修改代码。

## 8.5.1　使用 ContentLinking 组件的步骤

ContentLinking 组件用于创建快捷便利的导航系统。使用 ContentLinking 组件的具体步骤如下。

### 1. 创建内容链接(NextLink)对象实例

内容链接组件包含在 nextlink.dll 文件中。使用内容链接组件时，首先基于该组件创建一个内容链接(NextLink)对象实例。其语法格式如下：

```
Set myNextLink=Server.CreateObject("MSWC.NextLink")
```

其中参数 myNextLink 指定由 Server.CreateObject 方法创建的对象的名称。

### 2. 创建链接列表文件

在使用 ContentLinking 组件时，首先需要有一个内容列表文件 ContentLinkingList。ContentLinking 组件正式通过读取这个文件来获得并处理链接的所有页面的信息。事实上，此列表文件是一个纯文本文件，每一个 URL 包含一行描述。此列表文件可用任何的文本编辑器来修改。每一行的语法格式如下：

```
Web-URL[text-description[comment]]
```

其中，行末以换行符结束。行内每一项以 Tab 键隔开，否则组件不能识别。Web-URL 是与页面相关的超链接地址的 URL。Text-description 为包含 Web-URL 描述文字的字符串。Comment 为一些说明性描述，组件是不会处理这些描述文字的。

ContentLinking 组件正式通过读取这个文件来获得处理想要链接的所有页面信息的。例如，下面的代码所示即为一个内容列表文件：

```
Page1.htm    页面 1
Page2.htm    页面 2
Page3.htm    页面 3
Page4.htm    页面 4
```

### 3. 使用内容链接对象的方法生成导航链接

内容链接文件提供了一系列方法，使用这些方法可以从内容链接列表文件中获取 Web 页的 URL，描述文字和其他相关信息。在.asp 文件中使用这些方法可以自动生成 Web 页的导航链接。各种方法的描述如下。

(1) GetListCount(file)：统计内容链接列表文件中链接的项目数。

(2) GetNextURL(file)：获取内容链接列表文件中所列的下一页的 URL。

(3) GetPreviousDescription(file)：获取内容链接列表文件中所列的上一页的说明行。

(4) GetListIndex(file)：获取内容链接列表文件中当前页的索引。

(5) GetNthDescription(file,index)：获取内容链接列表文件中所列的第 N 页的说明。

(6) GetPreviousURL(file)：获取内容链接列表文件中所列的上一页的 URL。

(7) GetNextDescription(file)：获取内容链接列表文件中所列的下一页的说明。

(8) GetNthURL(file,index)：获取内容链接列表文件中所列的第 N 页的说明。

## 8.5.2 应用实例

本实例介绍通过 ContentLinking 组件来创建一个简单的网络电子教程。需要创建的文件分别是，nextlink.txt、nextlink.inc、805.asp、805-1.asp、805-2.asp、805-3.asp、805-4.asp 和 805-5.asp。

Nextlink.txt 是链接列表文件。文件中每行以回车换行结束，行中的每一项以 Tab 制表符分隔。具体代码如下：

```
805-1.asp        HTML 入门
805-2.asp        页面布局与文字设计
805-3.asp        Table 表格
805-4.asp        文件之间的链接
805-5.asp        插入图像
```

在创建了网站的总导航页面后，还希望在每一页上加一个“上一页”和“下一页”的导航超级链接。如果网站包含了大量页面，不可能在每一个页面中都编写实现超级链接导航的 ASP 代码。这时可以利用服务器端包容 SSI，这样就避免了大量的重复工作。代码如下：

```
<hr>
<%
set link=server.createobject("MSWC.NextLink")  '建立 contentlingking 组件对象
if  link.getlistindex("nextlink.txt")>1 then    '获取内容链接列表文件中当前页的索引
%>

'获取内容链接列表文件中所列的上一页的 URL
<a Href="<%=link.GetPreviousURL("nextlink.txt") %>">上一页</a>  <% End If %>

'获取内容链接列表文件中所列的下一页的 URL
<a Href="<%=link.getNextURL("nextlink.txt") %>">下一页</a>
<p>
<a href="805.asp">返回主页</a>
```

上述代码放在了文件 nextlink.inc 文件中。在其他的.asp 页面里，可以通过引用<!--#include file=“nextlink.inc”-->将上述代码放进去。页面中就会根据具体情况出现“上一页”“下一页”“返回主页”的链接。例如，在页面 805-1.asp 中，加入引用的代码，具体如下：

```
<body>
<h3>HTML 入门</h3>
<hr>
<table width="409" height="199" border="1" bordercolor="#9933FF">
  <tr>
    <td width="411"><strong>    HTML </strong>英语意思是：Hypertext Marked
Language，即超文本标记语言，是一种用来制作超文本文档的简单标记语言。用 HTML 编写的超文本文
档称为 HTML 文档，它能独立于各种操作系统平台(如 UNIX，WINDOWS 等)。自 1990 年以来 HTML 就
一直被用作 World Wide Web 的信息表示语言，用于描述 Homepage 的格式设计和它与 WWW 上其他
Homepage 的连接信息。使用 HTML 语言描述的文件，需要通过 WWW 浏览器显示出效果。 </td>
  </tr>
</table>
<!--#include file="nextlink.inc"-->        '引用文件 nextlink.inc
</body>
```

同理，可在页面 805-2.asp、805-3.asp 等几个页面中加入引用 nextlink.inc 文件的代码。

本实例的首页文件是 805.asp，它通过读取 nextlink.txt 文本文件中的信息，获取超级链接的地址和超级链接的说明。具体代码如下：

```
<%
set mylinks=server.createobject("MSWC.NextLink") '建立 contentlingking 组件对象
%>
<html >
```

```
<head><title>无标题文档</title></head>
<body>
本教程一共有<%=mylinks.getlistcount("nextlink.txt")%>节
'获取 nextlink.txt 文件中链接的数目
<hr>
<%
for i=1 to mylinks.getlistcount("nextlink.txt")
%>
<li class="STYLE4"><img src="image/star.gif" width="20" height="18" />
  <a href="<%=mylinks.GetNthURL("nextlink.txt",i)%>">
'获取 nextlink.txt 文件中定义的超级链接
<%=mylinks.GetNthDescription("nextlink.txt",i)%></a>
'获取 nextlink.txt 文件中定义的文字描述
  <%
next
%>
</ul>
</body>
</html>
```

在浏览器中运行首页文件 805.asp 后的效果如图 8-8 所示。

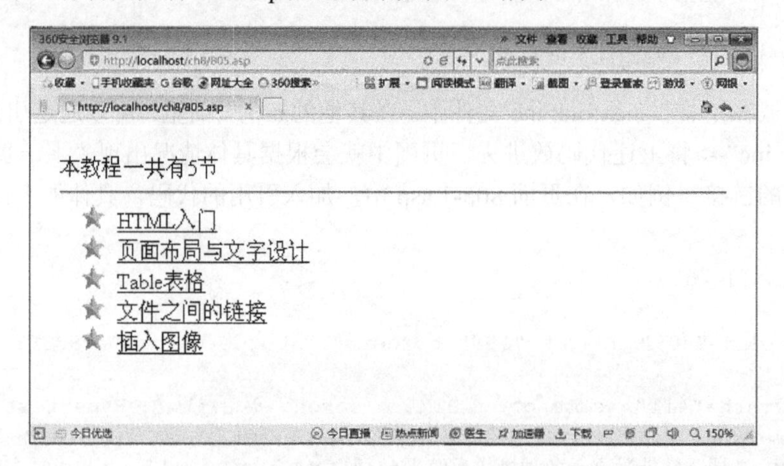


图 8-8　首页 805.asp 的运行结果

首页中超级链接的文字(如“HTML 入门”)以及地址，都是通过读取 nextlink.txt 文件获得的。当点击文字时，会自动跳转到相关页面。例如，点击文字“HTML 入门”，结果如图 8-9 所示。

此时会发现页面的下方有一个“下一页”和“返回主页”的链接提示。这是因为在页面代码中，引用了文件 nextlink.inc。在文件 nextlink.inc 中，通过获取当前页在内容链接列表文件 nextlink.txt 的索引号，来判断该页面中是否要显示“上一页”和“下一页”的链接提示。由于此时页面 805-1.asp，在 nextlink.txt 中的索引号是 1，所以它只能显示“下一页”的链接提示。同理，页面 805-2.asp 的索引号是 2，所示根据文件 nextlink.inc 中代码的描述，在它的页面上同时显示“上一页”和“下一页”的链接提示，如图 8-10 所示。

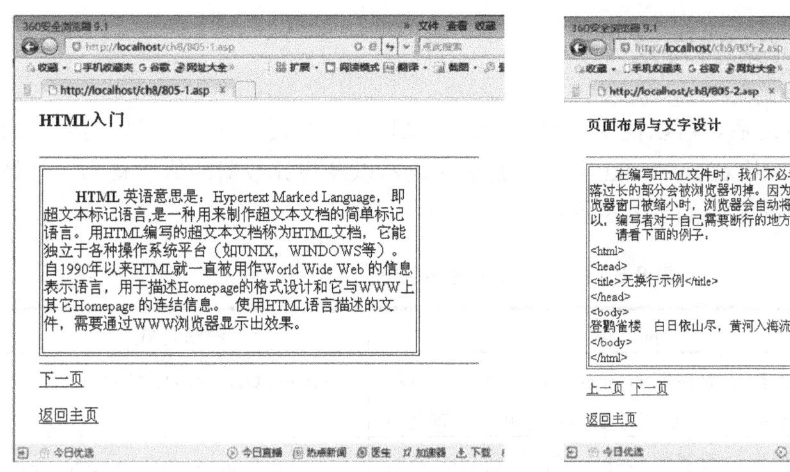


图 8-9　页面 805-1.asp 的运行结果

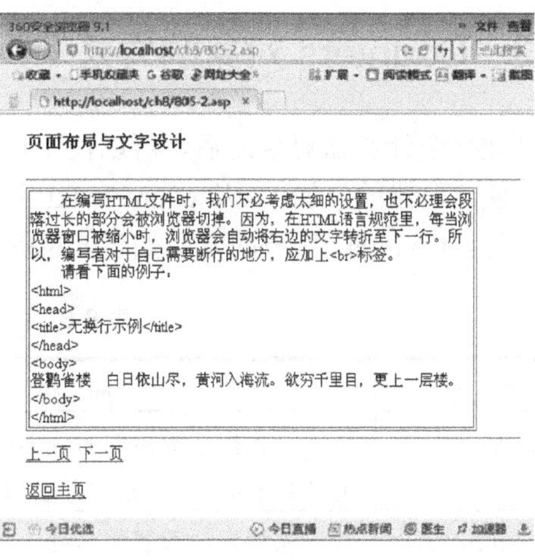


图 8-10　页面 805-2.asp 的运行结果

通过该实例可以看出。当网站的相关页面数量非常大时，通过 ContentLinking 组件可以方便地实现相关网页之间的跳转。而不必在每个页面中都编写相应的超级链接代码。其中，起到关键作用的是内容链接列表文件。只需要修改它的内容，就可以更新网站中的导航链接，提高了编程的效率。

# 8.6　计数器组件

计数器组件(Counters)用于创建一个 Counters 对象实例。在一个 Web 站点上仅创建一个 Counters 对象，通过该对象可以创建任意数量的独立计数器。计数器是一个包含整数的持续值，可以使用计数器组件的方法来控制计数器。

## 8.6.1　创建计数器组件的实例对象

计数器组件包含在 Counters.dll 文件中。通过该组件创建的所有计数器都存储在一个名为 Counters.txt 的文本文件中。如果将下面的代码加入到应用程序的 global.asa 文件中，可以在 Web 服务器上一次性创建 Counters 对象的实例。具体代码如下：

```
<object runa="server"  scope="application"  id="counter"
progid="MSWC.Counters">
</object>
```

一旦创建了计数器对象，它将一直持续下去直到被删除为止。可以在整个应用程序范围内使用该对象的方法对计数器进行控制。例如，如果在一个名为 page1.asp 的页面上显示和增加一个叫 HitCount 的计数器的值，而又在另一个 page2.asp 页面上增加 HitCount 的值，则两个页面将增加同一个计数器的值。例如，当访问 page1.asp 时，计数器的值增加到 34，则访问 page2.asp 会将 HitCount 增加到 35，下一次访问 page1.asp 时，HitCount 将增加到 36。

## 8.6.2 Counters 对象的方法

创建一个计数器对象之后，可以使用该对象的方法来控制计数器。例如，可以返回计数器的值，使计数器的值加 1，从 counters.txt 文件中删除计数器以及将计数器的值设置为一个特定的整数等。Counters 对象的方法如表 8-6 所示。

表 8-6 Counters 对象的方法

| 方 法 | 描 述 | 语法格式 |
| --- | --- | --- |
| Get 方法 | 该方法根据计数器的名称返回其当前值，如果此计数器不存在，则该方法创建它并将其置为 0 | Counters.Get(CounterName) |
| Increment 方法 | 该方法根据计数器的名称，将该计数器的值加 1，并返回计数器的新值。如果该计数器不存在，该方法将创建它并将其值设为 1 | Counters.Increment(CounterName) |
| Remove 方法 | 该方法根据计数器的名称从计数器对象和 counters.txt 文件中删除计数器 | Counters.Remove(CounterName) |
| Set 方法 | 该方法根据计数器的名称，将计数器设置为一个指定的整数值并返回此新值。如果该计数器不存在，此方法创建计数器并将其值设置为这个整数 | Counters.Set(CounterName,int) |

其中，参数 CounterName 是一个字符串，用于指定计数器的名称。参数 int 指定该计数器的新整数值。

## 8.6.3 应用实例

本实例通过介绍 Counters 组件来设计一个对歌曲进行计票的计票系统。本实例需要创建的文件有 global.asa，806-1.asp 呵 806-2.asp。

首先通过<object>在 Web 服务器上一次性创建一个 Counters 对象。保存在文件 global.asa 中。代码如下：

```
'通过<object>在 Web 服务器上一次性创建一个 Counters 对象
<object runat="server" scope="application" id="counters"
progid="MSWC.Counters"></object>
```

设计提交表单的文件 806-1.asp，具体代码如下：

```
<head>
<title>选出您最喜欢的歌曲</title>
<%
session("counters")=session("counters")+1
if session("counters")>1 then
a="806-1.asp"
response.write"您已经投过票了，谢谢！"
```

```
else
a="806-2.asp"
end if
%>
</head>
<body>
<form name="form1" method="post"  action=<%=a%> >
<p><center>从下面的歌曲列表中选择一首您最喜欢的歌曲<hr width="70%" color="#cc9999">
<p><input  type="radio"  name="song"  value="a">青花瓷  
<input  type="radio"  name="song"  value="b">蓝莲花  
<input  type="radio"  name="song"  value="c">最浪漫的事  
<input  type="radio"  name="song"  value="d">莫斯科郊外的晚上  
<input  type="submit"  name="submit1"  value="提交"></center>
</form>
</body>
```

设计统计票数的文件 806-2.asp，具体代码如下：

```
<head><title>投票结果统计</title></head>
<body>
<%
Song=request.form("song")
select case Song
case "a"
Counters.Increment("aaaacounter")          '通过 increment 使计数器的数值加 1
case "b"
counters.increment("bbbbcounter")
case "c"
counters.increment("cccccounter")
case "d"
counters.increment("ddddcounter")
end select
%>
<div align="center">
<h3>当前投票结果如下：</h3>
<hr width="50%" color="#cc9999">
<p>"青花瓷"得票数:<%=counters.get("aaaacounter")%>    '通过 get 方法显示计数器的值
<p>"蓝莲花"得票数：<%=counters.get("bbbbcounter")%>
<p>"最浪漫的事"得票数：<%=counters.get("cccccounter")%>
<p>"莫斯科郊外的晚上"得票数：<%=counters.get("ddddcounter")%>
<p><p><a href="806-1.asp">返回上一页</a>
</div>
</body>
```

当在浏览器中执行文件 806-1.asp 时，用户可以对自己喜欢的歌曲进行投票，如图 8-11 所示。

当众多用户通过如图 8-11 所示的页面选出了自己喜欢的歌曲后，通过“提交”按钮可以转到统计投票结果的页面，如图 8-12 所示。

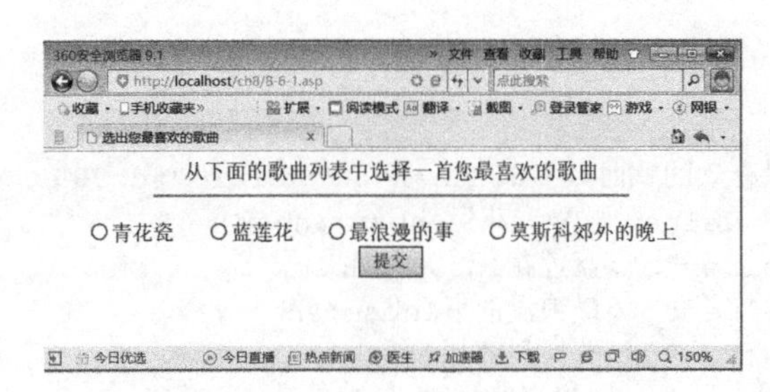


图 8-11　文件 8-6-1.asp 的运行结果

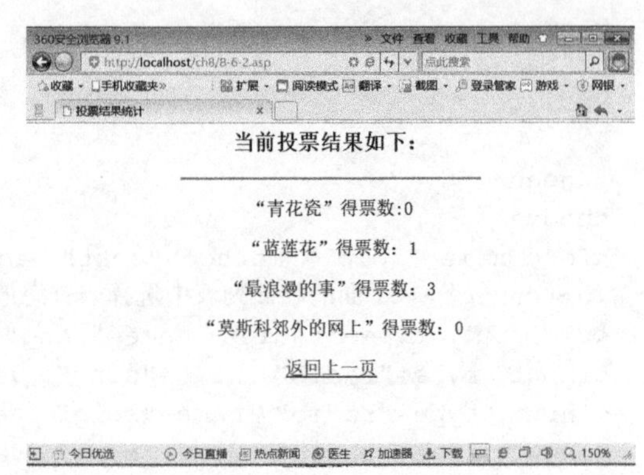


图 8-12　文件 806-2.asp 的运行结果

## 8.7　小　　结

本章介绍了 ASP 常用的一些内置组件的基本用法。读者可以根据网站的具体情况使用这些组件。ASP 的内置组件使用方法比较简单。通过本章的应用实例，读者可以很轻松地掌握其基本用法并在实际开发中熟练运用。

# 第 9 章　ASP 网站安全防护

现在非常多的网站使用 ASP 程序实现。ASP 具有快速开发、无须编译即可执行等许多优点，迅速被网站开发人员所接受。因此，ASP 程序在网站上应用十分普遍。ASP 在显示出的快速开发能力的同时，也暴露出 ASP 受到众多漏洞的困扰。例如，ASP 文件源代码泄露漏洞等。本章重点介绍 ASP 服务器常见的安全漏洞和防护措施。

**学习目标 Objective**

- 了解 ASP 的常见安全漏洞。
- 掌握安全漏洞的防范措施。

## 9.1　ASP 的漏洞

随着 Internet 的发展，计算机安全要求更高。不但要求防治病毒，还要提高抵抗黑客入侵的能力，这就要求提高网站信息安全。网站信息安全就是防止网络环境下的信息被非法地获取、更改或者破坏，确保信息的完整性、保密性、可用性。

本节讲述 ASP 常见的一些漏洞，以引起 ASP 程序员的注意。常见的漏洞介绍如下。

(1) 查看程序源代码。
(2) FileSystemObject 组件漏洞。
(3) 从客户端下载数据库。
(4) ASP 程序密码验证漏洞。
(5) 脚本程序漏洞。

### 9.1.1　查看程序源代码

防止 ASP 程序源代码泄露，是网络信息安全一个非常重要的问题。如何维护 ASP 程序源代码的安全，使其源代码不被轻易浏览或下载，已经成为当前网络需要解决的迫切问题。

查看 ASP 程序源代码的方法有很多种。由于 ASP 本身存在的后门，可能使 ASP 源代码泄露。另外，ASP 程序需要 IIS 解释执行，ASP 源代码泄露很多是由于 IIS 造成的。现在这些漏洞已经被修补。如果用户 IIS 版本较低，利用这些漏洞仍然可以看到源代码。

#### 1．ASP 程序后面添加特殊符号漏洞

这是 ASP 早期的漏洞主要影响一些低版本的 IIS。在 URL 地址的后面加一个特殊的符号，

就可以在浏览器中看到 ASP 程序的源代码。这些特殊符号包括%81、::$DATA 等。代码如下：

```
http:://URL/default.asp%81
http:://URL/default.asp::$DATA
```

这两行代码都可以在浏览器中显示出 default.asp 文件的源代码。

### 2. Showcode.asp 或 Code.asp 漏洞

在微软提供的默认安装文件中，有些是作为范例的程序。其中，Showcode.asp(或 Code.asp)会将范例网站程序源代码显示出来。利用这个文件也可以显示网站 ASP 文件代码。在浏览器中输入以下 URL 字符串，就可在浏览器中显示 ASP 程序的源代码：

```
http://URL/msadc/samples/selector/showcode.asp?source=/../../../display.asp
```

其中，“source=”后为正确的文件名及目录路径。

### 3. ISM.dll 缓冲截断漏洞

IIS 5.0 有个 ISM.dll 缓冲截断漏洞，或称之为超长文件名请求漏洞，也可以显示 ASP 源代码。

在输入的 URL 字符串的尾部加上+.htr，就可以利用这个安全漏洞。例如，查看某网站上 default.asp 的源代码，可以用下面的 URL：

```
http://URL/default.asp+.htr
```

在浏览器的菜单栏中选择“查看”|“源文件”命令，可看到 default.asp 的源代码。另外，如果 ASP 文件有卷标，源代码不一定能全部显示。但是使用该方法可以取得 globa1.asa 文件内容。代码如下：

```
http://URL/globa1.asa+.htr
```

globa1.asa 存储在网站文件根目录之下，含有一些网页应用程序设定的参数。一旦取得 globa1.asa，就为取得整个网站做好了准备。微软已经修正了这项安全漏洞。在+.htr 安全漏洞修正之后，Translate：f 模块的安全漏洞也可显示 ASP 文件源代码。如果一个反斜线(“\”)附加到所要求的文件资源之后，并且 Translate：f 模块在提出请求的 HTTP 标头标题里，网页服务器就会回传未经处理的 ASP 源程序代码。

### 4. IIS 其他服务缺陷造成 ASP 源码泄露

在安装了 Index Server 后，IIS 有一个漏洞，导致 IIS 将 ASP 程序作为普遍文件传给用户，造成 ASP 源码泄露。利用这个漏洞，向运行 Index Server 服务的 IIS 提交特殊字符格式的 URL，就可看到 ASP 文件源程序。存在该漏洞的服务器，在接受下面的请求后，会返回 default.asp 的源代码，造成 ASP 源码的泄露。代码如下：

```
http:/URL/null.htw?Ciwebhitsfile=/default.asp%20&CiRestrition=none
&CiHiliteType=Full
```

## 9.1.2 FileSystemObject 组件漏洞

FileSystemObject 组件是 ASP 的一个组件，ASP 利用它实现对文件和目录的管理。

FileSystemObject 组件可以查看、修改文件内容，甚至删除文件。假设网站支持文件上传功能，非法用户上传了文件 scan.asp。在浏览器的地址栏中，输入该文件地址和查看文件的名称，就可以看到指定文件的内容，如图 9-1 所示。

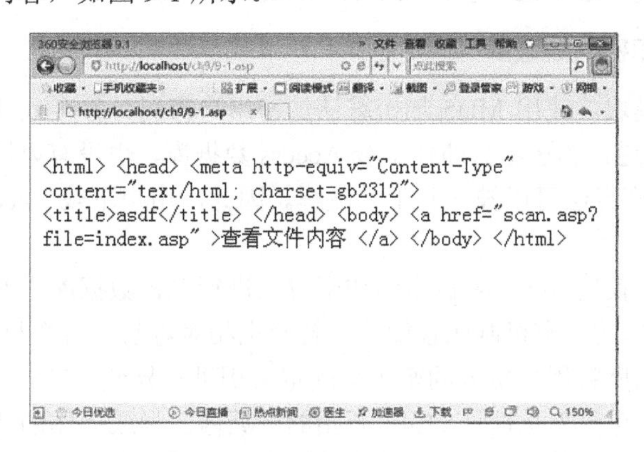


图 9-1　FileSystemObject 组件漏洞

scan.asp 文件的调用方式是 http://URL/scan.asp?file=filename。其中，filename 为查看文件的名称。文件 scan.asp 的代码如下：

```
<%
'参数 file 表示需要打开的文件名称
FileName=Request.querystring("file")
'创建 FileSystemObject 对象
Set objfilesys=createobject("scripting.filesystemobject")
'获取文件的路径
FilePath=Server.MapPath(FileName)
'打开该文件
set objfile=objfilesys.opentextfile(FilePath,1 )
'读出文件内容
full=objfile.readall
'输出文件内容
response.write Server.HTMLEncode(full)
%>
```

## 9.1.3　从客户端下载数据库

Access 数据库是微软推出的桌面型数据库系统，具有操作简单和界面友好等特点。因此，将 Access 与 ASP 结合，是目前中小型网络建设的首选方案。但是该方案为网站建设带来便捷的同时，也带来了不容忽视的安全问题。ASP 和 Access 数据库结合的应用系统，主要安全隐患来自 ASP 网页设计过程中的安全漏洞。首先是 Access 数据库被非法用户下载；其次来自 Access 数据库的安全性，下载的 Access 数据库密码被非法用户破解。

### 1. 下载 Access 数据库

如果非法用户获得，或猜到 Access 数据库的存储路径和数据库名，则该数据库(.mdb)就可能被下载，这是非常危险的。前面章节介绍的登录模块，存放用户信息的数据库 User.mdb，放在根目录下面。非法用户在浏览器地址栏中，输入 URL/User.mdb，就有可能把该数据库文件下载到本地机器中。其中，URL 为该网站的网址。另外，有些下载工具不但可以下载网页，还可以下载整个网站。使用这些工具也可以下载 Access 数据库。

#### 2. Access 数据库密码被破解

前面介绍的登录模块，使用 MD5 加密算法加密用户密码，并存入数据库。有些程序员认为 MD5 加密算法不可逆，非法用户即使下载 Access 数据库，也没有办法获得用户密码。其实这是错误的，MD5 加密算法可以被一些工具破解。因此，用户下载 Access 数据库后，可以获取用户的密码。

有些程序员认为，使用 Access 自带的加密方法进行加密数据库，非法用户下载后也打不开。由于 Access 数据库的加密机制比较简单，解密也相对容易。有资料介绍 Access 数据库的解密方法。Access 数据库将用户输入的密码与固定密钥进行异或，形成一个加密串。该加密串存储在*.mdb 文件中，存储为从地址&H42 开始的区域内。异或操作的特点是“经过两次异或就恢复原值”，因此，密钥与*. mdb 文件中的加密串，进行第二次异或操作，就可以轻松地得到 Access 数据库的密码。基于这种原理，可以很容易地编制出解密程序。因此，数据库文件一旦被非法用户下载，数据库的信息就会被轻易得到。

### 9.1.4 ASP 程序密码验证漏洞

网站要求用户输入合法的用户名和密码，才可以访问和浏览特定的页面，这称为密码验证。密码验证也不是绝对可靠的。用户可以绕过这些必需的用户名和密码。不需要输入用户名和密码，就可以访问这些特定的页面。下面介绍 ASP 程序密码验证漏洞。常用的绕过 ASP 程序密码验证的方法有以下 3 种。

(1) 嵌入 SQL 语句。

(2) 下载 Access 数据库。

(3) URL 直接访问。

本节就对这 3 种验证方法的实现原理和存在的漏洞进行分析。

#### 1. 嵌入 SQL 语句

很多网站常把用户名和密码放到数据库中，以实现对用户名和密码的管理。对用户名和密码的管理往往借助于 SQL 语句。ASP 程序使用 SQL 语句，来查询用户名和密码的数据表，以此验证用户在登录窗口中，输入的用户名和密码是否与数据库中的某个一致。若一致则通过验证，允许浏览页面；否则，拒绝该用户浏览的请求。

在前面讲述的登录模块中，ASP 程序中采用如下的 SQL 查询语句：

```
sql="select * from user where USERNAME='" &username&"' and PASS='"&pass"'"
```

其中，USERNAME 和 PASS 表示数据库表中用户名和密码字段名称；username 和 pass 表示用户输入的用户名和密码。ASP 程序通过执行上述查询语句，验证用户名和密码是否合法有效。理论分析和实践验证都表明，上面的 SQL 语句存在着安全漏洞，导致密码验证过程的失败。

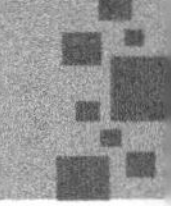

在登录模块的用户名文本框中，输入“1’ or 1=1 or ‘1’=’1”；在密码文本框中，随便输入字符。单击“确定”按钮，如图 9-2 所示，没有使用合法的用户和密码照样登录成功。

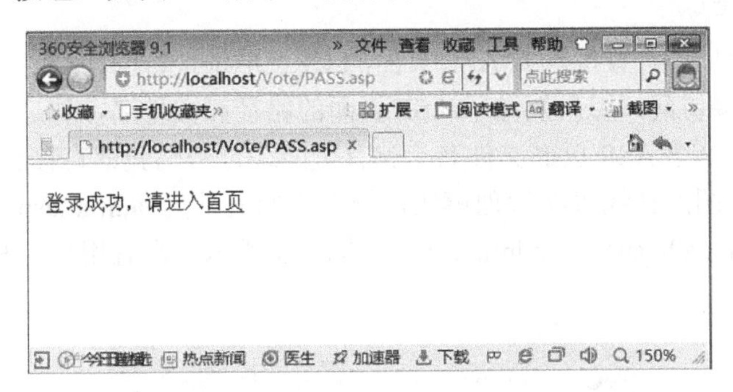


图 9-2　绕过登录密码之后的界面

绕过密码分析如下。

把上面输入的用户名“1’ or 1=1 or ‘1’=’1”和任意的密码 pass，代入密码验证 SQL 语句。变量代换后，上面的语句将会变成下面的语句：

```
sql= "select * from user where username='1' or 1=1 or '1'='1' and pass=pass"
```

or 是逻辑或运算符。or 所连接的两个条件，只要其中一个成立，等式就会成立。or 后面的条件 1=1，是一个永远为真(成立)的逻辑判断表达式，所以 or 运算符返回值为真。select 语句在判断查询条件时，遇到或(or)操作为真就会忽略下面的与(and)操作。在本行语句中，and 验证将不再继续，因此，该 SQL 语句执行条件成立。无论是否存在用户“1’ or 1=1 or ‘1’=’1”，用户均能成功绕过密码验证，进入特定页面。

以上只是一种构造方法，也可以构造以下的用户名和密码。

(1)　用户名：user’ or USERNAME <> ‘user。

(2)　密码：pass’ or PASS <> ‘pass。

其中，USERNAME 和 PASS 表示数据库中，用户名和密码字段名称。

在用户名文本框内写入“user’ or username<> ‘user”，在口令框内写入“pass’ or pass<> ‘pass”。尽管输入的用户名和密码可能都是错的，但是变量代换后的 SQL 语句如下：

```
sql= "select * from user where username=' user' or username<> 'user' and "&_
    " pass=' pass' or pass<> 'pass'"
```

现在可以看到，where 后面的逻辑运算结果永为“真”。因此，这种方法也可以成功地绕过密码验证进入系统，浏览特定页面。

但是，这种方法需要满足以下两个条件才可以实践成功。因此，这种方法实现起来比较困难。

(1)　知道数据库中存放用户名和密码的字段名称，这对客户端的用户来说具有一定的困难。

(2)　系统对输入的字符串不进行有效性检查。

### 2. 下载 Access 数据库

网站使用 Access 数据库，如果程序员缺乏安全意识和措施，Access 数据库会被非法用户下载。这样，网站中所有的用户名和密码，均被用户获得。网站也没有了任何安全可言。下载 Access 数据库原理见 9.1.3 节；由于 Access 数据库的加密机制非常简单，即使数据库设置了密码，借助于一定的工具解密也是很容易的。

### 3．URL 直接访问

用户在浏览器窗口中，直接输入 ASP 页面的 URL 地址，访问需要经过验证才能访问的页面。这就是 URL 直接访问。用户知道了 ASP 页面的路径和文件名，如后台管理页面。在浏览器地址栏，直接输入这个 ASP 页面文件名，就有可能绕过密码验证直接进入该页面。

发布前面章节介绍的在线投票管理模块，管理界面文件为 admin.asp。在浏览器的地址栏中，输入网址 http://localhost/Vote/admin.asp，如图 9-3 所示。没有用户名和密码一样获得了管理功能。

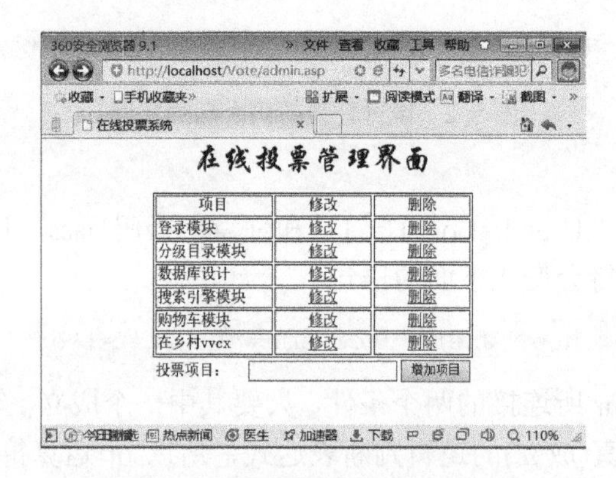

图 9-3　绕过登录密码直接访问的页面

另外，ASP 页面间有时通过 QueryString 传递参数。非法用户可以通过构造错误的 URL，获取错误信息，从而获得 QueryString 的参数名字和排列方式，再通过构造参数的值来访问其他页面。

## 9.1.5　脚本程序漏洞

现在有些网站存在脚本程序漏洞。非法用户输入非法脚本代码，使网站运行，从而控制网站。非法用户使用 JavaScript，也可以对网站造成破坏。如果网站有 SQL 注入漏洞，对网站的破坏性更大。

下面简要介绍脚本程序漏洞。

### 1．HTML 和 JavaScript 语句

有些 ASP 网站程序，特别是网站聊天室和留言簿程序，不过滤输入字符串中的 HTML 和 JavaScript 语句。网页将用户输入的字符串当作一个变量，插入显示信息的 HTML 文件中。因此，用户输入标准的 HTML 语句和 JavaScript 语句，获得一些特殊的网页效果。

例如，打开图 9-3 所示的界面，在“投票项目”文本框中，输入下面标准的 HTML 语句：

```
<font size=20 color=red>ASP 漏洞</font>
```

该页面没有屏蔽 HTML 和 JavaScript 语句，“ASP 漏洞”将以 20 磅、红色字体显示在网页中，如图 9-4 所示。

利用这个特点，在“投票项目”文本框中，加入一条 JavaScript 语句，如：

```
<a onMouseover=alert(123)> ASP 漏洞</a>
```

运行该段代码，其他用户查看该留言时，只要鼠标滑过“ASP 漏洞”，浏览器窗口就会弹出 123 提示信息框，如图 9-5 所示。

图 9-4　显示 HTML 语句

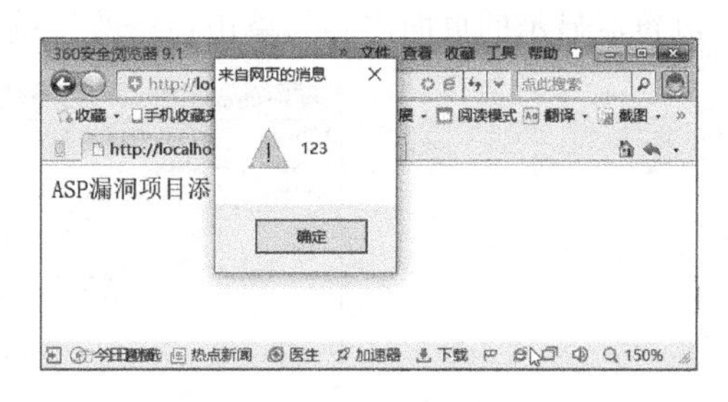


图 9-5　显示 JavaScript 语句

**注意**：输入的 JavaScript 语句不要包含单引号或引号。SQL 语句使用单引号标识字符串。如果输入的内容包含单引号或引号，插入时可能会出现错误。

如果把上面这条 JavaScript 语句修改成下面这条 JavaScript 语句：

```
<a onMouseover=while(1){alert(123)}> ASP 漏洞</a>
```

当其他用户浏览该页，鼠标滑过“ASP 漏洞”文字时，浏览器窗口会弹出无数个 123 提示信息框，导致浏览器不能正常工作。如果用户利用这个安全漏洞，写入一些可执行的 ASP 代码，用户就可以窃取管理员或其他用户信息，甚至可以删除服务器上的一些重要文件。

### 2．SQL 注入

9.1.4 节介绍了构造用户名绕过密码验证的方法。这是一种简单的利用脚本程序漏洞的代码，也是常说的 SQL 注入漏洞。

观察图 9-3 中各个链接网址，仿造一个链接网址，如下面的语句：

```
http://localhost/Vote/modify.asp?id=16 and exists(select * from
admins)&action=modify
```

其中，modify.asp 用来显示修改项目的文件；id 是投票项目在数据库表中的关键字段。该文件以 id 作为查询关键字进行查询。在浏览器的地址栏中，输入上面的网址，如图 9-6 所示。出现出错信息，表示数据库中不存在表 admins。

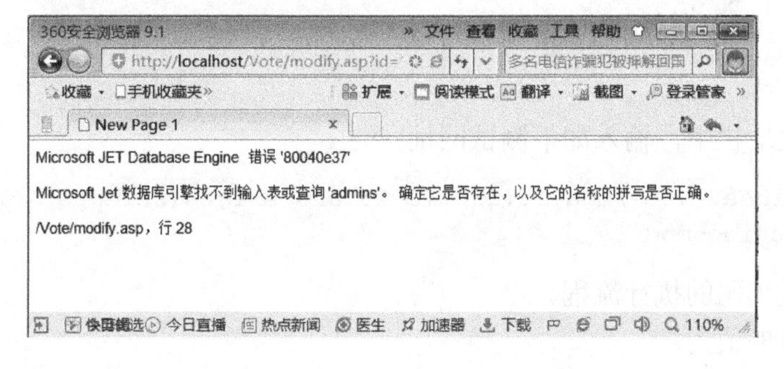


图 9-6　猜测表名出现错误信息

在浏览器的地址栏输入下面的网址：

```
http://localhost/Vote/modify.asp?ID=16 and exists(select * from
VoteItem)&action=modify
```

浏览器显示的页面内容与单击“修改”链接产生的页面一致，如图 9-7 所示。

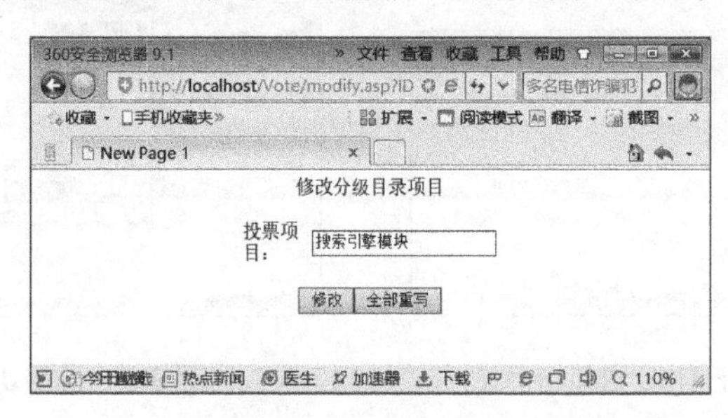


图 9-7　猜测表名正确

这就表示数据库中存在表 VoteItem。为了分析上面的语句，先看一下 modify.asp 的有关代码：

```
<%
Dim Action                  '保存用户的操作类型：增加和修改
Dim ActionID                '项目序号
Dim strAct
'获取操作类型和项目序号
Action=Request.QueryString("action")
ActionID=Request.QueryString("ID")
'连接数据库
Set Conn=Server.Createobject("Adodb.Connection")
Conn.ConnectionString="Provider=Microsoft.Jet.OLEDB.4.0;"&_
             "Data Source="&Server.MapPath("vote.mdb")
Conn.Open
Set rs=Server.Createobject("Adodb.Recordset")
Sql="Select * from VoteItem where ID="&ActionID
'依据操作类型进行相应操作
If Action="add" Then
   strAct="增加"
ElseIf Action="modify" Then
  strAct="修改"
  rs.Open Sql,Conn,1,1
End If
%>
```

在浏览器的地址栏中，输入如下测试网址：

```
http://localhost/Vote/modify.asp?ID=16 and exists(select * from
VoteItem)&action=modify
```

分析一下这段代码的执行流程。

(1)　ActionID 的值为：

```
16 and exists(select * from VoteItem)
```

(2) Action 的值为 modify。

(3) Sql 的值为：

```
Select * from VoteItem where ID=16 and exists(select * from VoteItem)
```

(4) 函数 exists()不产生任何数据，只返回 True 或者 False。exists()函数的参数是一个子查询。exists()测试参数 select * from VoteItem 返回的行是否存在：存在则返回 True；否则，返回 False。

(5) 如果存在表 VoteItem，则返回 True，否则返回 False。从 WHERE 后的条件可以看出，函数 exists()的返回值决定了 Sql 语句能否正常执行。函数 exists()返回 False，执行 Sql 就会出错；否则正常执行。

上面的测试语句，可以用来猜测数据库是否存在指定的表。如果浏览器返回出错信息，说明数据库中不存在查询的表，更改上面语句中的表名继续进行猜测；如果返回正常信息，说明数据库存在查询的表。这就对 SQL 完成了探测。

同样，构造下面的语句，继续猜测该表中字段的名称：

```
http://localhost/Vote/modify.asp?ID=16 and exists(select Item from VoteItem)
&action=modify
```

若浏览器返回正常信息，表示表 VoteItem 存在列 username。同样地，可以利用 SQL 语言的一些语句和函数进行其他操作，甚至删除表和控制整个数据库。例如，利用 len()函数可以猜测某个字段的长度。

这些漏洞是程序代码没有对输入字符进行检测导致的。

# 9.2 防 范 措 施

针对 9.1 节讲述的 ASP 的一些常见漏洞，本节提出了相关的防范措施。这些防范措施只是简单措施，读者在实际应用时，需要查阅最新的防范措施，才能提高网站的安全性能。

## 9.2.1 防范查看程序源代码

针对 9.1 节介绍的查看源码的各种办法，本节介绍了相应的解决办法。这些解决办法依靠微软提供的补丁来解决。用户需要下载最新的补丁，更新操作系统，有效地预防一些漏洞。

### 1．防范添加特殊符号显示源代码的漏洞

对于添加特殊符号显示源代码的漏洞，可以使用下面的方法进行防范。

(1) 安装微软提供的补丁程序。

(2) 升级服务器上的系统。

### 2．防范 Showcode.asp 或 Code.asp 造成的漏洞

对于 Showcode.asp 或 Code.asp 造成的漏洞，可以使用下面的方法加以防范。

(1) 删除 IIS 自带的 Showcode.asp 或 Code.asp 程序文件。

(2) 或禁止访问该目录即可。

### 3. ISM.dll 和 Translate：f 造成的漏洞

对于 ISM.dll 缓冲截断漏洞，可以安装 Microsoft IIS5.0 或 IIS4.0 的补丁，或安装更高版本的 IIS。对于 Translate：f 模块造成的漏洞，可以去微软网站下载补丁修补漏洞。对于 Index Server 造成的 ASP 源代码泄露的漏洞，也需要到微软网站下载补丁修补漏洞。

## 9.2.2 防范 FileSystemObject 组件漏洞

解决这个漏洞的方法，可以删除或重命名 FileSystemObject 组件。在进行删除或者重命名组件操作前需要手工备份注册表。

下面是手工备份和恢复注册表、删除或者重命名 FileSystemObject 组件的方法。

### 1. 手工备份注册表

手工备份注册表的方法如下。

(1) 手工备份注册表，选择“开始”|“运行”命令，输入 regedit.exe，如图 9-8 所示。

(2) 单击“确定”按钮，弹出如图 9-9 所示的注册表界面。

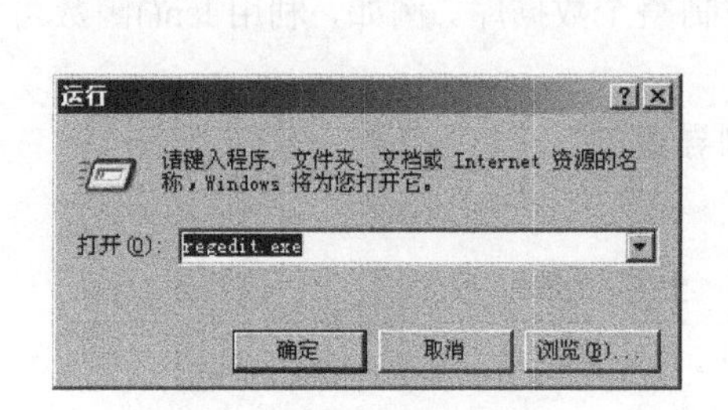


图 9-8 运行注册表命令

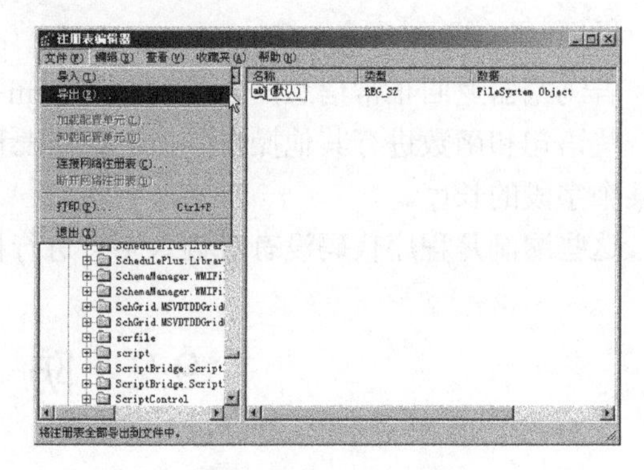


图 9-9 注册表界面

(3) 选择“文件”|“导出”命令，弹出“导出注册表文件”对话框，如图 9-10 所示。选择导出目录，并选择导出范围为“全部”，单击“确定”按钮。

图 9-10 备份注册表

#### 2．手工恢复注册表

在 Windows 状态下，恢复注册表，只需要选择图 9-9 中的“文件”|“导入”命令，选择备份文件就可以了。在 DOS 状态下，直接运行 regedit /c D:regedit/regedit.reg。出现 Importing file(100% complete)信息，表示注册表恢复成功。

#### 3．删除 FileSystemObject 组件

删除 FileSystemObject 组件的方法如下。

(1) 选择“开始”|“程序”|“附件”|“命令提示符”命令，如图 9-11 所示；或者选择“开始”|“运行”命令，如图 9-8 所示，输入 Regsvr32.exe /u scrrun.dll，按 Enter 键。

(2) 显示如图 9-12 所示的对话框，则删除 FileSystemObject 组件成功；否则，需要重新执行上述命令。

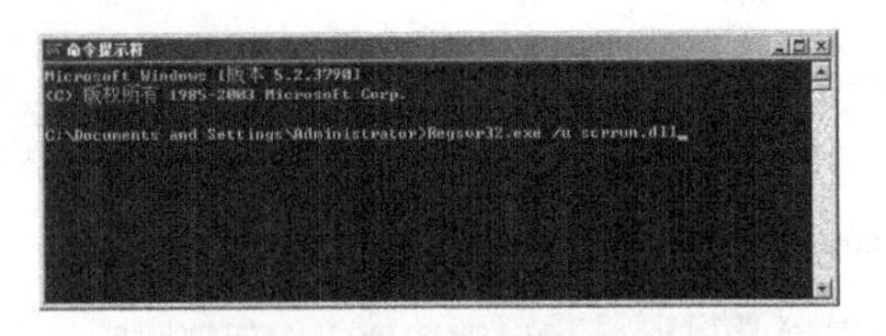


图 9-11　删除 FileSystemObject 组件命令

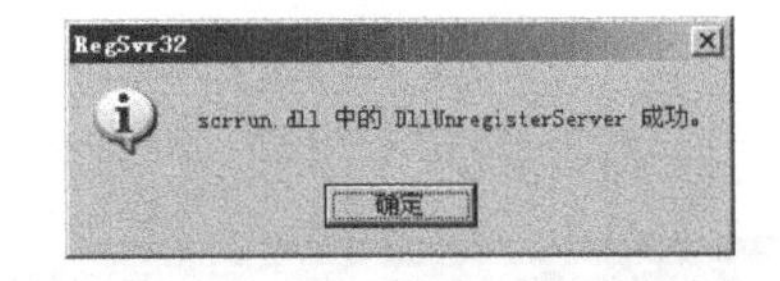


图 9-12　删除 FileSystemObject 组件成功提示

(3) 恢复 FileSystemObject 组件，只需要在命令提示符窗口中，输入命令 Regsvr32.exe scrrun.dll，如图 9-13 所示，按 Enter 键。

(4) 显示如图 9-14 所示的对话框，则恢复 FileSystemObject 组件成功；否则，需要重新执行上述命令。

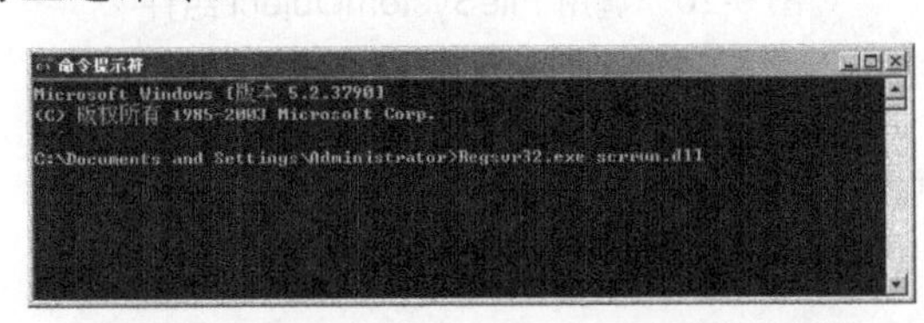


图 9-13　恢复 FileSystemObject 组件命令

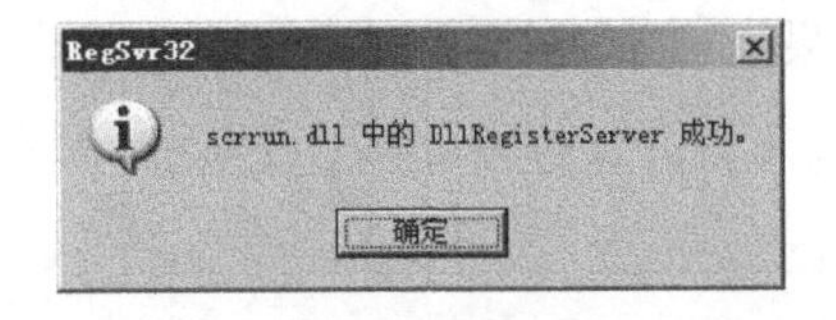


图 9-14　恢复 FileSystemObject 组件成功提示

#### 4．重新命名 FileSystemObject 组件

重新命名 FileSystemObject 组件的方法如下。

(1) 打开注册表，选择“编辑”|“查找”命令，弹出“查找”对话框，如图 9-15 所示。

(2) 输入 scripting.FileSystemObject，单击“确定”按钮，开始搜索注册表，如图 9-16 所示。

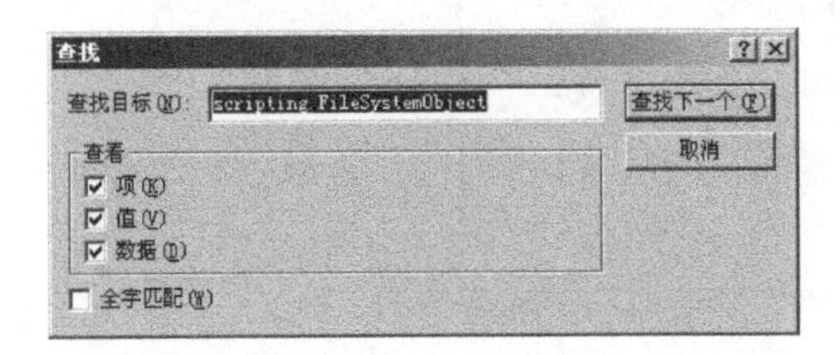


图 9-15　重新命名 FileSystemObject 组件

图 9-16　搜索注册表

(3) 如果搜索结果不是如图 9-17 所示的结果，按 F3 键，直到出现如图 9-17 所示的搜索结果。

(4) 右击搜索到的项目，在弹出的快捷菜单中选择“重命名”命令，如图 9-18 所示。

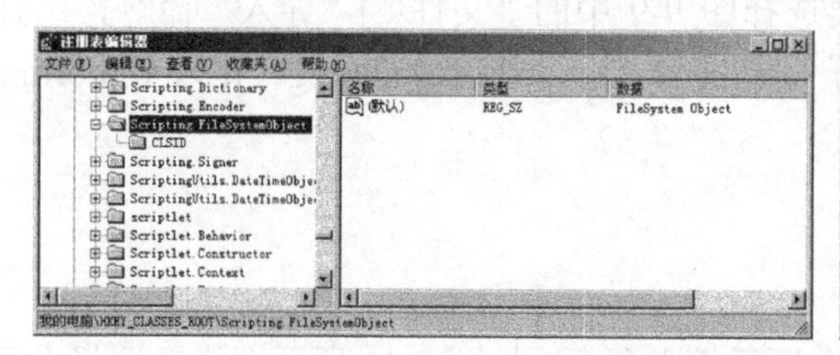

图 9-17　显示搜索结果

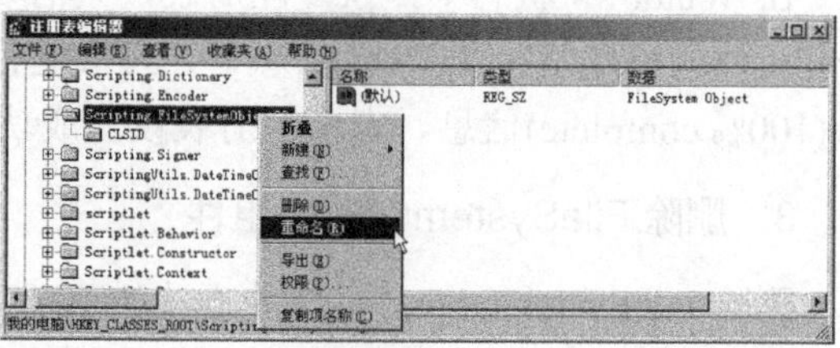

图 9-18　选择“重命名”命令

(5) 在图 9-19 中，输入该组件新的名称，如 Scripting.FileSystemObject32，关闭注册表。再次发布 FileSystemObject 组件漏洞一节的 scan.asp 文件，如图 9-20 所示。

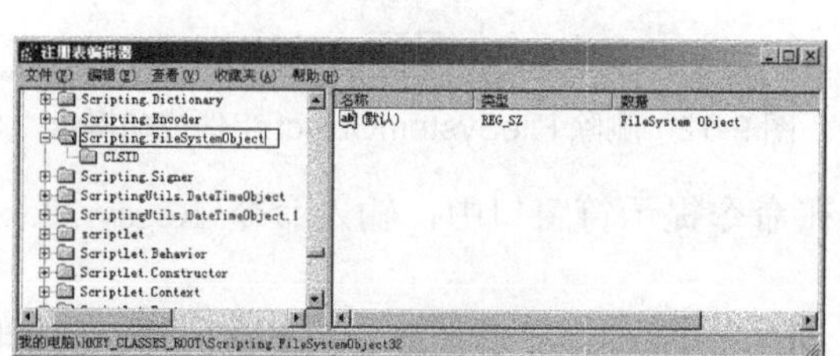

图 9-19　输入新名称并关闭注册表

Microsoft VBScript 运行时错误 错误 '800a01ad'

ActiveX 部件不能创建对象: 'scripting.filesystemobject'

/FileSystemObject/scan.asp，行 4

图 9-20　调用 FileSystemObject 组件

如果把 scan.asp 中的代码：

```
Set objfilesys=createobject("scripting.filesystemobject")
```

修改为：

```
Set objfilesys=createobject("scripting.filesystemobject32")
```

就会看到正常的界面，如图 9-21 所示。

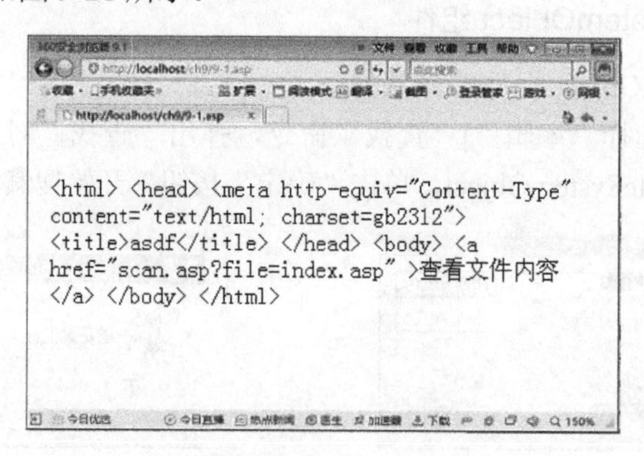


图 9-21　调用 FileSystemObject32 组件

## 9.2.3　防范从客户端下载数据库文件

对于 ASP 和 Access 数据库结合的应用系统，存在数据库文件可能被下载的漏洞。防止数据库文件被下载，可以使用以下 3 种方法。

(1) 为数据库文件起个复杂的、非常规的名字，并放到目录名为非常规的目录下。这样非法用户想通过猜测的方式，得到 Access 数据库文件名和路径就很难了。但是非法用户使用某些方法，查看到数据库连接文件的内容，同样可以得到该数据库文件名。这样再复杂的文件名也没有作用了。

有些程序员喜欢把数据库名称写在程序中，如下：

```
<%
Set Conn=Server.Createobject("Adodb.Connection")
Conn.ConnectionString="Provider=Microsoft.Jet.OLEDB.4.0;"&_
            "Data Source="&Server.MapPath("user.mdb")
%>
```

假如非法用户获取了源程序，也就获得了 Access 数据库的名字。因此，建议在 ODBC 里设置数据源，使用 ODBC 数据源。

(2) 数据库文件名使用 ODBC 数据源代替。使用 ODBC 数据源，即使非法用户得到了连接文件，也只能获取 ODBC 数据源名称，而数据库文件的存储路径和文件名仍然无法得到代码如下：

```
<%
Set Conn=Server.Createobject("Adodb.Connection")
'dsn 为 Access 数据库的 DSN 名字
dsn="Access_DSN"
'通过 DSN 打开 Access 数据库文件
Conn.open dsn
%>
```

(3) 对数据库进行加密。对数据库文件设置打开密码；对存入数据库文件中的内容进行加密，读取时再进行解密。即使非法用户下载到数据库文件，也会增加破解的难度。

## 9.2.4　防范密码验证漏洞

对于 3 种密码验证方法的漏洞，分别列举防范措施。

### 1．防范 SQL 语句造成的密码验证漏洞

对于 SQL 语句验证方法的漏洞，可以使用程序代码来解决这个漏洞。具体解决的方法如下。

(1) 验证输入字符的合法性。

在执行密码验证之前，对用户输入的用户名和密码进行合法性判断。屏蔽掉输入字符中的单引号、竖线、等号等特殊字符。可以使用下面的方法替换掉这些特殊符号：

```
<%
username =Replace(username,"'","")       '使用空格代替单引号
```

```
username =Replace(username,"|","")        '使用空格代替竖线
username =Replace(username,"=","")        '使用空格代替等号
pass =Replace(pass,"'","")
%>
```

(2) 分步验证用户名和密码合法性。

将用户名和密码的合法性验证分成 2 步进行，使用下面的语句验证密码合法性。显然，本解决方法避免用户名和密码做逻辑或运算校验，解决了绕过密码验证的漏洞。代码如下：

```
<%
'下面连接数据库
'Server 对象的 CreateObject 方法建立 Connection 对象
Set Conn=Server.CreateObject("ADODB.Connection")
Conn.ConnectionString="Provider=Microsoft.Jet.OLEDB.4.0;"&_
       "Data Source="&Server.MapPath("User.mdb")
Conn.Open
'使用空格代替单引号等关键字
username =Replace(username,"'","")
username =Replace(username,"|","")
username =Replace(username,"=","")
pass =Replace(pass,"'","")
Sql="select * from Users_Info where UserName='"&UserName &"' "
'读取用户数据
set rs=Conn.Execute(Sql)
'判断是否存在该用户
If rs.EOF Then
'用户不存在，显示错误信息
Errmsg = "用户不存在"
Else
'判断用户名是否正确
If pass=rs("PASS") Then
Response.write("登录成功")
Else
      Response.write("密码不正确")
End If
End If
%>
```

### 2. 防范下载 Access 数据库

对于 Access 数据库可能被下载的漏洞，解决办法见 9.2.3 节：防范下载数据库文件的解决办法。

### 3. 防范 URL 直接访问

对于使用 URL 直接访问的漏洞，需要在密码验证的 ASP 网页进行相应的处理。使用 Cookies 或 Session 判断用户是否登录：如果登录，才能读取这个页面；否则，转向登录页面。

(1) 用 Cookies 实现。

如果客户已经登录过，登录的信息记录在客户端的 Cookies 中。每个页面加上 Cookie 验证，就可以防止用户直接浏览这些限制访问的页面。代码如下：

```
<%
Response.Cookies("UserID")=rs.Fields("UserID")
Response.Cookies("User")=rs.Fields("UserName")
%>
```

Cookie 验证的代码如下：

```
<%
If Request.Cookies ("UserID") ="" and Request.Cookies("User")<>"" Then
    Response.write("登录成功")
End If
%>
```

(2) 用 Session 实现。

将客户成功登录的信息记录到 Session 中，用户就可直接浏览其他限权访问的页面。使用 Session 变量记录下用户输入的用户名和口令。代码如下：

```
Session ("h12as3u8") =username & password
```

这个 Session 变量的名字很怪，一般来说攻击者是猜不到的。在限权访问页面的开头，检验 Session 变量的值。其值不仅要求非空，而且是由特定的用户名和密码组合成的字符串。如果发现 Session 值不符合要求，立即终止程序的执行，或者显示警告信息。

## 9.2.5 防范脚本程序漏洞

对于脚本程序漏洞，防范是很复杂的，也是很困难的。ASP 程序员需要对脚本漏洞有着深入的了解。下面的防范措施只是简单的防范方法，让读者了解一下如何防范脚本漏洞。

### 1. 屏蔽 HTML 和 JavaScript 语言中的关键字符

脚本程序漏洞大多是程序代码没有对输入字符进行检测导致的漏洞。因此，编写类似的程序时，要检验用户提交的字符串。检验的方法可以屏蔽掉 HTML 和 JavaScript 语言的关键字符，如“<”、“>”、“'”等。经过屏蔽操作之后，输入的 HTML 和 JavaScript 语句在执行时就会出现语法错误。代码如下：

```
<%
'替换掉单引号
strContent =Replace(strContent,"'","")
'替换掉"<"
strContent =Replace(strContent,"<","")
'替换掉">"
strContent =Replace(strContent,">","")
%>
```

很多网站只在用户注册、聊天室或留言簿等处，对特殊字符进行屏蔽，而修改用户资料的页面上缺少脚本的过滤。非法用户登录后，利用修改资料的功能仍然可以输入非法代码。对用户提交数据进行检测和屏蔽，比较好的方法是写一个数据检查的功能的函数。需要检测输入的页面，包含并调用该函数，屏蔽掉用户输入的 HTML 和 JavaScript 语句。

### 2. 防范 SQL 注入漏洞

防范 SQL 注入漏洞的基本操作就是监控提交的数据，以确保 SQL 指令的可靠性。这些数据可能来自 Request 对象中的 QueryString、Form 和 Cookies 等。常用的方法如下。

(1) 屏蔽用户输入的 SQL 关键字，如 select、insert、delete、from 等。代码如下：

```
<%
'替换掉单引号
strContent =Replace(strContent,"'","")
'替换掉";"，防止多个 SQL 语句结合在一块提交
strContent =Replace(strContent,";","")
'检查是否存在其他关键字
'检查是否存在 char 为了避免用户使用 char()函数代替字符
'例如使用 char(85)代替'U'
strContent=Lcase(strContent)
If Instr(strContent,"select")>0 or Instr(strContent,"insert")>0 or
Instr(strContent,"delete")>0 or Instr(strContent," from")>0 or
Instr(strContent,"where")>0 or Instr(strContent,"char")>0Then
    Response.write("输入字符中存在非法字符")
End If
%>
```

(2) 限制用户输入字符的长度。代码如下：

```
<%
'判断用户输入字符的长度是否超过指定的长度
'如果超过指定的长度则显示错误信息
If len(strContent)>10 Then
    Response.write("输入字符长度过长")
    Response.End
End If
%>
```

(3) 数据库中的表名和字段名采用非常规命名。

(4) 检查输入变量的类型。

检查输入变量的类型可以使用下面的形式：

```
<%
Dim int_Num
int_Num=Request("ID")
'防止输入为空
If IsEmpty(int_Num) Then
Response.write("输入为空")
End If
'int_Num 为数值型，转换正确
'否则程序报错
'还可以加上判断数值范围的语句
Int_Num=Cint(int_Num)
%>
```

其中，ID 只能为数字。这种形式的攻击防范方法有很多。最简单的就是，判断输入是否

是数字。还可以采用限制输入字长的方法，数字的长度一般 8 位就够了，超过 8 位立即显示错误。

(5) 防范伪造 Cookies 进行远程注入攻击。

伪造 Cookies 远程攻击时，提交数据的站点不是本网站。通过判断用户是否提交数据的网站，可以防范这种攻击。使用 Request.ServerVariables 的 HTTP_REFERER 和 SERVER_NAME，可以实现。代码如下：

```
<%
   '获取网页转向前的网址
   Server1=CStr(Request.ServerVariables("HTTP_REFERER"))
   '获取当前页的地址。该网页的形式为 http://localhost/asd.asp
   Server2= CStr(Request.ServerVariables("SERVER_NAME"))
   If Mid(Server1,8,len(Server2))<> Server2 Then
    Response.write("<table center><tr><td>")
    Response.write("提交路径有误")
    Response.write("</td></tr>")
    Response.End
End If
%>
```

以上只是防止 SQL 注入的几种方法。为更好地防范 SQL 注入攻击，除了对表名和字段名采用非常规命名外，还需要更好地保护管理员的密码。管理员密码要保证至少 10 位的数字、字母和特殊字符的组合，并加密用户密码。这样网站站点的安全性就会大大地提高，即使出现了 SQL 注入漏洞，攻击者也不可能马上攻下网站站点。

# 9.3 防 范 实 例

现在网络存在很多探测网络服务器的工具，本节讲述防范一些探测工具的例子。主要防范的例子如下。

(1) 上传下载探针防范。

(2) SQL 指令探针防范。

(3) ASP 探针防范。

## 9.3.1 上传下载探针防范

现在很多网站提供了上传文件功能，如允许上传 JPG 图片和 RAR 压缩文件。但是由于一些原因，一些网站上传功能存在漏洞，存在被攻击者上传可执行文件的可能性。著名的动网上传漏洞就是一例。非法用户模拟用户正常上传页面，并修改上传路径和 Cookies 参数，提交到网站；然后修改上传页面的内容为木马代码。这样就实现了非法文件的上传。

下面是某网站上传页面的部分代码：

```
<form name="form" method="post" action="upfile.asp">
    <input type="hidden" name="filepath" value="uploadface">
    <input type="hidden" name="act" value="upload">
```

```
    <input type="file" name="file1">
    <input type="hidden" name="fname">
    <input type="submit" name="submit" value="上传" >
</form>
```

非法用户使用特定的软件(如老兵上传工具)模拟该页面，构造变量 filepath 的值为“/shell.asp□”(□表示空字符，其 ASCII 码值为 0，可以使用工具构造)，抓取该页面的 Cookies 的值，发送该页面。

upfile.asp 中存在如下代码：

```
<%
SavePath=Request.Form("filepath ")
FileName= Request.Form("file1")
FileName=SavePath & FileName
%>
```

该文件得到用户的输入，SavePath 变量的值为“/shell.asp□”；FileName 的值为“/shell.asp□/tupian.jpg”(tupian.jpg 为用户上传的文件)。程序碰到空字符时，认为字符串已经结束，所以 FileName 的值应该为“/shell.asp”。这就在服务器空间中建立了一个.asp 文件。

非法用户在浏览器的地址栏中输入网址(http://URL/bbs/shell.asp)，访问该文件，然后输入木马代码。当非法用户再次访问该文件，就可以获取需要的信息。以上只是一种上传的方法。非法用户会通过各种方式，探测上传漏洞。防范上传探测，可以从 IIS 和 ASP 程序两个方面进行防范。

### 1. IIS 的设置

在 IIS 中，取消不必要目录的“执行”权限。这种目录下的文件，只能读取。这样设置以后，即使攻击者把 asp 木马上传到该目录下，也不能运行 asp 木马。取消“执行”权限的方法如下。

(1) 选择“开始”|“程序”|“管理工具”|“Internet 信息服务(IIS)管理器”命令，弹出如图 9-22 所示的对话框。

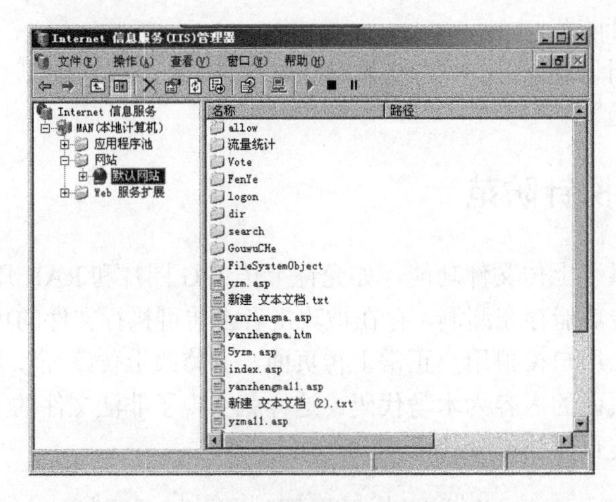


图 9-22 “Internet 信息服务(IIS)管理器”对话框

(2) 右击“默认网站”，在弹出的快捷菜单中选择“属性”命令，如图 9-23 所示。

(3) 弹出如图 9-24 所示的对话框，选择“主目录”选项卡，只选中“读取”复选框。

另外，在 IIS 的运用程序配置中，只留下.asp、.asa、.aspx 三个映射，删除不需要的程序映射。删除方法如下。

(1) 在图 9-24 所示的对话框中，选择“主目录”选项卡，单击“配置”按钮，弹出如图 9-25 所示的对话框。

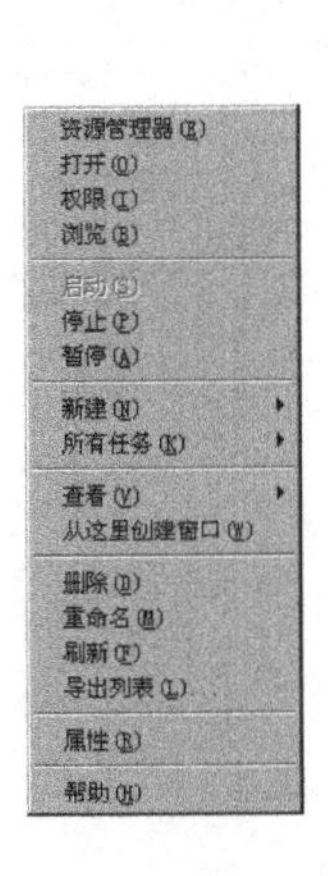


图 9-23　选择“属性”命令

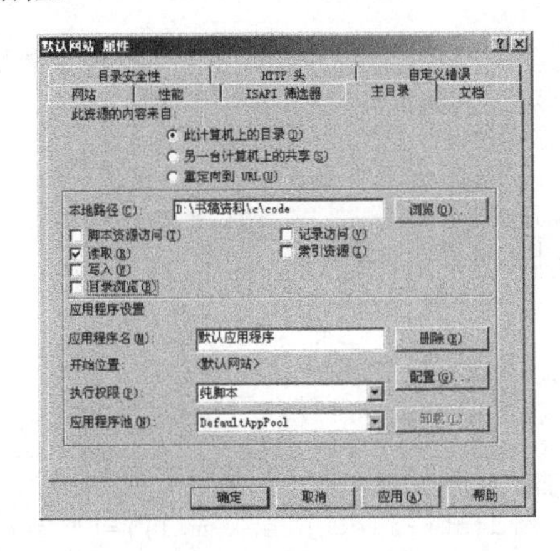

图 9-24　“主目录”选项卡

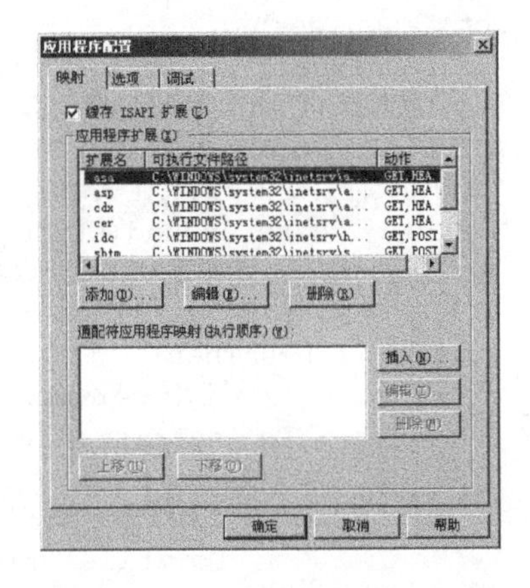

图 9-25　“应用程序配置”对话框

(2) 选择不需要的映射，单击“删除”按钮就可以了。

## 2. ASP 程序修改

(1) 检测上传目录名和文件名。

路径或文件名包含空字符是导致漏洞产生的原因。检测上传路径和文件名是否存在空字符，可以在一定程度上避免该漏洞。下面是去除上传路径和文件名空字符的代码：

```
<%
'检查空字符
Public Function CheckSpecialChar(FileName)
    '判断字符是否为空，为空则结束程序
    If IsEmpty(FileName) Then Exit Function
    FileName = Lcase(FileName)
    '判断字符长度是否一致
    If Instr(FileName,".") <> InstrRev(FileName,".") Then
        Msg="存在非法字符"
        CheckSpecialChar=false
   End If
    ChkFileName = Replace(FileName,Chr(0),"")
End Function
%>
```

(2) 检测文件内容。

检测用户提交的文件内容，是否包含 ASP 程序中的一些特定关键字，例如“Server.”和“.Createobject”等。下面是检测特定关键字的代码：

```
<%
'strFileContent 为用户提交的文件内容
Function IncludeKeyWord(strFileContent)
    'HaveKey 表示文件内容是否包含关键字
    '为 False 表示没有特定关键字，为 True 则包含特定关键字
HaveKey=false
'设定的关键字
    strKeyWords="server|createobject|execute|encode|eval|request|activexobj
ect|language="
    strKeyWord=split(strKeyWords,"|")
    '转换成小写，防止用户把关键字写成大写蒙混过关
strFileContent=LCase(strFileContent)
'检测提交内容是否含有特定关键字
    For i=0 to ubound(strKeyWord)
        '返回特定关键字在提交内容中的位置
        n=Instr(strFileContent,strKeyWord(i))
        if n>0 Then
            '如果包含 server，则该关键字后必须为"."
            If Instr(strKeyWord(i),"server")>0 Then
                m=n+6
                '去除 server 后面的空格
                Do while trim(Mid(strFileContent,m,1))="" and
m<=len(strFileContent)-1
                    m=m+1
                loop
                '检测下一个字符是否为"."
                If Mid(strFileContent,m,1)="." Then
                    '包含"server."终止循环，设置 HaveKey
HaveKey=true
                    Exit For
                End If
            End If
            '检测是否包含".createobject"和". encode"
            If Instr(strKeyWord(i),"createobject")>0 or
Instr(strKeyWord(i),"encode")>0 Then
                m=n-1
                '去除关键字前面的空格
                Do while trim(Mid(strFileContent,m,1))="" and m>1
                    m=m-1
                loop
                '判断前面的字符是"."
                If Mid(strFileContent,m,1)="." Then
                    HaveKey=true
                    Exit For
                End If
            End If
        Exit For
        End If
    Next
    '设置该函数的返回值
    IncludeKeyWord=HaveKey
End Function
%>
```

## 9.3.2　SQL 指令探针防范

SQL 指令探针就是非法用户使用程序，动态生成特殊的 SQL 指令语句，探测网站服务器数据库系统，是否存在 SQL 注入漏洞。对于探测，要通过各种手段监控用户的输入，确保 SQL 指令的可靠性。这种方法可以提高程序代码的安全性，减少程序漏洞的出现。具体方法可以参考 9.2.5 节的防范 SQL 注入漏洞的方法。

### 1．限制 Web 应用程序访问数据库的用户权限

另外，为了减少 SQL 指令注入所引起的危害，必须限制 Web 应用程序访问数据库的权限。当利用 SQL 注入攻击 Web 服务器成功后，如果 Web 服务器以操作员(DBO)身份访问数据库，非法用户就可能删除所有表格、创建新表格等；以超级用户(sa)的身份访问数据库，非法用户就可能控制整个 SQL 服务器。因此，只需要给访问数据库的对象，分配必需权限的账户就可以了。

### 2．禁止出错信息

禁止由 IIS 发送详细错误信息，所有错误信息转到自定义的错误页面。这样可以大大减少非法用户获取详细错误信息的机会，也就减少了非法用户 SQL 指令注入成功的可能。

下面是在 Windows 2003 Server 操作系统上，创建自定义的出错页面的步骤。在 Windows 2000 Server 操作系统上创建步骤类似，不再介绍。具体步骤如下。

(1)　选择“开始”|“程序”|“管理工具”|“Internet 信息服务(IIS)管理器”命令，弹出如图 9-22 所示的对话框。

(2)　编辑一个显示错误的页面。

(3)　右击“默认网站”并在弹出的快捷菜单中选择“属性”命令，弹出“默认网站 属性”对话框，切换到“自定义错误”选项卡，如图 9-26 所示。

(4)　在“HTTP 错误”列，选择“500：100”项。

(5)　单击“编辑”按钮，弹出如图 9-27 所示的对话框。

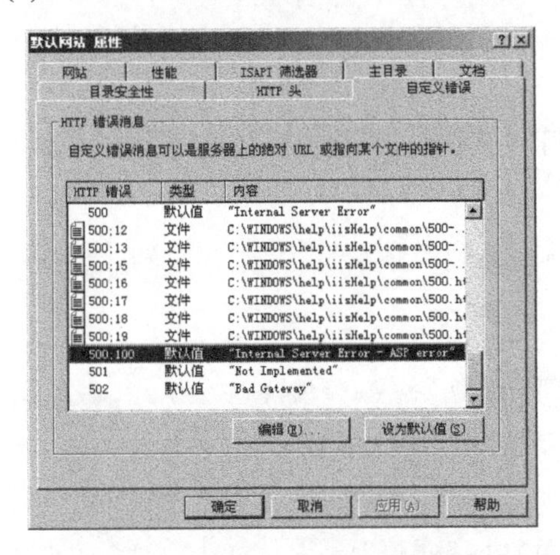


图 9-26　“自定义错误”选项卡

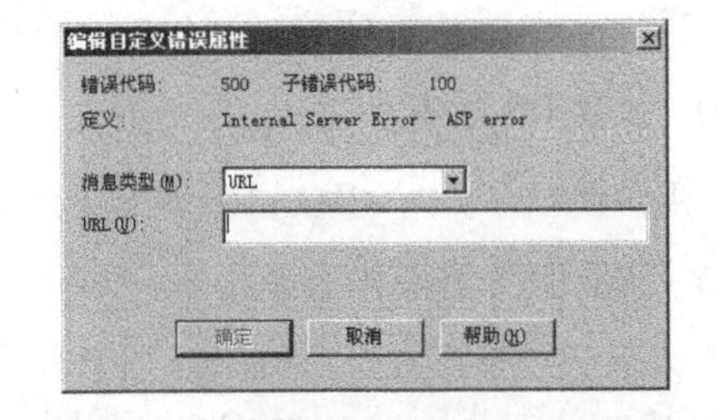


图 9-27　“编辑自定义错误属性”对话框

(6)　在“消息类型”下拉列表框中选择 URL，在 URL 文本框中输入自定义错误页面的路

径，单击“确定”按钮。

(7) 在图 9-26 中切换到“主目录”选项卡。

(8) 单击“配置”按钮，弹出“应用程序配置”对话框。

(9) 切换到“调试”选项卡，如图 9-28 所示。选中“向客户端发送下列文本错误消息(T)”单选按钮，单击“确定”按钮。

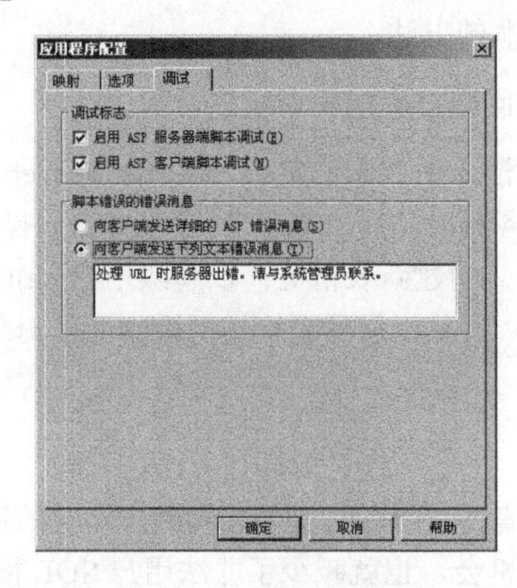


图 9-28 “调试”选项卡

## 9.3.3 ASP 探针防范

ASP 探针，也是一个普通的 ASP 程序，可以用来探测服务器与 ASP 有关的参数。探针探测的参数主要有服务器概况、所支持的组件以及一些变量的值。下面介绍 ASP 探针的实现方法。

### 1. 获取服务器概况

服务器概况包括服务器地址、服务器 IP、IIS 版本以及服务器操作系统版本等情况，具体的实现方法如下。

(1) 获取服务器地址：

```
<%=Request.ServerVariables("SERVER_NAME")%>
```

(2) 获取服务器 IP：

```
<%=Request.ServerVariables("LOCAL_ADDR")%>
```

(3) 获取 IIS 版本：

```
<%=Request.ServerVariables("SERVER_SOFTWARE")%>
```

(4) 获取服务器操作系统版本：

```
<%
Set WshShell = server.CreateObject("WScript.Shell")
Set WshSysEnv = WshShell.Environment("SYSTEM")
okOS = cstr(WshSysEnv("OS"))
%>
```

(5)　获取服务器 CPU 信息：

```
<%
Set WshShell = server.CreateObject("WScript.Shell")
Set WshSysEnv = WshShell.Environment("SYSTEM")
okCPU = cstr(WshSysEnv("PROCESSOR_IDENTIFIER"))
%>
```

### 2. 获取服务器支持的组件信息

以检测服务器是否支持 MSWC.AdRotator 组件为例，下面是检测服务器是否支持 MSWC.AdRotator 组件的代码：

```
<%
'获取服务器是否支持该组件信息
str=HaveObj("Scripting.FileSystemObject ")
'判断服务器是否支持该组件
If str=False Then
    Response.write("不支持 Scripting.FileSystemObject 组件")
Else
    Response.Wrtie("支持 Scripting.FileSystemObject 组件")
End If
'判断服务器是否支持指定的组件
'这是一种办法。在 Server 一章也介绍了另外一种办法，读者可以参考 6.2.2 节
Function HaveObj(strObj)
  '启动错误处理程序
  on error resume next
  Dim Have        '保存创建组件是否成功信息。True 为创建组件成功
  Have=false
  Dim str
  str =""
'创建该组件
  set Obj=server.CreateObject (strObj)
'判断是否出现错误
  If -2147221005 <> Err then
     Have = True
     '获取该组件信息
     str = Obj.version
     if str ="" or isnull(str) then str = Obj.about
  end if
  set TestObj=nothing
  If Have Then
'获取该组件的信息
    HaveObj=str
  Else
'返回不支持信息
    HaveObj=false
  End If
End Function
%>
```

### 3. 防范 ASP 探针

这些探针会探测到服务器支持的系统组件、不安全的组件以及其他重要的系统信息。这就给非法用户提供了丰富的信息，这是极不安全的。为了防范 ASP 探针，需要删除不需要的一些组件或者重命名一些组件。

获取服务器支持的组件情况，可以使用阿江探针探测服务器，然后参照 9.2.3 节防范 FileSystemObject 组件漏洞的方法，删除或者重命名组件。阿江探针是一种比较常用的 ASP 探针，可以在网上下载到。

# 9.4 爬虫、小偷程序的防范

随着 Internet 的迅速发展，网络信息急速膨胀。Internet 成为人们快速获取信息的主要途径，如何快速地寻找，并利用这些信息成为一个巨大的挑战。搜索引擎，如百度和 Yahoo!，成为辅助用户检索 Internet 信息的工具。爬虫程序就是搜索引擎的关键部件，主要负责发现和搜集信息。

## 9.4.1 爬虫、小偷程序的原理

爬虫程序是一个自动提取网页的程序。它一般根据用户提供的链接地址，获得一个 Web 文档，分析该文档代码，查找文档内所有链接到其他网页的标签。然后，按照广度或深度算法，随机选择一个链接打开，对新 Web 文档分析并寻找新的链接。如此反复，理论上可遍历所有的 Web 文档。

爬虫程序是一种搜索引擎搜集网页的自动化程序，是搜索引擎的关键部件。爬虫程序存在着一定的局限性：不同领域的用户往往具有不同的检索目的和需求，而爬虫程序尽可能地查找网页中所有链接。因此，爬虫程序所返回的结果，包含大量用户不关心的网页。

另外，还有定向抓取网页相关资源的网络爬虫。这种爬虫根据用户的需求主题，依据网页分析算法，过滤与主题无关的链接，保留有用的链接。将有用链接放入等待抓取的 URL 队列，根据一定的搜索策略，从队列选择下一步要抓取的网页 URL。重复上述过程，直到达到某一条件停止。

小偷指的是小偷程序。通俗地讲，就是专门偷其他网站数据资料的程序。小偷程序实际上是通过某些组件(如 XML 中的 XMLHTTP 组件)，调用其他网站的网页。对该网页的 HTML 代码进行分析，查找感兴趣的内容并输出。例如，某某网的新闻小偷、某某娱乐网电影小偷、某某音乐网站小偷和即时天气预报小偷等。这些小偷程序把偷盗的数据，用来丰富它们的网站，甚至所有网页内容都是来自其他网站。由于小偷程序的数据来自其他网站，它将随着该网站的更新而更新，可以节省服务器资源。这些小偷程序都是专门针对某个网站的程序，如果目标网站进行升级维护，那么小偷程序也要进行相应修改。

从爬虫程序和小偷程序的介绍可以看出，小偷程序可以看作定向抓取网页相关资源的网络爬虫。但是爬虫程序依据网页中的链接进行搜索，而小偷程序大多是抓取某个网页固定内容，如即时天气预报小偷，或者对网页中特定链接进行搜索，如某某网的新闻小偷等。

### 9.4.2　记录访问记录

使用数据库或 Cookies 可以记录访问记录。下面介绍如何使用 Cookies 记录访问记录。

下面的实例使用 Cookies，记录一分钟内该用户的访问次数。代码如下：

```
<%
Dim Num, Count
Count =Request.Cookies("Count ")
If Count ="" Then
    '设置保存用户访问次数的初始值
response.Cookies("Count ")=1
Count =1
'设置保存用户访问次数 Cookie 的有效时间
response.cookies("Count ").expires=dateadd("s",60,now())
Else
    '对访问次数加 1
response.Cookies("Count ")= Count +1
End If
%>
```

### 9.4.3　禁止爬虫、小偷程序的访问

爬虫程序和小偷程序会大量占用服务器资源，造成服务器资源大量的浪费。因此，需要禁止一些爬虫和小偷的访问。

限制爬虫程序访问 Web 站点的方法，一般使用 Robot 限制协议。目前，大部分正规爬虫程序都遵守该协议。实现 Robot 限制协议的关键，是在 Web 站点根目录下放置一个文本文件 Robot.txt。爬虫程序在访问一个站点时，首先读取该文件，分析其中的内容，并按照 Robot.txt 中规定不去访问某些文件。协议具体内容可以在互联网查找到。限制用户在单位时间内访问次数的方法，可以禁止爬虫程序和小偷程序访问。

#### 1．使用 Request.Cookies 来限制访问次数

下面的实例使用 Request.Cookies 来限制访问次数。代码如下：

```
<%
'Num 为限制用户访问的次数
'Count 为记录用户访问的次数
Dim Num, Count
Num=10
Count =Request.Cookies("Count ")
If Count ="" Then
response.Cookies("Count ")=1
Count =1
response.cookies("Count ").expires=dateadd("s",60,now())
Else
response.Cookies("Count ")= Count +1
End If
'如果用户在规定的时间内访问次数超过规定的次数则禁止该用户访问
```

```
if int(Count)>int(Num) then
response.end
End If
%>
```

**2. 使用 HTTP_USER_AGENT 限制爬虫、小偷程序**

爬虫程序和小偷程序实际是访问网站的一些专用工具。为了限制这些工具访问网站，可以使用 HTTP_USER_AGENT 禁止这些工具访问网站。禁止爬虫程序和小偷程序访问的代码如下：

```
<%
'获取浏览器信息
IISInfo = Request.ServerVariables("HTTP_USER_AGENT")
'根据返回的浏览器信息判断浏览器类型
IsIE=false
IISInfo=Lcase(IISInfo)
If Instr(IISInfo,"netscape")>0 or Instr(IISInfo,"msie")>0 or
Instr(IISInfo,"opera")>0 or Instr(IISInfo,"mozilla")>0 Then
   IsIE=true"
End If
If IsIE =false Then
    Response.write("禁止爬虫或者小偷程序访问该页！<BR>")
    Response.End
End If
%>
```

## 9.5 小　结

本章列举了一些常见的 ASP 漏洞，随着互联网的发展和电子商务的普及，网站的安全性也必将成为一个不容忽视的因素。网站信息安全是一项复杂的系统工程，是不容忽视的，这就需要 ASP 程序员构建更加安全的 ASP 站点。但毕竟网络环境是复杂的，黑客的破坏手段也在不断地增强。ASP 程序员可以根据实际情况，选择其中的多种方法配合使用，效果才理想，网络信息才会安全。ASP 应用技术在不断发展，新的程序编码漏洞还可能被发现，ASP 程序员仍需要不断地开阔视野，了解最新的安全知识。

# 第10章　网 站 测 试

**内容摘要** Abstract

网站开发成功，并不能立即放到 Internet 上。这是因为网站的性能、功能和安全性都没有经过考验，不能保证网站的正常运行。为了保证网站的正常运行，需要进行网站测试。本章重点介绍网站发布和测试方面的相关操作。


**学习目标** Objective

- 掌握系统发布的基本方法。
- 掌握安全检验测试的方法。
- 掌握压力测试的基本方法。

## 10.1　系 统 发 布

系统发布后，才可以进行系统测试。既可以本地发布，也可以服务器发布。本地发布就是将系统在个人服务器上发布，以便局域网内的用户使用和测试；服务器发布就是把系统发布到 Internet 上，供所有的用户通过 Internet 访问和管理。

### 10.1.1　本地发布

网站在局域网内的机器上发布，供局域网内用户测试、使用或者管理。本机发布的过程可以参考第 1 章的 IIS 的发布。

如果系统使用了 SQL Server 数据库，且数据库在本机上，只要启动 SQL Server 就可以了。如果 SQL Server 数据库在其他计算机上，需要在该 SQL Server 注册。下面介绍在另外的 SQL Server 服务器上注册的方法。注册数据库服务器的步骤如下。

(1) 选择“开始”|“程序”| Microsoft SQL Server |“企业管理器”命令，在打开的对话框中右击“SQL Server 组”，如图 10-1 所示。

(2) 选择“新建 SQL Server 注册”命令，弹出“注册 SQL Server 向导”对话框，如图 10-2 所示。

(3) 单击“下一步”按钮，弹出如图 10-3 所示的界面。

(4) 从“可用的服务器”列表中，双击待连接的服务器，添加到“添加的服务器”列表中，单击“下一步”按钮，弹出如图 10-4 所示的界面。

(5) 选中“系统管理员给我分配的 SQL Server 登录信息”单选按钮，单击“下一步”按钮，弹出如图 10-5 所示的界面。

(6) 填入登录名和密码，单击“下一步”按钮，弹出如图10-6所示的界面。

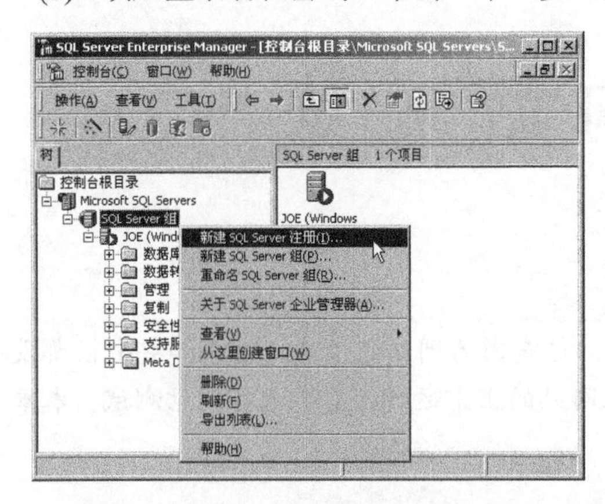


图10-1 SQL Server企业管理器

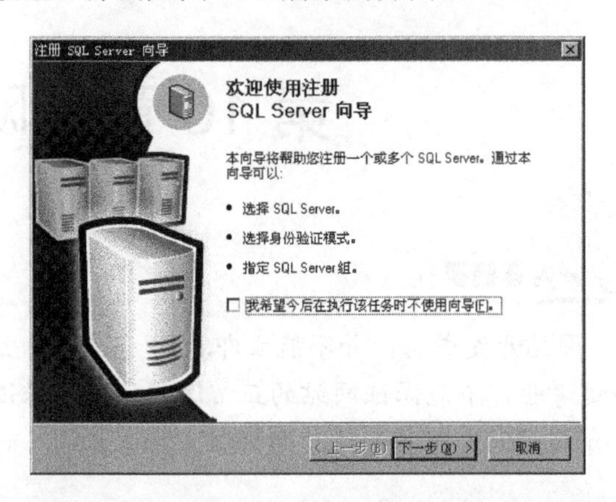


图10-2 注册SQL Server数据库服务器向导

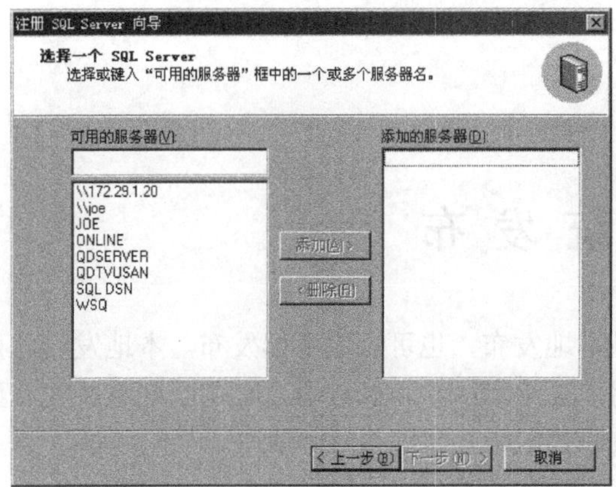


图10-3 选择SQL Server服务器

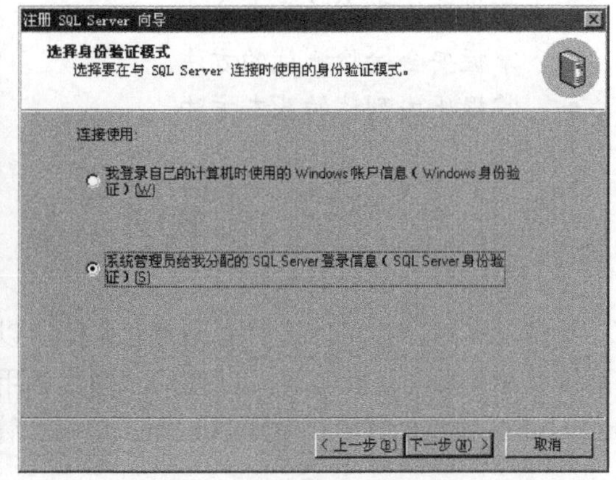


图10-4 选择身份验证模式

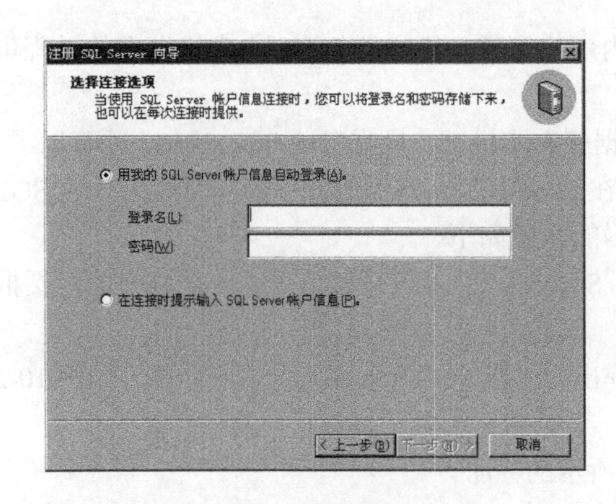


图10-5 选择连接选项

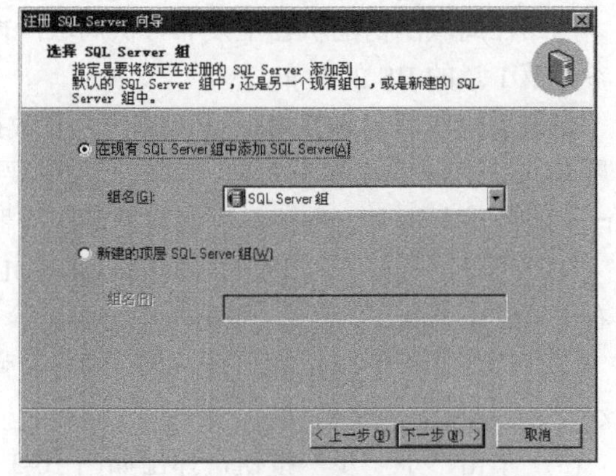


图10-6 选择SQL Server组

(7) 保持默认设置，单击“下一步”按钮，弹出如图10-7所示的界面。

(8) 单击“完成”按钮，弹出“注册SQL Server消息”对话框，如图10-8所示。

图 10-7　完成 SQL Server 向导

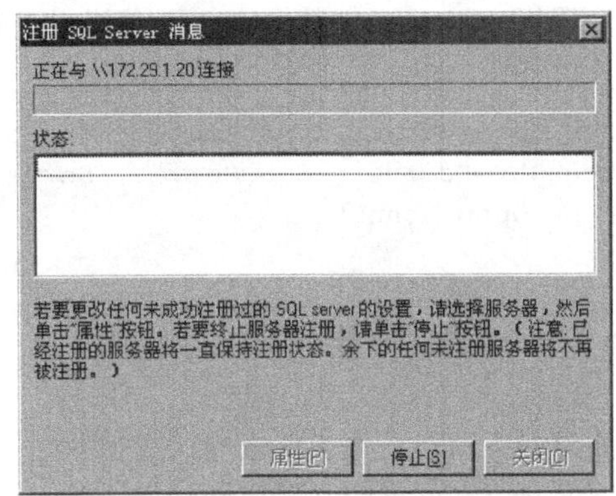


图 10-8　等待连接数据库服务器

(9)　等待系统注册，直至出现如图 10-9 所示的界面。

(10) 如果没有注册成功的信息，表示注册失败，如图 10-10 所示。

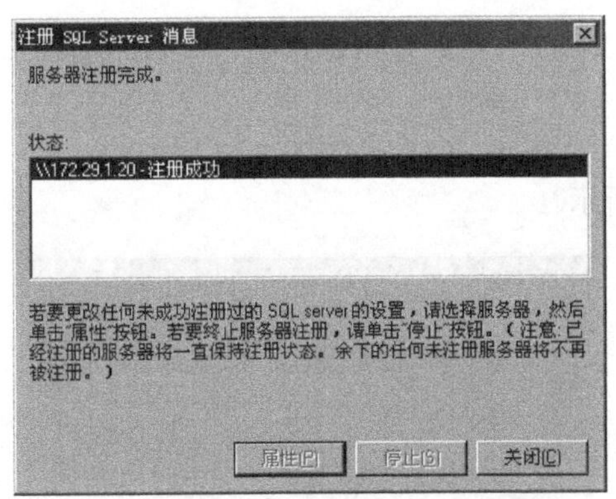


图 10-9　服务器注册成功

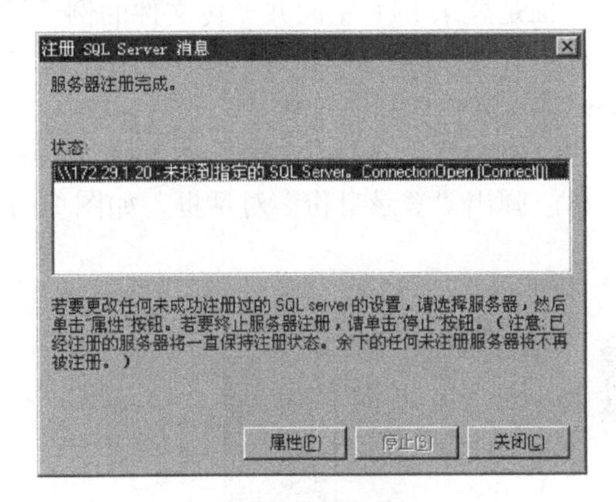


图 10-10　注册服务器失败

(11) 单击“属性”按钮，弹出“已注册的 SQL Server 属性”对话框，如图 10-11 所示。

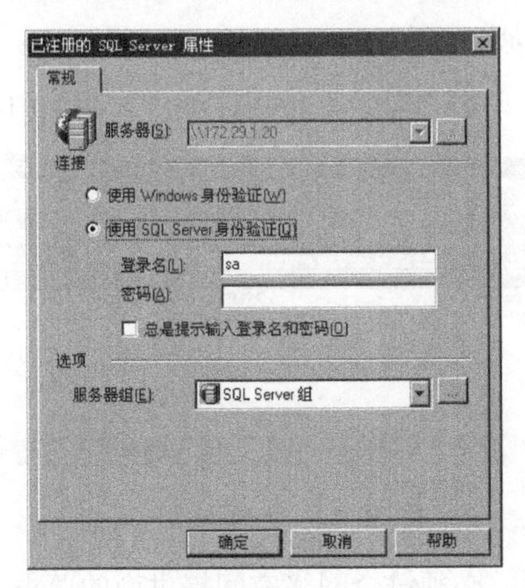


图 10-11　“已注册的 SQL Server 属性”对话框

(12) 重新设置登录 SQL Server 的登录名和密码，单击“确定”按钮。

注册好 SQL Server 数据库，可以使用下面的代码连接数据库：

```
<%
Set Conn=Server.CreateObject("ADODB.Connection")
connStr="dirver={SQL Server};Server=172.29.1.20;uid=sa;pwd=;database=oa"
Conn.Open connStr
%>
```

## 10.1.2 服务器发布

如果服务器在公司或单位内，发布网站的方式和在本机发布网站的方式相似。这里不再介绍。下面介绍在网络空间发布网站的方法。

如果没有发布网站的空间，需要在网络中购买网络空间，或购买虚拟主机，获得网站空间。域名空间开通后，网络服务商向用户提供一个 FTP 空间，允许用户上传网站代码。登录网络服务商提供的 FTP，把网站的文件上传到 FTP 空间内。

下面是登录 FTP 空间并上传文件的例子。

(1) 打开 IE 浏览器，在地址栏中输入 FTP 地址(FTP 地址由网络空间提供商提供)，按 Enter 键。

(2) 右击登录界面，在弹出的快捷菜单中选择“登录”命令，如图 10-12 所示。

(3) 弹出“登录身份”对话框，如图 10-13 所示。

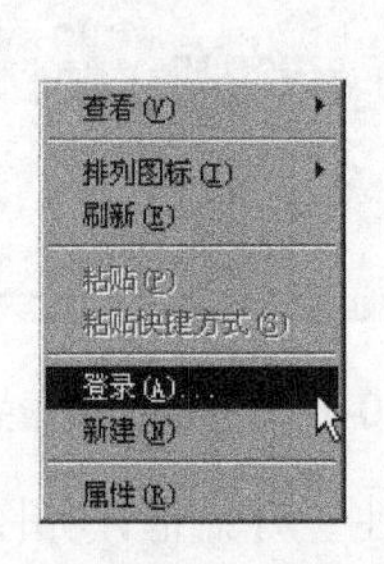


图 10-12　选择“登录”命令

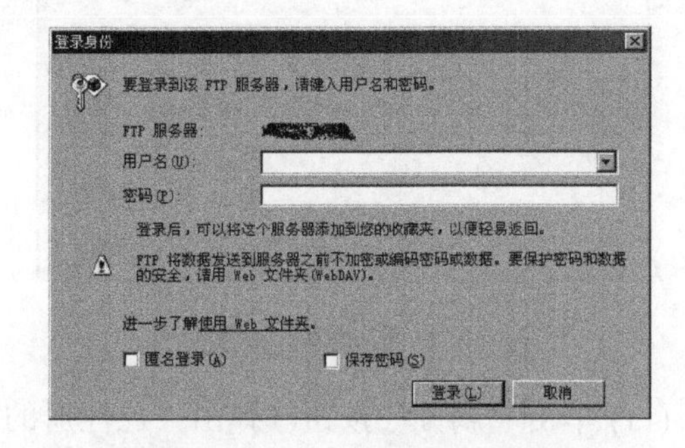


图 10-13　“登录身份”对话框

(4) 输入用户名和密码，单击“登录”按钮，弹出如图 10-14 所示的界面。

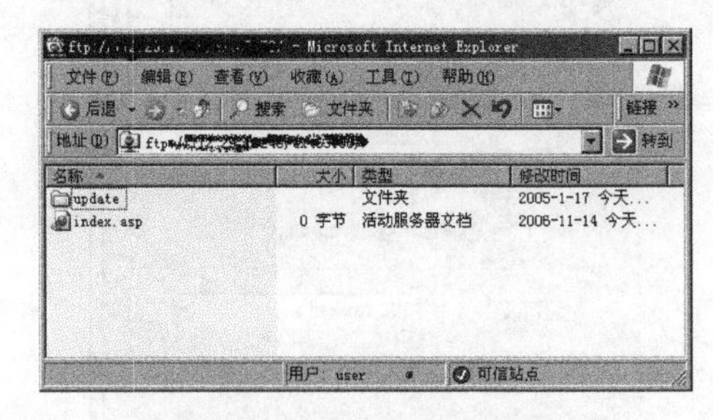


图 10-14　上传网站代码

上传的网站代码的默认页，必须符合网络空间提供商的要求。该例中，网络空间服务商要求的默认页是 index.asp。

## 10.2　代码检测

代码在服务器上发布前，需要经过代码测试。本章所说的代码测试，主要是指代码合法性测试，主要包括两个部分：程序代码合法性检查与显示代码合法性检查。

程序代码合法性检查有着规范标准，但是各个单位会根据各自的条件，制定相应的标准。各个单位会根据代码标准，进行代码合法性检查。

显示代码合法性检查主要有显示代码测试和界面测试。显示代码主要包括 HTML、JavaScript、CSS 和 VBScript 等语言。这些语言都有相应的测试工具，如 HTML 可以采用 CSE HTML Validator 工具进行检查。在 HTML 开发环境中，CSE HTML Validator 是非常有用的工具，可以发现 HTML 文件中存在的不易被发现的问题。

界面测试比较简单，也比较直观。但是界面往往是容易出现问题的地方，这不是程序员技术方面的问题。程序员在开发网站时，一般都是比较重视网站功能的开发，而忽略了界面的细节。

界面的测试主要包括以下几个方面。

(1) 错别字。界面中的标题、链接或者相关信息中出现错别字，这会影响单位的形象。

(2) 难以理解语句。网站的菜单、标题或帮助信息，不能出现难以理解或歧义的语句。歧义的语句是指这样理解也可以、那样理解也可以的语句，这会影响用户的使用。这类错误大多出现在网站的提示信息或者帮助信息中。提示或帮助信息，大多由程序员使用系统自动生成的语句，影响了用户的阅读。

(3) 另外，网站代码测试还包括链接测试和浏览器兼容性测试。链接关系到用户能不能完整和流畅地浏览网站。如果网站的一部分链接出现问题，影响用户不能浏览这些网页，严重影响了网站的形象。用户在浏览网页时，可以使用不同的浏览器，如微软的 IE 等。在设计网站代码时，没有考虑浏览器的类型，只面向一种浏览器，这会严重影响网站信息的传递。对于浏览器兼容性测试，可以使用 OpenSTA 工具进行测试。OpenSTA 工具可以使用不同的浏览器进行测试。

## 10.3　安全检验

随着网络的普及，用户获取知识的途径变得越来越丰富。黑客知识可以很容易获得，攻击网站的事情也越来越多。如何保障网站的安全，已经变得越来越重要。网站发布前或发布后，都要对网站进行安全测试。安全测试要包括现在流行的黑客攻击方式。本节只介绍两种简单的攻击方法：DDOS 攻击和 SQL 注入测试。

### 10.3.1　DDOS 攻击测试

DDOS 是英文 Distributed Denial of Service(分布式拒绝服务)的缩写形式。DDOS 攻击虽然不会窃取目标系统的资料，但是它会造成 Web 系统服务中断，造成经济损失，严重威胁着

Internet 的安全。

DDOS 攻击的原理是：入侵者先控制 Internet 上大量的联网主机，并在这些主机上装载攻击程序，使这些主机成为攻击代理。入侵者使这些攻击代理的同时向目标主机或网络发起攻击，利用合理的请求，占用大量的网络带宽和系统资源，导致该网络或系统瘫痪，合法用户无法得到正常的服务。

DDOS 攻击的常用工具有 XDOS、Trinoo、TFN、TFN2K、Stacheldraht 和 Smuf 等。下面使用 XDOS 工具，测试网站是否可以防范 DDOS 攻击。

本次测试只对本机发布的网页进行测试，如图 10-15 所示。

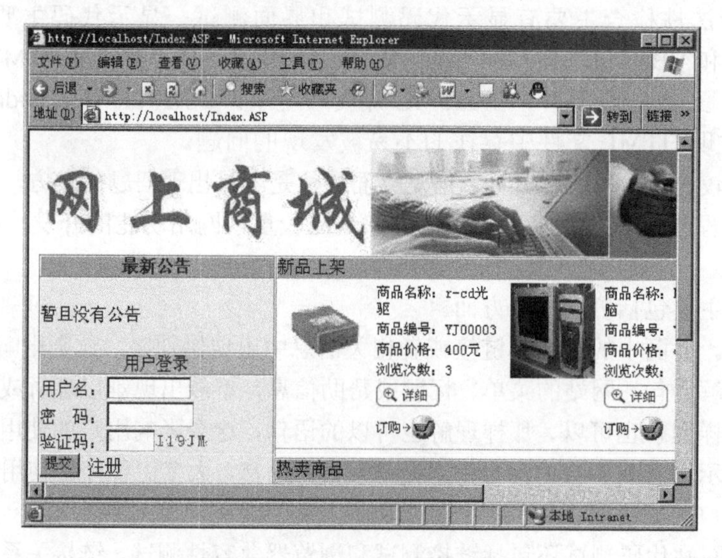


图 10-15　DDOS 攻击前的界面

(1)　选择“开始”|“运行”命令。

(2)　输入 cmd 命令，按 Enter 键，进入 DOS 命令提示符界面，如图 10-16 所示。

(3)　把当前目录修改为 xdos.exe 文件所在目录。

(4)　输入“xdos 127.0.0.1 80 –t 4 –s *”命令，按 Enter 键，如图 10-17 所示。

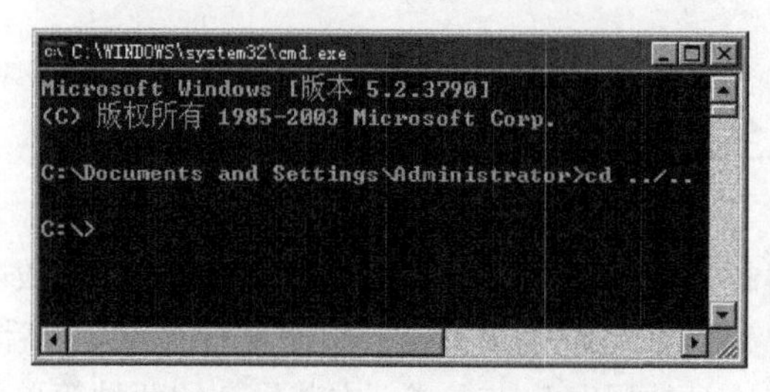


图 10-16　DOS 命令提示符界面

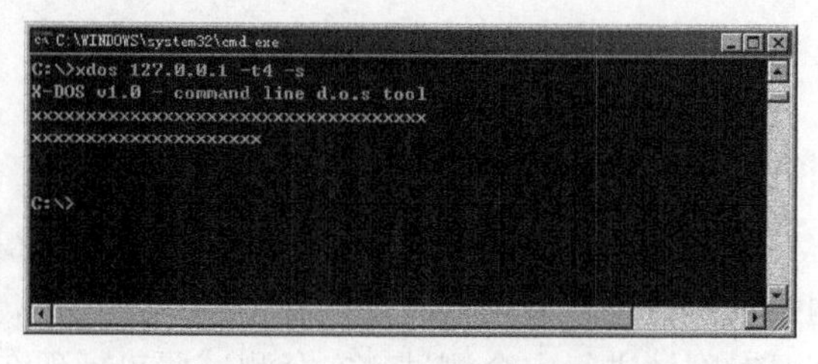


图 10-17　DDOS 的攻击代码

xdos 命令的语法格式如下：

```
xdos IP Port -t num -s VirtualIP,
```

其中，xdos 的参数说明如表 10-1 所示。

表 10-1　xdos 的参数说明

| 参　数 | 说　明 |
| --- | --- |
| IP | 进行 DDOS 攻击的网站 IP 地址 |
| Port | 被攻击的服务器端口 |
| -t num | 表示攻击的次数，值太大会造成机器死机，一般 5～10 就可以 |
| -s VirtualIP | 随机伪造的攻击 IP 地址 |

“xdos 127.0.0.1 80 –t 4 –s *”命令就是攻击 IP 地址为 127.0.0.1 的机器(本机)的 80 端口。

(5)　在浏览器的地址栏中，输入 localhost/index.asp，如图 10-18 所示。这说明本机已经不能响应服务请求了。

如果出现图 10-18 所示的界面，说明系统已经被 DDOS 攻击，网站不能防范 DDOS 攻击，需要采取相应的措施。

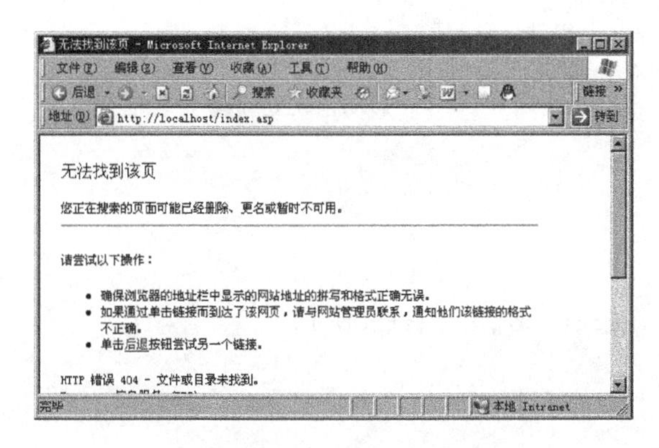


图 10-18　DDOS 攻击的结果

## 10.3.2　探针测试

下面主要讲述如何使用探针测试网站系统。

### 1. 使用 ASP 探针进行安全测试

常见的 ASP 不安全组件有以下几个。

(1)　FileSystemObject。

FileSystemObject 组件具有管理文件和文件夹的能力。如果权限设置不当，非法用户会使用该组件创建、修改甚至删除服务器上的文件。FileSystemObject 组件是常用的组件之一，可以对其重命名。

(2)　WScript.Shell。

WScript.Shell 组件允许 ASP 运行 exe 等可执行文件。即使服务器进行严格的权限设置，此组件也可以用来提升权限的程序，存在严重的安全隐患。

(3)　WScript.Network。

WScript.Network 为 ASP 程序查看和创建系统用户提供了可能。

(4) Adodb.Stream。

Adodb.Stream 是 ADO 的 Stream 对象，提供存取二进制流数据或者文本流，常在无组件上传工具中使用。Adodb.Stream 组件可以被用来上传不安全程序，但是通过必要的权限设置，Adodb.Stream 不会对系统安全造成威胁。

下面是探测服务器是否含有这几个不安全组件的代码：

```
<%
'判断是否支持 FileSystemObject 组件
HaveObj "Scripting.FileSystemObject "
'判断是否支持 WScript.Shell 组件
HaveObj "WScript.Shell"
'判断是否支持 WScript.Network 组件
HaveObj "WScript.Network "
'判断是否支持 Adodb.Stream 组件
HaveObj "Adodb.Stream"
'函数 HaveObj()用来显示组件信息
Function HaveObj(strObj)
  on error resume next          '启动错误处理程序
  Dim Have
  Have=false
  Dim str
  str =""
'创建该组件
  set Obj=server.CreateObject (strObj)
'判断是否出现错误
  If -2147221005 <> Err then
    Have = True
    '获取该组件的信息
    str = Obj.version
    if str ="" or isnull(str) then str = Obj.about
  end if
  set TestObj=nothing
  If Have Then
'获取该组件的信息
    Response.write("支持"&strObj"组件。"&str&"危险！<BR>")
  Else
'返回不支持信息
    Response.write("不支持"&strObj&"组件。<BR>")
  End If
HaveObj=0
End Function
%>
```

### 2. SQL 指令探针进行安全测试

SQL 指令探针探测的目的，是发现 Web 系统是否存在 SQL 指令注入漏洞。常用的一些 SQL 注入的软件有 NBSI 等。下面介绍 NBSI 软件的使用方法。NBSI 可以注入各种数据库，并可猜解表名和字段名。

下面对一个网站进行 SQL 注入测试，以检测该网站是否存在 SQL 指令注入漏洞。具体步

骤如下。

(1) 下载 NBSI 软件并运行，如图 10-19 所示。

(2) 在“网站地址”文本框中输入检测的网站，单击“扫描”按钮，结果如图 10-20 所示。

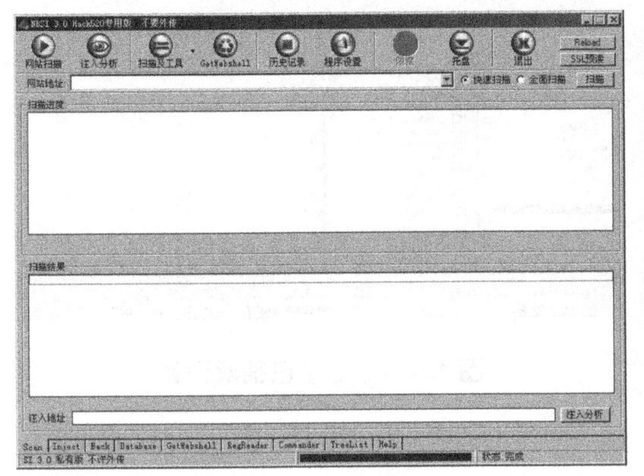

图 10-19　NBSI 的主界面

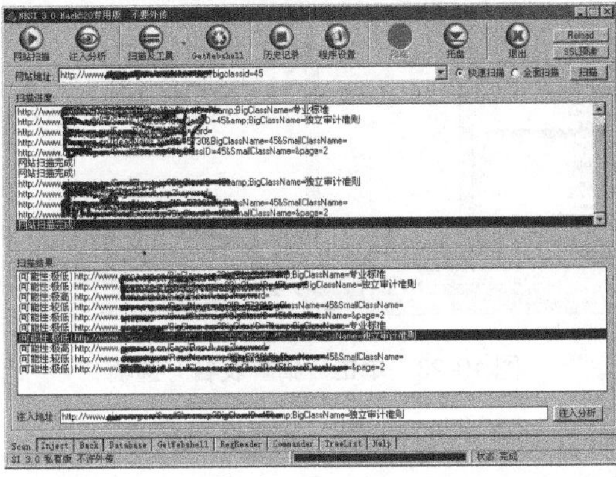

图 10-20　安全扫描结果

图 10-20 中显示“扫描结果”一栏有很多扫描结果，“可能性:极高”的项目表明注入成功的可能性比较高。

(3) 在“扫描结果”一栏，选择“可能性:极高”的项目。单击 Inject 标签，如图 10-21 所示。

(4) 在“注入地址”输入框内输入要注入的网址，单击“检测”按钮，如图 10-22 所示。

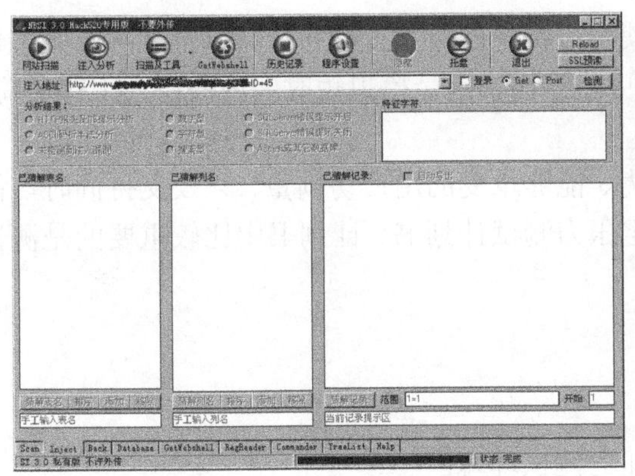

图 10-21　单击 Inject 标签

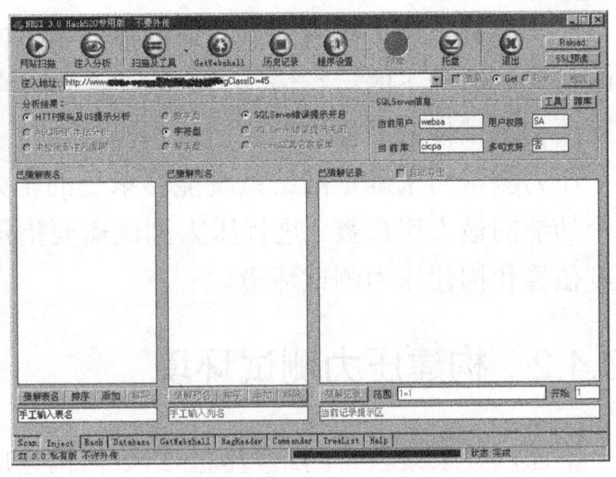

图 10-22　进行注入检测

(5) 单击“猜解表名”标签，在“已猜解表名”框中，可以看到猜解出的表名称，如图 10-23 所示。

(6) 选择一个表名，单击“猜解列名”标签，如图 10-24 所示。“已猜解列名”框显示选择表中的猜解的列名。

(7) 用户可以选择已猜解列名，继续猜解记录。

到此为止，网站的数据库已经被完全猜解，这也说明网站存在着大量漏洞，需要加强防范措施。在网站发布前，可以使用该工具对需要发布的网站进行 SQL 漏洞测试。对查找到的漏洞进行修补，从而提高网站安全性。

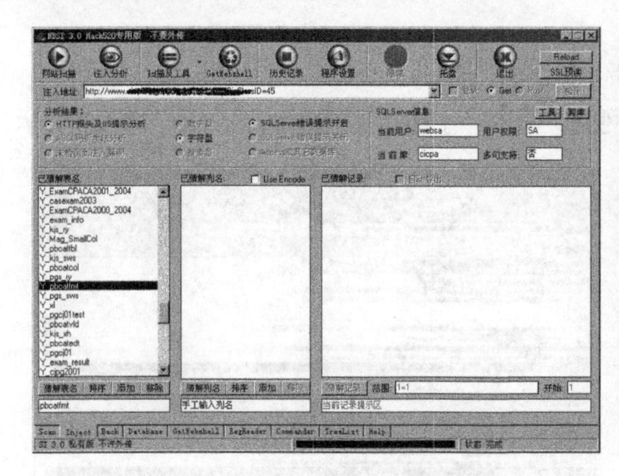

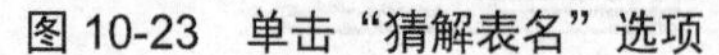

图 10-23 单击“猜解表名”选项

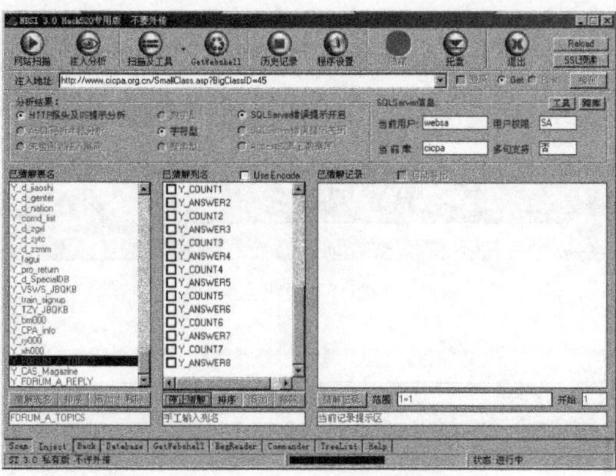

图 10-24 显示已猜解列名

## 10.4 压力测试

通常在上述测试获得通过和网站系统发布以后，压力测试就可以在实际应用的网络环境中进行测试了。这时进行的压力测试才是可靠和可信的。

### 10.4.1 压力测试概述

压力测试也称为负载测试，是指模拟用户使用过程中的巨大工作负荷，以查看网站服务器在峰值使用情况下的运行情况。压力测试是一种模拟测试，它是模拟短时间内的巨大工作负荷，而且压力测试使应用程序的使用达到峰值。

压力测试用来确定网站系统能够承受的压力、能够承受的用户访问量，以及支持同时访问某个功能的最大用户数。进行压力测试需要指定压力测试计划书。计划书中比较重要的是测试强度估算和构建压力测试环境。

### 10.4.2 构建压力测试环境

下面以登录某教育网站为例介绍如何构建压力测试环境。

#### 1. 测试强度估算

该教育网站有大量用户，用户登录时间大都集中在晚上 6 点半至 8 点之间。假设每天晚上有 10%的用户登录，则有近 1500 人登录。依据每天 80%的登录在 20%的时间内完成的原理，每天晚上 6 点半至 8 点之间 1200 个用户登录。这样，可以求得每秒钟的请求数量大约为 0.25 次。在正常情况下，网站服务器处理请求的能力应达到 1 次/秒，同时在线人数最多 200 人。

#### 2. 构建压力测试环境

构建压力测试环境时，Web 服务器已经发布。

(1) 网络环境。

网络环境可以是单位内部的局域网，也可以使用外部的网络。但是实际测试中要保证网络资源足够用，否则影响压力测试结果。

(2)　客户端配置。

客户端为 10 台 PC 机。这 10 台 PC 机的硬件和软件配置一样，硬件均为 P4 2.1G/128M RAM，操作系统为 Windows 2000 Personal。

(3)　客户端测试程序。

客户端测试程序可以由网站开发人员编写，也可以采用商品化的软件，如 WAS 和 OpenSTA。在这次测试中，选用 WAS 软件。WAS 是微软开发的 Web 应用负载工具(MS Web Application Stress Tool)。该工具是免费的，可以在微软网站下载。WAS 可以通过一台或者多台客户机模拟大量用户的活动。WAS 还支持身份验证、加密和 Cookies，甚至能够模拟各种浏览器类型和 Modem 速度，其功能和性能非常完善。

## 10.4.3　测试监控

下面使用 WAS 软件对网站进行压力测试。具体测试过程如下。

### 1．检测项目

在测试 ASP 网站时，主要观测线程的每秒上下文切换次数、ASP 页面的每秒请求数量、ASP 页面的请求执行时间、ASP 页面的请求等待时间以及置入队列的请求数量。

线程的每秒上下文切换次数显示了处理器的效率。如果处理器忙于大量线程的上下文切换，说明它忙于切换线程而不是执行 ASP 脚本。ASP 页面的每秒请求数量，显示每秒内服务器成功处理的 ASP 请求数量。ASP 页面的请求执行时间和等待时间之和，显示了反应时间，这是服务器处理完成一次请求所需要的时间。

### 2．测试步骤

本次测试的具体操作步骤如下。

(1)　启动 WAS。读者可以在微软网站下载 WAS。WAS 的安装步骤非常简单，这里不再讲述。启动后的 WAS 界面如图 10-25 所示。

(2)　单击 Manual 按钮，弹出如图 10-26 所示的界面，在该界面中就可以完成建立测试新脚本的功能。

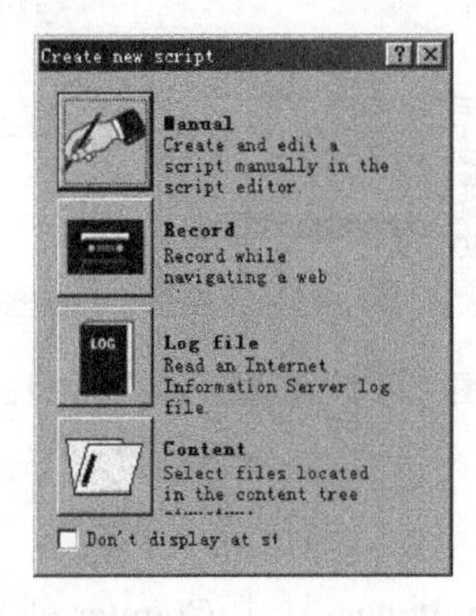


图 10-25　WAS 界面

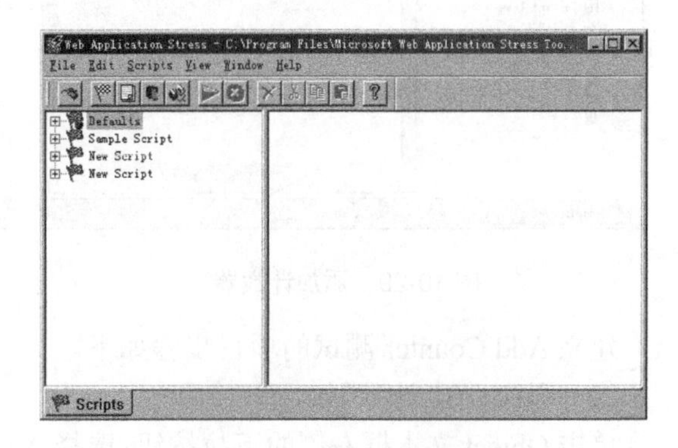


图 10-26　建立测试新脚本

(3) 单击并展开 New Script，如图 10-27 所示。

建立 New Script 测试的项目步骤如下。

① 在 Server 输入框中，输入待测试的 IP 地址或者服务器的名称。

② 单击 Verb 下的输入框，再单击下拉按钮，选择 GET 选项。

③ 在 Path 下的输入框中，输入待测试的文件在服务器中的虚拟路径。

(4) 选择 Settings 选项，如图 10-28 所示。

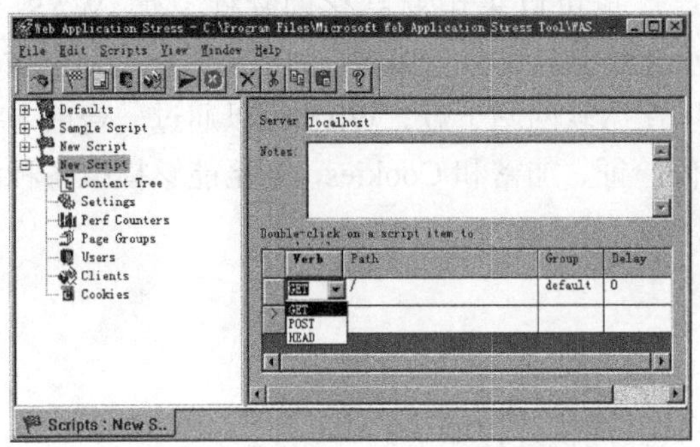


图 10-27 创建新的脚本测试项目

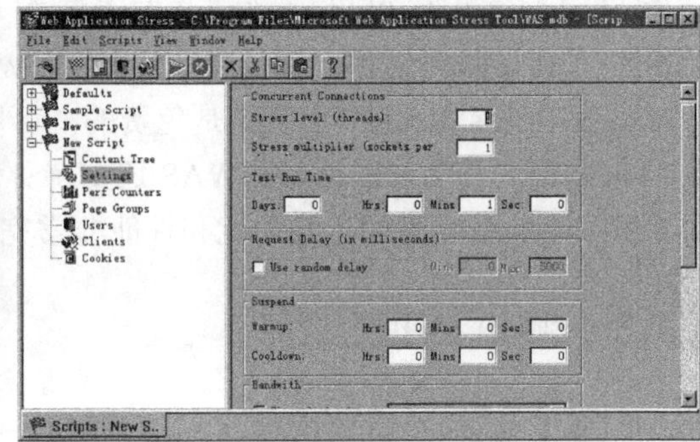


图 10-28 脚本测试项目设置界面

建立 Settings 测试的项目步骤如下。

① 模拟多用户。在 Concurrent Connections 区域的 Stress level (threads)输入框中，输入模拟用户数。如果少于 100，可以在该输入框中直接输入数目，例如 20；如果数目非常大，需要在 Stress multiplier (sockets per)输入框中输入适当的数字。模拟用户的数目为这两个输入框中数字的乘积。

② 在 Test Run Time 区域，输入测试的时间。这里选择默认值为 1 分钟。

③ 在 Request Delay 区域，选择延迟时间，来模拟用户登录行为的不同。

(5) 选择 Perf Counters 选项，添加计数器，如图 10-29 所示。

(6) 单击 Add Counter 按钮，弹出如图 10-30 所示的对话框。

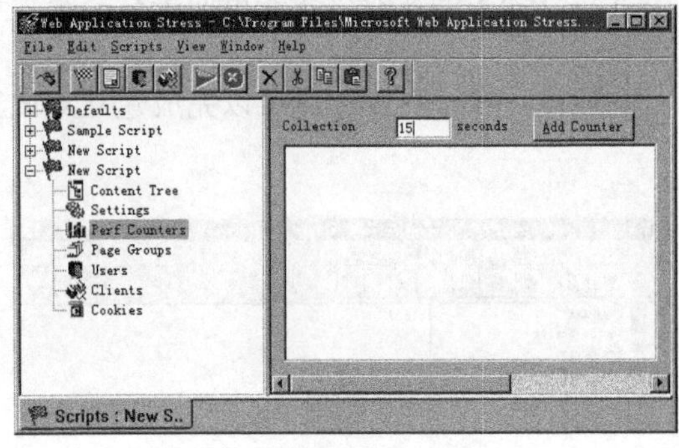


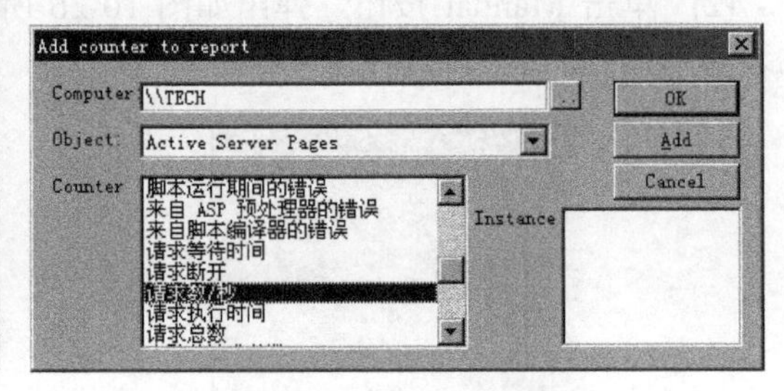

图 10-29 添加计数器

图 10-30 设置计数器的属性

建立 Add Counter 测试的项目步骤如下。

① 添加 ASP 计数器。

单击 Object 文本框右侧的下拉按钮，选择 Active Server Pages；选中 Counter 列表框中的"请

求数/秒”“请求执行时间”“请求等待时间”，单击 Add 按钮。

② 添加线程的每秒上下文切换次数计数器。

单击 Object 文本框右侧的下拉按钮，选择 Thread 选项；选中 Counter 列表框中的 Context Switches/sec，单击 Add 按钮。

③ 添加 CPU 使用率计数器。

单击 Object 文本框右侧的下拉按钮，选择 Processor 选项；选中 Counter 列表框中的%Processor Time，单击 Add 按钮。添加计数器后的界面如图 10-31 所示。

(7) 单击图 10-27 中左侧的 Users 选项，添加服务器用户和密码。双击左侧窗口中的 Default 选项，进入用户设置页面，如图 10-32 所示。

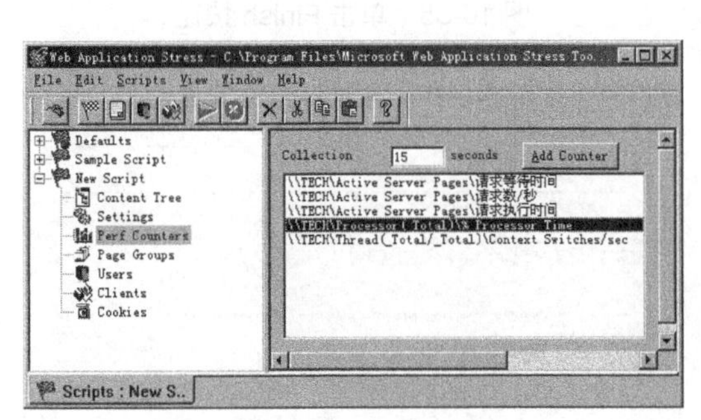


图 10-31　添加计数器后的界面

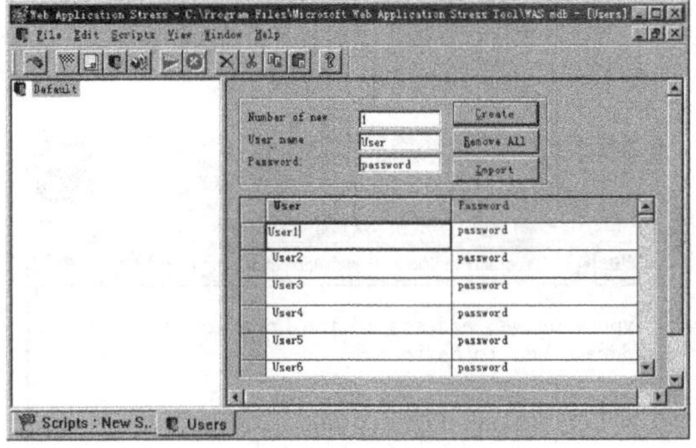


图 10-32　用户设置界面

在 User name 和 Password 输入框中输入用户名和密码，单击 Create 按钮，添加用户结束。如果 Number of new 编辑框中的数字为 0，则添加用户无效。删除用户时，选中用户，单击删除按钮，就可以删除该用户行。

(8) 单击图 10-27 中的 Cookies 选项，右侧窗口自动显示用户的状态，如图 10-33 所示。

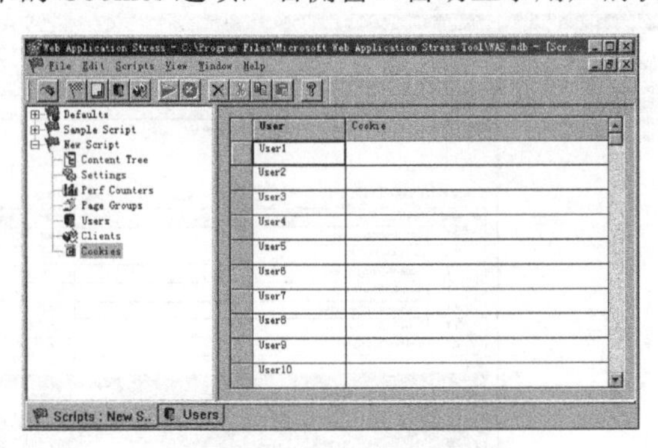


图 10-33　显示用户的状态界面

### 3．编制脚本

(1) 选择 Scripts | Create | Record 命令，弹出如图 10-34 所示的对话框。

(2) 选择需要记录的数据类型。

(3) 单击 Next 按钮，弹出如图 10-35 所示的对话框。

(4) 单击 Finish 按钮，WAS 软件自动打开一个浏览器窗口，如图 10-36 所示。

在浏览器的地址栏中，输入待测试网站的路径，单击每一个要测试的网站模块。该窗口中所有 request-response 都会被记录到测试脚本中。本次测试只对网站的登录模块进行测试。因此，只需要登录到网站就可以了。

关闭该浏览器窗口，软件自动记录用户所有的操作到测试脚本中，如图 10-37 所示。

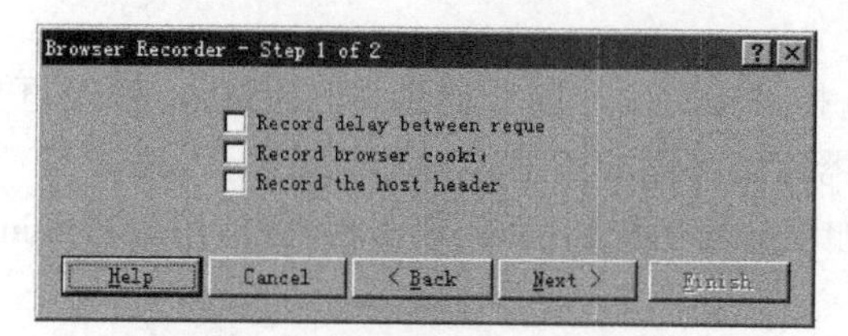


图 10-34 选择需要记录的数据类型

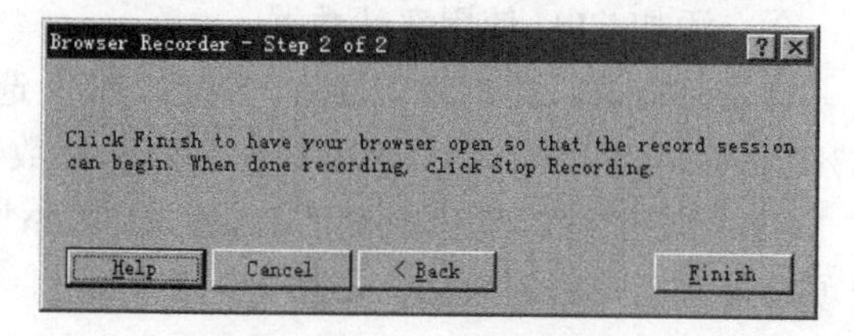


图 10-35 单击 Finish 按钮

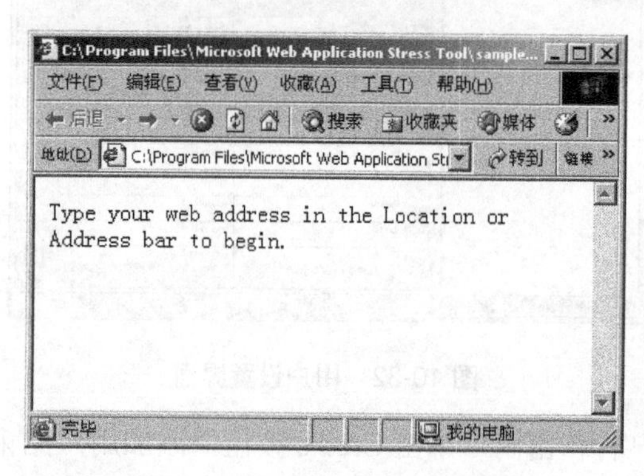


图 10-36 WAS 软件打开浏览器窗口

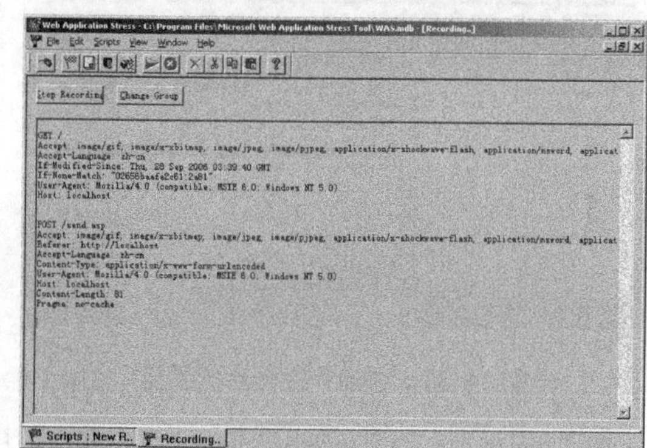


图 10-37 记录用户操作到测试脚本

(5) 单击 Stop Recording 按钮，完成脚本的录制，如图 10-38 所示。

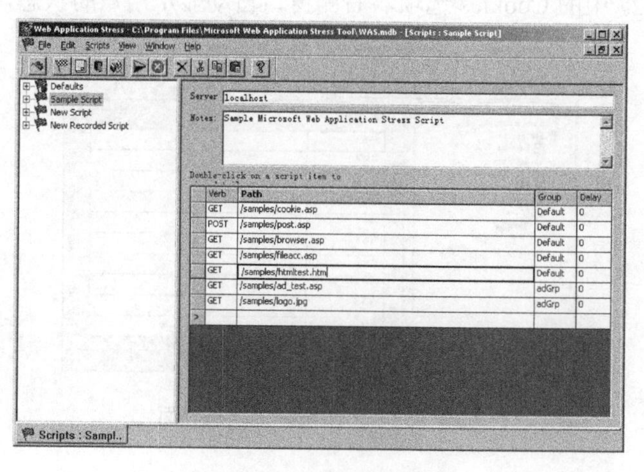


图 10-38 完成脚本的录制

### 4. Web 测试

选择运行脚本名称。选择 Scripts | run 命令或者单击▶按钮，软件自动进行测试，如图 10-39 所示。

图 10-39　自动进行测试

### 5. 测试报告

(1)　选择 View | Reports 命令或者单击按钮，出现报告目录，如图 10-40 所示。

(2)　选择脚本名称以及详细测试时间文件。

选择 Page Summary 选项，观察右侧窗口的 TTFB 和 TTLB 两个指标。TTFB 表示从请求开始到 WAS 收到的时间；TTLB 表示最后一个请求从 WAS 反馈到客户端的时间。

这样，就完成了对网站的压力测试。用户可以根据压力测试的数据，评估网站各方面的能力。如果用户需要查看其他测试数据，选择图 10-41 所示的左侧窗口的相应选项就可以了。

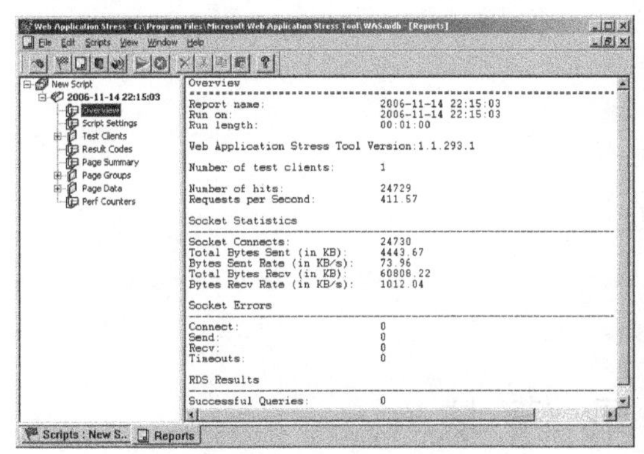


图 10-40　压力测试报告目录

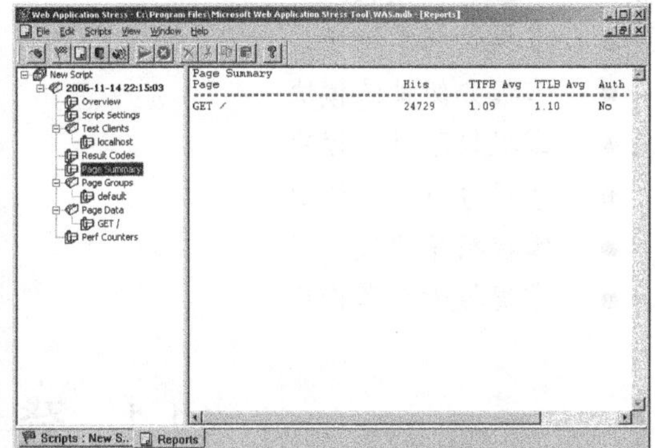


图 10-41　查看压力测试指标

## 10.5　小　　结

本章介绍了网站的测试方法。网站测试主要有系统发布、代码测试、安全测试和压力测试。本章的重点是网站的安全测试和压力测试的方法。网站的安全测试，在网站测试中占有重要的地位。因为安全测试关系到网站的安全，需要全方位的测试，读者可以参考其他安全测试的书籍进行测试。

# 第 11 章　常见模块分析

内容摘要 | Abstract

本章将介绍一些常用的 ASP 模块，以便读者对本书前面的内容进行巩固和理解。模块包括登录模块、购物车模块、分级目录模块、权限设置模块、分页显示模块、投票模块和搜索引擎模块。

学习目标 | Objective

- 掌握登录模块。
- 掌握购物车模块。
- 掌握分级目录模块。
- 掌握权限目录模块。
- 掌握分页显示模块。
- 掌握投票模块。
- 掌握搜索引擎模块。

## 11.1　登录模块

许多 Web 应用系统为了安全的需要，部分网页通过身份验证才能浏览和操作。这就要用到用户登录模块。下面介绍一个通用的登录模块。

### 11.1.1　登录流程

登录模块的功能是检验登录的用户是否是合法用户。本模块为了提高用户登录的可靠性，加入了验证码检验和密码加密的功能。本模块的登录流程如图 11-1 所示。

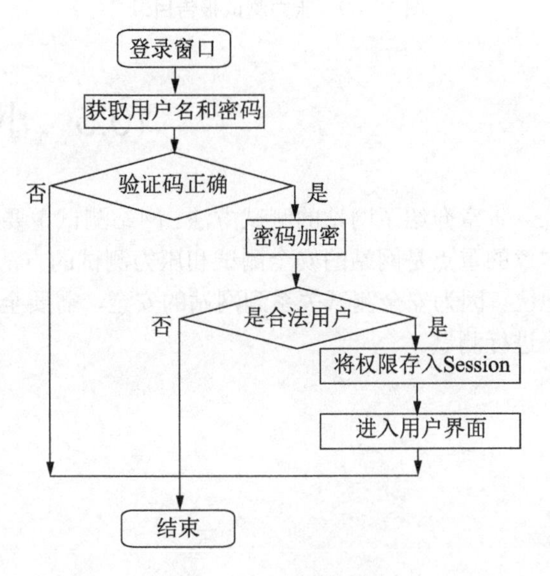


图 11-1　登录流程

### 11.1.2　登录代码实现

文件 Logon.asp 验证用户登录，代码如下：

```
<%
'--------文件名：Logon.asp --------------------
  '如果尚未定义 Session 对象的变量 Pass，则将其值设为 False，表示未登录
  If IsEmpty (Session("Pass")) Then
Session("Pass") = False
  End If
  '第一次执行该代码
  If Session("Pass")=False  Then
     '读取从表单传递过来的用户名和密码
UserName = Request.Form("UserName")
    UserPwd = Request.Form("UserPwd")
    '用户名为空，显示错误信息
  If UserName = "" Then
     Errmsg = "请输入用户名和密码!"
  Else
'连接数据库
     'Server 对象的 CreateObject 方法建立 Connection 对象
     Set Conn=Server.CreateObject("ADODB.Connection")
     'Response.Write(Server.MapPath("User.mdb")&"<BR>")
    Conn.ConnectionString="Provider=Microsoft.Jet.OLEDB.4.0;"&_
            "Data Source="&Server.MapPath("User.mdb")
    Conn.Open
    Sql="select * from Users_Info where UserName='"&UserName &"' and
UserPwd='"&UserPwd &"'"
    '读取用户数据
set rs=Conn.Execute(Sql)
    If rs.EOF Then
      '用户不存在，显示错误信息
      Errmsg = "用户不存在"
    Else
       '登录成功
       Errmsg = ""
      Session("Pass") = True
      Session("UserName") = rs.Fields("UserName")
      Session("UserId") = rs.Fields("UserID")
      Response.Write("登录成功，请进入<a href=logon.asp>首页</a>")
    End If
   End If
 End If
 '未登录或者登录不成功，显示登录界面
 If Session("Pass")=False Then
%>
<HTML>
<HEAD><TITLE>请输入用户名和密码</TITLE></HEAD>
<BODY>
<p align="center"><font face="华文行楷" size="6" color="#0000FF">登 录 模 块
</font></p>
<p align="center"><font color="#800000">  <%=Errmsg%></font></p>
<form method="POST" action="logon.asp" name="Form" >
  <p align="center">用户名：  <input type="text" name="UserName"
size="20"></p>
```

```
  <p align="center">密  码:   <input type="password" name="UserPwd"
size="20"></p>
  <p align="center"><input type="submit" value="提交" name="B1"><input
type="reset" value="全部重写" name="B2"></p>
</form>
<p align="center"> </p>
</BODY>
</HTML>
<%
   Response.End
  End If
%>
```

代码说明如下。

(1) Session("Pass")用来标识用户是否已成功登录。如果 Session("Pass")为 True，表示已登录成功，不再显示登录界面；否则，表示未登录，显示登录界面。

(2) Session("Pass")的初始值(代码第一次执行时的值)为 False，表示未登录。

(3) 如果 rs.EOF 为 False，表示数据库表中没有 UserName 用户信息，登录失败。错误信息保存在变量 ErrorMsg 中。

(4) 如果 rs.EOF 为 True，表示登录成功，设置 Session("Pass")和 Session(s"UserNames")的值。

(5) 登录界面如图 11-2 所示。

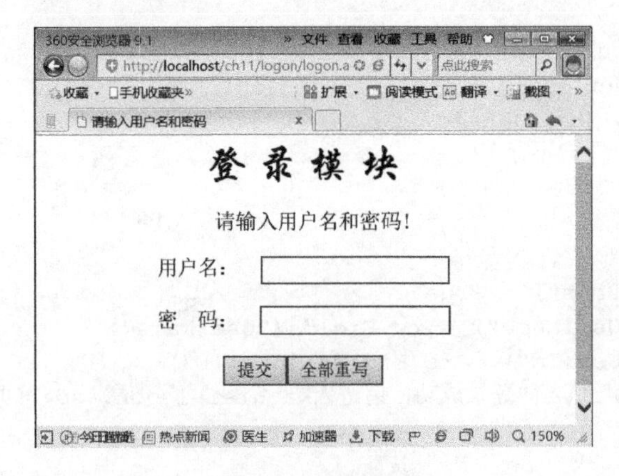


图 11-2　登录界面

## 11.1.3　验证码实现

用户在登录网站或者在论坛发帖子时，经常会遇到输入验证码的情况。验证码可以防止自动化程序恶意注册，或暴力破解登录密码，有助于确保填写表单的是普通用户，而不是自动化的程序。实际上，验证码只是增加攻击者的难度，而不可能完全防止非法用户的恶意行为。

验证码有文本字符和图片验证码两种形式。文本字符验证码是比较原始的验证码形式。现在常用的是图片验证码，有 GIF、BMP、PNG 等图片形式。图片验证码常采用显示随机字符(数字或英文字母，也可以为中文字符)，加上随机干扰像素点或者线条。有些图片验证码还采用了随机位置显示字符。

实现验证码验证的流程如下。

(1) 服务器端随机生成验证码字符串，存入 Session。

(2) 把验证码发送给浏览器端显示。

(3) 用户输入显示的验证码字符，提交给服务器端。

(4) 提交的字符和 Session 保存的字符比较是否一致：一致就继续，否则返回错误提示。

在 ASP 中，使用一些特定组件可以很容易生成图片。但是很多网站并不一定支持这些组件(如提供空间的网站)。下面讲述直接生成 BMP 图片验证码的方法。

生成 BMP 图片验证码的方法有很多，下面介绍一种比较流行的方法。这种方法把验证码生成的点阵数据，填充到 BMP 图片文件中，并依据 BMP 文件的格式设置该文件的信息数据，生成一幅图片。该方法需要填充图像的宽度、高度、文件大小、图像数据大小及图像数据。BMP 图像存储的数据是图像每个像素点的颜色值，以数字 1 为例介绍一下图像数据是如何存储的。现在用一个 10×10 的点阵来描述数字 1，如图 11-3 所示。

在图 11-3 中 1 处的数据，以一种特定颜色值存储于 BMP 图像数据区，如黑色；0 处的数据以另外一种颜色值进行存储，如红色。那么，这幅图像就是在黑色的背景上，显示红色的 1。

在生成验证码图片时，先使用 0 和 1 构成验证码字符的点阵数据，然后依据这些数据(0 和 1)填充每个像素的颜色，这样就生成了一个图片，如图 11-4 所示。

```
1111011111
1100011111
1111011111
1111011111
1111011111
1111011111
1111011111
1111011111
1111011111
1100000111
```

图 11-3　图像 1 点阵数据

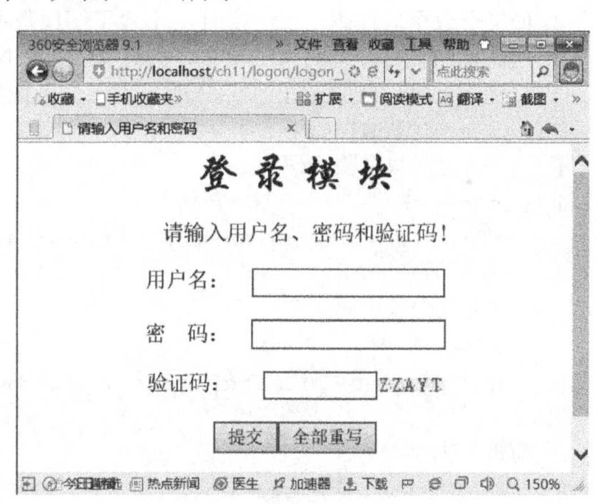


图 11-4　带验证码的登录界面

验证码的数目和杂点数目，可以通过函数 CreatBMPValidCode()的 nNum 和 nOdd 参数进行设置。代码如下：

```
<%
'--------文件名：yzma.asp -------------------
'调用生成验证码的过程
Call CreatBMPValidCode("BMPValidCode",5,6)
'生成验证码
'参数 pSN 表示 Session 变量名
'参数 nNum 表示验证码个数
'参数 nOdd 表示杂点数目，数值越大杂点越大
Sub CreatBMPValidCode(pSN,nNum,nOdd)
'禁止缓存
```

```
Response.Expires = -1
Response.AddHeader "Pragma","no-cache"
Response.AddHeader "cache-ctrol","no-cache"
Response.ContentType = "Image/BMP"
'随机函数
Randomize
Dim i, ii, iii
'设置字符数量
Const cAmount = 36
'字符范围
Const cCode = "0123456789ABCDEFGHIJKLMNOPQRSTUVWXYZ"
' 设置颜色
Dim RGBData(2)
' 0 的位置颜色
RGBData(0) = ChrB(100) & ChrB(100) & ChrB(100)
' 1 的位置颜色
RGBData(1) = ChrB(100) & ChrB(255) & ChrB(255)
' 设置每个字符的宽度和高度
dim nPicSize,nPicWid,nPicHei,bEven
nPicWid=10
nPicHei=10
' 如果偶数个验证码，BMP 文件大小为图像数据加上文件头数据大小(一般为 54 个字节)
' 如果奇数个验证码，BMP 文件大小除了图像数据和文件头数据大小(一般为 54 个字节)之外，
' 还需要加上每行凑的两个像素，共有 10×2 个像素
'每个像素使用 24 位(3 个字节)颜色表示，图像数据为高度×宽度×3
If nNum*nPicWid mod 4 =0 Then
    '确定偶数个验证码
bEvent=1
    nPicSize=nPicHei*nPicWid*nNum*3+54
Else]
    '奇数个验证码
    bEvent=0
    nPicSize=nPicHei*nPicWid*nNum*3+54+2*nPicHei
End If
' 随机产生字符
Dim strCode(10), strCodes
  For i = 0 To nNum-1
    '产生一个随机数，保证在 0 和 cAmount 之间
   strCode(i) = Int(Rnd * cAmount)
    '得出随机字符并保存在变量 strCodes 中
strCodes = strCodes & Mid(cCode, strCode(i) + 1, 1)
Next
'记录入 Session
Session(pSN) = strCodes
'字符的点阵数据
Dim strData(36)
strData (0)     = "1110000111 "&_
"1101111011"&_
"1101111011 "&_
"1101001011 "&_
"1101001011 "&_
```

```
"1101001011 "&_
"1101001011 "&_
"1101111011 "&_
"1101111011 "&_
"1110000111"
…
strData (35)      = "1100000011"&_
"1101110111"&_
"1111110111"&_
"1111101111"&_
"1111101111"&_
"1111011111"&_
"1111011111"&_
"1110111111"&_
"1110111011"&_
"1100000011"
Dim nSize
'BMP 文件头中使用两个字节保存文件大小
'文件大小为 n×256+nSize
'因此 nSize 数值为文件大小除以 256 的余数
nSize=nPicSize-(int(nPicSize / 256))*256
Dim n
n=int(nPicSize / 256)
Dim m
'图像宽度
m=nPicWid*nNum
'输出图像文件头
'设置文件类型
Response.BinaryWrite ChrB(Asc("B")) & ChrB(Asc("M"))
' 设置文件大小
Response.BinaryWrite  ChrB(nSize) & ChrB(n)
Response.BinaryWrite  ChrB(0) & ChrB(0) & ChrB(0) & ChrB(0) & ChrB(0) & ChrB(0)
& ChrB(54) & ChrB(0) &_
                    ChrB(0) & ChrB(0) & ChrB(40) & ChrB(0) & ChrB(0) & ChrB(0)
'设置图像宽度
Response.BinaryWrite ChrB(m) & ChrB(0) & ChrB(0) & ChrB(0)
'设置图像高度
Response.BinaryWrite ChrB(nPicHei) & ChrB(0) & ChrB(0) & ChrB(0) & ChrB(1) &
ChrB(0)
Dim l
'BMP 图像信息头中使用两个字节保存图像大小
'图像大小为 ll×256+l
'因此 l 数值为文件大小除以 256 的余数减去文件头大小
l=nPicSize-(int((nPicSize-54) / 256))*256-54
Dim ll
ll=int((nPicSize-54) / 256)
' 输出图像信息头
Response.BinaryWrite ChrB(24) & ChrB(0) & ChrB(0) & ChrB(0) & ChrB(0) & ChrB(0)
' 设置图像数据大小
Response.BinaryWrite ChrB(l) & ChrB(ll)
```

```
Response.BinaryWrite ChrB(0) & ChrB(0)& ChrB(18) & ChrB(11) & ChrB(0) & ChrB(0)
& ChrB(18) & ChrB(11) &_
                    ChrB(0) & ChrB(0) & ChrB(0) & ChrB(0) & ChrB(0) & ChrB(0) &
ChrB(0) & ChrB(0) &_
                    ChrB(0) & ChrB(0)
' 处理所有行
For i = 9 To 0 Step -1
' 处理所有验证码字符
 For ii = 0 To nNum-1
' 处理所有像素
     For iii = 1 To 10
'输出图像数据
' 随机生成杂点
     If Rnd * 99 + 1 < nOdd Then
            Response.BinaryWrite RGBData(0)
      Else
        Response.BinaryWrite RGBData(Mid(strData(strCode(ii)), i * 10 + iii, 1))
       End If
    Next
 Next
'如果是奇数个验证码，每行加上两个像素以对齐字节
 If bEvent=0 Then
  Response.BinaryWrite ChrB(0) & ChrB(0)
 End If
Next

End Sub
%>
```

程序执行流程如下。

(1) 设置字符范围和颜色。

(2) 依据字符点阵数据，设置字符高度和宽度。

(3) 计算文件大小。

(4) 计算图像数据大小。

(5) 输出图像文件头信息和图像信息头信息。

(6) 依据点阵数据输出图像数据。

为验证用户输入的验证码是否正确，Logon.asp 文件中验证用户名和密码的代码需要进行修改。修改后的代码如下：

```
<%
'连接数据库
'使用 Server 对象的 CreateObject 方法建立 Connection 对象
Set Conn=Server.CreateObject("ADODB.Connection")
Conn.ConnectionString="Provider=Microsoft.Jet.OLEDB.4.0;"&_
              "Data Source="&Server.MapPath("User.mdb")
Conn.Open
Sql="select * from Users_Info where UserName='"&UserName &"' and
UserPwd='"&UserPwd &"'"
'读取用户数据
```

```
set rs=Conn.Execute(Sql)
If rs.EOF Then
'用户不存在，显示错误信息
Errmsg = "用户不存在"
Else
'登录成功
Errmsg = ""
'检查验证码是否正确
If Trim(Request.Form("YZM"))=Empty Or
Trim(Session("BMPValidCode"))<>Trim(Request.Form("YZM")) Then
'输出验证码不正确的信息
response.write("请注意正确输入验证码")
response.end
Else
    '设置正确的登录信息
Session("Pass") = True
Session("UserName") = rs.Fields("UserName")
Session("UserId") = rs.Fields("UserID")
        Response.Write("登录成功，请进入<a href=logon.asp>首页</a>")
End If
End If
%>
```

### 11.1.4　MD5 加密实现

为了网络信息的安全，在用户注册和登录时，常使用 MD5 对用户的密码进行加密。MD5 是一种不可逆的加密算法，在 ASP 中可以实现。

使用该函数对数据进行 MD5 加密，需要在文件头包含该文件。代码如下：

```
<!--#include file="md5.asp" -->
```

对密码进行 MD5 加密。具体的加密代码如下：

```
<%
'对用户输入的密码进行 MD5 加密
UserPwd=MD5(UserPwd)
%>
```

### 11.1.5　数据安全检验

密码使用 MD5 加密后，登录的流程如下。

(1)　对密码进行 MD5 加密。

(2)　与数据库中相应用户的密码进行对比。

(3)　一致则登录成功，否则登录失败。

具体的数据安全验证代码如下：

```
<%
'连接数据库
Set Conn=Server.CreateObject("ADODB.Connection")
```

```
Conn.ConnectionString="Provider=Microsoft.Jet.OLEDB.4.0;"&_
        "Data Source="&Server.MapPath("User.mdb")
Conn.Open
'对用户输入的密码进行 MD5 加密
UserPwd=MD5(UserPwd)
'数据库中用户的密码为使用 MD5 加密后的密码
Sql="select * from Users_Info where UserName='"&UserName &"' and
UserPwd='"&UserPwd&"'"
'读取用户数据
set rs=Conn.Execute(Sql)
If rs.EOF Then
  '用户不存在，显示错误信息
  Errmsg = "用户不存在"
Else
     '登录成功
   Errmsg = ""
   Session("Pass") = True
   Session("UserName") = rs.Fields("UserName")
   Session("UserId") = rs.Fields("UserID")
   Response.Write("登录成功，请进入<a href=logon.asp>首页</a>")
End If
%>
```

## 11.2　购物车模块

现在很多网站都有网上购物功能，而网上购物常用的一个功能是购物车功能。下面介绍购物车模块的实现方法。

### 11.2.1　购物车流程

购物车的实现流程如图 11-5 所示。

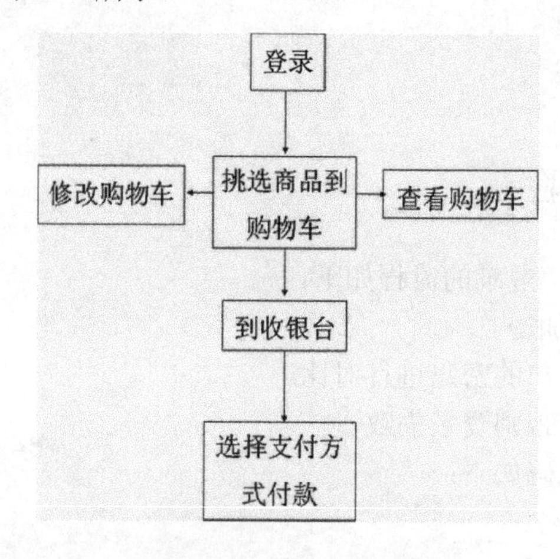


图 11-5　购物车流程

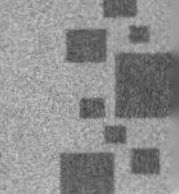

为了实现上述操作，必须使用数据库保存商品信息。在本例中，所有商品保存在数据表 Type 中，该表的结构如表 11-1 所示；用户选择的商品保存在表 Shop_list 中，该表结构如表 11-2 所示。

表 11-1 表 Type 的结构

| 字段名称 | 类 型 | 说 明 |
|---|---|---|
| ID | 自动编号 | 关键字段 |
| Name | 文本 | 商品名称 |
| Relax | 文本 | 商品说明 |
| Cost | 数字 | 商品价格 |

表 11-2 表 Shop_list 的结构

| 字段名称 | 类 型 | 说 明 |
|---|---|---|
| ID | 自动编号 | 关键字段 |
| user | 文本 | 用户名 |
| ShopName | 文本 | 商品名称 |
| ShopID | 数字 | 商品序号 |
| Cost | 数字 | 商品价格 |
| Num | 数字 | 商品数量 |
| TotalCost | 数字 | 商品总价格 |
| Time | 日期 | 购买商品时间 |

## 11.2.2 Cookie 加密

本例使用 Cookie 记录用户登录的信息。为了实现数据安全，防止用户假冒 Cookie 信息购买商品，需要对登录的用户信息进行加密。加密的方法很多，使用比较复杂的加密算法，安全性比较高。但同时占用服务器资源也比较多，浪费的时间也比较多，会减慢整个网站的访问速度。在本例中，用户登录成功后，使用 MD5 加密算法进行 Cookie 加密。下面是 Cookie 加密的代码：

```
<%
'设置加密的 Cookies 值
Response.Cookies("Order_Info")("User")=MD5(UserName)
Response.Cookies("Order_Info")("ID")=rs.Fields("UserID")
Response.Cookies("Order_Info").Expires=Date()+1
%>
```

## 11.2.3 实现方法

在本例，登录页面的实现方法可以参考 11.2.2 节，这里不再赘述。下面是其他部分的实现方法。

### 1. 显示商品页面

显示商品页面的界面如图 11-6 所示。

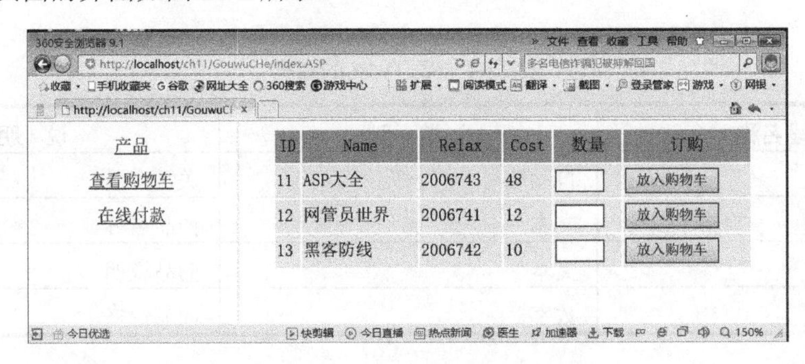

图 11-6 显示商品页面的界面

该页面主要把商品库中的商品信息显示在页面上，实现方法就是查询储存商品的表。具体实现代码如下：

```
<%
'连接数据库
Set Conn=Server.CreateObject("ADODB.Connection")
Conn.ConnectionString="Provider=Microsoft.Jet.OLEDB.4.0;"&_
            "Data Source="&Server.MapPath("STORE.mdb")
Conn.Open
'查询商品
Sql= "SELECT * FROM Type"
set rs=Conn.Execute(Sql)
%>
<TABLE BORDER="0" ALIGN="Center" WIDTH="90%">
  <TR BGCOLOR="#BABA76" HEIGHT="30" ALIGN="Center">
<%
   '把数据表的字段名称作为表格的标题
   For I = 0 To rs.Fields.Count - 1
       Response.Write "<TD>" & rs.Fields(I).Name & "</TD>"
  Next
   Response.Write "<TD>数量</TD>"
   Response.Write "<TD>订购</TD>"
%>
  </TR>
<%
'在表格中显示各个字段的数据
Do While Not rs.EOF
Str = "<TR HEIGHT='30' BGCOLOR='#EDEAB1'>"
For I = 0 To rs.Fields.Count - 1
        Str = Str & "<TD>" & rs.Fields(I).Value & "</TD>"
Next
Response.Write Str
Response.Write "<TD><FORM METHOD='POST' TARGET= 'Bottom'
ACTION='AddToCar.asp?Book=" & _
```

```
        rs("Name") & "&Relax=" & rs("Relax") & "&Cost=" & rs("Cost") & _
        "'><INPUT TYPE='TEXT' NAME='Quantity' SIZE='5'></TD>"
Response.Write "<TD><INPUT TYPE='SUBMIT' VALUE='放入购物车'></TD></FORM></TR>"
rs.MoveNext
  Loop
  '关闭数据库连接并释放对象
  rs.Close
  Set rs = Nothing
  Conn.Close
  Set Conn = Nothing
%>
</TABLE>
```

### 2. 显示购物车商品

显示购物车商品的页面如图 11-7 所示。

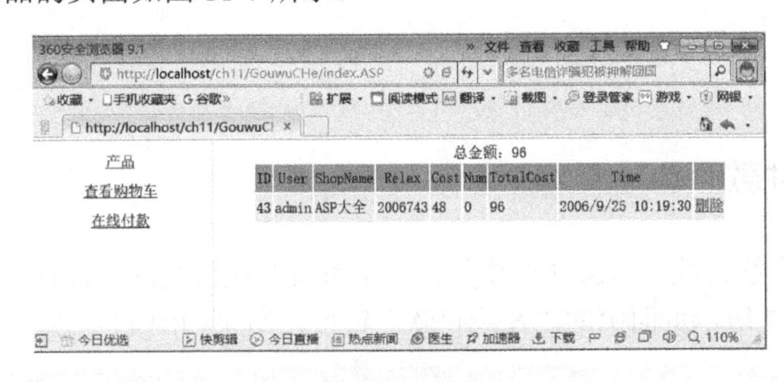

图 11-7　显示购物车商品的页面

该页面主要显示该用户购物车中的商品。实现方法就是查询储存购物商品的表 shop_list，具体实现的部分代码如下：

```
<%
 '设置查询该用户的所有商品
 Sql= "SELECT * FROM shop_list WHERE user='" & Session("UserName") & "'"
 '查询该用户的所购商品
set rs=Conn.Execute(Sql)
'判断是否存在该用户购买的商品
 If rs.EOF Then
   Response.Write "<CENTER><IMG SRC='fig1.jpg'><P>购物车内没任何商品！</P>" & _
     "<P><A HREF='Catalog.asp'>产品类型</A></P></CENTER>"
 Else
%>
<TABLE BORDER="0" ALIGN="Center">
  <TR BGCOLOR="#ACACFF" HEIGHT="30" ALIGN="Center">
<%
'输出表的字段名称作为选项的内容
   For I = 0 To rs.Fields.Count - 1
       Response.Write "<TD>" & rs.Fields(I).Name & "</TD>"
   Next
   Response.Write "<TD> </TD>"
```

```
  %>
  </TR>
<%
Total = 0
'获取并显示商品名称
Do While Not rs.EOF
  Str= "<TR HEIGHT='30' BGCOLOR='#EAEAFF'>"
  '输出所有的字段名称
  For I = 0 To rs.Fields.Count - 1
    Str = Str & "<TD>" & rs.Fields(I).Value & "</TD>"
  Next
  Response.Write Str
  Response.Write "<TD><A HREF='Delete.asp?ID=" & rs("ID") & "'>删除
</A></TD></TR>"
  Total = Total + rs("TotalCost")
  rs.MoveNext
Loop
%>
```

## 11.2.4 在线付款

本例使用网银在线付款接口实现在线付款。本系统在线付款的具体操作步骤如下。

(1) 单击图 11-7 所示页面中的“在线付款”链接，结果如图 11-8 所示。

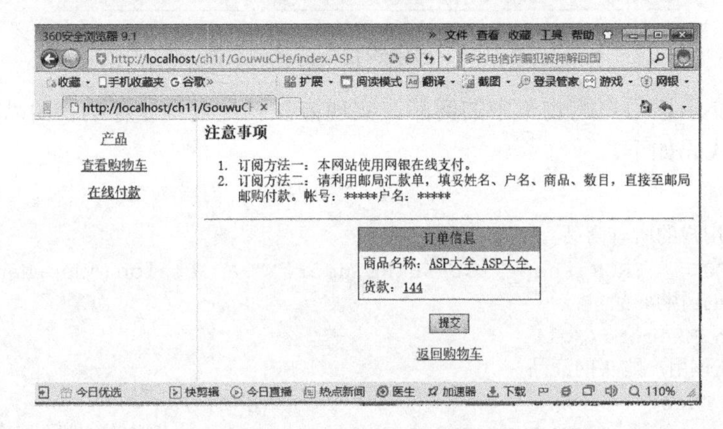


图 11-8　确认订单信息

(2) 确定购物车中商品和总价是否正确，正确后单击“提交”按钮，结果如图 11-9 所示。

(3) 选择用户持有卡所在银行，单击“立即支付”按钮，结果如图 11-10 所示。

(4) 输入用户持有卡卡号和验证码，单击“提交”按钮。如果用户已经成为网上银行用户，交易即可成功。

使用网银付款系统需要经过如下步骤。

(1) 网银网站注册。

(2) 登录网银网站。

(3) 修改 MD5 密钥。

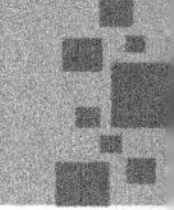

(4) 下载付款 ASP 接口。

(5) 调用 ASP 接口。

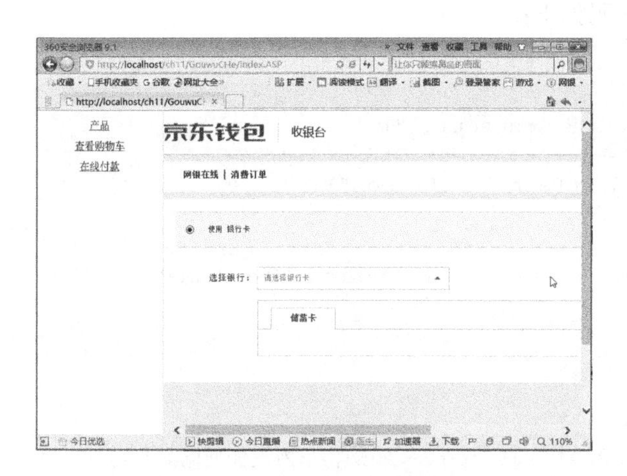

图 11-9　网银在线付款界面

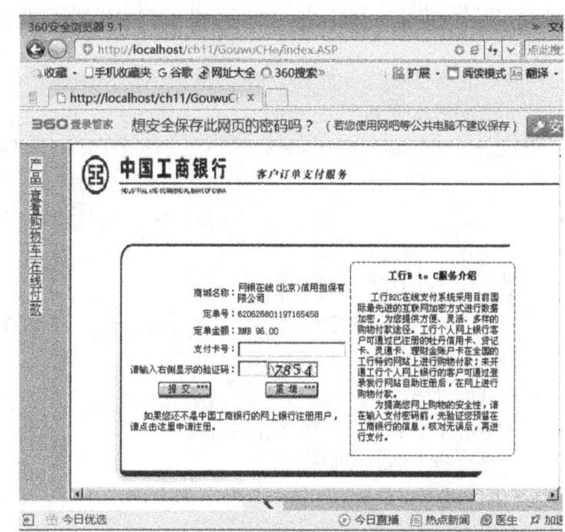

图 11-10　输入卡号

本小节对网银网站注册和登录的步骤不再讲述，下面是使用网银付款接口的方法。

### 1．付款接口

网银付款接口包括发送信息文件 Send.asp、接收信息文件 Receive.asp、自动接收信息文件 AutoReceive.asp 和 MD5 加密文件 MD5.asp。该套接口的使用流程如下。

(1) 通过发送文件向网银网站发送商户号、MD5 密钥和订单金额。

(2) 接收支付结果并显示。

(3) 网银网站从客户账户上划拨相应的钱款到商户号的账户上。

从以上可知，需要向网银网站发送商户号、MD5 密钥和订单金额。通常需要修改 Send.asp 文件中的相关变量，如表 11-3 所示。

表 11-3　发送文件设置信息

| 字段名称 | 说　明 |
|---|---|
| v_mid | 商户号 |
| key | MD5 密钥 |
| v_amount | 订单金额 |
| v_oid | 订单号 |
| v_moneytype | 币种 |
| v_url | 接收支付结果的页面 |

### 2．调用付款接口

调用付款接口的步骤如下。

(1) 把文件夹 chinabank 及其下的文件复制到网站根目录下。

(2) 设置文件 Send.asp 的 v_mid 为商户号。

(3) 设置文件 Send.asp 的 key 为在网银网站设置的密钥。

(4) 设置文件 Send.asp 的 v_url 为接收支付结果的页面网址。

(5) 调用 Send.asp 文件并向其传送订单金额。

本实例调用 Send.asp 文件具体的实现代码如下：

```
<%
  '连接数据库
  Set Conn=Server.CreateObject("ADODB.Connection")
  Conn.ConnectionString="Provider=Microsoft.Jet.OLEDB.4.0;"&_
          "Data Source="&Server.MapPath("STORE.mdb")
  Conn.Open
'查询当前用户购物金额
  Sql= "SELECT * FROM shop_list WHERE user='" & Session("UserName") & "'"
  set rs=Conn.Execute(Sql)
  Dim Name
  '判断是否存在购买的商品
  If rs.EOF Then
'没有购物
    Response.Write "<CENTER><IMG SRC='fig1.jpg'><P>购物车内没任何商品！</P>" & _
      "<P><A HREF='Catalog.asp'>产品类型</A></P></CENTER>"
  Else
'保存所购商品总金额
    Total = 0                              '设置商品的总价初始值为 0
    '计算商品的总价
    Do While Not rs.EOF
      '保存所购商品名称
Name=Name&rs("ShopName")&"<BR>"
'计算所有商品金额
      Total = Total + rs("TotalCost")
      rs.MoveNext
    Loop
  End If
  '输出表单，并设置提交网址到 Send.asp
   '参数 v_amount 为总成交金额
  Response.write("<form method='post'
action='chinabank/send.asp?v_amount="&Total&"'>")
%>
   <TABLE BORDER="1" BGCOLOR="White" RULES="Cols" ALIGN="Center"
CELLPADDING="5">
     <TR HEIGHT="25"> <TD ALIGN="Center" BGCOLOR="#CCCC00">订单信息</TD></TR>
     <TR HEIGHT="25"><TD>商品名称：<U><%= Name %></U></TD></TR>
     <TR HEIGHT="25"><TD>货款：<U><%= Total  %></U></TD></TR>
     </TABLE>
    <p align="center"> <input type="submit" value="提交" name="B1"></p>
    <p align="center"><a href="car.asp">返回购物车</a>  </p>
</form>
```

## 11.3 分级目录模块

分级目录结构是一个树型结构，在网络应用程序中应用非常广泛。具有如下两个特点。

(1) 直观性强。这种结构分类明确直观，用户能够方便地找到需要的目录。

(2) 便于管理。对系统的编写和维护人员而言，这种结构也更有利于程序模块化的实现。

本节主要介绍一种使用 ASP 和 JavaScript 实现动态分级目录的方法。动态分级目录，是指分级目录的各个节点，依据数据库中的数据自动生成。通过对数据库进行相应增加、删除、修改操作，控制分级目录节点的内容，达到方便、直观、快捷的目的。

## 11.3.1　目录分级流程

本节介绍的目录分级结构，不同的层使用不同长度字符表示。父目录使用两位字符表示，子目录使用四位字符表示，以此类推。子目录字符序号是在父目录的基础上加上两位字符构成的，这两位字符表示子目录在父目录中的排列顺序。例如，使用 01、02 表示父目录中的两个节点，0101 和 0102 表示 01 节点下的两个子节点，也就是子目录中的两个节点。

动态分级目录主要由两种不同的节点构成：文档节点和文件夹节点。文档节点是动态分级目录的最低层节点，相当于一个超链接；文件夹节点下可以有若干个子节点，这些子节点可以是文档节点，也可以是文件夹节点。这样就形成了一个完整的分级目录。

## 11.3.2　数据库设计

要依据上述原理实现动态分级目录，需要建立一个数据库表 Dir_Info。表的结构如表 11-4 所示。

表 11-4　表 Dir_Info 的子段

| 字段名称 | 字段含义 |
|---|---|
| ID | 目录序号(主键) |
| Title | 目录标题 |
| Content | 目录内容 |
| Layer | 层的级别 |
| Type | 节点类型。1 表示文件夹节点；2 表示文档 |
| IsDisp | 是否显示 |

在表 Dir_Info 中，父目录和子目录通过 Layer 字段联系。如果节点 A 的 Layer 字段值为 AB，节点 B 的 Layer 字段值为 AB01，则节点 B 为节点 A 的子目录，节点 A 为节点 B 的父目录。另外，Content 字段表示目录内容，只有该节点是文档节点才起作用。

## 11.3.3　分级目录设计

分级目录显示代码保存在 index.asp 文件中，如图 11-11 所示。单击文件夹节点可以展开该节点，显示其所有子节点；再次单击该文件夹节点，可以隐藏其所有子节点。

index.asp 文件被载入浏览器时，调用 init()函数创建动态分级目录的根节点。该函数调用 Generate()函数生成所有目录节点。Generate()函数是一个递归函数，通过递归调用本身，依据数据库中数据生成分级目录。通过使用递归函数，使得程序代码简单易懂，不再详细说明。

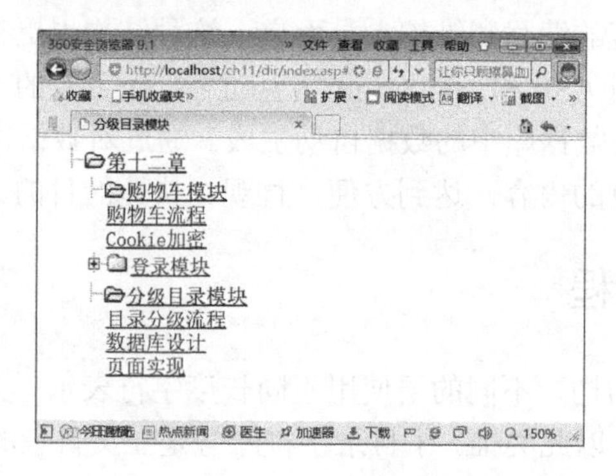

图 11-11　分级目录界面

下面是生成分级目录所用的函数。代码如下：

```
<%
'init()过程为初始化函数
Sub init()
    call Generate("__")                         '调用 Generate 过程生成节点
End Sub
'生成文档节点
Sub WriteDoc(layer,title,Content)
'显示缩进空格，空格个数为 layer 字符的个数
For i=1 To len(layer)
    Response.Write(" ")
Next
'输出链接
Response.write("<a href="&Content&" >"&title&"</a><br>")
End Sub
'生成文件夹节点
Sub WriteNode (layer,title)
'显示缩进空格，空格个数为 layer 字符的个数
For i=1 To len(layer)
    Response.Write(" ")
Next
'生成文件夹节点的图片和层信息
Response.write("<img id=img"&layer&" src='img/plus.gif' border=0>"&_
              "<a href='#' onclick=showObj('id"&layer&"','img"&layer&_
              "')>"&title&" </a><br>")
'输出层节点
Response.write("<div id=id"&layer&" style='display:none'>")
End Sub
'生成节点
'连接数据库
Sub Generate (layer)
Set Conn=Server.Createobject("Adodb.Connection")
Conn.ConnectionString="Provider=Microsoft.Jet.OLEDB.4.0;"&_
            "Data Source="&Server.MapPath("user.mdb")
Conn.Open
Set rs=Server.Createobject("Adodb.Recordset")
'设置查询层信息的 SQL 语句
```

```
Sql="Select * from LayerST where IsDisp='1' and Layer Like '"&layer&"'"
rs.Open Sql,Conn,1,1
do while rs.EOF=False
     '处理文件夹节点
     If rs("Type")="1" Then
     '生成文件夹节点
         call WriteNode(rs("Layer"),rs("Title"))
          '生成该节点的子节点
         call Generate (rs("Layer")&"__")
          '层结束
         Response.write("</div>")
    Else
          '生成文档节点
         call WriteDoc(rs("Layer"),rs("Title"),rs("Content") )
    End If
    rs.movenext
loop
rs.close
Conn.close
End Sub
%>
```

代码说明如下。

(1) Generate()函数是一个递归函数。判断数据库记录的类型：如果是文件夹节点，生成文件夹节点并调用该函数生成子节点；如果是文档节点，生成文档节点。

(2) WriteNode()函数生成文件夹节点。文件夹节点使用层显示和隐藏子节点。

以上只是生成节点，并不能展开和隐藏子节点。为了展开和隐藏子节点，需要加入下列 JavaScript 代码：

```
<script>
<!--展示和隐藏层节点
function showObj(str,imgid) {
  //依据控件的名称获取控件对象
  divObj=eval(str);//str 为层的名称
  imgObj=eval(imgid);//imgid 为图像的名称
  //获取层的显示属性
//如果 divObj.style.display 为 none，表示层处于隐藏状态
//如果 divObj.style.display 为 inline，表示层处于显示状态
  if (divObj.style.display=="none") {
     //设置图像的源文件
    imgObj.src="img/open.gif";
    divObj.style.display="inline";
  }
  else {
    imgObj.src="img/plus.gif";
    divObj.style.display="none";
  }
}
</script>
```

代码说明如下。

(1) eval()函数返回层和图片的对象变量值。

(2) 根据层的 display 属性设置显示或隐藏图片。display 属性值为 none，表示子节点隐藏；为 inline，表示显示子节点。

## 11.3.4 管理界面设计

本模块除显示分级目录的部分以外，还允许管理员修改、添加和删除分级目录。分级目录的管理界面文件为 Admin.asp，界面效果如图 11-12 所示。

| 项目(层) | 修改 | 增加 | 删除 |
| --- | --- | --- | --- |
| 第十二章(12) | 修改 | 增加 | 删除 |
| 登录模块(1201) | 修改 | 增加 | 删除 |
| 登录流程(120101) | 修改 | 增加 | 删除 |
| 验证码实现(120102) | 修改 | 增加 | 删除 |
| MD5加密实现(120103) | 修改 | 增加 | 删除 |
| 数据安全检验(120104) | 修改 | 增加 | 删除 |
| 购物车模块(1202) | 修改 | 增加 | 删除 |
| 购物车流程(120201) | 修改 | 增加 | 删除 |
| Cookie加密(120202) | 修改 | 增加 | 删除 |
| 分级目录模块(1203) | 修改 | 增加 | 删除 |
| 目录分级流程(120301) | 修改 | 增加 | 删除 |
| 数据库设计(120302) | 修改 | 增加 | 删除 |
| 页面实现(120303) | 修改 | 增加 | 删除 |

图 11-12　分级目录管理界面

下面为管理部分的代码，连接数据库代码省略。下面的代码获取所有的分级目录信息，并生成管理表格。管理操作包括修改、增加和删除操作。具体代码如下：

```
<%
'显示所有项目记录
do while  rs.EOF=False
    str="<tr><td width='25%'>"&rs("Title")&"("&rs("Layer")&") </td>"&_
        "<td width='25%' align='center'>"&"<a
href='modify.asp?ID="&rs("ID")&"&action=modify'>修改</a>"&_
        "</td><td width='25%' align='center'><a
href='modify.asp?ID="&rs("ID")&"&action=add'>增加</a>"&_
        "</td><td width='25%' align='center'><a
href='modify.asp?ID="&rs("ID")&"&action=del'>删除</a></td></tr>"
    Response.write(str)
    rs.movenext
Loop
%>
```

本段代码在生成管理条目时，action 值的说明如表 11-5 所示。

表 11-5　action 值的说明

| action 值 | 值的含义 |
| --- | --- |
| add | 添加目录(单击“添加”链接时产生) |
| modify | 修改目录(单击“修改”链接时产生) |
| delete | 删除目录(单击“删除”链接时产生) |

## 11.3.5　添加、修改和删除操作设计

进行这 3 种操作前，需要获取操作的 ID 和操作类型。Request.QueryString()读取参数 action 和 id 值。代码如下：

```
<%
Action=Request.QueryString("action")
strID =Request.QueryString("ID")
%>
```

### 1．添加节点

在管理界面中单击节点项目的“增加”链接，在该节点下增加一子节点。这里省略了用户输入界面，增加节点的核心代码如下：

```
<%
  '获取节点的序号
       strID=Request.QueryString("ID")
  '获取节点属性值
  strTitle=Request.Form("Title")
  strContent=Request.Form("Content")
  strType=Request.Form("Type")
  strIsDel=Request.Form("IsDisp")
  strLayer=Request.Form("Layer")
  '连接数据库
  Set Conn=Server.Createobject("Adodb.Connection")
  Conn.ConnectionString="Provider=Microsoft.Jet.OLEDB.4.0;"&_
              "Data Source="&Server.MapPath("user.mdb")
  Conn.Open
  Set rs=Server.Createobject("Adodb.Recordset")
   '设置查询 SQL 语句
  Sql="Select * from LayerST where ID="&strID
  rs.Open Sql,Conn,1,1
  '层的值为父节点和输入的两位字符形成字符串
  strLayer=Mid(strLayer,1,2)
  strLayer=rs("Layer")&strLayer
  rs.close
   '插入节点记录
  Sql="insert into LayerST(TiTle,Content,Layer,Type,IsDisp) values('"&_

strTitle&"','"&strContent&"','"&strLayer&"','"&strType&"','"&strIsDel&"')"
  Conn.Execute(Sql)
%>
```

### 2. 修改节点

修改节点的代码和增加节点的代码相似，只是把插入记录的数据库操作换成了更新操作。代码如下：

```
Sql="update LayerST set Title='"&strTitle&_
  "', Content='"&strContent&"', Type='"&strType&_
  "', IsDisp='"&strIsDel&"' where ID="&strID
  Conn.Execute(Sql)
```

### 3. 删除节点

单击管理界面条目的“删除”链接，会把该节点和子节点一并删除。删除操作的代码如下：

```
<%
 Sql="update LayerST set Title='"&strTitle&_
  "', Content='"&strContent&"', Type='"&strType&_
  "', IsDisp='"&strIsDel&"' where ID="&strID
 Conn.Execute(Sql)
%>
```

# 11.4 权限设置模块

随着 Internet 的发展，管理网络化已成为趋势。基于 Web 的管理信息系统，摆脱了地域上的限制，使信息系统的管理更加方便，极大地提高了工作效率。但基于 Web 的网络管理也存在很多问题，用户的权限问题便是其中一个方面。

权限就是控制用户访问资源的方式。权限设置就是根据用户不同级别设置不同的权限，使其查看、修改和删除指定的资源。下面介绍权限设置的实现方法。

## 11.4.1 权限原理分析

本例主要实现不同用户对资源拥有不同的权限。例如，管理员用户拥有所有栏目的查看、修改和删除操作，而普通用户只拥有某些栏目的查看操作。在本例中，用户分为普通用户和组用户。组用户由管理员指定组权限，属于该组的用户都拥有该组的所有权限；普通用户也可以由管理员指定相应的权限，其设置权限高于所属组的权限。资源包括栏目和文章。

### 1. 用户和资源表结构

组和普通用户的权限，就是对栏目和文章的查看、修改和删除动作。为了实现上述操作，需要建立用户表和资源表。用户表包括组用户表 Group_Info 和普通用户表 User_Info；资源表包括栏目表 Res_Info 和文章信息表 File_Info。表 User_Info 的结构如表 11-6 所示；表 Group_Info 的结构如表 11-7 所示；表 Res_Info 的结构如表 11-8 所示；表 File_Info 的结构如表 11-9 所示。

表 11-6　表 User_Info 的结构

| 字段名称 | 类　型 | 说　明 |
| --- | --- | --- |
| ID | 自动编号 | 关键字段 |
| user | 文本 | 用户名 |
| pwd | 文本 | 用户密码 |
| Group_ID | 数字 | 用户所属组序号 |

表 11-7　表 Group_Info 的结构

| 字段名称 | 类　型 | 说　明 |
| --- | --- | --- |
| ID | 自动编号 | 关键字段 |
| Name | 文本 | 组的名称 |
| GroupOwner | 数字 | 组的管理者 |

表 11-8　表 Res_Info 的结构

| 字段名称 | 类　型 | 说　明 |
| --- | --- | --- |
| ID | 自动编号 | 关键字段 |
| Name | 文本 | 栏目名称 |
| Owner | 数字 | 设置栏目的用户 ID |

表 11-9　表 File_Info 的结构

| 字段名称 | 类　型 | 说　明 |
| --- | --- | --- |
| ID | 自动编号 | 关键字段 |
| Content | 文本 | 文章内容 |
| LanMuID | 数字 | 所属栏目 ID |
| Owner | 数字 | 文章上传用户 ID |
| Allow | 文本 | 用户权限 |

### 2．权限表结构

为设置用户对资源的权限，需要建立表存放权限。表 Group_Role 存放组用户权限，结构如表 11-10 所示；存放用户权限的表为 User_Role，结构如表 11-11 所示。

表 11-10　表 Group_Role 的结构

| 字段名称 | 类　型 | 说　明 |
| --- | --- | --- |
| ID | 自动编号 | 关键字段 |
| GroupID | 数字 | 组 ID |
| ResID | 数字 | 栏目 ID |
| FileID | 数字 | 文章 ID |
| Action | 文本 | 组用户权限 |

表 11-11　表 User_Role 的结构

| 字段名称 | 类　型 | 说　明 |
| --- | --- | --- |
| ID | 自动编号 | 关键字段 |
| UserID | 数字 | 用户 ID |
| ResID | 数字 | 栏目 ID |
| FileID | 数字 | 文章 ID |
| Action | 文本 | 用户权限 |

### 3. 权限

在本例中，权限包括查看、修改和删除操作。拥有修改某资源操作的用户，同时也拥有查看该资源的操作。同样，拥有删除某资源操作的用户，也拥有查看和修改该资源的操作。查看、修改和删除操作分别使用 1、3 和 7 表示，0 表示没有任何权限。

在本例中，管理员可以指定用户对资源的权限。例如，管理员可以指定栏目或者文件属主拥有查看、修改和删除权限；该资源属主的同组用户，拥有查看和修改操作；其他用户只能拥有查看操作。这就需要对权限表示方法进行相应的修改，本例使用三位数字表示上述权限。第一位数字表示属主拥有的权限；第二位数字表示属主同组用户拥有的权限；第三位数字表示其他用户拥有的权限。例如，权限 731 就可以表示属主拥有查看、修改和删除操作，属主的同组用户拥有查看和修改操作，其他用户只能拥有查看操作。

## 11.4.2　获取权限

获取当前用户对栏目和资源的权限，是经常用到的操作。本例把获取权限的代码集成为函数。取得栏目权限的代码由函数 GetResAllow()实现，取得文章权限的代码由函数 GetFileAllow()实现。下面分别介绍这两个函数。

### 1. 函数 GetResAllow()

函数 GetResAllow()有 3 个参数，分别是 strMessage、UserID 和 GroupID。这 3 个参数分别表示栏目名称、用户 ID 和用户所属组的组 ID。该函数的实现流程如下。

(1) 获取栏目的创建者(栏目属主)。

(2) 获取栏目创建者所属的组。

(3) 判断当前用户是否为栏目创建者所属组的创建者，是则返回所有权限，结束执行。

(4) 查询当前用户所属组对该栏目拥有的权限。

(5) 查询当前用户对该栏目拥有的权限。

(6) 判断当前用户是否为栏目创建者，是返回相应权限，结束执行。

(7) 判断当前用户与栏目属主是否为同组，是返回相应权限，结束执行。

(8) 其他用户返回相应权限。

具体实现代码如下：

```
<%
'获取用户操作资源的权限
```

```
Public Function GetResAllow(strMessage,UserID,GroupID)
'连接数据库
Set Conn=Server.Createobject("Adodb.Connection")
Conn.ConnectionString="Provider=Microsoft.Jet.OLEDB.4.0;"&_
            "Data Source="&Server.MapPath("user.mdb")
Conn.Open
'去除栏目名称中的空格以便查询
strMessage=trim(strMessage)
'设置从表 Res_Info 查询该栏目的 SQL 语句
Sql="Select * From Res_Info where Name='"&strMessage&"'"
'执行查询语句
Set rs=Conn.Execute(Sql)
'判断是否存在指定的栏目
If rs.EOF=False Then
    '获得该栏目的序号以及所属用户 ID
    OwnerID=rs("Owner")
    ResID=rs("ID")
Else
    '没有该栏目则结束该页面显示
    Response.End
End If
Dim Group_Owner
'查询栏目属主所属的用户组
Sql="Select GroupID From User_Info where ID="&CInt(OwnerID)
Set rs=Conn.Execute(Sql)
'判断用户所在的组是否存在
If rs.EOF=False Then
    '获得栏目属主所在的组
    GroupOfOwner=rs("GroupID")
Else
    Response.End
End If
'判断 GroupOfOwner 组的创建者是否为当前用户
Sql="Select* From Group_Info where ID="&CInt(GroupOfOwner)&" and
GroupOwner="&CInt(UserID)
Set rs=Conn.Execute(Sql)
'存在查询结果则表示 GroupOfOwner 组的创建者是当前用户
'判断是否存在查询结果
If rs.EOF=False Then
    'GroupOfOwner 组的创建者为当前用户
    '当前用户对该栏目拥有所有权限，返回 7
    GetResAllow=7
End If
Dim GroupAction,UserAction
'获得当前用户所在的组对该栏目所拥有的权限
Sql="Select Action From Group_Role where GroupID="&CInt(GroupID)&" and
ResID="&CInt(ResID)
Set rs=Conn.Execute(Sql)
'判断该组是否拥有对该资源的权限
If rs.EOF=False Then
    '得到组所拥有的权限
```

```
    GroupAction=rs("Action")
End If
'获得用户对该栏目的权限
Sql="Select Action From User_Role where UserID="&CInt(UserID)&" and
ResID="&Cint(ResID)
Set rs=Conn.Execute(Sql)
'判断用户对该资源是否拥有权限
If rs.EOF=False Then
    '获得用户对该栏目的权限
    UserAction=rs("Action")
Else
    UserAction=""
End If

Dim nUser,nGroup,Result
'设置用户的权限
'当前用户为该栏目的属主
If UserID=OwnerID Then
    '判断 UserAction 是否为空。UserAction 为用户的操作
    If UserAction="" Then
        '当前用户对该栏目没有特殊权限，返回所在组的权限
        Result=Cint(Mid(GroupAction,1,1))
    Else
        '当前用户对该栏目的权限高于所在组权限
        '设置用户对该栏目的权限
        Result=Cint(Mid(UserAction,1,1))
    End If
'当前用户和该栏目属主属于同一组
ElseIf GroupID=GroupOfOwner Then
    If UserAction="" Then
        '设置该用户的权限
        Result=Cint(Mid(GroupAction,2,1))
    Else
        Result=Cint(Mid(UserAction,1,1))
    End If
'当前用户为其他用户
Else
    If UserAction="" Then
        '设置该用户的权限
        Result=Cint(Mid(GroupAction,3,1))
    Else
        Result=Cint(Mid(UserAction,1,1))
    End If
End If
'返回该用户的权限
GetResAllow=Result
End Function
%>
```

### 2. 函数 GetFileAllow ()

函数 GetFileAllow()有 5 个参数，分别是 FileID、UserID、GroupID、OwnerID 和 Allow。这 5 个参数分别表示文章 ID、当前用户 ID、当前用户所在组 ID、文章的属主 ID 和操作文章的权限。该函数的实现流程如下。

(1) 获取文章创建者所属的组。

(2) 判断当前用户是否为文章创建者所属的组的创建者，是则返回所有权限。

(3) 查询用户对该文章拥有的权限。

(4) 判断当前用户是否为文章创建者，是则返回相应权限，否则执行下一步。

(5) 判断当前用户与文章属主是否为同组，是则返回相应权限，否则执行下一步。

(6) 其他用户返回相应权限。

具体实现代码如下：

```
<%
'获取用户对文件的操作权限
Public Function GetFileAllow(FileID,UserID,GroupID,OwnerID,Allow)
'连接数据库
Set Conn1=Server.Createobject("Adodb.Connection")
Conn1.ConnectionString="Provider=Microsoft.Jet.OLEDB.4.0;"&_
            "Data Source="&Server.MapPath("user.mdb")
Conn1.Open
Dim GroupOfOwner
'查询文章属主所在的组
Sql="Select GroupID From User_Info where ID="&OwnerID
Set rs=Conn1.Execute(Sql)
If rs.EOF=False Then
    GroupOfOwner=rs("GroupID")
Else
    Response.End
End If
Dim nUser,nGroup,Result
'查询当前用户是否为文章属主所在组的创建者
Sql="Select * From Group_Info where ID="&CInt(GroupOfOwner)&" and
GroupOwner="&CInt(UserID)
Set rs=Conn1.Execute(Sql)
'判断当前用户是否文章所在组的创建者。如果存在查询结果则表示该用户为文章所在组的创建者
If rs.EOF=False Then
    '当前用户为文章属主所在组的创建者，设置该用户拥有所有权限
Result=7
Else
    '查询当前用户是否对该文章拥有特殊权限
    Sql="Select Action From User_Role where UserID="&CInt(UserID)&" and
FileID="&Cint(FileID)
    Set rs=Conn1.Execute(Sql)
    '如果存在查询结果则表示该用户对该文章拥有权限
    If rs.EOF=False Then
        UserAction=rs("Action")
    Else
```

```
        UserAction=""
    End If
    '当前用户为文件属主
    If UserID=OwnerID Then
        If UserAction="" Then
            Result=Cint(Mid(Allow,1,1))
        Else
            Result=Cint(Mid(UserAction,1,1))
        End If
    '当前用户与文件属主同属一组
    ElseIf GroupID=GroupOfOwner Then
        If UserAction="" Then
            Result=Cint(Mid(Allow,2,1))
        Else
            Result=Cint(Mid(UserAction,1,1))
        End If
    '当前用户为其他用户
    Else
        If UserAction="" Then
            Result=Cint(Mid(Allow,3,1))
        Else
            Result=Cint(Mid(UserAction,1,1))
        End If
    End If
End If
Conn1.close
'返回用户权限
GetFileAllow=Result
End Function
%>
```

## 11.4.3 页面显示

显示给用户的页面是由栏目和文章标题组成。每个用户对每个栏目和文章拥有的权限不同，所看到的页面也就不同。在输出页面内容时，根据用户 ID 和栏目内容或者文章 ID，获取用户对该栏目或者文章的操作权限。如果拥有可读以上权限，则显示该栏目或者文章。

获取权限的函数保存在 function.asp 文件中，使用该函数需要包含该文件。包含代码如下：

```
<!--#include file="function.asp"-->
```

下面为页面显示一个栏目的主要代码，代码中有详细的注释，就不再另外说明。代码如下：

```
<%
    '获取当前用户对"公告栏"栏目的权限
    'UserID 为当前用户的 ID
    'GroupID 为当前用户所在的组的 ID
    nCode=Cint(GetResAllow("公告栏",UserID,GroupID))
    '可读以上权限就可显示该栏目
If nCode>=1 Then
%>
```

```
  <tr>
  <td>
    <table border="0" width="100%" id="table3" height=100>
    <tr>
   <td><IMG height=20  src="img/TitleSquare.gif" width=20>
     <font face="华文行楷" size="6" color="#0000FF">公告栏</font>
     </td></tr>
<%
'输出"公告栏"中的文章标题
' OutPutFileContent 为输出文章标题的函数
OutPutFileContent  "公告栏",UserID,GroupID
%>
    </table>
</td>
</tr>
<%
End If
%>
```

其中，OutPutFileContent()函数为输出文章标题的函数。该函数有 3 个参数，分别为 strMessage、UserID 和 GroupID，分别表示栏目名称、当前用户的 ID 和当前用户所在组的 ID。如果当前用户拥有该栏目的相应权限，该函数输出文章标题。

该函数的实现流程如下。

(1) 获取栏目创建者。

(2) 查询该栏目下的所有文章。

(3) 获取当前用户对文章的权限。

(4) 拥有查看权限则显示文章；否则转向(2)。

下面是该函数的代码：

```
<%
Public Function OutPutFileContent(strMessage,UserID,GroupID)
'连接数据库
Set Conn=Server.Createobject("Adodb.Connection")
Conn.ConnectionString="Provider=Microsoft.Jet.OLEDB.4.0;"&_
            "Data Source="&Server.MapPath("user.mdb")
Conn.Open
strMessage=trim(strMessage)
'查询该栏目的创建者
Sql="Select * From Res_Info where Name='"&strMessage&"'"
Set rs=Conn.Execute(Sql)
If rs.EOF=False Then
   OwnerID=rs("Owner")
Else
   Response.End
End If
'查询该栏目下的文章
Sql="Select * From File_Info where LanMuID="&CInt(rs("ID"))
Dim nCount
'设置变量 nCount，保存显示文章的数目
nCount=0
```

```
Set rs=Conn.Execute(Sql)
'对该栏目下所有的文章进行处理。如果当前用户拥有查看权限则显示该文章
Do while rs.EOF=False
  '得到当前用户对该栏目的权限
  nCode=GetFileAllow(rs("ID"),UserID,GroupID,rs("Owner"),rs("Allow"))
  '判断是否显示文章内容
If nCode>=1 Then
'可读以上权限则显示文章标题
'显示文章的数目加 1
     nCount=nCount+1
     Response.write("<tr><td>")
     Response.Write("."&rs("Content"))
     Response.Write("</td></tr>")
  End If
'  rs.movenext
loop
'判断是否有文章显示
If nCount=0 Then
     '没有文章显示，显示提示信息
     Response.write("<tr><td>")
    Response.Write("暂无该栏目信息" )
    Response.Write("</td></tr>")
End If
OutPutFileContent=1
End Function
%>
```

## 11.4.4 设置权限

管理员拥有设置用户权限的界面。设置权限的界面如图 11-13 所示，左侧为用户所能管理的项目，右侧为该项目设置权限的界面。在该界面，管理员可以增加、修改和删除栏目和文章，可以设置组用户和普通用户对该资源的权限。

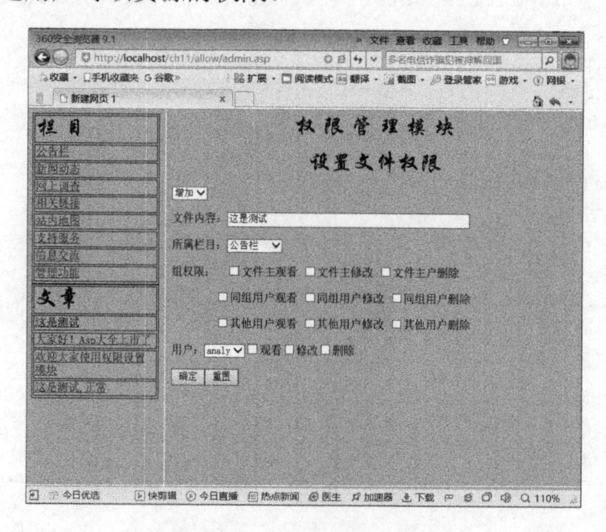


图 11-13 设置权限的界面

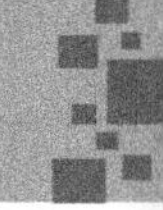

该部分的代码具体实现过程如下。

(1)　显示当前用户可修改的资源。

用户可修改的资源包括可修改的栏目和文章。下面是显示用户可修改的栏目代码(显示可修改文章的代码与其相似这里不作介绍)：

```
<%
'连接数据库
Set Conn=Server.Createobject("Adodb.Connection")
Conn.ConnectionString="Provider=Microsoft.Jet.OLEDB.4.0;"&_
            "Data Source="&Server.MapPath("user.mdb")
Conn.Open
'获取文章序号和用户所在组的序号
UserID=Cint(Session("Id"))
GroupID=Cint(Session("GroupID"))
'查询所有栏目
Sql="Select * From Res_Info "
Set rs1=Conn.Execute(Sql)
'对所有的记录进行处理，依据用户对资源的权限进行设置
do while rs1.EOF=False
    strName= rs1("Name")
    '获取用户对栏目的权限
    '显示能修改文章，下面代码只需修改成
    'nCode=GetFileAllow(rs1("ID"),UserID,GroupID,rs1("Owner"),rs1("Allow"))
nCode=GetResAllow(strName,UserID,GroupID)
    '具有修改和删除权限才显示栏目
If nCode>1 Then
        Response.write("<tr><td>")
        Response.write("<a
href='right.asp?ID="&rs1("ID")&"&Type=LM'>"&rs1("Name")&"</a>")
        Response.write("</td></tr>")
    End If
    rs1.movenext
loop
%>
```

(2)　显示修改资源的界面。

修改资源的界面包含用户可进行的操作、组权限和用户权限。界面与图 11-13 所示的界面类似，这里不再介绍。

根据资源类型 Type、资源 ID 和用户信息，可以取得上述所需信息。下面为显示修改栏目界面的代码(显示修改文件信息界面的代码与其相似，读者可参考配套资源中的文件代码，这里不再讲述)：

```
<%
'TypeRes 表示资源类型。LM 表示栏目，File 表示文件
If TypeRes="LM" Then
    '显示栏目名称，rs("Name")为栏目名称
    '省略了查询栏目名称的方法
    Response.write("<P align='center'><font face='华文行楷' size='6'
color='#0000FF'>"&_
```

```
rs("Name")&"</font></p> ")
Dim strName
strName=rs("Name")
'获得当前用户对该栏目的权限
nCode=Cint(GetResAllow(strName,Session("Id"),GroupID))
'具有修改和删除该栏目权限才可显示该栏目
If nCode>1 Then
    '显示 Form
        Response.write("<form method='POST'
action='modify.asp?Type=LM&ID="&ID&"'><select size='1'
name='SelectAction'>")
        '显示增加和修改操作
        Response.write("<option value='Add'>增加</option>")
        Response.write("<option value='Modify'>修改</option>")
        '具有删除权限则显示删除操作
If nCode=7 Then
            Response.write("<option value='Delete'>删除</option>")
        End If
        Response.write(" </select> ")
        '显示栏目名称输入框
        Response.write(" <p>栏目名称: <input type='LanMu' name='T1' size='20'
value='"& _
strName &"'></p>")
%>
<p>组用户: <select size="1" name="SelectGroup">
<%
        '查询组用户
        Sql="Select * From Group_Info where ID>"&GroupID
        Set rs=Conn.Execute(Sql)
        '把所有的组用户加入下拉列表框
        Do while rs.EOF=False
            Response.write("<option
value='"&rs("ID")&"'>"&rs("Name")&"</option>")
            rs.movenext
        loop
%>
</select>
<p>组权限:  
<input type="checkbox" name="C" value="100" >栏目主观看
<input type="checkbox" name="C" value="300" >栏目主修改
<input type="checkbox" name="C" value="700" >栏目主户删除</p>
<p>       
<input type="checkbox" name="C" value="10" >同组用户观看
<input type="checkbox" name="C" value="30" >同组用户修改
<input type="checkbox" name="C" value="70" >同组用户删除</p>
<p>       
<input type="checkbox" name="C" value="1" >其他用户观看
<input type="checkbox" name="C" value="3" >其他用户修改
<input type="checkbox" name="C" value="7" >其他用户删除</p>
<p>设置其他用户对本栏目权限</p>
<p>用户: <select size="1" name="SelectUser">
```

```
<%
'查询当前用户所能管理的所有用户
        Sql="Select * From User_Info where GroupID>"&GroupID
        Set rs=Conn.Execute(Sql)
        Do while rs.EOF=False
'显示用户
            Response.write("<option
value='"&rs("ID")&"'>"&rs("user")&"</option>")
            rs.movenext
        loop
%>
</select><input type="checkbox" name="U" value="1">观看
<input type="checkbox" name="U" value="3">修改
<input type="checkbox" name="U" value="7">删除</p>
<p><input type="submit" value="确定" name="B1"><input type="reset" value="重
置" name="B2"></p>
</form>
<%
End If
End If
%>
```

## 11.4.5　权限存储

用户设置的权限操作包括增加、修改和删除用户的权限。用户设置的权限信息需要保存到数据库中。权限存储的过程如下。

(1)　取得操作的类型：添加、修改或删除操作。

(2)　取得组用户权限。

(3)　取得设置的用户权限。

(4)　判断用户操作类型。如果是增加资源，则转(7)。

(5)　如果是修改资源，则转(8)。

(6)　如果是删除资源，则转(9)。

(7)　增加资源。

(8)　修改资源。

(9)　删除资源。

具体实现过程如下。

(1)　取得用户操作的类型。代码如下：

```
SelectAction=Request.Form("SelectAction")
```

(2)　取得组用户权限。

用户可以设置用户对资源的操作权限，也可以设置组用户对资源的操作权限。下面是获取组用户权限的代码：

```
<%
 '组权限保存在多选框 C 中
val=split(Request.Form("C"),",")
```

```
'设置权限的初始值
nTemp1=0
nTemp2=0
nTemp3=0
'获取所设置的权限的最大权限
for each v in val
    nval=Cint(trim(v))          '获取权限值
    '判断设置权限类型：属主的权限、同组用户权限、其他用户权限
    If nval>=100 Then
'多选框值大于等于 100 为设置的属主权限
'获取属主最大权限也就是权限为其最大值
        If Int(nval/100)>nTemp1 Then nTemp1=Int(nval/100)
    ElseIf nval>=10 Then
'多选框值大于 10 小于 100 为设置的同组用户权限
'获取同组用户最大权限，也就是权限的最大值
        If Int(nval/10)>nTemp2 Then nTemp2=Int(nval/10)
    ElseIf nval>=1 Then
'多选框值小于 10 为设置的其他用户权限
'获取其他用户的最大权限
        If nval>nTemp3 Then nTemp3=nval
    End IF
Next
'计算组用户所具有的权限
nval=nTemp1*100+nTemp2*10+nTemp3
%>
```

(3) 取得设置的用户权限。

用户权限就是为用户设置权限的最大值。具体实现代码如下：

```
<%
 '组权限保存在多选框 U 中
val=split(Request.Form("U"),",")
nTemp1=0
'获取最大权限
for each v in val
    nTval=Cint(trim(v))
'权限为其最大值
    If nTval>nTemp1 Then nTemp1=nTval
Next
%>
```

(4) 增加资源。

资源包括栏目和文章。不同的资源保存到不同的表中，栏目保存到表 Res_Info 中，文章保存到表 File_Info 中。增加资源的代码如下：

```
<%
 '根据资源类型设置表名和字段名
If Typea="LM" Then
    Forum="Res_Info"
    ForumID="ResID"
    ForumName="Name"
ElseIf Typea="File" Then
    Forum="File_Info"
    ForumID="FileID"
```

```
    ForumName="Content"
End If
'查询该资源是否存在
Set rs=Conn.Execute("Select * from "&Forum&" where
"&ForumName&"='"&Content&"'")
'判断资源是否存在
If rs.EOF =false Then
    Response.write("该项目已经存在！<BR>")
Else
    '设置插入语句
    Sql="Insert into "&Forum&"("&ForumName&",Owner"
    '判断资源的类型
If Typea="File" Then
'设置文件标题、所属栏目、创建者以及权限
        Sql=Sql&",LanMuID,Allow) values('"&Content&"',"&_
Session("Id")&","&Request.Form("LMID")&",'"&nVal&"')"
        Conn.Execute(Sql)
        '获得插入资源的 ID
Set rs=Conn.Execute("select ID from File_Info where Content='"&Content&"'")
        ID=CInt(rs("ID"))
    Else
        Sql=Sql&") values('"&Content&"',"&Session("Id")&")"
        '插入新的栏目
Conn.Execute(Sql)
        '取得新栏目的 ID
Set rs=Conn.Execute("select ID from Res_Info where Name='"&Content&"'")
        ID=CInt(rs("ID"))
'设置该栏目的组权限
        Sql="Insert into [Group_Role]([GroupID],[ResID],[Action]) values("&_
SelectGroup&","&ID&",'"&nVal&"')"
        Conn.Execute (Sql)
    End If
'设置用户对该栏目或者文件的特殊权限
    Sql="Insert into [User_Role]([UserID],["&ForumID&"],[Action]) values("&_
SelectUser&","&ID&",'"&nTemp1&"')"
    Conn.Execute (Sql)
End If
%>
```

(5) 修改资源。

修改资源的操作可以修改资源的名称、资源所属的栏目以及用户对该资源的权限。代码如下：

```
<%
 '设置更新语句
If Typea="File" Then
'更新文件信息
    Sql=Sql&",[LanMuID]="&Request.Form("LMID")&",[Allow]='"&nVal&"' where
ID="&ID
    Conn.Execute(Sql)
Else
'更新栏目信息
    Sql=Sql&" where ID="&ID
    Conn.Execute(Sql)
'更新组用户对该栏目的权限
```

```
    Sql="Update [Group_Role] set
[GroupID]="&SelectGroup&",[ResID]="&ID&",[Action]="&_
nVal&" where GroupID="&SelectGroup&" and ResID="&ID
    Conn.Execute (Sql)
End If
'更新用户对该栏目的特殊权限
Sql="Update User_Role set [UserID]="&SelectUser&",["&ForumID&_
"]="&ID&",[Action]="&nTemp1&" where UserID="&SelectUser&" and
"&ForumID&"="&ID
Conn.Execute(Sql)
%>
```

(6) 删除资源。

删除资源时不但要删除资源记录，还要删除用户对该资源的权限记录。代码如下：

```
<%
 '删除资源信息
Sql="delete from "&Forum&" where ID="&ID
Conn.Execute(Sql)
'删除组用户对该资源的权限
Sql="delete from Group_Role where "&ForumID&"="&ID
Conn.Execute(Sql)
'删除用户对该资源的特殊权限
Sql="delete from User_Role where "&ForumID&"="&ID
Conn.Execute(Sql)
Response.write("删除成功")
%>
```

## 11.5 分页显示模块

如果网页需要显示的记录量过大，会导致网页结构异常。用户浏览时，非常不方便；同时降低了网页显示速度。为了克服这种情况的出现，大多数设计者把大记录量的网页分解成多页显示，每页显示一定数目的记录，也就是采用分页显示的模式，如图 11-14 所示。

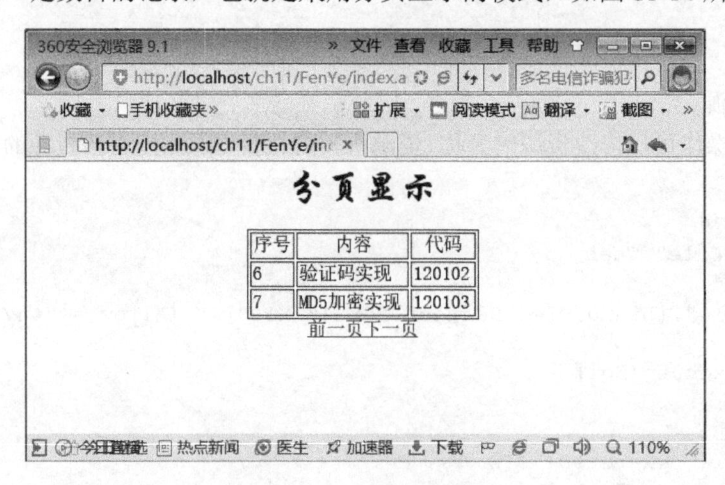


图 11-14　分页界面

## 11.5.1 分页原理分析

常用的分页方法通常使用 Recordset 对象获取所有满足条件的记录；再根据请求页号和页面的大小，使用 Recordset 对象的属性进行定位操作，读取记录数据作为请求页数据。这种方法通常用到 Recordset 对象的 PageSize、PageCount 和 AbsolutePage 属性。PageSize 属性设置每页显示的记录数目，属性 PageCount 获取记录集包含的总页数，属性 AbsolutePage 设置当前页。

这种分页方法，原理简单，但是每次操作需要把满足条件的数据全部读取出来。如果数据记录量过大，这种方法会占用大量的内存，浪费很多服务器资源。还有另外一种分页方法，获取数据库中满足条件记录数目，根据请求页号和页面大小，直接读取请求页面的记录数据。这种方法不使用 Recordset 对象，利用当前页记录的关键字段查询前后页的记录。这种方法需要使用 SQL 查询语句。

## 11.5.2 使用 Recordset 对象进行分页

使用 Recordset 对象的属性进行分页操作，需要解决下面的问题。

### 1．设置每页记录数目

可以通过 Recordset 对象的 PageSize 属性设置每页记录数目，默认值为 10。设置语句如下：

```
rs.PageSize = nPageSize
```

### 2．得到总页数

可以通过 Recordset 对象的 PageCount 属性得到总页数。代码如下：

```
nPageCount=rs.PageCount
```

### 3．设置当前页

可以通过 Recordset 对象的 AbsolutePage 属性设置当前页。设置当前页后，就可以获得该页的记录。设置语句如下：

```
rs.AbsolutePage=nPageNo
```

下面是使用 Recordset 对象的属性进行分页的代码：

```
<%
'连接数据库
Set Conn=Server.Createobject("Adodb.Connection")
Conn.ConnectionString="Provider=Microsoft.Jet.OLEDB.4.0;"&_
            "Data Source="&Server.MapPath("user.mdb")
Conn.Open
Set rs=Server.Createobject("Adodb.Recordset")
'查询所有记录
Sql="Select * from LayerST "
rs.Open Sql,Conn,1,1
'nPageSize 保存每页显示记录的数目
'nPageNo 保存当前页码
'nPageCount 保存总的页数
```

```
Dim nPageSize,nPSize,nPageNo,nPageCount
'定义每页的记录数目
nPageSize=2
'判断是否存在记录
If rs.RecordCount=0 Then
'没有查找到记录
Response.Write("没有指定的记录！")
Else
    '设置每页的记录数目
rs.PageSize = nPageSize
    '得到当前页号
nPageNo=CInt(Request.QueryString("page"))
    '得到当前的页面数
nPageCount=rs.PageCount

    '确保页面号在页面总数范围内
If nPageNo<1 Then
        nPageNo=1
    ElseIf nPageNo>rs.PageCount Then
        nPageNo=rs.PageCount
    End If

    '设置当前页
    rs.AbsolutePage=nPageNo
    %>
<p align="center"><font face="华文行楷" size="6" color="#0000FF">分页显示
</font></p>
<div align="center">
<table width="200" border="1" >
  <tr>
    <td align="center">标题</td>
    <td align="center">内容</td>
    <td align="center">代码</td>
  </tr>
<%
    '输出当前页记录
    For i=1 to rs.pagesize
        Response.Write("<TR><td>"&rs("Title")&"</td><td>"&_
        rs("Content")&"</td><td>"&rs("Layer")&"</td></tr>")
        rs.movenext
        '判断是否结束
        If rs.EOF Then Exit For
    Next

    Response.Write("</table>")
    rs.Close
    Conn.Close
End If
'输出页的链接
If nPageNo=1 Then
'输出"首页"
```

```
    Response.Write("首页")
ElseIf nPageNo>1 Then
    '输出"前一页"链接
Response.Write("<a href=index.asp?page="&nPageNo-1&">前一页</a>")
End If
If nPageNo=nPageCount Then
    '输出"尾页"
Response.Write("尾页")
ElseIf nPageNo<nPageCount Then
    '输出"后一页"链接
    Response.Write("<a href=index.asp?page="&nPageNo+1&">下一页</a>")
End If
Response.Write("</div>")
%>
```

## 11.5.3　直接获取请求页面记录

直接获取请求页面的记录需要解决下面的两个问题。

(1) 获取记录数目及总页数。

(2) 获取指定页的记录。

其中，获取指定页的记录相对比较麻烦。直接获取请求页面记录的具体实现代码如下。

### 1. 获得记录总数目

通过 SQL 语言的 Count 关键字可以获得记录总数目。SQL 语句如下：

```
<%
Set Conn=Server.Createobject("Adodb.Connection")
Conn.ConnectionString="Provider=Microsoft.Jet.OLEDB.4.0;"&_
            "Data Source="&Server.MapPath("user.mdb")
Conn.Open
'设置获取记录数目的 SQL 语句
Sql="Select count(*) As RecordCount from LayerST"
Set rs=Conn.Execute(Sql)
nCount=rs("RecordCount")                '获取的记录数目保存在变量 nCount 中
%>
```

### 2. 获得记录总页数

获得记录总页数的方法很简单。记录总页数就是总记录数除以每页记录数的商。但是要考虑商有无小数的情况：有小数，则总页数加 1；无小数，则不加。

Int()函数的参数为负数时，返回值为小于该参数的第一个值。Int()函数可解决该问题，方法如下：

```
<%
nPageSize=10
nPageCount=Int((nCount/nPageSize)*(-1))*(-1)
%>
```

### 3. 获得指定记录

通过 SQL 语言的 TOP 关键字可以获得指定记录。关键字 TOP 可以返回指定数目的记录数。下一页的记录就是记录序号 ID 大于本页最后一个记录序号的 nPageSize 个记录。查询下一页记录的 SQL 语句如下：

```
Sql="Select Top "&nPageSize&" ID,Content,Title From LayerST where
ID>"&nCursePos
```

代码说明：nCursePos 为当前页最后一条记录的 ID 值；nPageSize 为页面记录数目。

查询前一页记录相比查询后一页记录麻烦。前页的记录，就是记录序号小于当前页第一条记录序号，并且序号最接近当前页第一条记录序号的 nPageSize 条记录。使用 SQL 语句获取前一页记录的代码如下：

```
Sql="Select Top "&nPageSize&" ID,Content,Title From LayerST where ID IN"&_
        " (Select Top "&nPageSize&" ID From LayerST where ID<"&nCursePos &_
        " order by ID DESC) order by ID "
```

代码说明如下。

(1) nCursePos 为当前页第一条记录的 ID 值。

(2) 对 ID 值小于 nCursePos 所有记录进行降序排列，前 nPageSize 条记录就是前一页的记录的降序排列。

下面是直接获取页面记录进行分页的主要代码。代码中已经加了详细的注释，不再有代码说明。具体代码如下：

```
<%
'连接数据库
Set Conn=Server.Createobject("Adodb.Connection")
Conn.ConnectionString="Provider=Microsoft.Jet.OLEDB.4.0;"&_
            "Data Source="&Server.MapPath("user.mdb")
Conn.Open
'获取满足条件的记录数目
Sql="Select count(*) As RecordCount from LayerST"
Set rs=Conn.Execute(Sql)
Dim nPageSize,nPageCount,nCursePos,nCount
nCount=rs("RecordCount")
'设置每页的记录数目
nPageSize=2
'获取总页数
nPageCount=Int((nCount/nPageSize)*(-1))*(-1)
nPageNo=CInt(Request.QueryString("page"))
'确保页码在页数范围之内
If nPageNo<1 Then
    nPageNo=1
ElseIf nPageNo>nPageCount Then
    nPageNo=nPageCount
End If
'获取游标位置
```

```
If Request.QueryString("CurseID")="" Then
    nCursePos=0
Else
    nCursePos=Clng(Request.QueryString("CurseID"))
End If
'获取类型
If Request.QueryString("Type")="" Then
    strType="next"
Else
    strType=Request.QueryString("Type")
End If
'依据前一页还是下一页的查询类型设置查询语句
If strType="next" Then
    Sql="Select Top "&nPageSize&" ID,Content,Title,Layer From LayerST where
ID>"&nCursePos
Else
    Sql="Select Top "&nPageSize&" ID,Content,Title,Layer From LayerST where ID
IN"&_
        " (Select Top "&nPageSize&" ID From LayerST where ID<"&nCursePos&_
        " order by ID DESC) order by ID "
End IF
%>
<p align="center"><font face="华文行楷" size="6" color="#0000FF">分页显示
</font></p>
<div align="center">
<table width="200" border="1" >
  <tr>
    <td align="center">标题</td>
    <td align="center">内容</td>
    <td align="center">代码</td>
  </tr>


<%
'nCurseStart 表示当前页记录第一条记录序号
'nCurseEnd 表示当前页记录最后一条记录序号
Dim nCurseStart,nCurseEnd
'执行查询语句
Set rs= Conn.Execute(Sql)
'输出记录内容
For i=1 to nPageSize
'记录结束需要退出循环
    If rs.EOF Then Exit For
    If i=1 Then nCurseStart=rs.Fields("ID")
'输出记录数目
    Response.Write("<TR><td>"&rs.Fields("Title")&"</td><td>"&rs.Fields("ID"
)&"</td><td>"&rs.Fields("Layer")&"</td></tr>")
    nCurseEnd=rs.Fields("ID")
    rs.movenext
```

```
Next
'输出表格结束符号
Response.Write("</table> ")
'关闭数据库连接
Conn.Close
'设置"前一页"链接
If nPageNo=1 Then
    Response.Write("首页")
ElseIf nPageNo>1 Then
    Response.Write("<a
href=index1.asp?type=before&page="&nPageNo-1&"&CurseID="&nCurseStart&">前一
页</a>")
End If
'设置"后一页"链接
If nPageNo=nPageCount Then
    Response.Write("尾页")
ElseIf nPageNo<nPageCount Then
    Response.Write("<a
href=index1.asp?type=next&page="&nPageNo+1&"&CurseID="&nCurseEnd&">下一页
</a>")
End If
Response.Write(" </div>")
%>
```

# 11.6 投 票 模 块

下面介绍一个网上投票系统。该系统除了投票和查看投票结果功能外，还提供了增加、修改和删除投票项目的功能。

## 11.6.1 投票原理分析

这个系统包括投票显示模块、投票管理模块和投票结果统计模块。管理员可以创建投票。创建的投票项目存在于数据表 VoteItem 中。数据表 VoteItem 的结构如表 11-12 所示。为了防止用户重复投票，系统需要记录投票用户的 IP 地址，防止同一个 IP 地址进行重复投票。记录 IP 地址的表为表 VoteIP，表 VoteIP 的结构如表 11-13 所示。

表 11-12 数据表 VoteItem 的结构

| 字段名称 | 类 型 | 说 明 |
|---|---|---|
| ID | 自动编号 | 关键字段 |
| Item | 文本 | 投票项目 |
| Count | 数字 | 投票数目 |
| IsDisp | 文本 | 是否显示。1 显示；0 不显示 |

表 11-13　表 VoteIP 的结构

| 字段名称 | 类　型 | 说　明 |
|---|---|---|
| ID | 自动编号 | 关键字段 |
| IP | 文本 | 投票者 IP 地址 |

## 11.6.2　创建投票

本模块可以创建、修改和删除投票项目，但是没有设计用户权限的部分。读者可以参考用户权限模块代码，增加该部分功能。在线投票管理界面如图 11-15 所示。

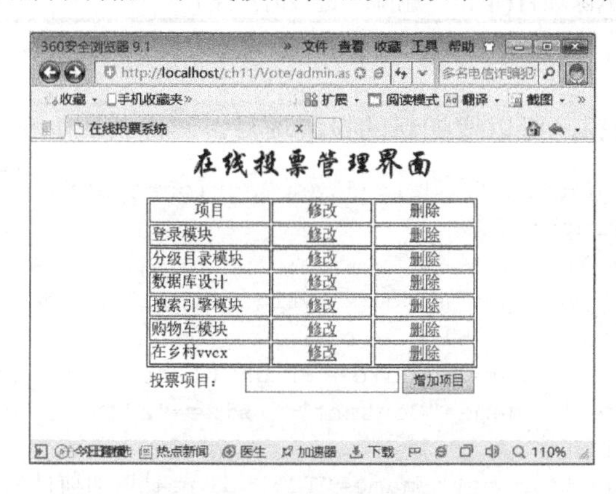


图 11-15　在线投票管理界面

### 1. 获取投票项目

所有的投票项目保存在数据库表 VoteItem 中，因此需要连接数据库。连接数据库的方法在这里不再介绍。下面是读取数据库中的投票项目的代码：

```
<%
Set rs=Server.Createobject("Adodb.Recordset")
'设置查询投票项目的 SQL 语句
Sql="Select * from VoteItem where IsDisp='1'"
rs.Open Sql,Conn,1,1
'输出所有的投票项目
do while rs.EOF=False
str="<tr><td width='30%'>"&rs("Item")&"</td>"&_
   "<td width='25%' align='center'>"&"<a
href='modify.asp?ID="&rs("ID")&"&action=modify'>修改</a></td>"&_
    "<td width='25%' align='center'><a
href='modify.asp?ID="&rs("ID")&"&action=del'>删除</a></td></tr>"
'显示投票项目
Response.write(str)
rs.movenext
loop
%>
```

代码说明如下。

(1) 负责修改和删除项目的文件是 modify.asp。

(2) 参数 ID 表示项目在数据库中的序号，action 表示执行的动作，动作说明如表 11-14 所示。

表 11-14 action 值的说明

| action 值 | 值的含义 |
|---|---|
| add | 添加项目(单击“增加项目”按钮时产生) |
| modify | 修改项目(单击“修改”链接时产生) |
| delete | 删除项目(单击“删除”链接时产生) |

### 2. 增加投票项目

单击“增加项目”按钮，可以增加新的投票项目。界面代码如下：

```
<form method=post action="modify_1.asp?action=add">
<table border=0  width="60%" >
  <tr>
    <td width="49%" valign="middle" align="left" bordercolor="#000000">投票项
目：</td>
    <td width="69%" valign="middle" align="left" bordercolor="#000000">
     <input type="text" name="Content"   size="22">
    </td>
    <td> <input type="submit" name="T2" value='增加项目' size="28" ></td>
  </tr>
  </table>
 </form>
```

增加项目的代码如下：

```
<%
'获取参数值
Action=Request.QueryString("action")                    '用户执行的操作
strID=Request.QueryString("ID")                         '投票项目的序号
'获取增加项目的内容
strContent=Request.Form("Content")
Set Conn=Server.Createobject("Adodb.Connection")
Conn.ConnectionString="Provider=Microsoft.Jet.OLEDB.4.0;"&_
             "Data Source="&Server.MapPath("vote.mdb")
Conn.Open
'依据用户的操作进行相应的处理
If Action="add" Then
   Sql="insert into VoteItem(Item) values('"&strContent&"')"
'插入新项目
   Conn.Execute(Sql)
   Conn.Close
   Response.write(strContent&"项目添加成功")
End If
%>
```

### 3. 修改投票项目

单击“修改”链接，可以修改投票项目内容。该部分连接数据库部分代码省略，其他代码如下：

```
<%
'判断当前操作是否为修改操作
IF Action="modify" Then
Sql="update VoteItem set [Item]='"&strContent&"' where ID="&strID
Conn.Execute(Sql)
Response.write(strContent&"项目修改成功")
End If
%>
```

### 4. 删除投票项目

单击“删除”链接，可以删除投票项目内容。该部分代码如下：

```
<%
'判断当前操作是否删除操作
If Action="del" Then
 Sql="delete from VoteItem where ID="&ActionID
 Conn.Execute(Sql)
 Response.write("项目成功删除")
End If
%>
```

## 11.6.3 投票页面实现

投票页面如图 11-16 所示。在该界面中，可以投票和查看投票结果。

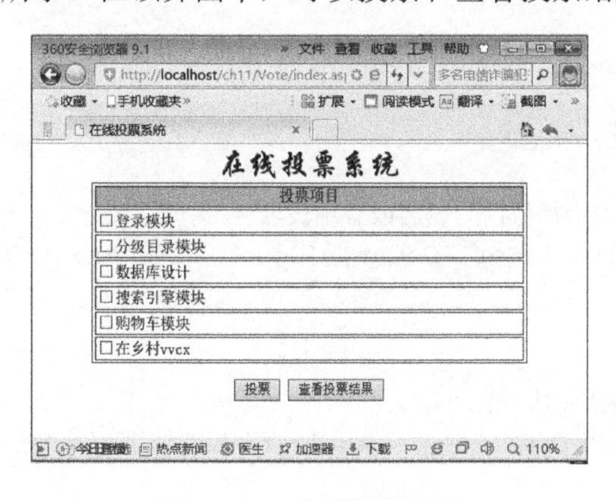


图 11-16　在线投票页面

(1) 读取投票项目。

投票页面需要读取所有的投票项目，并输出到网页中。代码如下：

```
<%
'连接数据库
 Set Conn=Server.Createobject("Adodb.Connection")
```

```
 Conn.ConnectionString="Provider=Microsoft.Jet.OLEDB.4.0;"&_
             "Data Source="&Server.MapPath("vote.mdb")
 Conn.Open
 Set rs=Server.Createobject("Adodb.Recordset")
'读取所有可以显示的项目。项目是否可以显示由字段 IsDisp 标识
 Sql="Select * from VoteItem where IsDisp='1'"
 rs.Open Sql,Conn,1,1
 '处理所有的项目
do while rs.EOF=False
'输出所有记录
    Response.write("<tr><td>")
'输出多选框
Response.write("<input Type='CHECKBOX' NAME='checkbox' "&_
" VALUE='"&rs("Item")&"'>"&rs("Item"))
Response.write("</td></tr>")
    rs.movenext          '读取下一行
loop
%>
```

(2) 增加“查看投票结果”按钮。代码如下：

```
<input type="BUTTON" name="T2" value='查看投票结果' size="28"
OnClick="vbscript:Window.open 'result.asp','_self'" >
```

(3) 更新投票项目的投票数。

用户投票后，投票项目的数值增加 1。代码如下：

```
<%
Set Conn=Server.Createobject("Adodb.Connection")
Conn.ConnectionString="Provider=Microsoft.Jet.OLEDB.4.0;"&_
             "Data Source="&Server.MapPath("vote.mdb")
Conn.Open
strVote=Split(Request.form("checkbox"),",")
'对所选项进行更新
for each str in strVote
str=trim(str)
'更新 SQL 语句，"[]"表示括号内为表名或者字段名
Sql="Update [VoteItem] Set [Count]=[Count]+1 where IsDisp='1' and Item='"&
str&"'"
Conn.Execute(Sql)
next
Response.write("投票成功<BR>")
Response.write("<a href='Result.asp'>查看投票结果</a>")
End IF
%>
```

### 11.6.4 投票结果统计

显示投票结果的文件为 result.asp，页面效果如图 11-17 所示。可以看到，页面中显示了得票数，以及以图片形式显示的得票百分比。

投票结果

| 投票项目 | 得票数 | 得票百分比 |
|---|---|---|
| 登录模块 | 24 | 32.0% |
| 分级目录模块 | 33 | 44.0% |
| 数据库设计 | 18 | 24.0% |
| 搜索引擎模块 | 0 | .0% |
| 购物车模块 | 0 | .0% |
| 在乡村vvcx | 0 | .0% |
| 总票数：75 | | |

图 11-17　在线投票统计结果界面

本文件最重要的部分为得票百分比的计算。该段代码如下：

```
<%
 Set Conn=Server.Createobject("Adodb.Connection")
 Conn.ConnectionString="Provider=Microsoft.Jet.OLEDB.4.0;"&_
             "Data Source="&Server.MapPath("vote.mdb")
 Conn.Open
 Set rs=Server.Createobject("Adodb.Recordset")
 Sql="Select Sum(Count) As Total from VoteItem where IsDisp='1'"
 '获取所有投票总数
 Set rs=Conn.Execute(Sql)
'投票总数赋给变量 nTotal
 If rs.EOF=False Then nTotal=rs("Total")
   Sql="Select * from VoteItem where IsDisp='1'"
'获取投票项目的得票数
   Set rs=Conn.Execute(Sql)
   Dim percent
do while rs.EOF=False
'计算每个项目的得票百分比
     If nTotal=0 Then
        percent=0
     Else
        percent=(rs("Count")/nTotal)*100
'percent 保留一位小数
        percent=formatNumber(percent,1)
     End If
     Response.write("<tr>")
     Response.write("<td>"&rs("Item")&"</td> ")
     Response.write("<td>"&rs("Count")&"</td> ")
'输出得票百分比的柱状图
     Response.write("<td><img src='img/bar.gif' width='"&percent*2&"'
height=20>" &percent&"%</td></tr> ")
     rs.movenext
loop
 End If
%>
```

### 11.6.5 重复投票检测

为了防止重复投票，本例记录投票用户的 IP 地址，IP 将被记入数据库表 VoteIP 中。

判断用户 IP 是否投过票的流程如下。

(1) 获取用户 IP。

(2) 查询表 VoteIP。

(3) 判断是否有该 IP，有则结束；否则插入用户 IP。

具体的实现代码如下：

```
<%
Set Conn=Server.Createobject("Adodb.Connection")
Conn.ConnectionString="Provider=Microsoft.Jet.OLEDB.4.0;"&_
            "Data Source="&Server.MapPath("vote.mdb")
Conn.Open
'获取 IP 地址
ip=Request("REMOTE_ADDR")
Sql="Select * From VoteIP where IP='"&ip&"'"
Set rs=Conn.Execute(Sql)
'检查该 IP 是否投过票
If rs.EOF=False Then
'有该 IP 地址，表明是重复投票
    Response.write("该 IP 地址已经投票过，请勿重复投票")
Else
'该 IP 地址没有投票记录，把该 IP 插入表 VoteIP
    Sql="Insert Into VoteIP(IP) Values('"&ip&"')"
    Conn.Execute(Sql)
'更新投票数据
    …
End If
%>
```

## 11.7 搜索引擎模块

这里所指的搜索引擎并不是像百度(www.baidu.com)或 Google 等搜索引擎，而是指站内搜索。站内搜索是绝大多数网站提供的功能，可以帮助用户方便、快捷地从网站服务器端上，找到包含关键字的网页或者文件。

下面介绍具有上述搜索功能的模块设计和实现。该搜索模块主要包括界面的设计与实现、功能的设计与实现。

### 11.7.1 搜索原理分析

本节设计的搜索引擎模块，是指从后台数据库中搜索用户感兴趣的数据、信息，然后以合适的形式显示给用户。本实例的界面如图 11-18 所示。

本例提供了 3 种查询方式：指定字段、输入数据和在结果中查询。通过在结果中查询这一方式，可以实现复杂的搜索。另外，在搜索值不确定的情况下，用户也可以进行模糊搜索，如图 11-19 所示。

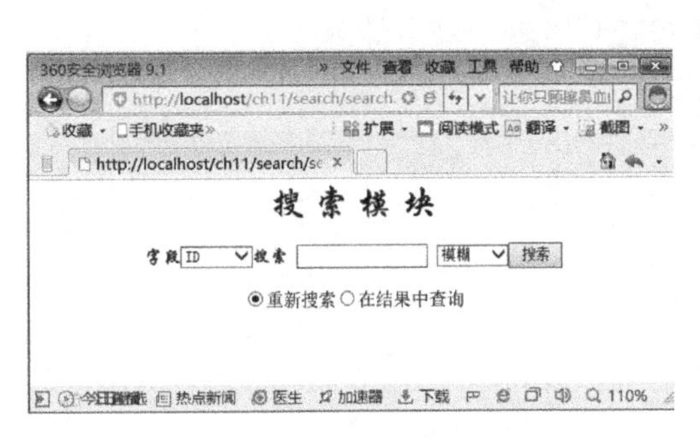

图 11-18　搜索界面

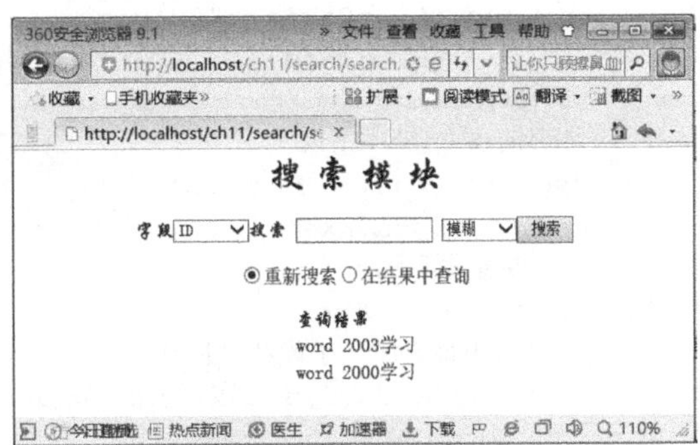

图 11-19　模糊搜索

本模块的搜索原理比较简单。在获取用户指定的字段、输入的内容以及查询类型后，把这些数据组合成 SQL 查询语句，然后搜索数据库指定的表。本例仅以搜索数据表 Book_Info 为例。表 Book_Info 的结构如表 11-15 所示。

表 11-15　表 Book_Info 的结构

| 字段名称 | 类　型 | 说　明 |
| --- | --- | --- |
| ID | 自动编号 | 关键字段 |
| Name | 文本 | 书的名称 |
| ISDN | 数字 | 书的 ISDN |
| Cost | 数字 | 书的价格 |
| Pub | 文本 | 出版社 |
| Author | 文本 | 作者 |
| Data | 日期 | 出版日期 |

## 11.7.2　搜索界面实现

本站内容搜索的界面文件和搜索文件为同一文件。界面的实现代码如下：

```
<!---建立表单---!>
<form method="POST" action="search.asp">
    <p align="center"><font face="华文行楷" size="6" color="#0000FF">搜 索 模 块
</font></p>
    <p align="center"><font face="华文行楷" color="#0000FF">在字段
</font><select size="1" name="Field">
    '显示表的字段
<%
'Session("prev_search")保存前一次搜索字段和搜索值
'Session("prev_search")初始值为空
      If IsEmpty( Session("prev_search")) Then
```

```
        Session("prev_search")=""
      End If
      '连接数据库
Set Conn=Server.CreateObject("ADODB.Connection")
  Conn.ConnectionString="Provider=Microsoft.Jet.OLEDB.4.0;"&_
             "Data Source="&Server.MapPath("book.mdb")
     Conn.Open
     '查询表 Book_Info
Sql="select * from Book_Info"
     set rs=Conn.Execute(Sql)
     '判断是否有记录
If rs.EOF=false Then
        '输出该表所有字段和字段类型
        'rs.Fields.Count 表示表的字段数目
For i=0 To rs.Fields.Count-1
'rs.Fields(i).Name 表示表的字段名称
'rs.Fields(i).type 表示字段的类型
         Response.write("<option value='"&_
rs.Fields(i).Name&","&rs.Fields(i).type&"'>"&rs.Fields(i).Name&"</option>")
       Next
      End If
    %>
    </select><font face="华文行楷" color="#0000FF">搜索</font>
    <input type="text" name="Content" size="16">
    <select size="1" name="Type">
    <option selected value="MH">模糊</option>
    <option value="JQ">精确</option>
    <option value="DY">大于</option>
    <option value="XY">小于</option>
    <option value="NOT">不等于</option>
    </select><input type="submit" value="搜索" name="B1"></p>
    <p align="center"><input type="radio" value="Reset" checked name="R1">重
新搜索<input type="radio" name="R1" value="Result">在结果中查询</p>
</form>
```

## 11.7.3 搜索方法实现

根据用户指定字段、输入数据或上次查询语句进行查询，实现流程如下。

(1) 判断搜索内容是否为空，为空则停止搜索。

(2) 获取字段名称和类型。

(3) 获取搜索类型。

(4) 利用字段和搜索类型组合 SQL 语句。

(5) 判断是否在结果中搜索，是则 SQL 语句添加上次搜索语句。

(6) 进行搜索。

实现查询和输出的代码如下：

```
<%
'获取用户查询的内容
```

```
Content=trim(Request.Form("Content"))
'字段为空则不进行搜索
If Content<>"" Then
      '获取用户选择的字段名称和字段类型
      'Field 控件值中包含字段名称和类型
      Fields=trim(Request.Form("Field"))
      '分离字段名称和类型
      str=split(Fields,",")
      Dim Field,VarType
      If IsArray(str) Then
          '字段名称
           Field=str(0)
          '字段类型
           VarType=Cint(str(1))
      End If
      '获取查找类型：精确还是模糊查找
      LinkType=Request.Form("Type")
      '判断查找类型
If LinkType="MH" Then
'设置模糊查找
         link="like"
      ElseIf LinkType="DY" Then
      '设置大于条件
         link=">"
      ElseIf LinkType="XY" Then
      '设置小于条件
link="<"
      ElseIf LinkType="NOT" Then
      '设置不等于条件
         link="<>"
      Else
      '设置等于查找
         link="="
      End If
      '组合查询语句
      Sql="Select * from book_Info "
      Dim SearchSql,bType
      bType=0
      If VarType=3 Then
         '字段为数字类型
         If IsNumeric(Content) Then
             'Content 控件的值为数值类型
             SearchSql =Field&"="&CInt(Content)
         Else
             'Content 不为数值类型，不能进行查询
             bType=1
         End If
      ElseIf VarType=202 Then
         '字段类型为字符类型
         SearchSql =Field&" "&link&" '%"&Content&"%'"
      ElseIf VarType=7 Then
```

```
        '字段类型为日期类型
        If IsDate(Content) Then
            'conent 控件的值可以转换成日期类型
            SearchSql =" datediff('d','"&Content&"',data)=0"
        Else
            'Content 控件的值不能转换成日期类型，不能进行查询
            bType=1
        End If
      End If
    '可以进行查询
      If bType=0 Then
          Result=Request.Form("R1")
          '判断是在结果中查询还是重新查询
          If Result="Result" and Session("prev_search")<>"" Then
            '在结果中查询且上次查询条件不能为空
            '使用上次查询条件组合查询语句
            Sql=Sql&Session("prev_search")&" and "&SearchSql
          Else
            '在重新搜索时，在用户指定的条件前加上 where 关键字
            SearchSql=" where "& SearchSql
            Sql=Sql&SearchSql
          End If
          '设置 Session("prev_search")
          Session("prev_search")=SearchSql
          '设置查询排序条件
          Sql=Sql&" order by ID"
          Set Conn=Server.CreateObject("ADODB.Connection")
          Conn.ConnectionString="Provider=Microsoft.Jet.OLEDB.4.0;"&_
                    "Data Source="&Server.MapPath("book.mdb")
          Conn.Open
         set rs=Conn.Execute(Sql)
         Response.write("<table align=center> ")
         Response.write("<tr><td ><font face='华文行楷' color='#0000FF'>查询结
果</font></td></tr>")
         Dim nCount
         nCount=0
         Do while rs.EOF=false
           '输出查询结果
           Response.write(" <tr><td>"&rs("Name")&"</td></tr>")
           rs.movenext
           nCount=nCount+1
         loop
         If nCount=0 Then
         Response.write("<tr><td ><font face='华文行楷' color='#FF0000'>暂无查
询结果</font></td></tr>")
         End If
         Response.write("</table> ")
     End If
 End If
%>
```

### 11.7.4　数据库搜索优化

本节介绍的搜索引擎只是在记录较少的数据库中进行搜索查找。如果对记录量较大的数据库进行查询，会耗费大量时间，因此需要对数据库搜索语句进行优化。

(1)　需要哪些字段就获取哪些字段，避免使用“Select *　”。

本实例中的查询语句：

```
Sql="Select * from book_Info "
```

列出了表中的所有字段，这需要耗费大量的时间和资源。通过分析，每次查询时，使用的字段只有字段 ID 和用户查询的字段，因此对该查询语句做如下优化：

```
Sql="Select ID,"&Field& * from book_Info "
```

(2)　对查询条件，尽量少使用函数、NOT 和<> 等逻辑表达式。

例如，查询书的价格小于 40 的书，设置查询条件为如下形式：

```
Sql="Select ID,cost * from book_Info where Cost>40"
```

而不要用下面的表达形式：

```
Sql="Select ID,cost * from book_Info where Cost-40>0"
```

后面的这种形式在查询时，会浪费一定的时间进行计算。另外，在设置查询条件时，比较双方的数据类型应该一致；否则，系统在查询时，会浪费时间进行数据类型转换，这样也延长了查询时间。

(3)　尽量少使用 like 关键字支持的匹配通配符　“%”和“_”。

在本实例中，模糊查找使用了 like 匹配通配符“%”。这种使用匹配符的方法特别浪费时间，应该对其进行优化。对于本例中的 SQL 语句：

```
SearchSql =Field&" "&link&" '%"&Content&"%'"
```

可以对搜索进行限制和修改，尽量不在变量 Content 前使用通配符“%”，因为这样搜索会浪费大量时间。

对于通配符“_”，可以使用替代方法。例如下面的 SQL 语句：

```
SELECT * FROM Book_Info WHERE Cost LIKE "4 _"
```

可以改为：

```
SELECT * FROM Book_Info WHERE Cost>="40"
```

## 11.8　小　　结

本章对网站建设中常有的几个模块进行了介绍，详细说明了每个模块的实现方法。这对读者建设网站有一定的帮助。这些模块实现了比较通用的功能，在使用的过程中，需要结合实际进行增加和修改，以适应网站建设的需要。另外，某些模块的代码还需要完善。例如，登录模块的代码就存在安全问题，需要加以解决。

# 第12章　论　　坛

**内容摘要** Abstract

本章讲解论坛(BBS)的制作。本论坛的功能比较简单，没有设置用户的注册、登录，因为各种注册和登录的制作基本相同，在其他章节已经有所介绍，本章就省略了此功能。本论坛实现了管理员登录和管理员账号的管理，帖子的管理，发表主题，浏览主题，回复主题，按主题进行搜索功能。本章详细讲解了论坛的系统分析和总体设计，各个模块的制作方法，使用Dreamweaver作为开发工具，采用ASP和Access技术实现。

**学习目标** Objective

- BBS系统的模块设计。
- Dreamweaver中数据库表和字段的灵活使用。
- 帖子主题的发表、回复与管理。

## 12.1　系统分析与总体设计

论坛出现的时间较早，一般是作为大型网站的一个模块存在，发展至今，论坛的功能越来越丰富，出现了很多大型的论坛网站。本章介绍的论坛是典型的论坛，包括常见的功能，并没有包含其他附加功能。这些功能包括发表并显示帖子，回复并显示回复信息。管理模块包括注册和登录模块，以及帖子管理模块。

在使用Dreamweaver进行论坛模块的设计之前，我们的首要工作是对论坛做系统的规划，规划的工作包括论坛的功能模块的确定、各网页的布局、数据库的设计。

### 12.1.1　功能介绍

读者是非常熟悉BBS的，绝大多数网站设有本网站的论坛，论坛在这时是整个网站的一个部分，属于网站的辅助部分。随着因特网的发展，论坛逐渐发展壮大，出现了专业的论坛网站，论坛在这时是一个完整的网站。后者在规模上显然比前者要复杂得多，功能也丰富得多。本章是要实现一个典型的论坛的基本功能，实际上更接近于前者。它在规模上比较小，但是具有论坛的基本功能。

论坛系统的基本功能包括注册与登录模块，帖子的发表与显示，论坛的管理模块。本章省略了用户的注册与登录。

1. 发表帖子

用户不需要注册和登录就可以发表帖子，发表帖子的页面包括发表人ID、帖子主题、电

子邮件、主页地址、用户头像、帖子内容。提交帖子就将相应的元素插入相应的数据表字段，帖子的主题就会显示在首页的帖子列表中。

### 2. 显示帖子

在显示的帖子列表中设置了超链接，在显示页面显示帖子的详细信息，包括发表人姓名、发表人主页、发表人邮箱、帖子详细信息、帖子发表的时间。同时，显示所有回复的主题信息，包括回复人姓名、回复人主页、回复人邮箱、回复的主题标题、回复的详细信息和回复发表的时间。

### 3. 论坛管理

论坛管理包括管理员登录和管理账号以及管理帖子。只有管理员登录成功后才可以对账号和帖子进行管理。

管理员登录验证的设计与其他模块的登录验证相同，验证用户名和密码与数据库中的用户名和密码是否相同即可。

账号的管理包括添加新的用户名和密码，修改或者删除数据库中已存的用户名和密码。

帖子的管理是实现对用户发表的帖子的各个元素的更改，或者删除操作；同时，对帖子的回复信息也要实现更改和删除操作。

## 12.1.2 总体布局

论坛系统包括帖子的发表、帖子的显示、帖子搜索、论坛管理4个主要部分。其中帖子的显示又包括帖子内容的显示、帖子的回复内容显示和回复帖子的功能。论坛的管理是比较重要的部分，包括管理员登录，管理员账号的添加、修改和删除，帖子的管理包含帖子和回复内容的显示、帖子的修改、帖子和回复内容的删除。

本章论坛系统的总体布局如图12-1所示。

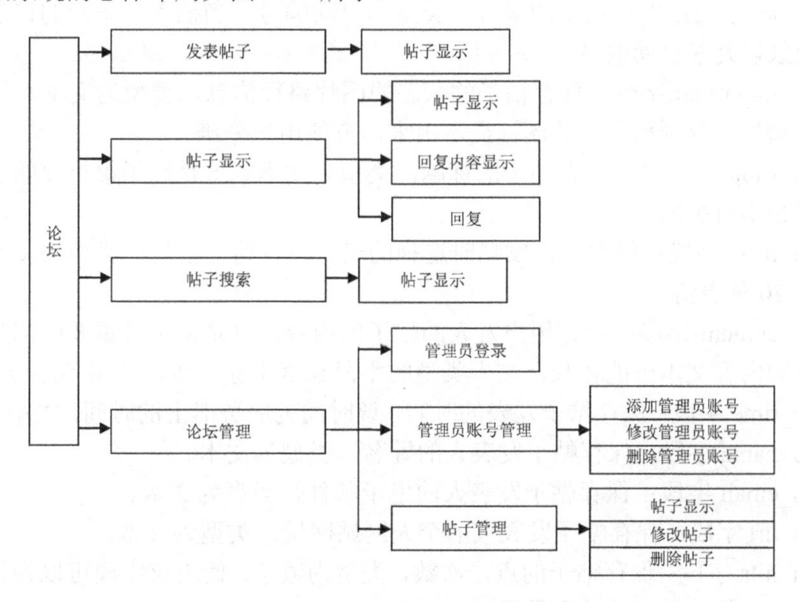


图12-1 系统的总体布局

### 12.1.3 数据库结构及实现

论坛中帖子的发表、显示、搜索、论坛的管理都涉及数据库的操作。本系统涉及的数据库包括 3 个数据表：passadmin、postMain、postRe。下面分别介绍这 3 个数据表的创建。

#### 1. 创建数据库

启动 Access，新建空数据库文件，命名为 forum.mdb。

#### 2. passadmin 数据表

创建一个新表，命名为 passadmin，该数据表存储系统管理员信息，包括管理员的登录名和密码。它的设计视图如图 12-2 所示。

该表包含两个字段，usrname 字段保存管理员账号，passwd 字段保存管理员账号对应的密码，两个字段的类型均为文本类型。

#### 3. postMain 数据表

创建新表，命名为 postMain，它的设计视图如图 12-3 所示。

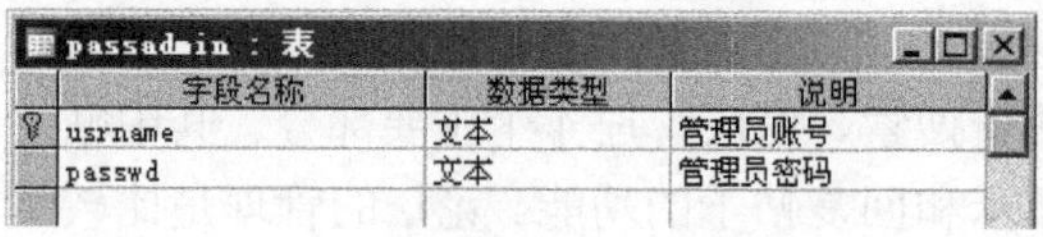

passadmin : 表

| 字段名称 | 数据类型 | 说明 |
|---|---|---|
| usrname | 文本 | 管理员账号 |
| passwd | 文本 | 管理员密码 |

图 12-2　表 passadmin 的设计视图

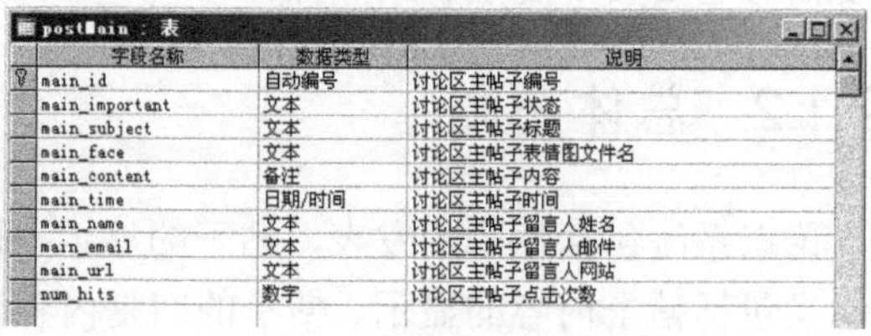

postMain : 表

| 字段名称 | 数据类型 | 说明 |
|---|---|---|
| main_id | 自动编号 | 讨论区主帖子编号 |
| main_important | 文本 | 讨论区主帖子状态 |
| main_subject | 文本 | 讨论区主帖子标题 |
| main_face | 文本 | 讨论区主帖子表情图文件名 |
| main_content | 备注 | 讨论区主帖子内容 |
| main_time | 日期/时间 | 讨论区主帖子时间 |
| main_name | 文本 | 讨论区主帖子留言人姓名 |
| main_email | 文本 | 讨论区主帖子留言人邮件 |
| main_url | 文本 | 讨论区主帖子留言人网站 |
| num_hits | 数字 | 讨论区主帖子点击次数 |

图 12-3　表 postMain 的设计视图

该数据表存储用户发表帖子的相关信息。数据表中各字段的说明如下。

(1) main_id 字段：保存帖子的编号，类型为自动编号。当插入一条新的记录时，该字段紧接前一条记录以升序自动编号。

(2) main_important 字段：保存帖子的状态的图片路径信息，类型为文本。状态有 3 种：普通、热点、精华，分别用不同的图标显示出来，方便用户分辨。

(3) main_subject 字段：保存帖子的标题，类型为文本。这是帖子很重要的字段，在显示帖子时，也是必不可少的。

(4) main_face 字段：保存用户发帖时选择的表情图片路径信息，类型为文本。本系统共为用户设计了 20 种表情。

(5) main_content 字段：保存用户发表的帖子的内容。这是帖子最重要的部分，类型为备注。由于帖子的内容文本可能较长，文本类型的字段长度不够，所以使用备注类型。

(6) main_time 字段：保存帖子发表的时间，该时间为服务器上的时间，类型为日期/时间。

(7) main_name 字段：保存帖子发表人的姓名，类型为文本。

(8) main_email 字段：保存帖子发表人的电子邮件，类型为文本。

(9) main_url 字段：保存帖子发表人的个人网站网址，类型为文本。

(10) main_hits 字段：保存帖子的点击次数，类型为数字。使用该字段可以为管理员确定热点的帖子，方便对帖子进行筛选和置顶。

### 4. postRe 数据表

创建新表，命名为 postRe，它的设计视图如图 12-4 所示。

postRe : 表

| 字段名称 | 数据类型 | 说明 |
|---|---|---|
| re_id | 自动编号 | 讨论区回复编号 |
| m_id | 数字 | 讨论区主帖子编号 |
| re_subject | 文本 | 讨论区回复标题 |
| re_face | 文本 | 讨论区回复表情图文件名 |
| re_content | 备注 | 讨论区回复内容 |
| re_time | 日期/时间 | 讨论区回复时间 |
| re_name | 文本 | 讨论区回复留言人姓名 |
| re_sex | 文本 | 讨论区回复留言人性别 |
| re_email | 文本 | 讨论区回复留言人邮件 |
| re_url | 文本 | 讨论区回复留言人网站 |
| re_ip | 文本 | 讨论区回复留言人地址 |

图 12-4　表 postRe 的设计视图

该数据表存储回复的相关信息。数据表中各字段的说明如下。

(1) re_id 字段：保存帖子回复的编号，类型为自动编号。当在论坛回复一条帖子时系统在该表插入一条新的记录，该字段紧接前一条记录以升序自动编号。

(2) m_id 字段：保存用户回复针对的主帖子编号，类型为数字。只有通过这个字段，系统才能定位要进行回复操作的帖子，使帖子和它的回复对应起来。该字段与表 postMain 的 main_id 字段一致。

(3) re_subject 字段：保存用户回复帖子时的回复标题，类型为文本。

(4) re_face 字段：保存用户回复帖子时选择的表情图片路径信息，类型为文本。本系统共为用户设计了 20 种表情。

(5) re_content 字段：保存用户回复的内容。这是回复中最重要的部分，由于回复的内容文本也可能较长，所以同样需要使用备注类型。

(6) re_time 字段：保存回复发表的时间，该时间为服务器上的时间，类型为日期/时间。

(7) re_name 字段：保存回复信息发表人的姓名，类型为文本。

(8) re_sex 字段：保存回复发表人的性别，类型为文本。

(9) re_email 字段：保存回复发表人的电子邮件，类型为文本。

(10) re_url 字段：保存回复发表人的个人网站网址，类型为文本。

(11) re_ip 字段：保存回复发表人的 IP 地址，类型为文本。

数据库创建完成后，就可以使用 Dreamweaver 定义数据源并连接数据库，然后进行各模块和网页的设计制作。

# 12.2 模 块 设 计

12.1 节我们确定了论坛的功能模块，各页面之间的关系，数据库的设计，这些工作是前期的规划设计。根据 12.1 节的规划，我们采用 Dreamweaver 作为开发工具，使用 ASP，结合 Access 技术实现所有的功能模块。下面详细讲解各模块的设计制作过程，读者跟随操练就能够很容易实现。

## 12.2.1 首页设计

本论坛的首页为 index.asp，它的浏览效果如图 12-5 所示。

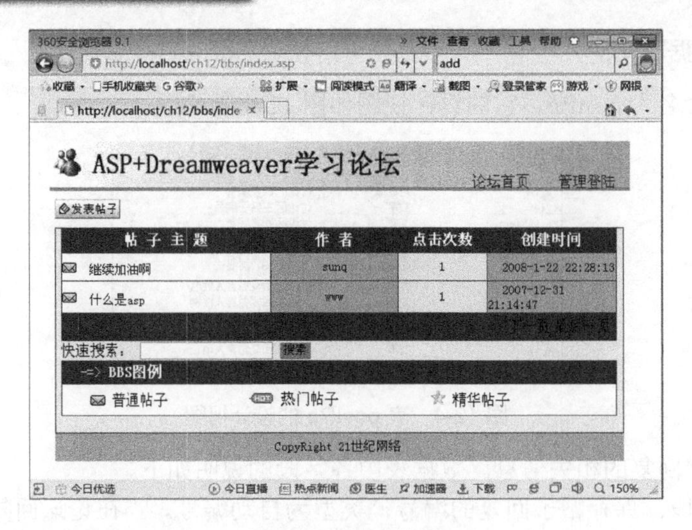

图 12-5 首页效果

从图 12-5 中可以看出，主页的功能用于显示论坛上已经发表的帖子，以及其他模块的链接。在主页的上部是论坛的标识和主要功能模块的链接，这些链接包括“论坛首页”“管理登录”“发表话题”。中间部分显示已经发表的帖子，帖子显示 4 种信息，包括帖子主题、作者、点击次数、创建时间，在帖子主题上有超链接，用于单击打开显示帖子详细内容的网页，这一部分的右下角放置了两个导航，用于翻页。页面的下部是论坛的搜索器，用于根据帖子的主题词作为关键词进行搜索。页面最下方是帖子中使用的图例和版权信息。

下面详细讲解本页面的制作过程。

(1) 在 Dreamweaver 中设计首页需要首先建立站点，本书之前章节已经详细介绍了站点的建立过程，这里不再赘述。该站点需要使用到数据库 forum 中的表 postMain，在 Dreamweaver 的“应用程序”下的“数据库”标签中，单击加号，选择“数据源名称(DSN)”命令，如图 12-6 所示。

弹出“数据源名称(DSN)”对话框，在“数据源名称”下拉列表框中选择需要的数据源，如图 12-7 所示。

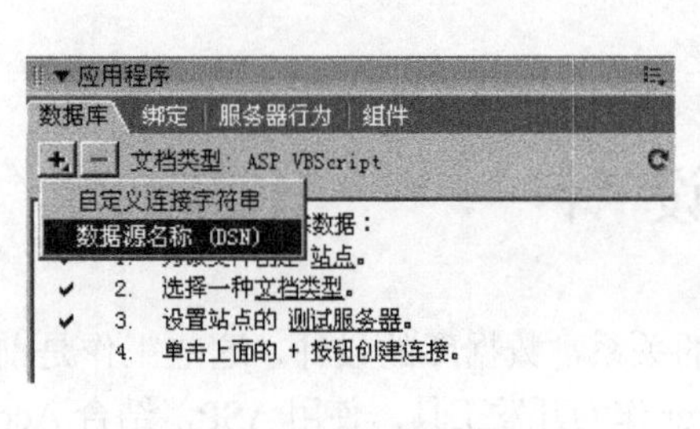

图 12-6 设置数据源

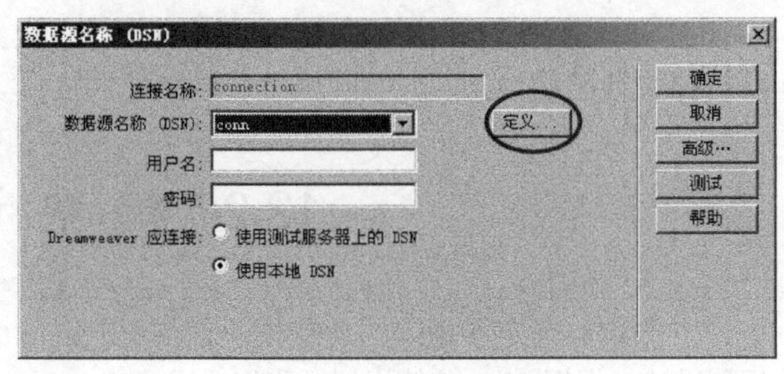

图 12-7 选择数据源

如果数据源不存在，可以单击“定义”按钮，打开“ODBC 数据源管理器”对话框，在“系统 DSN”选项卡中单击“添加”按钮，添加系统数据源，如图 12-8 所示。

添加 Microsoft Access 数据源，定义数据源名称为 bbs，并选择 12.1 节我们定义的数据库文件，如图 12-9 所示。

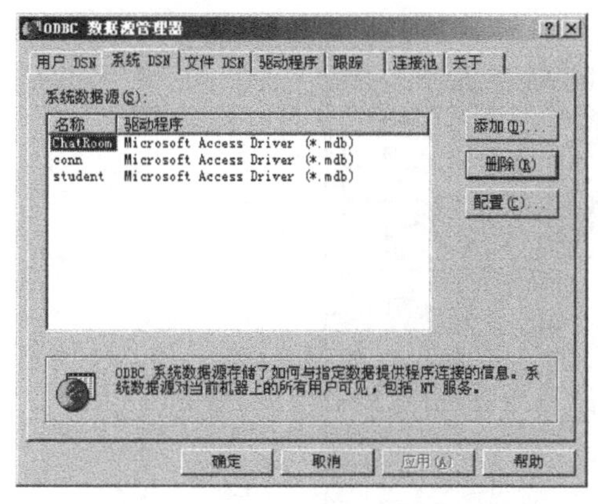

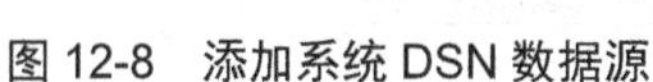

图 12-8　添加系统 DSN 数据源　　　　图 12-9　添加 Access 数据库

单击“确定”按钮，返回“数据源名称(DSN)”对话框，定义连接名称为 connection，在“数据源名称(DSN)”下拉列表框中选择刚刚创建的 bbs 数据源，然后单击“测试”按钮，弹出如图 12-10 所示的信息提示框，说明数据库连接创建成功。

单击“确定”按钮，在“数据库”面板中就会显示添加的数据库连接 connection，如图 12-11 所示。

图 12-10　定义数据库连接　　　　图 12-11　数据库连接

这样，使用 Dreamweaver 就可以操作数据库了。

(2) 在 Dreamweaver 中，使用表格和预先设计好的图片等素材，设计主页的框架和显示效果，如图 12-12 所示。

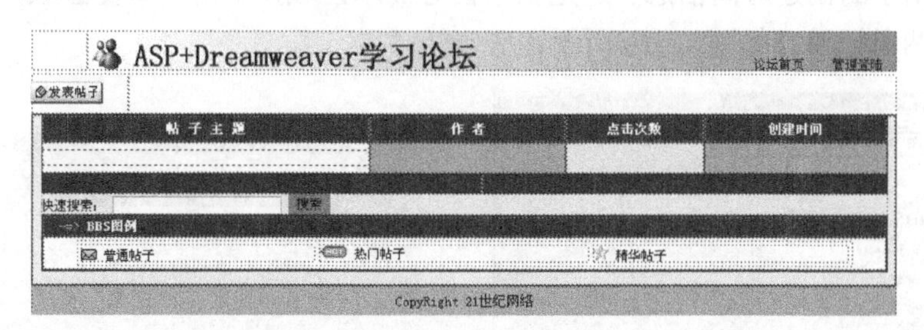


图 12-12　首页的设计视图

(3) 绑定记录集。单击插入工具栏中的“数据”栏，选择记录集按钮，设置记录集 Recordset1 的相关选项，如图 12-13 所示。

记录集绑定的是 postMain 数据表，按照 main_time 字段进行降序排列，这样能将最新发表的帖子显示在主页的最上面。

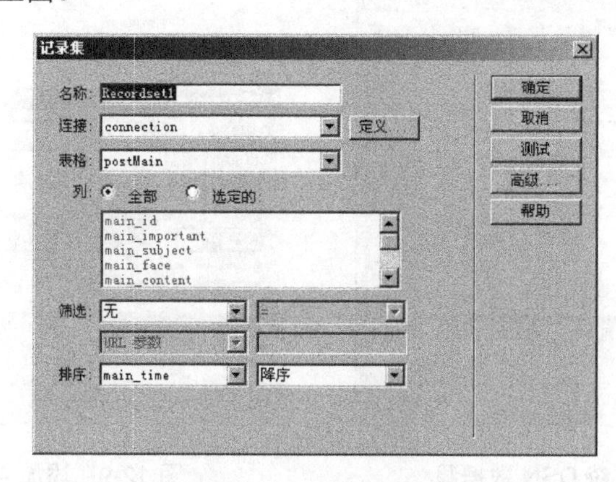


图 12-13 设置记录集

(4) 绑定数据。将记录集 Recordset1 中的 main_important 字段绑定到<img>标签，代码为：<img src=<%=(Recordset1.Fields.Item("main_important").Value)%>>，如图 12-14 的 A 区所示。

图 12-14 绑定数据

绑定 main_subject 到“帖子主题”位置，如图 12-14 的 B 区所示，并设置它为动态超链接，选中{Recordset1.main_subject}，在工具栏的“数据”栏中单击“转到详细信息页”，在弹出的对话框中设置相关参数，如图 12-15 所示。链接到的详细页面为 show.asp，传递 URL 的 main_id 参数，对应 Recordset1 的 main_id 字段作为参数，显示对应的一条记录。绑定 main_name 到“作者”位置，如图 12-14 的 C 区所示；绑定 num_hits 到“单击次数”位置，如图 12-14 的 D 区所示；绑定 main_time 到“创建时间”位置，如图 12-14 的 E 区所示。

(5) 设置重复区域。绑定数据后，在主页上显示帖子类型、帖子主题、帖子的作者、帖子的点击次数、帖子的创建时间信息。选定帖子信息显示区域，单击“重复区域”按钮，设置重复区域显示为两条记录，如图 12-16 所示。

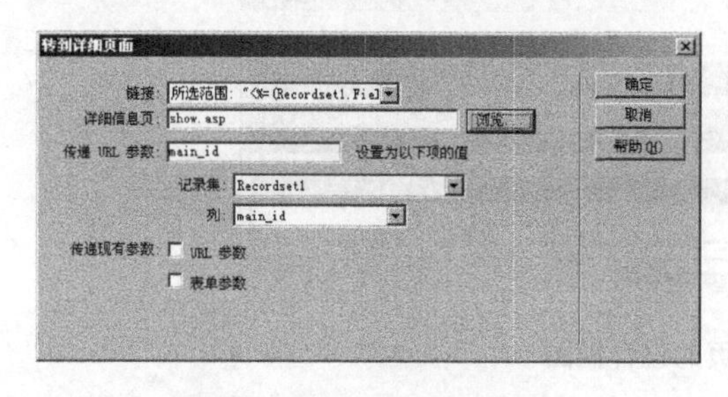


图 12-15 转到详细页面

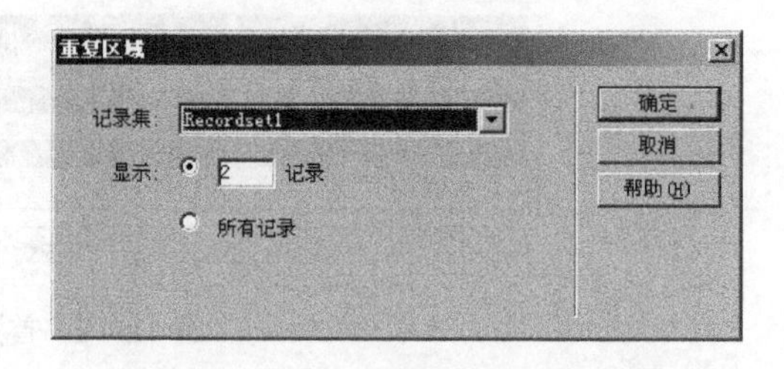


图 12-16 “重复区域”对话框

(6) 如果论坛中还没有发表的帖子，应该显示没有帖子的提示信息，此时记录集 Recordset1 中没有记录。选中“暂时没有帖子！”文本，在插入工具栏中选择“数据”选项，选择“如果

记录集为空则显示”命令，在弹出的对话框中选择记录集 Recordset1，如图 12-17 所示。

(7) 添加导航条。将鼠标放置在重复区域的右下方的表格中，在插入工具栏中选择“数据”选项，单击“记录集导航条”按钮，在弹出的“记录集导航条”对话框中选择记录集 Recordset1，设置显示方式为“文本”，如图 12-18 所示。

图 12-17　重复区域对话框

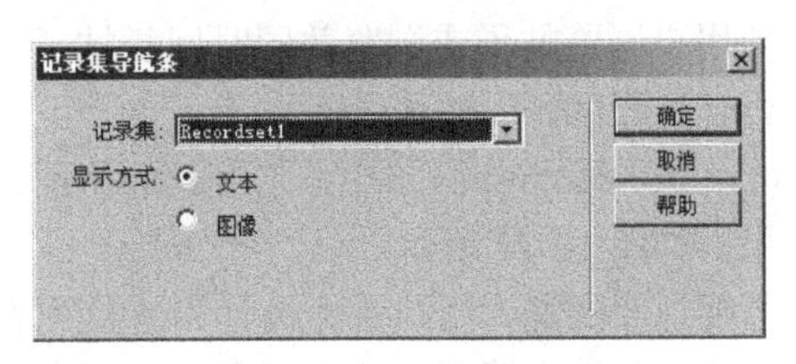


图 12-18　添加记录集导航条

单击“确定”按钮，则在重复区域的下方出现设置的导航条，将英文的文本改为中文即可，如图 12-19 所示。

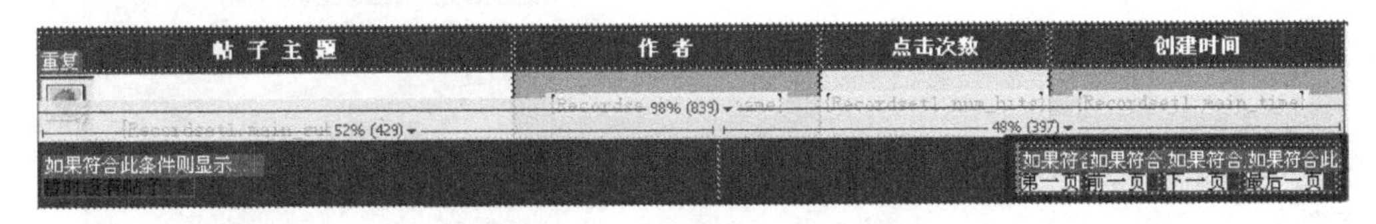


图 12-19　记录集导航条设计效果

(8) 添加超链接。设置文本“论坛首页”的链接地址为 index.asp，设置文本“管理登录”的链接地址为 admin_index.asp，设置图片“发表帖子”的链接地址为 add.asp。

## 12.2.2　发表帖子

在主页上图片“论坛发帖”所链接的是发表帖子的页面 add.asp，该页面的显示效果如图 12-20 所示。

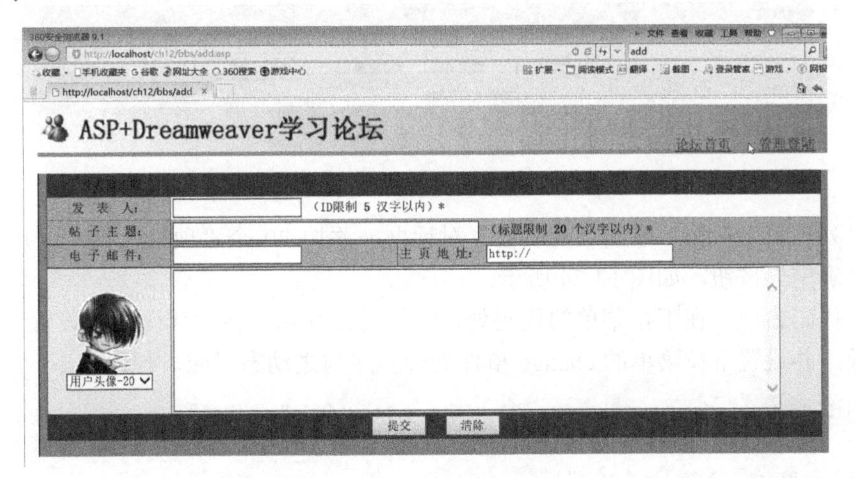


图 12-20　发表帖子效果

在该页面包含一个表单，该表单包括 4 个文本框，1 个下拉列表，1 个文本区域，分别用于输入“发表人”“帖子主题”“电子邮件”“主页地址”“用户头像”“帖子内容”。用户发表帖子时，在该页面的表单中输入或选择信息，单击“提交”按钮，能够将用户发表的帖子信息添加到数据库中。然后，在主页中就能够在帖子主题显示区域，显示最新添加的帖子，允许其他用户浏览帖子或浏览并同时回复帖子。

设计过程如下。

(1) 在 Dreamweaver 中，使用表格和预先设计好的图片等素材，设计发表帖子的框架和显示效果，如图 12-21 所示。

需要说明的是，用户头像设计为下拉列表，该列表的上方动态显示选择的图像的效果。制作过程为：首先在网页中选定插入下拉列表的位置，然后选择插入工具栏中的“表单”栏，单击“列表/菜单”按钮，在弹出的“输入标签辅助功能属性”对话框设置 ID 为 face，单击“确定”按钮，如图 12-22 所示。

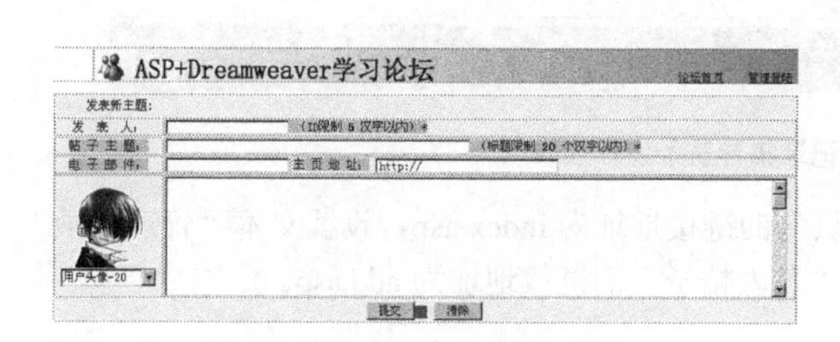


图 12-21 发表帖子页面的设计视图

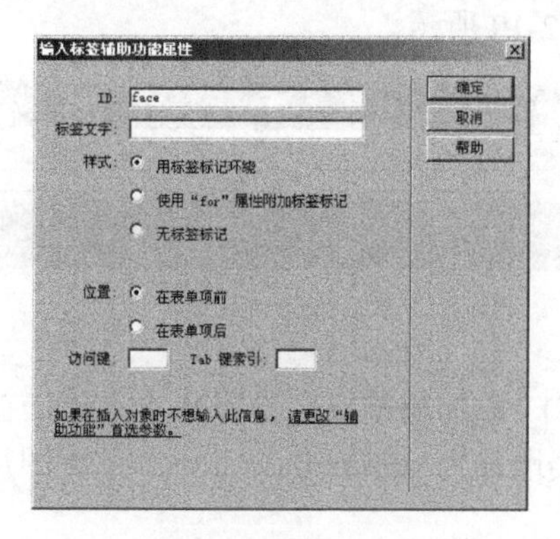


图 12-22 输入标签辅助功能属性设置

在设计视图中选中插入的列表，Dreamweaver 自动打开列表/菜单属性面板，在该面板设置类型为“列表”，如图 12-23 所示。

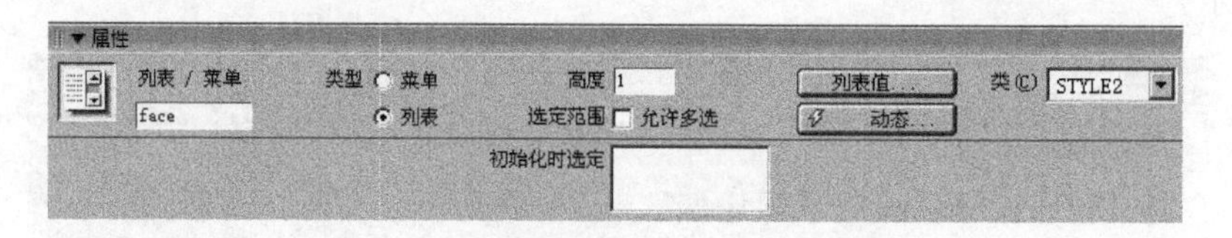


图 12-23 列表属性

单击“列表值”按钮，弹出“列表值”对话框，添加 20 个“项目标签”，并设置它们的值，单击“确定”按钮，如图 12-24 所示。

切换到代码窗口，在下拉菜单的代码处，添加动态显示头像的代码，即设置一个<img>标签显示头像，并设置下拉菜单的 change 事件处理程序与之动态对应。代码如下：

```
<img id="idface" src="images/01.gif" alt="个人形象代表" /><br /><!-设置<img>标签的 id-->
<select name="face" size="1"
onchange="document.images['idface'].src=options[selectedIndex].value;" >
                                          <!-设置下拉菜单的 change 事件处理程序-->
  <option selected="selected" value="images/01.gif">用户头像-01 </option>
```

```
        …
    <option selected="selected" value="images/20.gif">用户头像-20 </option>
</select>
```

(2) 插入记录。单击插入工具栏中的“数据”栏，单击“插入记录”，选中连接为 connection，插入表格为 postMain 表，设置插入后转到 index.asp，从页面的 form1 表单获取数据，分别对应 postMain 表格的相应字段，如图 12-25 所示。

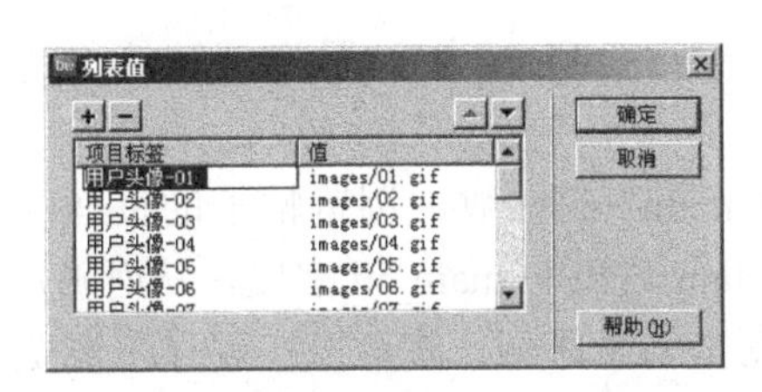


图 12-24　“列表值”对话框

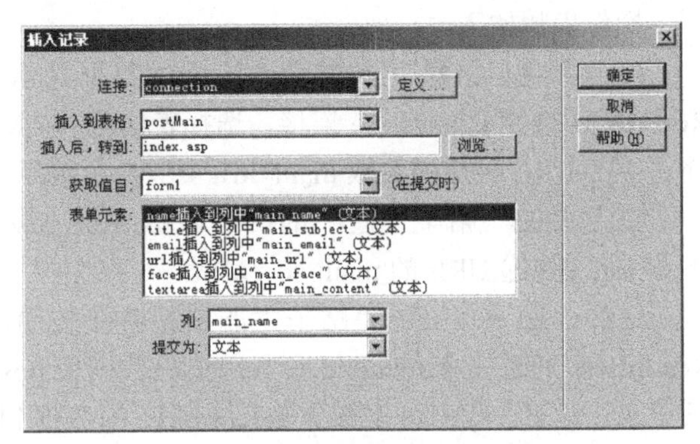


图 12-25　“插入记录”对话框

单击“确定”按钮。这样，当单击“提交”按钮时，就能够将页面表单 form1 的各元素插入到表格记录的相应字段中，从而实现了在 index.asp 页面中显示发表的帖子。

## 12.2.3　浏览帖子和回复帖子

在首页上显示了发表的帖子主题，并且该帖子主题设置为超链接，链接到的浏览帖子页面为 show.asp，该页面的显示效果如图 12-26 所示。

按照图 12-26 所示的效果，在 Dreamweaver 中使用已有素材图片、文本和表格设计该页面，设计视图如图 12-27 所示。

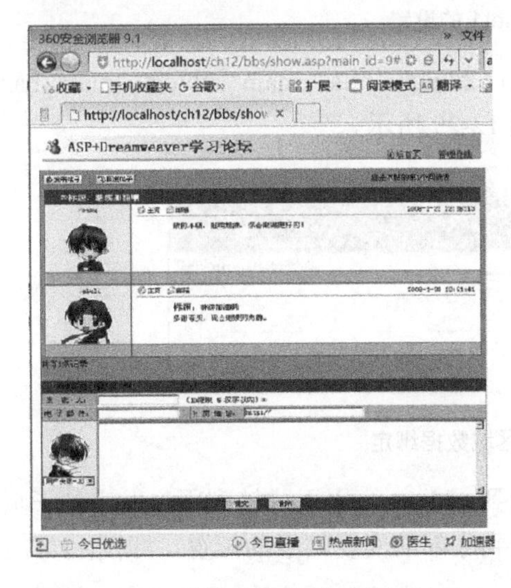


图 12-26　浏览和回复帖子页面效果

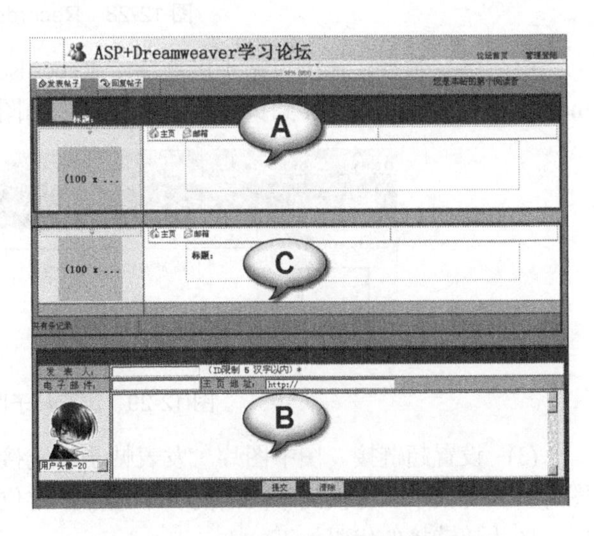


图 12-27　浏览和回复帖子页面的设计

该页面可以分为 3 个功能区：A 区为浏览帖子区域，B 区为回复帖子区域，C 区为回复内容显示区域。下面分别介绍这 3 个功能区的实现过程。

### 1．浏览帖子

浏览帖子功能区的功能是显示用户发表的帖子的详细信息，以便用户针对帖子内容进行回复，设计视图如图 12-27 的 A 区所示。

操作步骤如下。

(1) 绑定记录集。在制作该区域的数据显示之前，需要首先绑定记录集 Recordset1。Recordset1 使用 connection 连接，选择表格为 postMain，选定全部列，筛选使用 main_id 字段，使它等于 URL 传递的参数 main_id，如图 12-28 所示。

在主页的“帖子主题”的绑定数据{Recordset1.main_subject}被设置为超链接，链接到 show.asp，传递 URL 的 main_id 参数。

这样，通过首页的“帖子主题”超链接传递的 main_id 参数，浏览帖子的页面绑定的 Recordset1 通过这个 main_id 参数筛选出数据表 postMain 对应的 main_id 字段，从而确定了一条记录。然后，我们可以绑定 Recordset1 的数据到浏览帖子区域，就可以实现显示浏览帖子功能。

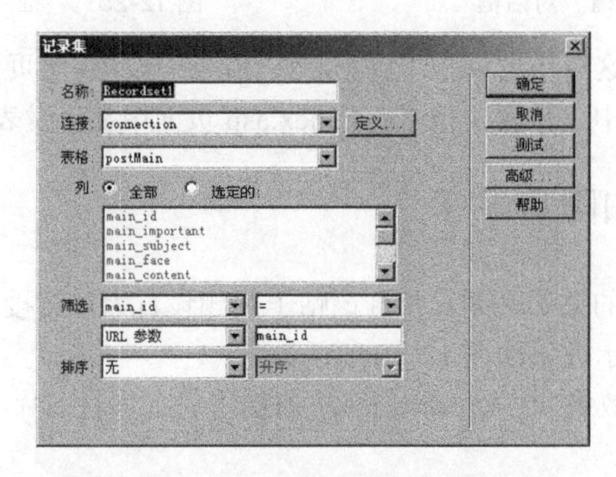


图 12-28 Recordset1 的设置

(2) 绑定数据。在浏览帖子区域绑定 Recordset1 的 num_hits、main_subject、main_name、main_time、main_content 到页面的相应位置，如图 12-29 所示。

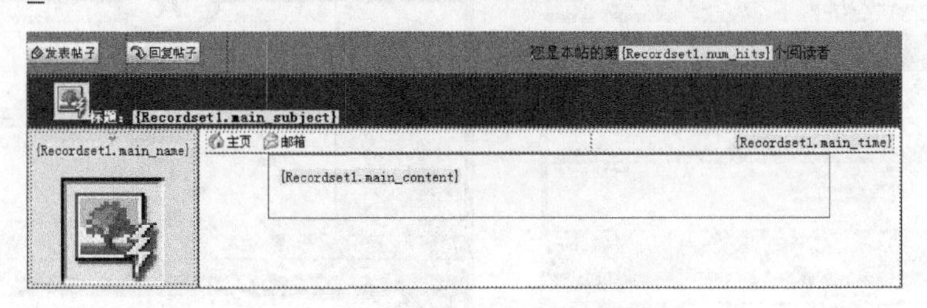


图 12-29 浏览帖子区域数据绑定

(3) 设置超链接。图中图片“发表帖子”链接到 add.asp，用于跳转到用户发表帖子页面；图片“回复帖子”链接到本页面的一个锚点，定位到底部的回复帖子的位置，即图 12-27 的 C 区，图片超链接的代码如下：

```
<a href="#point"><img src="images/newreply.gif" width="72" height="21"
border="0"></a>
```

C 区的锚点设置代码如下：

```
<A name=point class="a1">回复主题:
<%=(Recordset1.Fields.Item("main_subject").Value)%></A>
```

在“标题”左侧，将记录集 Recordset1 中的 main_important 字段绑定到<img>标签，代码如下：

```
<img src=<%=(Recordset1.Fields.Item("main_important").Value)%>>
```

用于显示该帖子的类型：普通、精华、热点。

在显示 main_name 数据的下方，显示用户的头像图片，绑定 main_face 数据到<img>标签，代码如下：

```
<img src=<%=(Recordset1.Fields.Item("main_face").Value)%> width="100"
height="100" >
```

图片“主页”链接到发表帖子的用户的个人主页，代码如下：

```
<a href=<%=(Recordset1.Fields.Item("main_url").Value)%>><img
src="images/homepage.gif" width="47" height="18" border="0" /></a>
```

图片“邮箱”链接到发表帖子的用户的个人电子信箱，代码如下：

```
<a href=mailto:<%=(Recordset1.Fields.Item("main_email").Value)%>><img
src="images/email.gif" width="45" height="18" border="0" /></a>
```

### 2. 回复帖子

在 show.asp 页面的最下方是回复帖子功能区，如图 12-27 的 B 区所示。该功能区与发表帖子模块相似，下面简单讲解制作过程。

(1) 绑定数据。将 Recordset1 的 main_subject 字段绑定到回复帖子区域的“回复主题”右侧，如图 12-30 所示。

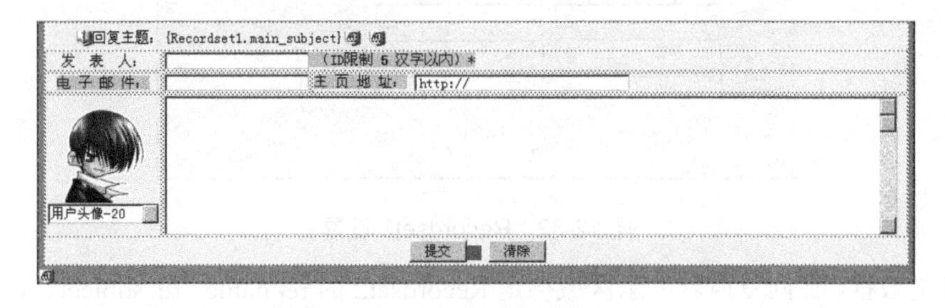


图 12-30 回复帖子功能区设计

(2) 插入记录。单击插入工具栏中的“数据”栏，单击“插入记录”，选中连接为 connection，插入到的表格为 postRe 表，设置插入后转到 show.asp，从页面的 form1 表单获取数据，分别对应 postRe 表格的相应字段，如图 12-31 所示。

单击“确定”按钮。这样，当单击“提交”按钮时，就能够将页面表单 form1 的各元素插入到表格记录的相应字段中，从而实现了回复帖子的功能。

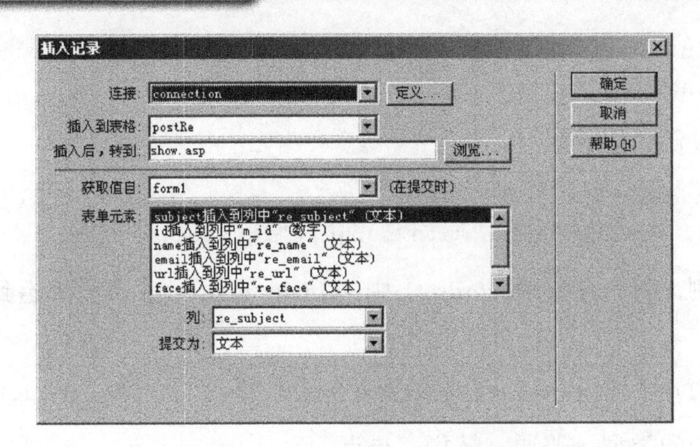


图 12-31 “插入记录”对话框

### 3. 回复内容显示

回复内容显示功能区的功能是在浏览帖子区域下方显示用户发表的回复内容的详细内容，如图 12-27 的 C 区所示。并设置该区域为重复区域，从而使所有的回复信息都显示出来。当然，可以设置分页显示，从而使得显示更具有结构性。

具体操作步骤如下。

(1) 绑定记录集。在制作该区域的数据显示之前，需要首先绑定记录集 Recordset2。Recordset2 使用 connection 连接，选择表格为 postRe，选定全部列，筛选使用 m_id 字段，使它等于 URL 传递的参数 main_id，并根据 re_time 字段进行降序排列，如图 12-32 所示。

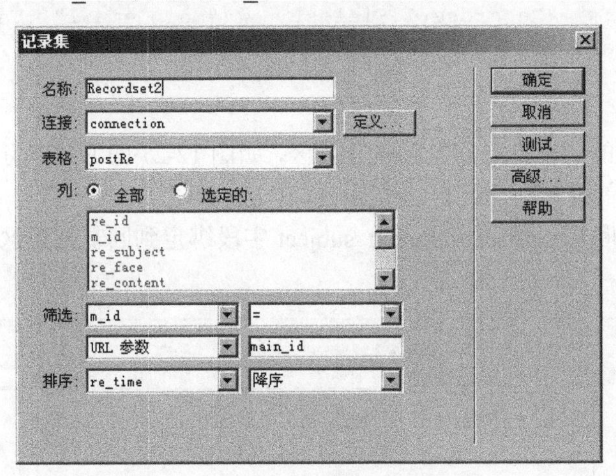


图 12-32 Recordset2 设置

(2) 绑定数据。在回复内容显示区域绑定 Recordset2 的 re_name、re_subject、re_time、total record 到页面表格的相应位置。下面的设置与浏览帖子相似，参照浏览帖子的操作在显示 re_name 数据的下方，绑定 re_face 数据到<img>标签，并将图片“主页”链接到回复帖子的用户的个人主页，将图片“邮箱”链接到回复帖子的用户的个人电子信箱，如图 12-33 所示。

(3) 设置重复区域。参照前面的操作，设置回复内容显示的区域为重复区域，设置如图 12-34 所示。

(4) 添加导航条。参照前面的操作，在重复区域的右下方的表格中添加记录集导航条，导

航条设置如图 12-35 所示。

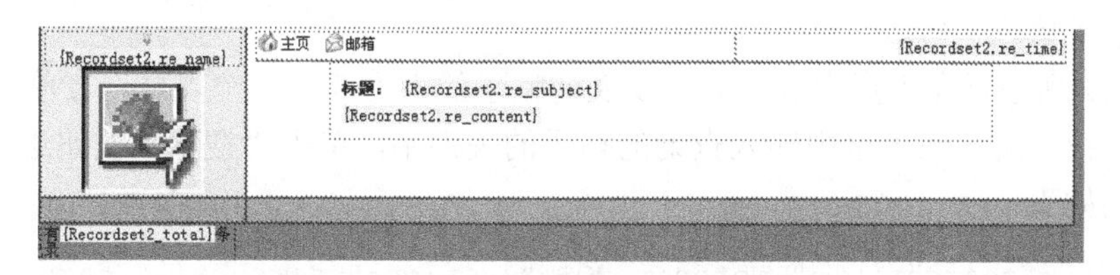


图 12-33　回复帖子区域数据绑定

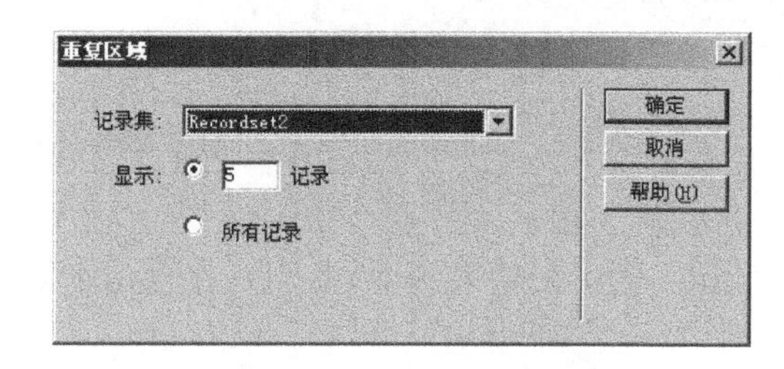


图 12-34　重复区域设置

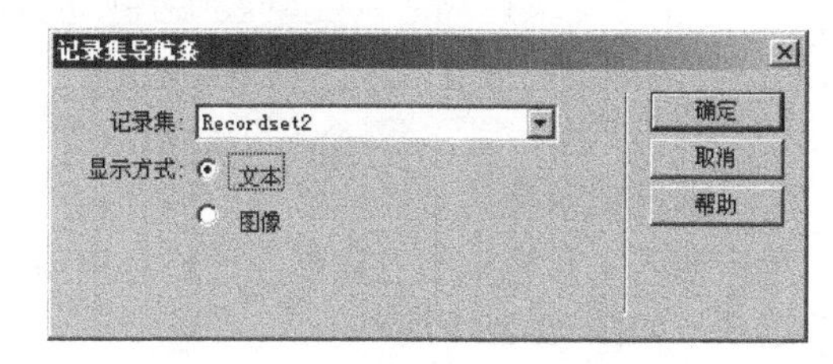


图 12-35　记录集导航条设置

至此，回复内容显示部分的制作完毕，该区域的最终设计视图如图 12-36 所示。

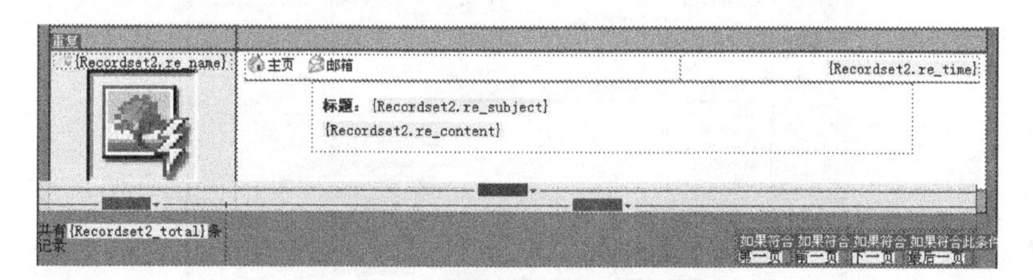


图 12-36　回复内容页面设计视图

## 12.2.4　帖子搜索

在论坛的首页设置了帖子搜索功能，用户在文本框中输入要搜索的帖子的关键字，单击“搜索”按钮，则在搜索结果页面(search.asp)上显示出符合条件的相关帖子条目。页面效果如图 12-37 所示。

图 12-37　帖子搜索页面效果

具体操作步骤如下。

(1) 设置表单。

如图 12-12 所示，在主页中显示的已发表的帖子的下方插入一个表单，表单中设置一个文本框和一个按钮。用户在表单中输入查询的帖子的关键字，单击“搜索”按钮进行搜索。

表单代码如下：

```
<form name="searchtitle" method="POST" action="search.asp" target="_blank">
        <td align="left">快速搜索：
          <input name="keyword" type="text"  size="16">
          <input type="submit" name="Submit" value="搜 索">
        </td>
</form>
```

(2) 绑定记录集。

单击插入工具栏中的“数据”一栏，单击按钮，绑定记录集 Recordset1，设置记录集的相关选项，如图 12-38 所示。

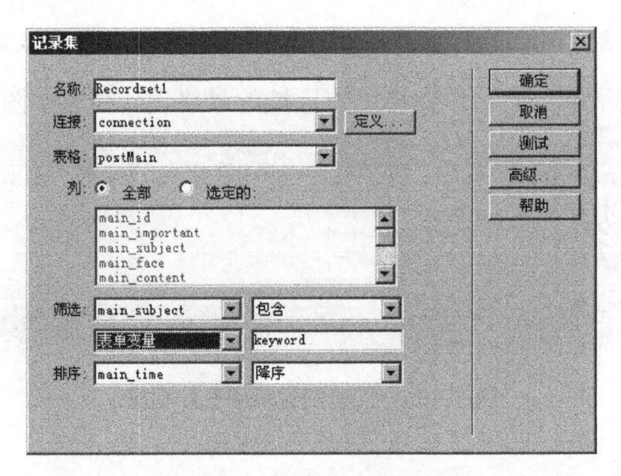


图 12-38 绑定记录集 1

记录集 1 绑定到 postMain 数据表格，并选定全部列，在筛选选项中，设置筛选的字段为 main_subject，包含表单变量 keyword，并且按照 main_time 的降序进行排列。

(3) 绑定数据。绑定完成数据集后，将记录集 1 的 main_subject、main_name、main_important、main_time 绑定到搜索结果页面的“帖子主题”“作者”“类型”“发表时间”处，如图 12-39 所示。选中表格中所有绑定数据所在的行标签，设置 Recordset1 为重复区域。操作与帖子浏览页面的制作步骤相同，这里不再赘述。

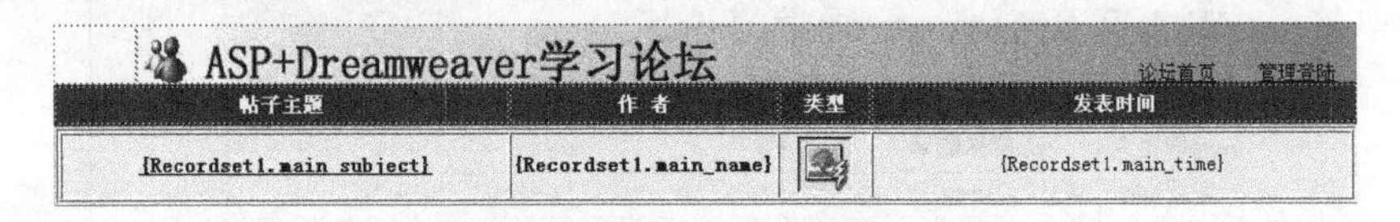


图 12-39 搜索结果页面绑定数据

(4) 设置超链接。选中网页中的文本{Recordset1.main_subject}，设置它链接到 show.asp，代码如下：

```
<a ref=show.asp?main_id=<%=(Recordset1.Fields.Item("main_id").Value)%>>
<%=(Recordset1.Fields.Item("main_subject").Value)%> </a>
```

该页面的顶部设置与首页相同，参照首页对本页面的文本“论坛首页”和“管理登录”进行超链接设置。

(5) 设置记录集合不为空的显示效果。

选择所设置的重复区域，单击插入工具栏中“数据”栏中的按钮，在下拉菜单中选择“如果记录集不为空则显示区域”命令，在弹出的对话框中选择 Recordset1，如图 12-40 所示。

此操作的目的是在查询记录集合时，存在记录集为空的情况。如果记录集不为空，则显示搜索到的帖子列表；如果为空则显示其他信息。

(6) 设置记录集合为空的显示效果。

在显示搜索帖子信息的表格的下方添加文本“没有相关帖子，请重新查询！”。选择该文本，单击工具栏中的“显示区域”按钮，在下拉菜单中选择“如果记录集为空则显示区域”命令。在弹出的对话框中选择记录集 recordset1，单击“确定”即可，如图 12-41 所示。

图 12-40 “如果记录集不为空则显示区域”对话框

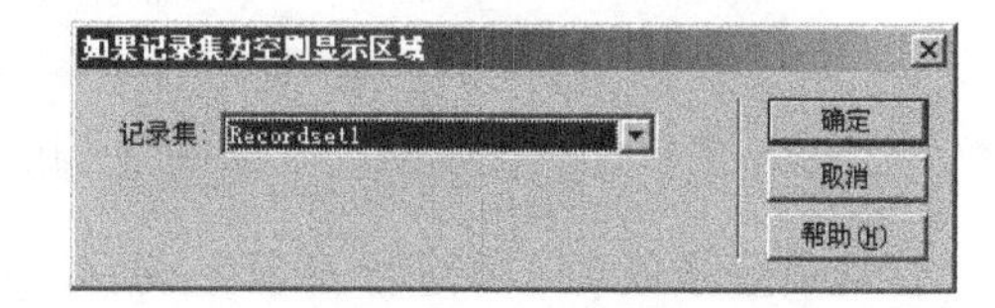


图 12-41 “如果记录集为空则显示区域”对话框

## 12.2.5 论坛管理

### 1. 管理员登录(login.asp)与退出

管理员登录用于检查管理员身份的合法性，并防止用户未登录就进入管理页面。该页面将用户账号和密码提交到服务器端，检查它的合法性。

具体操作步骤如下。

(1) 在 Dreamweaver 中新建 login.asp 页面，新建表单 form1，在表单中设置两个文本框，一个设置为 text，另一个设置为 password，并设置两个按钮，一个类型设置为 submit，另一个类型设置为 reset，如图 12-42 所示。

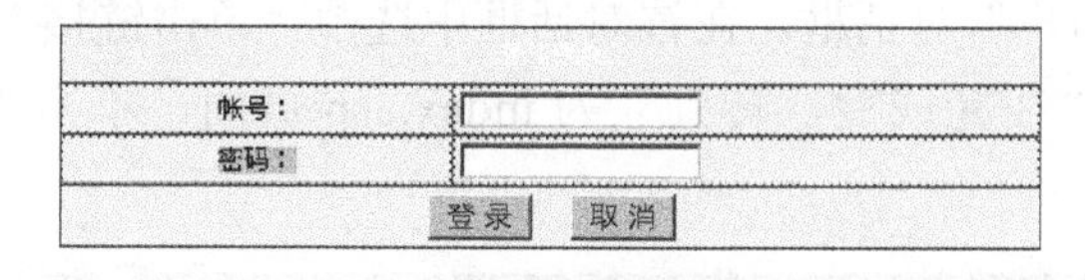


图 12-42 管理员登录表单设计视图

(2) 选择插入工具栏中的“数据”栏，单击“用户身份验证：登录用户”命令，弹出“登录用户”对话框。在该对话框中“从表单获取输入”选择步骤(1)设置的表单 form1，“用户名字段”和“密码字段”分别选择用户在 form1 中设置的输入用户名和密码的文本框 name 和 pass。“使用连接验证”选择 connection，“表格”处选择 passadmin，“用户名列”选择 usrname 字段，“密码列”选择 passwd 字段。设置“如果登录成功，转到”为 adminuser.asp，并选中“转到前一个 URL(如果它存在)”复选框，设置“如果登录失败，转到”为 login.asp。并设置基于“用户名和密码”访问。设置的情况如图 12-43 所示。

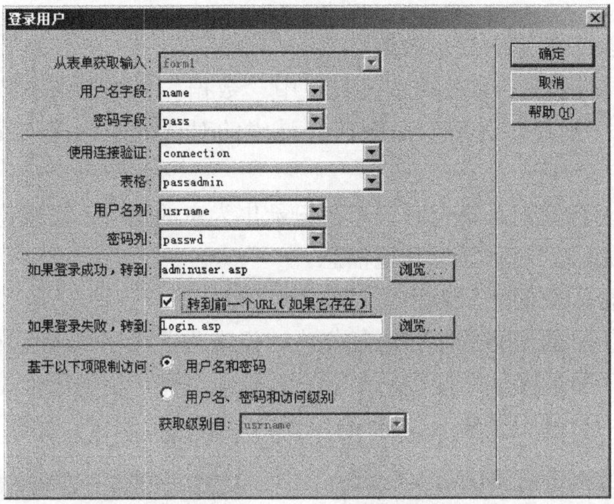

图 12-43　登录用户设置

管理员登录成功，并进行管理完成后，应该可以实现退出登录。退出后使浏览器定位到论坛首页。

具体操作步骤如下。

(1) 在登录成功后，浏览器转到管理账号页面(adminuser.asp)，在 Dreamweaver 中设计该页面，如图 12-44 所示。

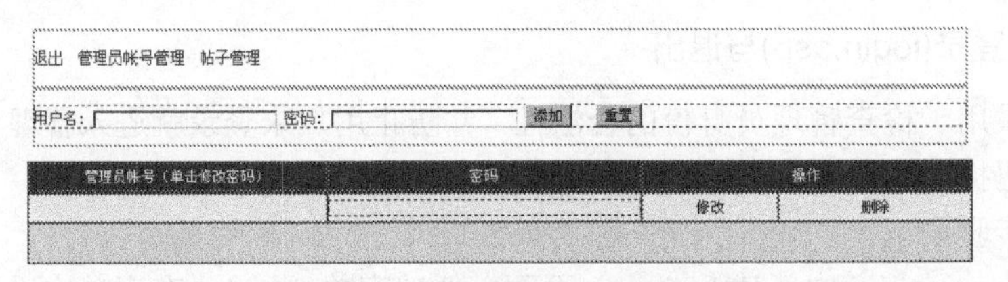


图 12-44　登录成功后页面的设计

(2) 选中文本“退出”，选择插入工具栏中的“数据”栏，单击“用户身份验证：注销用户”命令，弹出“注销用户”对话框。在该对话框中选中“单击链接”单选按钮，链接到选中的文本“退出”，设置“在完成后，转到”为 index.asp 页面，单击“确定”按钮完成设置，如图 12-45 所示。

图 12-45　登录成功后页面的设计

为了防止用户未登录或退出后未重新登录就进入管理页面，需要进行登录安全设置。具体操作步骤如下。

(1) 在 Dreamweaver 中打开“应用程序”面板，切换到“绑定”标签，单击“+”按钮，选择“阶段变量”命令，在弹出的“阶段变量”对话框中，输入名称为 MM_Username，单击“确定”按钮，如图 12-46 所示。

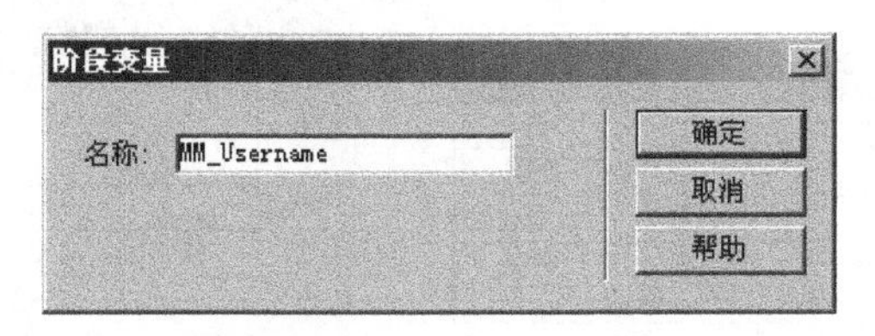


图 12-46　“阶段变量”对话框

(2) 切换到 Dreamweaver 的代码视图，输入以下代码：

```
<%
if(Session("MM_Username")="")then
response.Redirect("login.asp")
end if
%>
```

该段代码的功能是判断 session 变量如果为空，则重定向页面到 login.asp，要求用户登录，从而保证只有登录用户才可以进行管理操作。

同样地，在以下的管理页面中都要设置这一段代码，实现在所有的页面中实现安全设置，操作相同，这里不再赘述。

### 2. 管理员账号管理

管理员账号管理涉及 3 个页面：一是登录成功后转到的 adminuser.asp；二是修改账号与密码的 adminuserxg.asp；三是删除账号的页面 adminuserdel.asp。下面分别讲解这 3 个页面的制作。

1)　adminuser.asp 页面的制作

登录成功后转到的页面 adminuser.asp 实现添加管理员账号和密码，显示数据库中已存的管理员账号和密码，并设置有修改和删除的超链接。该页面的设计如图 12-44 所示，它的预览效果如图 12-47 所示。

(1) 在 Dreamweaver 中按照如图 12-44 所示设计该页面，在页面设计一个表单，包括两个文本框，分别用于输入新建的用户名及其密码；两个按钮，分别是 submit 和 reset 类型；设计一个表格，用于显示已经添加的管理员账号和密码信息，以及修改和删除超链接。

(2) 绑定记录集。在本页绑定记录集 Recordset1，如图 12-48 所示。

(3) 绑定数据。绑定记录集 1 的 usrname、passwd 到页面上，并设置它们所在的行为重复区域，如图 12-49 所示。

(4) 插入记录。在该页面中的 form1 表单输入用户名和密码，如图 12-50 所示。单击“添加”按钮将新输入的用户名和密码添加到数据库中。

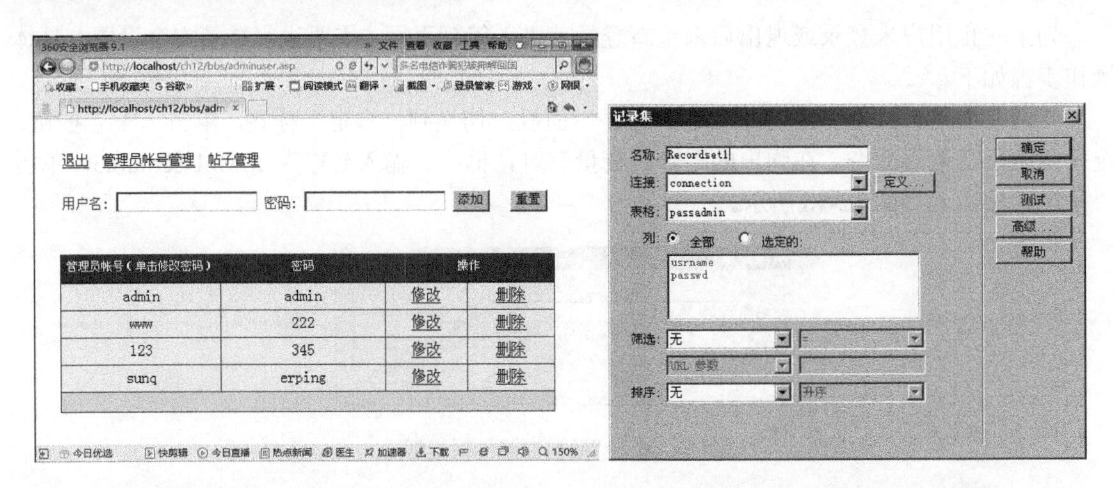


图 12-47 adminuser.asp 页面效果　　　　图 12-48 记录集 1 的设置

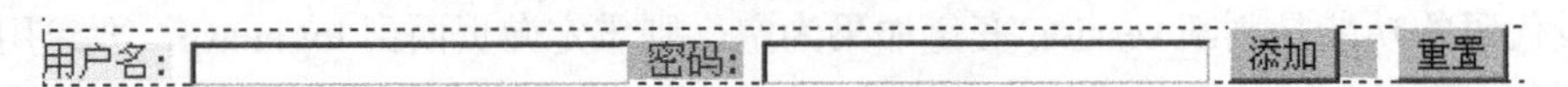


图 12-49 绑定数据和设置重复区域

用户名: 密码: 添加 重置

图 12-50 form1 设计视图

单击插入工具栏中的“数据”栏，单击“插入记录”，设置“连接”为 connection，设置“插入到表格”为 passadmin 表，设置“插入后，转到”为 adminuser.asp，从页面的 form1 表单获取数据，分别对应 passadmin 表格的相应字段，如图 12-51 所示。

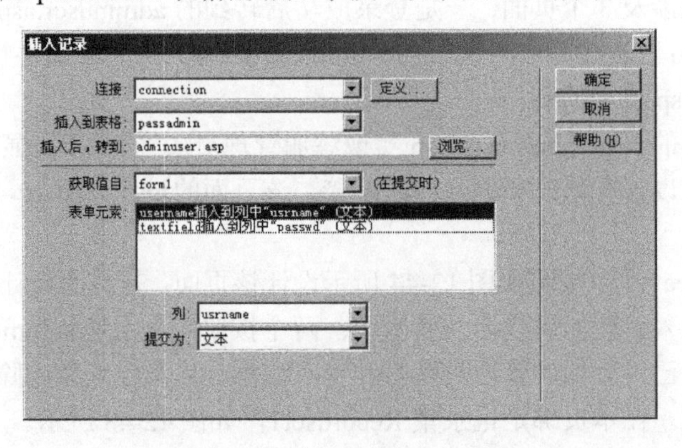


图 12-51 “插入记录”对话框

单击“确定”按钮。这样，当单击“提交”按钮时，就能够将页面表单 form1 的各元素插入到表格记录的相应字段中，将新用户的账号和密码存入数据表。

(5) 设置超链接。在该页面选中文本“管理员账号管理”，设置链接为 adminuser.asp；同理，设置文本“帖子管理”超链接为admingl.asp；设置文本“修改”超链接的代码为:

```
<ahref="adminuserxg.asp?username=<%=(Recordset1.Fields.Item("usrname").Valu
e)%>">修改　　　</a>
```

设置文本“删除”超链接的代码为：

```
<a
href="adminuserdel.asp?username=<%=(Recordset1.Fields.Item("usrname").Value
)%>">删除</a>
```

2)　adminuserxg.asp 页面的制作

在 adminuser.asp 页面，当单击“修改”超链接，转到 adminuserxg.asp 页，该页面的设计视图如图 12-52 所示。该页面设置了一个表单 form1，表单中包含 2 个文本框，分别用于显示/输入账号和输入密码，另外，必须设置 1 个类型为 submit 的按钮，用于提交表单，还设置了 1 个重置按钮。

(1)　绑定记录集 1，使用 usrname 筛选 URL 传递的 username 参数，设置如图 12-53 所示。

图 12-52　adminuserxg.asp 设计视图

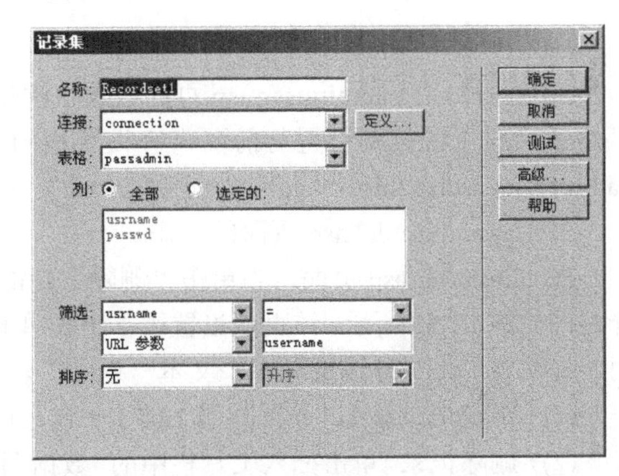


图 12-53　绑定记录集 1

(2)　打开“应用程序”面板，切换到“绑定”标签，单击“+”按钮，选择“请求变量”命令，在弹出的“请求变量”对话框中，类型选择“请求”，名称设置为 username，单击“确定”按钮，如图 12-54 所示。

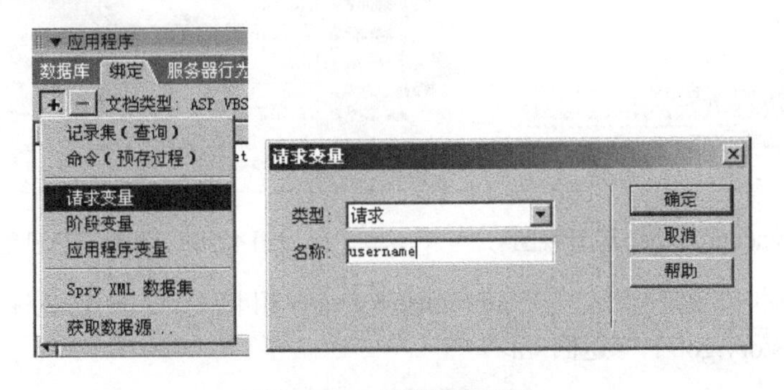


图 12-54　设置请求变量

(3)　绑定请求变量 username 到账号名称右侧的文本框，如图 12-55 所示。

(4)　更新记录。单击插入工具栏中的“数据”栏，单击“更新记录”，设置“连接”为 connection，设置“要更新的表格”为 passadmin，设置记录集为 Recordset1，设置“唯一键列”为 usrname，设置“在更新后，转到”为 adminuser.asp，从页面的 form1 表单获取数据，分别对应更新 passadmin 表格的相应字段，如图 12-56 所示。

图 12-55　绑定请求变量

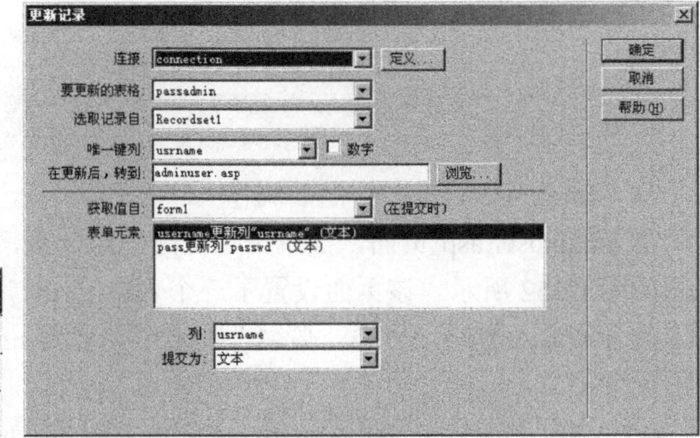


图 12-56　更新记录设置

(5) 同样，在 adminuser.asp 页面设置“注销用户”服务器行为，“管理员账号管理”和“帖子管理”的链接设置与前面内容设置相同。选中“返回”文本，设置超链接代码为：<a href="javascript:history.go(-1)">返回</a>。

3) adminuserdel.asp 页面的制作

在 adminuser.asp 页面，当单击“删除”超链接，转到 adminuserdel.asp 页面，该页面的设计视图如图 12-57 所示。该页面设置了 1 个表单 form1，表单中设置 1 个类型为 submit 的按钮，用于提交表单，另外设置了 1 个文本“返回”。

(1) 绑定记录集 1，设置与图 12-53 一致，这里不再赘述。

(2) 删除记录。单击插入工具栏中的“数据”栏，单击“删除记录”按钮，设置要从 passadmin 表删除记录，设置记录集为 Recordset1，“唯一键列”设为 usrname，从页面提交表单 form1 删除数据，设置“删除后，转到”为 adminuser.asp，如图 12-58 所示。

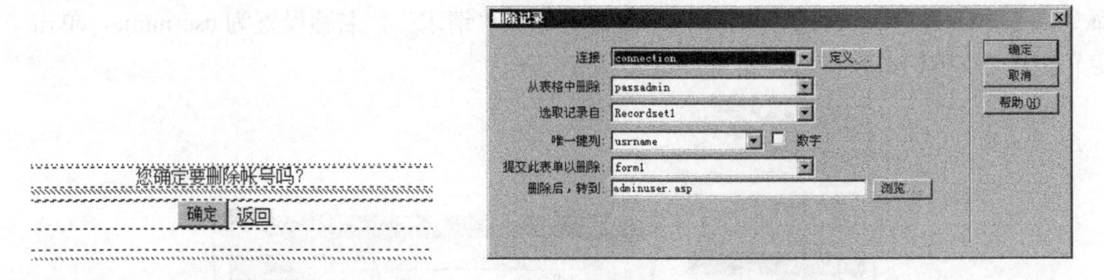


图 12-57　adminuserdel.asp 设计视图　　　　图 12-58　删除记录设置

(3) 选中文本“返回”，与 adminuserxg.asp 相同，设置它的超链接代码为<a href="javascript:history.go(-1)">返回</a>。

### 3. 帖子管理

对已经发表的帖子，论坛为管理员提供了删除该帖子，删除该帖子的回复信息，对帖子的类型进行修改的功能。帖子管理涉及 5 个页面：admingl.asp、adminglxg.asp、delreplay.asp、hot.asp、admintzdel.asp。

1) admingl.asp 页面的制作

帖子管理主页面 admingl.asp 的设计视图如图 12-59 所示。

图 12-59 帖子管理页面设计视图

该页面的制作步骤如下。

(1) 在 Dreamweaver 中设计页面的框架，页面顶端与 adminuser.asp 页面相同，这里不再赘述。设计一个表格，用于显示帖子的相关信息和帖子的操作链接。

(2) 绑定记录集 Recordset1，设置如图 12-60 所示。

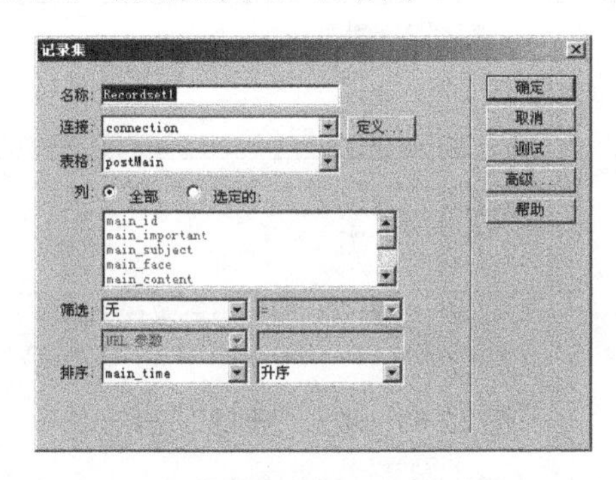


图 12-60 绑定记录集 1

(3) 绑定 Recordset1 的 main_subject、main_name、main_time、num_hits 到页面上，在页面选中{Recordset1.main_subject}设置链接代码如下：

```
<a
href="adminglxg.asp?main_id=<%=(Recordset1.Fields.Item("main_id").Value)%>"
>
<%=(Recordset1.Fields.Item("main_subject").Value)%></a>
```

在“操作”处设置文本“热点”的链接代码如下：

```
<a
href="hot.asp?id=<%=(Recordset1.Fields.Item("main_id").Value)%>&image=image
s/hot.gif">热点</a>
```

设置文本“精华”的链接代码如下：

```
<a
href="hot.asp?id=<%=(Recordset1.Fields.Item("main_id").Value)%>&image=image
s/jing.gif">精华</a>
```

设置文本“普通”的链接代码如下：

```
<a
href="hot.asp?id=<%=(Recordset1.Fields.Item("main_id").Value)%>&image=image
s/putong.gif">普通</a>
```

设置文本“删除”的链接代码如下：

```
<a href="admintzdel.asp?id=<%=(Recordset1.Fields.Item("main_id").Value)%>">
删除</a>
```

(4) 选中绑定的数据所在的行标签，设置重复区域，每页显示 10 条记录，并设置记录集导航条。操作与前面的操作相同，不再赘述。

2) adminglxg.asp 页面的制作

adminglxg.asp 页面是显示帖子的信息和回复信息，它与 show.asp 页面的设计基本相同，不同的是去掉了回复帖子的功能，而且在每条回复信息处添加了一个“删除”链接，如图 12-61 所示。

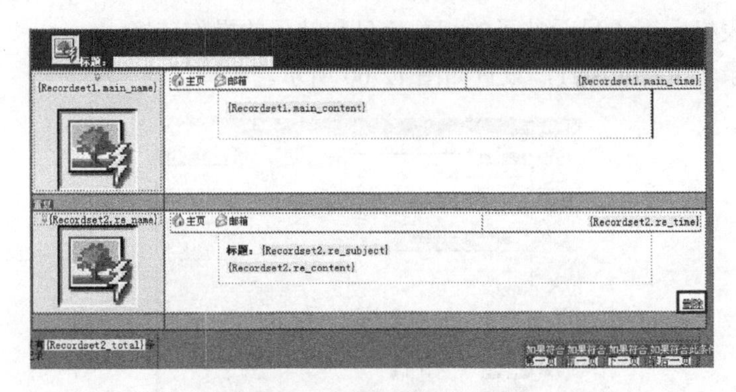


图 12-61 增加“删除”链接

相同的部分不再赘述，添加的“删除”链接的代码如下：

```
<a href="delreplay.asp?id=<%=(Recordset2.Fields.Item("re_id").Value)%>">删除
</a>
```

删除操作使用 delreplay.asp 页面实现。下面讲解该页面的制作过程。

3) delreplay.asp 页面的制作

该页面实现删除回复记录的功能，设计与删除账号页面 adminuserdel.asp 相同，如图 12-62 所示。

图 12-62 delreplay.asp 页面设计

不同的是记录集和删除记录的参数设置不同，设置如图 12-63 所示。

4) hot.asp 页面的制作

admingl.asp 页面的文本“热点”的链接代码如下：

```
<a
href="hot.asp?id=<%=(Recordset1.Fields.Item("main_id").Value)%>&image=image
s/hot.gif">热点</a>
```

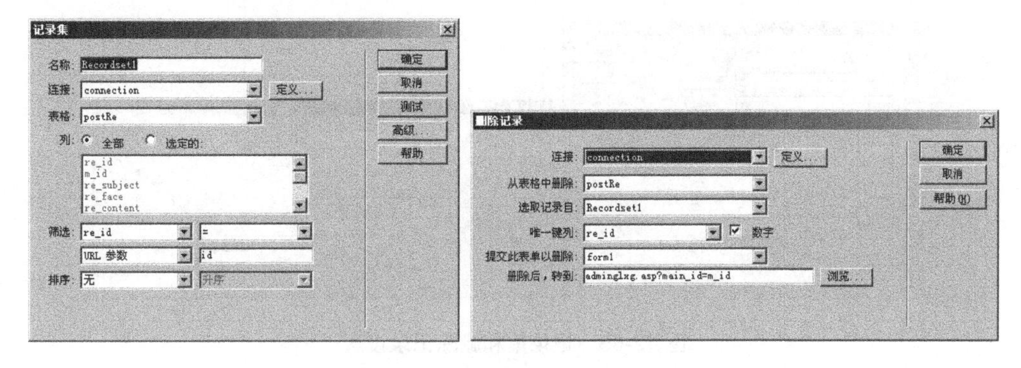

图 12-63　记录集和删除记录设置

新建页面 hot.asp，切换到代码视图，输入以下代码：

```
<%@LANGUAGE="VBSCRIPT" CODEPAGE="936"%>
<!--#include file="Connections/connection.asp" -->
<%
Set Command1 = Server.CreateObject ("ADODB.Command")
Command1.ActiveConnection = MM_connection_STRING
Command1.CommandText = "UPDATE postMain  SET main_important=
'"&request.querystring("image")&"' WHERE main_id="&request.querystring("id")
Command1.CommandType = 1
Command1.CommandTimeout = 0
Command1.Prepared = true
Command1.Execute()
response.Redirect("admingl.asp")
%>
```

本页面的代码根据 URL 传递的 id 参数，筛选并定位到 postMain 表格的 main_id，从而确定记录条目，然后使用 URL 传递的 image 参数更新 postMain 表格的 main_important 字段。主要的代码是该段代码的粗体部分。response.Redirect("admingl.asp")的功能是更新数据库后，自动重定向到 admingl.asp 页面。

文本“精华”“普通”的链接都是 hot.asp，只是传递的参数不同，这里不再赘述。

5) admintzdel.asp 页面的制作

在 admingl.asp 页面设置文本“删除”的链接代码如下：

```
<a href="admintzdel.asp?id=<%=(Recordset1.Fields.Item("main_id").Value)%>">
删除</a>
```

admintzdel.asp 页面实现删除帖子的功能，该页面的设计与删除账号页面 adminuserdel.asp 相同，如图 12-64 所示。

图 12-64　admintzdel.asp 页面设计

不同的是记录集和删除记录的参数设置不同，设置如图 12-65 所示。

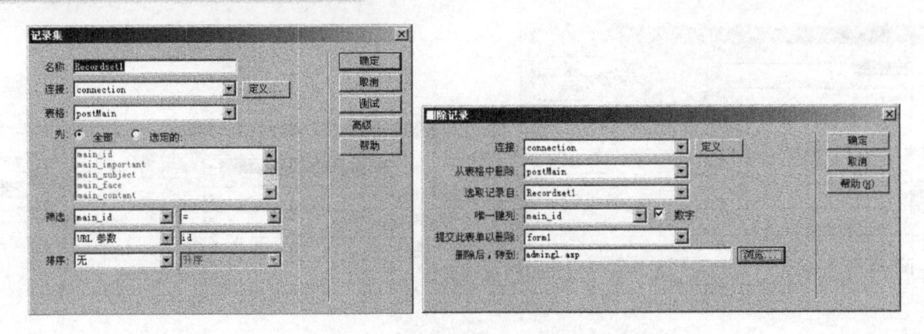

图 12-65　记录集和删除记录设置

# 12.3　小　结

本章详细讲解了一个典型的论坛的制作过程。该论坛使用 Dreamweaver 作为开发工具，采用 ASP+Access 模式，虽然功能比较简单，但是具有论坛的最基本的功能：发表帖子，回复帖子，搜索帖子，对帖子和回复以及管理员进行管理。由于篇幅的限制，没有设置流行的论坛的版主及讨论区的划分等类似的功能，这些功能等读者掌握了本书讲解的方法之后，自己都能够实现。

通过本章的学习，读者能够学到 Dreamweaver 数据行为，以及各页面之间的参数传递方法。本章有一些与前面的章节重叠的内容，只做了简单介绍或略过，读者可以参考前面的相关章节。学习完本章，读者可以尝试为论坛添加其他功能。

# 第 13 章　网上购物网站

本章介绍网上购物网站的设计与实现。构建一个小型用户在线购买商品的电子商务平台。本系统采用 ASP+Access 模式，采用模块化设计，将系统分为用户模块和管理员模块。用户在浏览商品的同时，可以将满意的商品添加到购物车。通过购物车来设置买卖商品的数量并生成订单。而在管理员模块中，管理员可以实现对商品信息、订单信息和商品类别的管理。

网上购物网站采用模块化设计，比较详细地分析了购物网站的结构。对于网站的静态页面的设计使用了网页规划、CSS 样式，并且充分利用 Dreamweaver CS3 的数据行为，完成整个网站的制作。

- 页内框架的使用。
- 实现购物车。
- 数据的添加、删除和修改。
- 订单生成。
- 订单发货状态的修改。

## 13.1　系统分析与总体设计

分析系统功能是开发平台的一个重要环节，目的是使开发的系统能够更好、更完善地执行我们所需要实现的功能。本章介绍本系统的具体功能，系统中各模块之间的关系，以及系统数据库的设计。

### 13.1.1　功能介绍

本章所设计的网上购物网站系统可以分为前台管理和后台管理。前台管理是友好的操作界面，供用户进行商品浏览、购物车和生成订单的操作。而后台管理为管理员提供对注册用户信息的管理，以及对商品信息、商品分类信息、用户订单的管理。

**1. 前台系统的功能设计**

前台管理是为用户提供友好的操作界面，供用户进行商品浏览、购物车和生成订单等功能。而当用户使用购物车时，首先进行登录身份验证。如果为新用户，需要先进行注册。

1)　用户注册和登录

用户在进行购物之前，需要先进行登录，这样在用户结束购物时，通过登录账号来进行结账。对于新用户，可以在登录页面进行用户注册，通过填写注册信息，将信息提交给服务器。如果用户名已经存在，系统将向用户显示相应的错误信息，并提示用户使用其他用户名进行注册。用户登录后可以随时修改个人注册信息。

网上购物系统要求用户输入用户名、密码。在输入用户名和密码之后，系统将确认用户名和密码是否正确，如果验证成功，就使用户进入登录状态。否则，系统只显示用户名和密码的错误信息。

2) 商品浏览与搜索

商品浏览是网上购物网站提供给用户的一个最基本的功能。用户可以根据商品的类别来分类浏览商品。在系统的主页面上，能够对所有商品类别进行列表，用户可以通过单击商品类别名称，来浏览商品，查看到商品的图片和价格等最基本的信息。在浏览的过程中，可以将满意的商品添加到购物车中。

用户也可以通过使用系统提供的搜索功能对商品进行搜索，查找自己需要的商品。

3) 购物车

当用户在浏览商品的过程中，可以将满意的商品通过单击“购买”按钮，将商品添加到购物车中。浏览结束或者在浏览的过程中可以查看购物车里放置商品的情况，并且可以查看到所购买商品的名称、价格、描述、购买数量、单价等信息。

在购物车中可以通过单击“移除”按钮将不想购买的商品删除，也可以任意更改购买商品的数量。

4) 生成订单

在用户购物结束后，进行结账时，需要填写相关的信息和确认要购买商品的信息。用户确认后开始填写订单的信息，包括信用卡号码、类型、过期时间及送货的详细地址。填写完毕后，用户就可提交订单了。用户可以在下次登录后查看自己的订单和发货情况。

**2．后台管理的功能设计**

后台管理的功能主要是为网站的管理员提供对商品类别管理、用户信息、商品信息、订单信息的管理。

1) 商品类别管理

商品类别管理实现对商品类别的添加、删除、修改等管理。管理员登录到后台管理系统后，能够对商品的类别进行管理。可以添加新的商品分类，并且可以对已添加的商品类别进行修改和删除。在执行删除操作时，可以将该商品类别的相关商品进行删除。

2) 用户信息管理

在用户信息管理中，管理员可以浏览注册用户的详细信息，也可以删除一些长时间没有登录的用户信息。

3) 商品信息管理

在商品信息管理模块中，管理员可以通过这个模块添加新的商品，设置商品的商品类型、商品名称、商品价格等信息，也可以对已经添加的商品信息进行修改和删除。

4) 订单管理

在订单管理模块中，实现管理员对用户提交的订单进行查看，也可以对交易完成、保存了一定时间的订单信息进行删除。同时，管理员的一项重要的工作就是设置用户购买的商品的发

货状态。如果设置了用户订单已经发货，则当用户查看订单时，可以看到订单交易的情况。

## 13.1.2　总体布局

网上购物网站系统可以分为前台管理和后台管理。前台管理的具体功能包括新用户注册、用户登录、商品浏览、商品查询、购物车、生成订单、订单查询。而后台管理员管理系统包括的具体功能有管理员登录、用户信息管理、商品信息管理、商品类别管理、用户订单管理。系统的总体布局如图 13-1 所示。

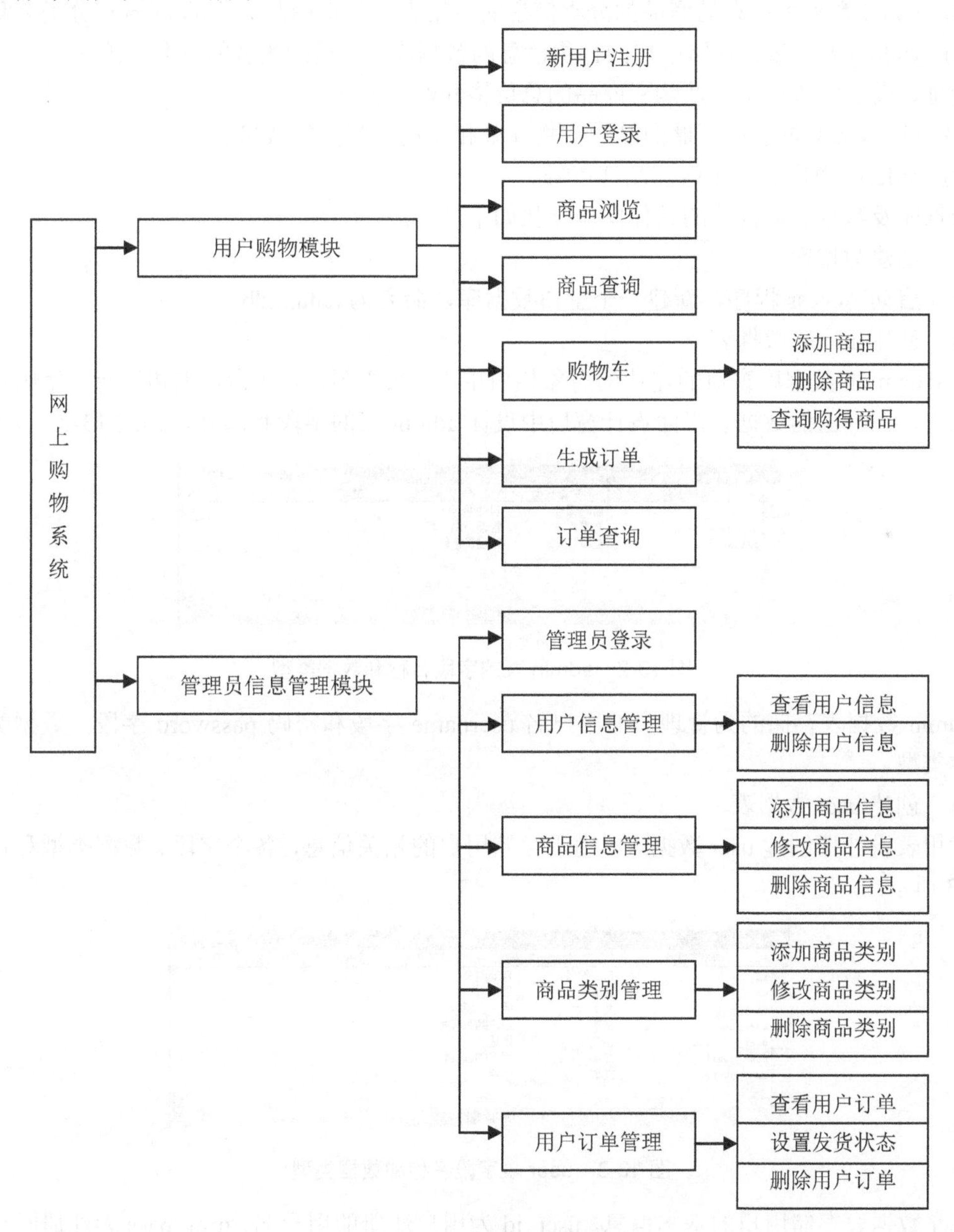


图 13-1　系统的总体布局

## 13.1.3 数据库的结构及实现

本系统采用 Access 数据库，安装和操作比较简单。本系统共创建了 5 个数据表格。

(1) admin 数据表：存储管理员信息的数据表，包括管理员的登录名和密码。

(2) shop 数据表：存储商品信息的数据表，包括商品的名称、价格、品牌、说明等信息。

(3) user 数据表：存储用户信息的数据表，包括购买商品用户的用户名、密码、email、电话等基本信息。

(4) fenlei 数据表：存储商品的分类信息的数据表，包括商品分类的 id 号和分类名称。

(5) yuding 数据表：存储用户的订货信息的数据表，包括购买者的姓名、联系方式、电话、邮递地址、商品购买订单以及购买商品的总价格和购买方式。

(6) dingdan 数据表：存储商品的购物订单和要购买商品的数量。

(7) orderid 数据表：生成商品订单号。

数据库及数据表格创建的具体操作步骤如下。

1) 创建数据库

首先启动 Access 程序，新建一个空白数据库，命名为 data.mdb。

2) 创建 admin 数据表

在 data.mdb 数据库窗口的左边的对象栏内单击“表”图标，在窗口右边选择“使用设计器创建表”，在弹出的数据表界面设计窗口中设计 admin 表的字段和属性，如图 13-2 所示。

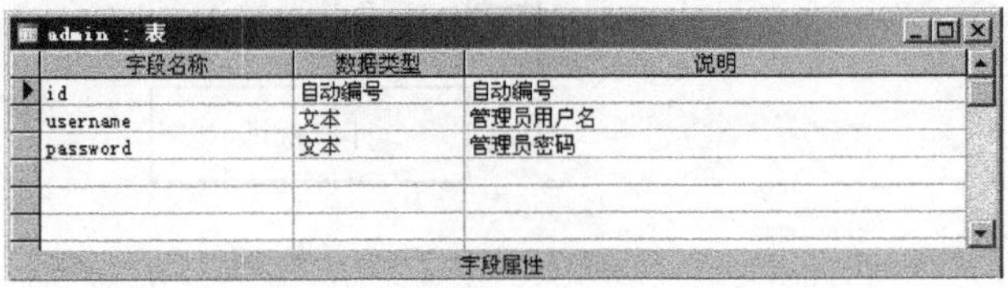

admin : 表

| 字段名称 | 数据类型 | 说明 |
| --- | --- | --- |
| id | 自动编号 | 自动编号 |
| username | 文本 | 管理员用户名 |
| password | 文本 | 管理员密码 |

字段属性

图 13-2 admin 表的字段名称和数据类型

admin 数据表存储的为管理员的用户名 username 字段和密码 password 字段，数据类型都为文本类型。

3) 创建 user 数据表

使用表设计器创建 user 数据表，用于存储用户的相关信息，各个字段、数据类型和说明如图 13-3 所示。

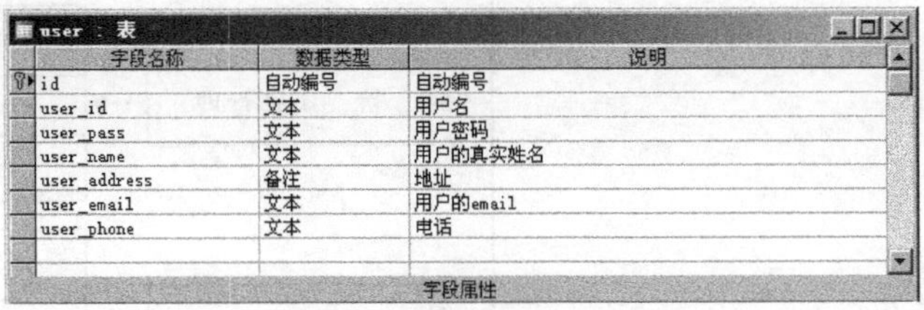

user : 表

| 字段名称 | 数据类型 | 说明 |
| --- | --- | --- |
| id | 自动编号 | 自动编号 |
| user_id | 文本 | 用户名 |
| user_pass | 文本 | 用户密码 |
| user_name | 文本 | 用户的真实姓名 |
| user_address | 备注 | 地址 |
| user_email | 文本 | 用户的email |
| user_phone | 文本 | 电话 |

字段属性

图 13-3 user 表字段名称和数据类型

user 数据表存储用户的基本信息，user_id 为用户注册的用户名，user_pass 为注册时设置的密码，为用户必须填写的内容。

4)　创建 shop 数据表

使用表设计器创建 shop 数据表，用于存储商品的相关信息，各个字段、数据类型和说明如图 13-4 所示。

shop : 表

| 字段名称 | 数据类型 | 说明 |
| --- | --- | --- |
| id | 自动编号 | 自动编号 |
| sp_title | 文本 | 商品名称 |
| sp_price | 货币 | 商品价格 |
| sp_leibie | 文本 | 商品分类 |
| sp_pinpai | 文本 | 商品品牌 |
| sp_keyword | 文本 | 商品关键字 |
| sp_pic | 文本 | 图片路径 |
| sp_shuoming | 备注 | 商品说明 |
| sp_num | 数字 | 商品剩余总数 |

字段属性

图 13-4　shop 表字段名称和数据类型

在 shop 表中用户存储了网站上的商品信息，具体介绍如下。

(1)　sp_title 字段：保存商品名称，为文本类型。

(2)　sp_price 字段：保存商品价格，为货币类型，货币的表示形式为常规数字。

(3)　sp_leibie 字段：保存商品分类，该字段的值从数据表分类中读取。

(4)　sp_pinpai 字段：保存商品的品牌，用户可以使用它来搜索相应品牌的商品。

(5)　sp_keyword 字段：保存为商品添加的简单关键字，供用户搜索时使用。

(6)　sp_pic 字段：保存商品缩略图的图片路径。

(7)　sp_shuoming 字段：保存商品信息的详细说明，用户可以更加详细地了解商品的具体情况。

(8)　sp_num 字段：保存商品剩余的数量，用于在提交订单后，自动更新该商品的数量。

5)　创建 fenlei 数据表

使用表设计器创建 fenlei 数据表，用于存储商品的分类信息，各个字段、数据类型和说明如图 13-5 所示。

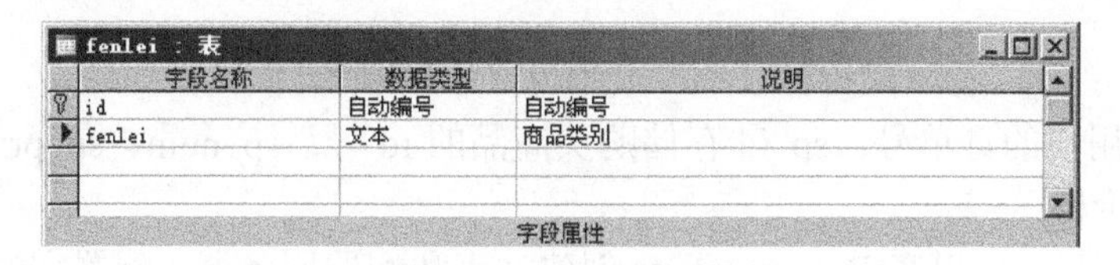

fenlei : 表

| 字段名称 | 数据类型 | 说明 |
| --- | --- | --- |
| id | 自动编号 | 自动编号 |
| fenlei | 文本 | 商品类别 |

字段属性

图 13-5　fenlei 表字段名称和数据类型

这个数据表设计比较简单，存储的是商品的分类信息。有两个字段，一个 id 为自动编号，一个为 fenlei 字段，表示商品的分类名称，类型为文本。

6)　创建 yuding 数据表

使用表设计器创建 yuding 数据表，用于存储用户订单的相关信息。各个字段、数据类型和说明如图 13-6 所示。

yuding 表保存了用户在网站上预订的商品信息，具体介绍如下。

(1)　orderid 字段：存储用户购买商品形成的订单号。

(2)　yd_id 字段：存储预订人登录时的用户名。

yuding : 表

| 字段名称 | 数据类型 | 说明 |
| --- | --- | --- |
| id | 自动编号 | 自动编号 |
| orderid | 数字 | 订单号 |
| yd_id | 文本 | 用户名 |
| yd_name | 文本 | 预订人姓名 |
| yd_address | 备注 | 邮递地址 |
| yd_time | 日期/时间 | 预订时间 |
| yd_ifsuccess | 是/否 | 是否发货 |
| yd_phone | 文本 | 预订人电话 |
| fangshi | 文本 | 汇款方式 |
| price | 货币 | 总价格 |

图 13-6　yuding 表字段名称和数据类型

(3) yd_name 字段：存储预订人的真实姓名。

(4) yd_address 字段：存储商品邮递的地址。

(5) yd_time 字段：记录商品的预订时间，以便及时给用户邮递商品，类型为日期/时间。

(6) yd_ifsuccess 字段：设置商品是否发货，该字段的类型为“是/否”。

(7) yd_phone 字段：存储预订用户的电话，以方便联系。

(8) fangshi 字段：记录用户所选用的付款方式。

(9) price 字段：保存用户预订商品的总价格，类型为货币。

7) orderid 数据表

orderid 数据表设置比较简单，只有一个字段为 orderid，数据类型为数字，是用于生成订单号的。

8) dingdan 数据表

dingdan 数据表用于存储用户的购物信息，当用户浏览商品时，首先将要购买的商品信息放置在购物车中，然后再确定购买的数量。而 dingdan 数据表就是存储购物车中的相关信息的。各个字段、数据类型和说明如图 13-7 所示。

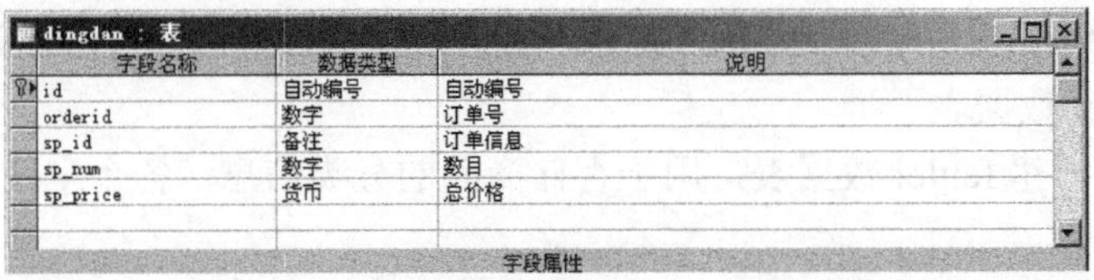

dingdan : 表

| 字段名称 | 数据类型 | 说明 |
| --- | --- | --- |
| id | 自动编号 | 自动编号 |
| orderid | 数字 | 订单号 |
| sp_id | 备注 | 订单信息 |
| sp_num | 数字 | 数目 |
| sp_price | 货币 | 总价格 |

字段属性

图 13-7　dingdan 表字段名称和数据类型

orderid 存储用户的订单号；sp_id 存储购买商品的 id 号；sp_num、sp_price 分别存储购买商品的数量和总价格。

创建完数据库后，可以在 Dreamweaver 创建站点和配置服务器。配置完站点后，可以链接数据库。相关的设置可以参考前面的章节。

以上是设计网上购物网站的基本流程，需要对购物网站的基本功能做一个简单的分析，了解在设计购物网站的过程中，应该注重实现购物网站的基本功能，总体布局如何。尤其要区分开网站在运行过程中，用户购买商品的过程中应具备的功能，管理员在管理购物网站的过程中应该具备的功能。

## 13.2　前台用户模块的设计

根据 13.1 节的系统分析和数据库设计，本节使用 Dreamweaver 作为开发工具，使用 ASP

和 Access 实现网上购物系统的前台模块的制作。本模块主要实现的是登录用户浏览商品信息，添加商品到购物车，并生成订单的功能。

## 13.2.1　首页设计

### 1．首页(index.asp)说明

本购物网站的首页页面如图 13-8 所示。

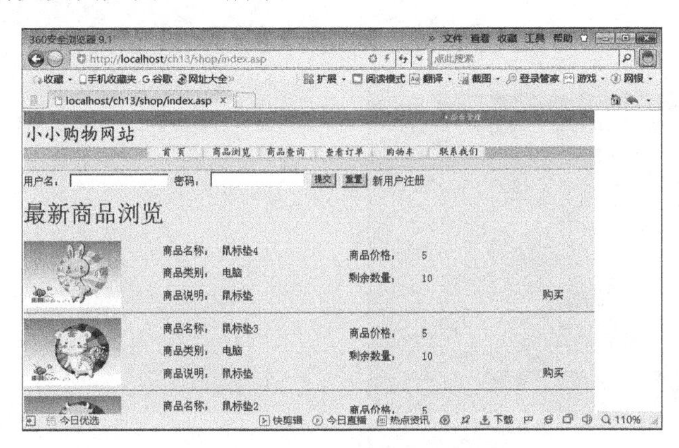


图 13-8　购物网站的首页页面

用户在访问网上购物网站的首页时，能够通过导航条访问网站。实现浏览商品、登录网站、注册新用户等功能。

导航条：网页文档提供横向导航条，包括“首页”“商品浏览”“商品查询”“查看订单”“购物车”和“联系我们”导航按钮。

用户登录：在导航条下方提供表单，提供用户登录使用。对于新用户可以单击“新用户注册”超链接进入注册页面进行注册。

在网页的页面上显示最新的商品信息。

### 2．操作步骤

1)　添加数据库连接

在 Dreamweaver 中建立站点并添加 Microsoft Access 数据库连接，前面已经介绍了，这里不再详细讲解操作过程。定义数据源名称为 conn，选择数据库为 13.1 节建立的 data.mdb，定义连接名称为 connection，在“数据源名称(DSN)”下拉列表框中选择刚刚创建的 conn 数据源，如图 13-9 所示。

2)　用户登录

用户登录和注册的操作步骤已经在前面的章节中讲解过了，在这里就不详细说明了。在网上购物网站中，用户登录功能的实现是添加一个“用户登录”的服务器行为。在弹出的“登录用户”对话框中设置相关的选项，如图 13-10 所示。

登录成功后转到 shop.asp 页面，该页面后面将会详细介绍。登录失败后转到 error.asp 页面，该页的设计视图如图 13-11 所示。

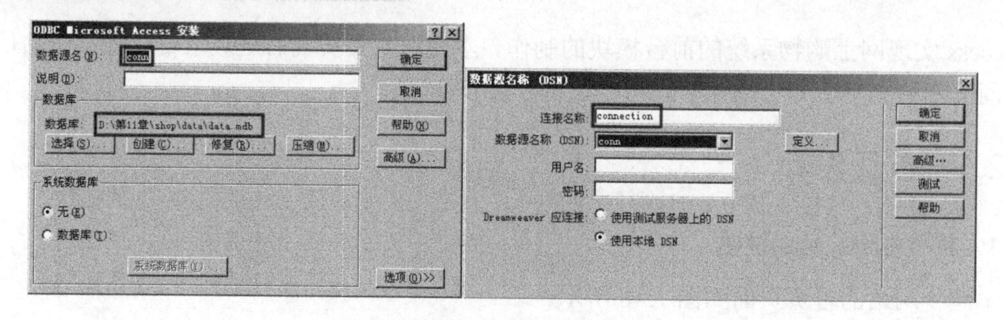


图 13-9　数据库连接设置

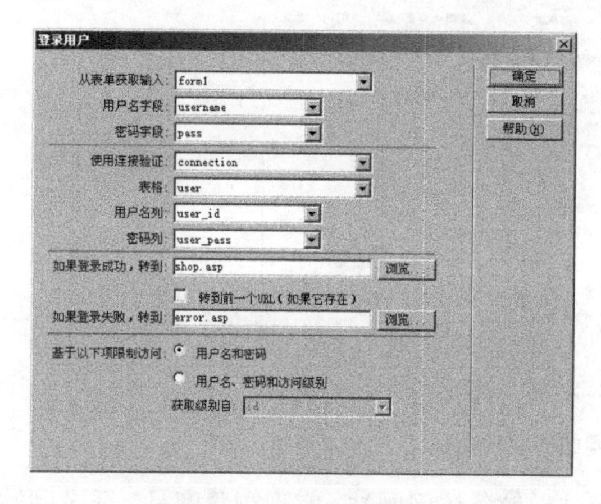


图 13-10　设置登录用户

图 13-11　error.asp 的设计效果

该页面的文本“返回”的超链接代码为：<a href="javascript:history.go(-1)">返回</a>，用于返回首页重新登录。

3)　数据绑定显示最新上架的商品

首页不仅实现用户登录的功能，还实现浏览最新上架的商品的相关信息功能。网页上只是提供简单的浏览 shop 数据表中添加的最近 10 条记录。单击插入工具栏中的“数据”一栏，单击按钮，设置记录集的相关选项，如图 13-12 所示。

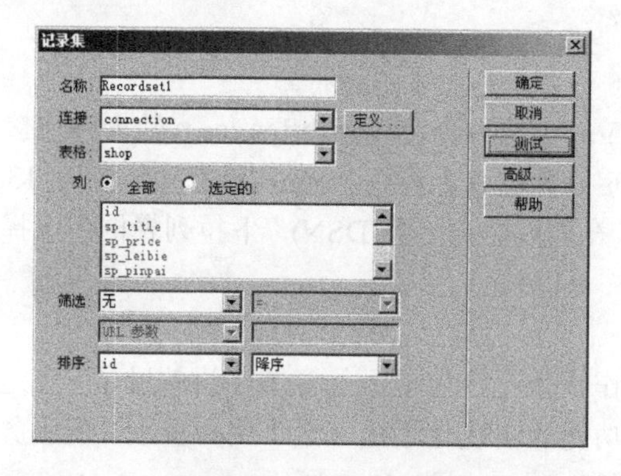


图 13-12　设置记录集

注意：记录集访问的为 shop 数据表，按照 id 字段进行降序排列，这样能将最新添加的商品显示在最上面。

4)　设置重复区域

绑定到记录集合后，将商品的名称、价格、说明、图片以及商品的剩余数目显示在页面上，如图 13-13 所示。

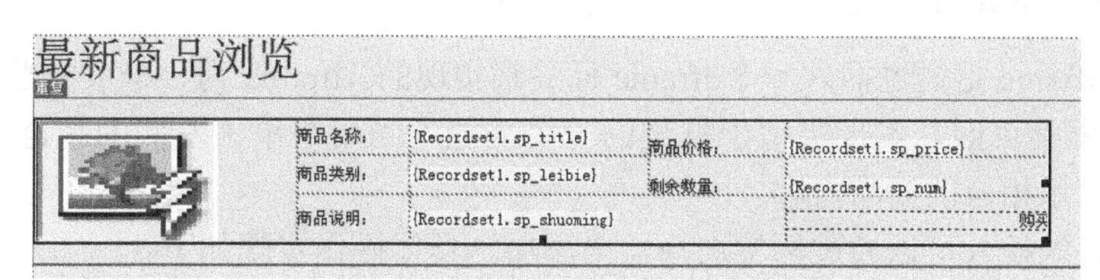


图 13-13　显示商品基本信息

在设置商品图片时，设置图片的宽和高为 150 像素和 100 像素。由于数据库中保存的商品图片的路径，所以在设置商品图片时，需要将图片的 src 属性设置为 src="<%=(Recordset1.Fields.Item("sp_pic").Value)%>"。所以设置图片的代码如下：

```
<img src="<%=(Recordset1.Fields.Item("sp_pic").Value)%>" width="150" height
="100">
```

选择重复区域后，单击重复区域按钮，设置重复区域显示为 10 条记录。如果用户想浏览更多的信息，可以单击商品浏览链接或者通过商品查询来进一步浏览商品。

首页制作中，主要提供用户进行登录、新用户注册、浏览最新商品的功能。同时提供给用户进行商品浏览、商品查询、购物车、生成订单的导航菜单和管理员进行登录的超链接。

## 13.2.2　商品信息浏览

### 1．商品浏览页面(shop.asp)说明

在用户购买商品之前，需要对商品进行浏览。顾客必须能看到具体的商品才能够决定是否购买此商品及确定想要购买商品的数量。在首页中只能看到最新添加的几个商品，而在商品浏览页面，用户可以实现按照商品分类来进行浏览商品。

商品浏览页面 shop.asp 呈现的效果如图 13-14 所示。

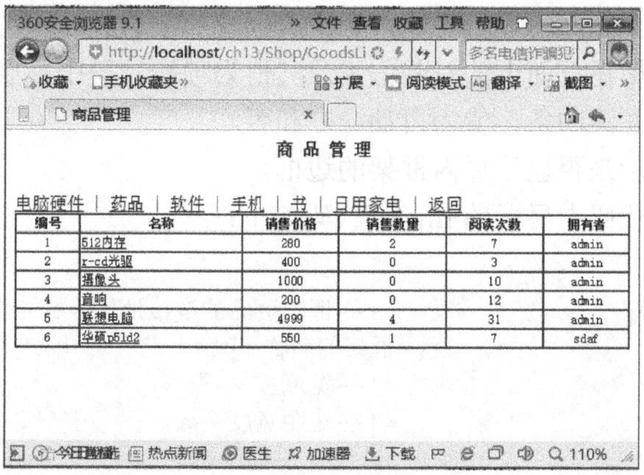

商 品 管 理

电脑硬件 | 药品 | 软件 | 手机 | 书 | 日用家电 | 返回

| 编号 | 名称 | 销售价格 | 销售数量 | 阅读次数 | 拥有者 |
| --- | --- | --- | --- | --- | --- |
| 1 | 512内存 | 280 | 2 | 7 | admin |
| 2 | r-cd光驱 | 400 | 0 | 3 | admin |
| 3 | 摄像头 | 1000 | 0 | 10 | admin |
| 4 | 音响 | 200 | 0 | 12 | admin |
| 5 | 联想电脑 | 4999 | 4 | 31 | admin |
| 6 | 华硕p51d2 | 550 | 1 | 7 | sdaf |

图 13-14　商品浏览页面

在商品的浏览页面上，用户可以在左侧的商品分类列表中单击自己需要购买商品的类别，相应的页面左侧显示该类别的商品。

### 2. 页面右侧 iframe 插入

页面右侧 iframe 是通过插入一个 iframe 标签来实现的。iframe 为一个页内框架，在页面上可以插入一个框架页面，实现类似于框架的一个功能。当用户单击左侧的超链接时，在右侧 iframe 框架内显示相应的商品内容。

iframe 标签的插入可以通过标签选择器来添加。具体操作步骤如下。

(1) 将光标放置在需要放置框架的地方。选择插入工具栏中“常用”一栏，选择按钮，弹出标签选择器，如图 13-15 所示。

(2) 在标签选择器中，选择 HTML 标签下的“页元素”，如图 13-15 所示，在右侧的元素中，选择 iframe，弹出一个 iframe 标签属性设置的对话框，如图 13-16 所示。

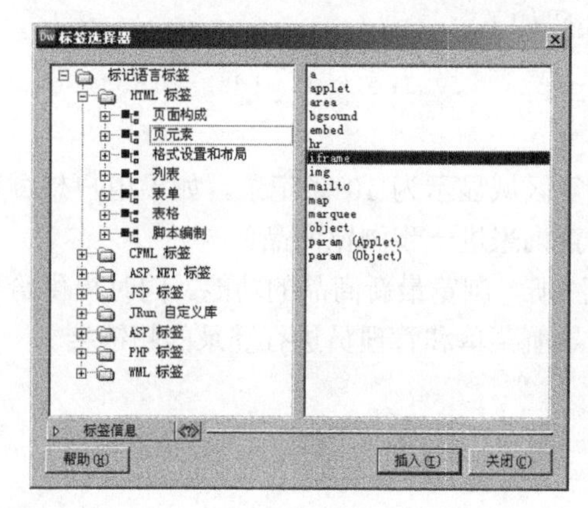


图 13-15 添加 iframe 标签

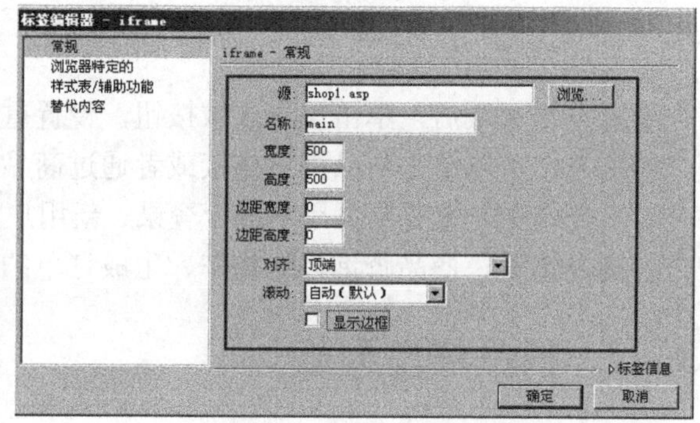


图 13-16 设置 iframe 属性

iframe 属性设置相关说明如下。

① 源：用于设置页内框架显示的页面内容。其值为链接的页面 shop1.asp。

② 名称：为 iframe 框架的名称，可以用于作为超链接的目标。

③ 宽度、高度：表示框架页面的宽度和高度，以像素为单位。

④ 边距宽度、边距高度：设置页面内容距离框架的上边距和左边距，以像素为单位。

⑤ 对齐：设置框架在页面上的对其方式。其值为顶端、居中、底部、左对齐和右对齐。

⑥ 滚动：设置页面滚动条，值为自动、是和否。

⑦ 显示边框：表示是否显示页内框架的边框。

(3) 插入之后，在代码中显示的 iframe 代码如下：

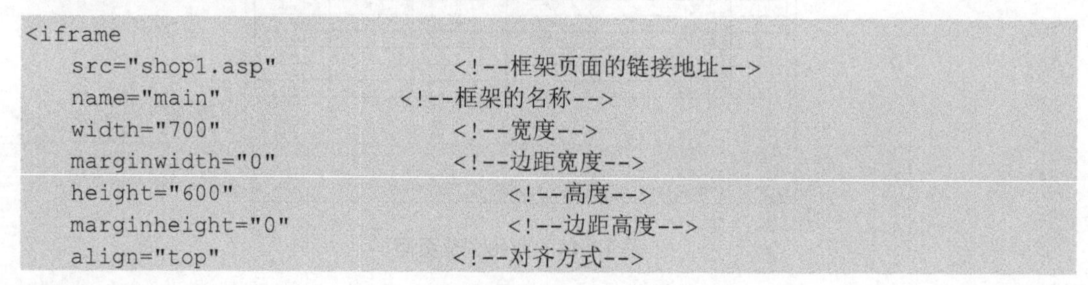

```
<iframe
   src="shop1.asp"                  <!--框架页面的链接地址-->
   name="main"                  <!--框架的名称-->
   width="700"                      <!--宽度-->
   marginwidth="0"                  <!--边距宽度-->
   height="600"                         <!--高度-->
   marginheight="0"                     <!--边距高度-->
   align="top"                      <!--对齐方式-->
```

```
    scrolling="auto"                    <!--滚动条-->
    frameborder="0">                <!--框架边框-->
</iframe>
```

在 iframe 设置的属性，在它的代码中都有相应的体现。在 iframe 框架页面上默认所显示的页面为 shop1.asp 页面，用于呈现商品信息。

### 3. 页面左侧菜单生成

页面左侧浏览菜单显示的内容为数据库中 fenlei 数据表中的内容。

具体操作步骤如下。

1)　绑定记录集

单击插入工具栏中“数据”一栏中的按钮，绑定数据集，设置如图 13-17 所示。

2)　显示分类列表

在左侧表格中设置动态文本，显示 fenlei 数据表格中的 fenlei 字段，以无序列表形式显示。

同时，为该 fenlei 动态文本添加超链接。链接地址为 shop1.asp?fenlei=<%= (Recordset1.Fields.Item("fenlei").Value)%>，该超链接的地址为 shop1.asp，并且在链接的过程中传递参数 fenlei=<%= (Recordset1.Fields.Item("fenlei").Value)%>。链接的目标为添加的 iframe 框架，target="main"。代码如下：

```
<a href=shop1.asp?fenlei=<%=(Recordset1.Fields.Item("fenlei").Value)%>
target="main">
  <%=(Recordset1.Fields.Item("fenlei").Value)%>
</a>
```

3)　设置重复区域

设置完超链接后，选择该列表选项为重复区域，在弹出的重复区域对话框中，选择所有记录，如图 13-18 所示。

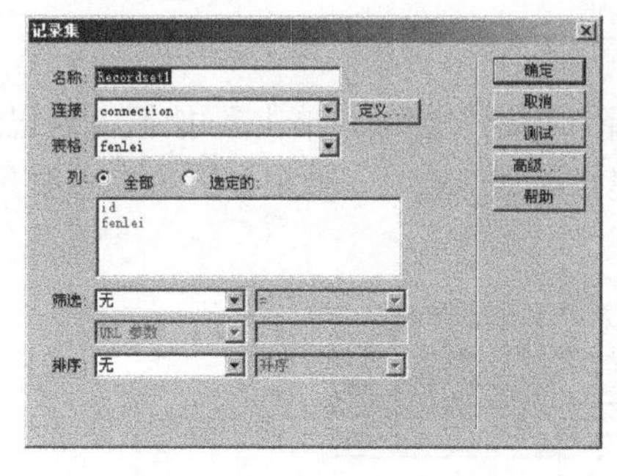


图 13-17　绑定分类表

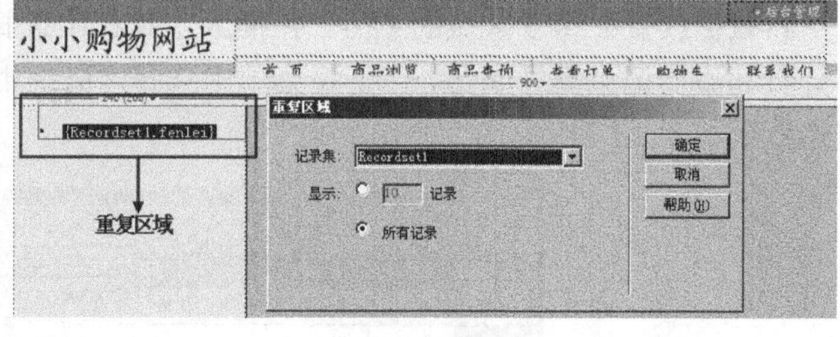


图 13-18　设置重复区域显示商品分类列表

### 4. 商品显示页面 shop1.asp

shop1.asp 页面为根据商品分类将不同类别的商品显示在右侧的框架页面上。

具体操作步骤如下。

1)　数据绑定显示该商品类别的商品

单击插入工具栏中“数据”一栏中的按钮，设置记录集的相关选项，如图 13-19 所示。

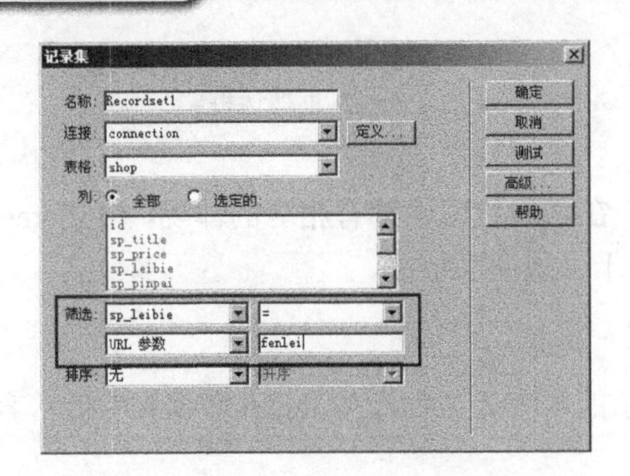

图 13-19　设置记录集

**注意：** 记录集访问的为 shop 数据表，在筛选一栏中，选择 sp_leibie 字段的值为 URL 参数传递的 fenlei 的值。在前面设置商品分类列表时，为类表设置超链接为 <a href=shop1.asp?fenlei= <%=(Recordset1.Fields.Item("fenlei").Value)%> target="main"></a>，传递 URL 参数为 fenlei= <%=(Recordset1.Fields.Item("fenlei").Value)%>。在这里相应的提取 fenlei 的值，绑定相应分类的产品。

2)　设置重复区域

绑定到记录集合后，将商品的名称、价格、说明、图片以及商品的剩余数目显示在页面上，与设置首页时的效果相同，如图 13-20 所示。

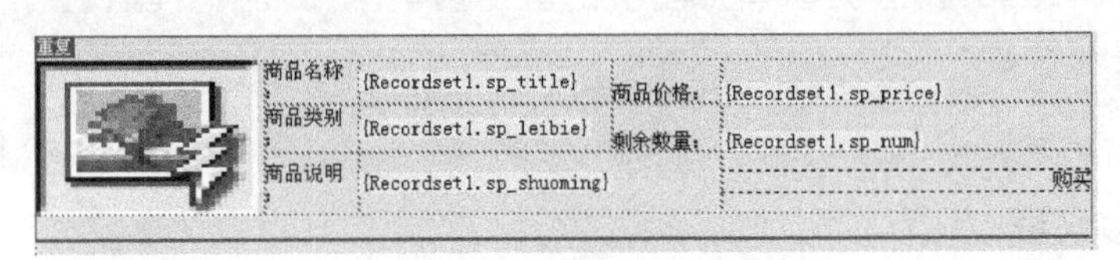

图 13-20　显示商品基本信息

设置重复区域显示的 5 条记录。

3)　添加导航条

将鼠标放置在重复区域的下方，在插入工具栏中选择“数据”选项，单击按钮，为记录集分页和添加记录集导航条。在下拉菜单中选择“记录集导航条”选项，弹出“记录集导航条”对话框，如图 13-21 所示。

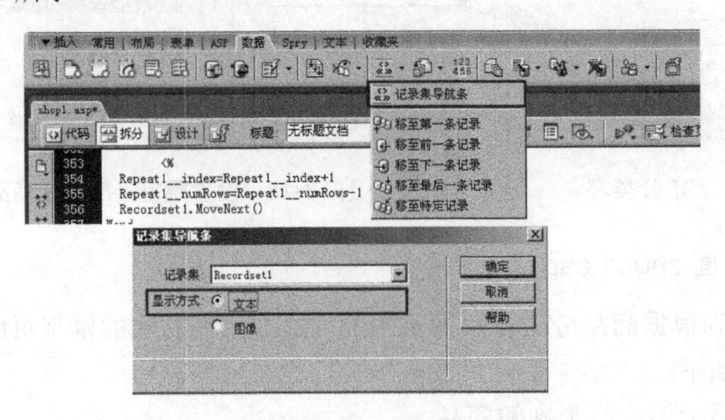

图 13-21　添加记录集导航条

在“记录集导航条”对话框中，设置显示方式为“文本”，则在重复区域的下方出现设置的导航条。

## 13.2.3　搜索商品

### 1．商品搜索页面(sousuo.asp)说明

商品搜索功能可以集成在商品浏览页面显示，为了说明方便，单独列出来。页面效果如图 13-22 所示。

图 13-22　商品搜索

用户在表单中输入查询商品的关键字，在网页下方呈现商品列表。

### 2．操作步骤

1)　设置表单

在网页上方插入一个表单，表单为一个文本框。用户在表单中输入查询商品的关键字，单击“提交”按钮。

表单代码如下：

```
<form name="form1" method="post" action="sousuo.asp">
  关键字：
    <input type="text" name="key" id="key">
    <input type="submit" name="button" id="button" value="提交">
</form>
```

文本框的 name 属性为 key。

2)　设置记录集

单击插入工具栏中“数据”一栏中的按钮，设置记录集的相关选项，如图 13-23 所示。

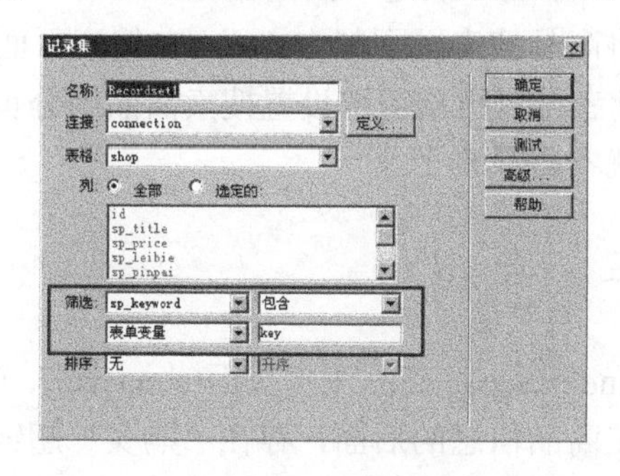

图 13-23　设置记录集

如图 13-23 所示，记录集为绑定的 shop 数据表格，显示商品信息。在筛选选项中，设置筛选的字段为 sp_keyword，包含表单变量 key。

绑定完数据集合后，将数据表格中需要的数据显示到网页上。与商品浏览页面的设置相同，这里就不再重复了。

3) 重复区域

选择如图 13-24 所示的区域，选择插入工具栏中的“数据”选项，单击按钮，设置重复区域，显示所有的记录。

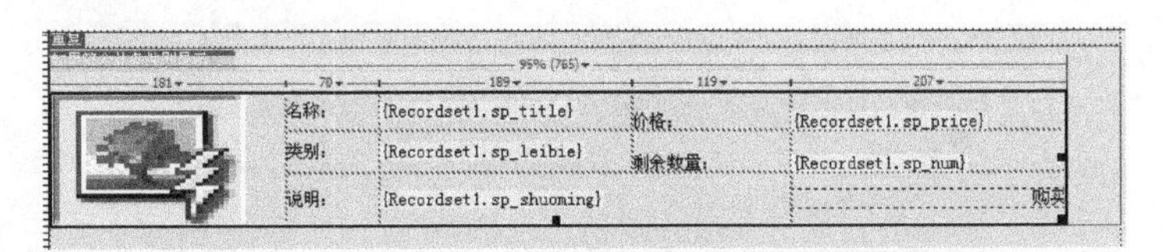


图 13-24 设置重复区域

4) 设置记录集合不为空的显示效果

选择所设置的重复区域，单击插入工具栏中“数据”栏中的按钮，在下拉菜单中选择“如果记录集不为空则显示”选项，如图 13-25 所示。

选择“如果记录集不为空则显示”命令后，弹出“如果记录集不为空则显示区域”对话框，选择相应的记录集合即可，如图 13-26 所示。

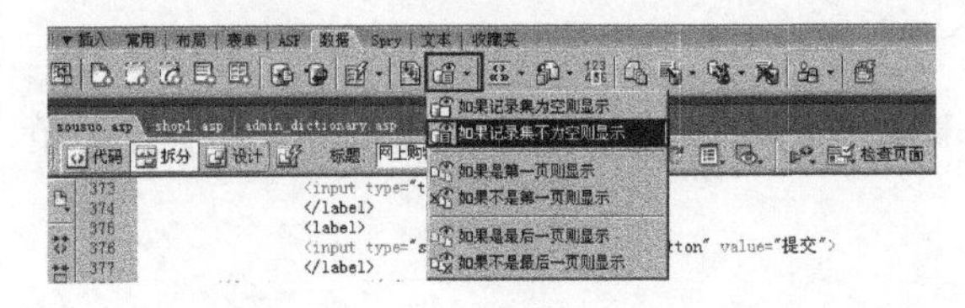


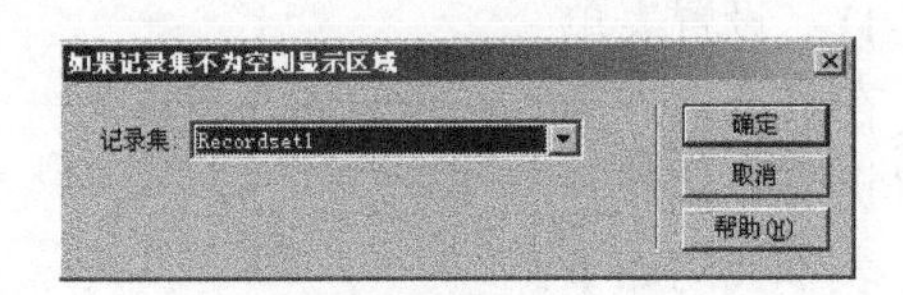


图 13-25 选择“如果记录集不为空则显示”命令　　图 13-26 “如果记录集不为空则显示区域”对话框

设置该操作是因为在查询记录集合时存在记录集为空的情况。如果记录集不为空，则显示商品信息列表；如果为空，则显示其他信息。

5) 设置记录集合为空的显示效果

在设置商品信息表格的下方添加文本“没有该商品，请重新查询”。选择文本，单击工具栏中的“显示区域”按钮，在下拉菜单中选择“如果记录集为空则显示 ”命令。在弹出的对话框中选择记录集 Recordset1，单击“确定”按钮即可。

通过上面的步骤简单地将商品搜索页面制作完成。在搜索页面中只是将符合要求的所有商品在一个页面中显示出来。读者可以根据情况设置搜索商品的分页显示，该功能如何实现在本书中已经多次涉及，在这里就不再重复了。

### 13.2.4 添加到购物车

在网上购物网站的首页(index.asp)、商品浏览页面(shop.asp)、商品搜索页面(sousuo.asp)中，都显示商品的相关信息。而在商品信息的后面，存在“购买”超链接，当用户单击“购买”超链接时，跳转到 addche.asp 页面，将商品添加到购物车中。

如果用户是第一次使用购物车，则自动获取一个订单号(orderid)，将这个订单号存储在 Session 中。获取订单号后，用户就可以将要购买的商品的 id 和订单号(orderid)一起存储到数据库中的 dingdan 数据表中。

商品添加到购物车的示意图如图 13-27 所示。

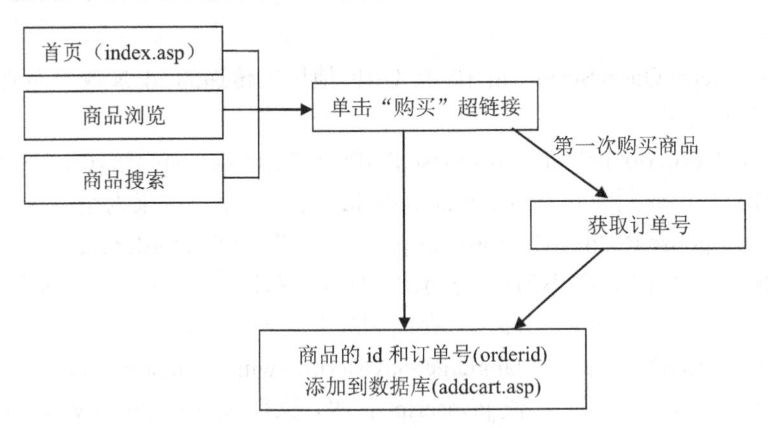


图 13-27　添加商品流程

### 1. 设置“购买”超链接

在商品信息的后面，存在“购买”超链接，当用户单击“购买”超链接时，跳转到 addcart.asp 页面，将商品添加到购物车中。

设置“购买”超链接的代码如下：

```
<a href=addcart.asp?id=<%=(Recordset1.Fields.Item("id").Value)%>>购买</a>
```

在超链接中的 URL 地址中传递参数 id=<%=(Recordset1.Fields.Item("id").Value)%>，表示在单击超链接时，在 URL 地址中传递商品的 id 信息到 addcart.asp 页面。

### 2. addche.asp 页面

addche.asp 页面的主要功能是将用户要购买的商品添加到购物车中。在 addche.asp 页面中将要购买商品的信息存储到数据表 orderid 中。

代码如下：

```
<%@LANGUAGE="VBSCRIPT"%>
<!--#include file="Connections/connection.asp" -->
<%
   sp_id=Request.QueryString("id")
   if(Session("orderid")="")then
   response.Redirect("getorder.asp")
   else
   Set Command1 = Server.CreateObject ("ADODB.Command")
   Command1.ActiveConnection = MM_connection_STRING
   Command1.CommandText = "INSERT INTO dingdan (orderid, sp_id)  VALUES
('"&Session("orderid")&"','"&sp_id&"') "
   Command1.CommandType = 1
   Command1.CommandTimeout = 0
   Command1.Prepared = true
```

```
    Command1.Execute()
    response.Write("<script
language='javascript'>window.history.go(-1)</script>")
end if
%>
```

代码说明如下。

(1) sp_id=Request.QueryString("id")提取 URL 地址中传递的 id 参数，为要购买商品的 id 号。存储到变量 sp_id 中。

(2) if(Session("orderid")="")then response.Redirect("getorder.asp")语句中，Session("orderid")存储的信息为订单号。先判断一下 Session("orderid")是否为空。如果为空，表示用户第一次使用购物车，执行 response.Redirect("getorder.asp")语句，跳转到 getorder.asp 页面获取订单号。

(3) 如果 Session("orderid")不为空，表示用户已经拥有一个订单号了，则执行 else 到 end if 之间的语句，将购买商品的 id 号和订单号存储到数据表 dingdan 中。

(4) response.Write("<script language='javascript'>window.history.go(−1)</script>") 使用 response.Write 方法在页面上写入一段 javascript 代码，执行 window.history.go(−1)语句，返回到历史记录中的上一页。

### 3. getorder.asp 页面

getorder.asp 页面的作用是获取一个订单号。订单号是唯一的、不能重复的。这里通过 orderid 数据表中 orderid 字段累加 1 来实现。

具体操作步骤如下。

1) 设置更新命令

在插入工具栏中的“数据”一栏中，选择按钮，添加一个命令，弹出“命令”对话框，命令设置如图 13-28 所示。

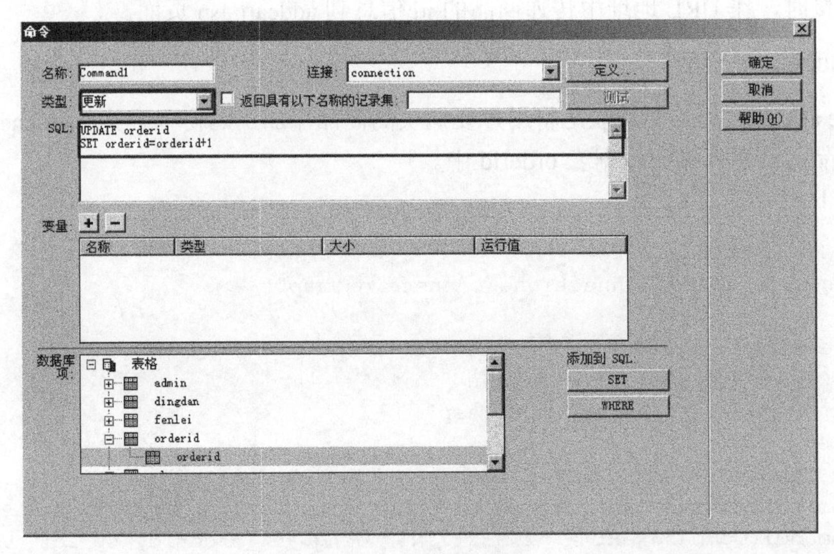


图 13-28 设置更新命令

在“命令”对话框中，设置“类型”为“更新”，SQL 语句为 UPDATE orderid SET orderid=orderid+1。将数据库中 orderid 数据表中的 orderid 字段自动累加 1，生成一个订单号。

2) 存储 session 变量并跳转页面

生成订单号后，需要将订单号读取出来，存储到 session 中。首先绑定数据表 orderid(操作步骤与其他绑定数据表的操作相同，这里就不再详细说明了)。代码如下：

```
<%
Session("orderid")=Recordset1.Fields.Item("orderid").Value
response.Redirect("addche.asp?id="&request.QueryString("id"))
%>
```

代码说明如下。

(1) Session("orderid")=Recordset1.Fields.Item("orderid").Value 将 orderid 数据表中 orderid 字段的值存储到 session 中。

(2) response.Redirect("addche.asp?id="&request.QueryString("id"))跳转到页面 addche.asp，并且传递参数 id。

通过以上几个页面的设置，当用户单击“购买”超链接后，执行 addche.asp 页面将购买商品的信息存储到 dingdan 数据表中。执行“插入”命令后，调用 javascript 语句 history.go(-1)，返回到上一页。所以用户单击“购买”超链接后，页面刷新一下，没有跳转到其他页面，而实际上调用了 addche.asp 页面。

## 13.2.5 查看购物车

用户通过浏览商品将满意的商品添加到购物车中，用户可以随时查看购物车的情况。在购物车页面(che.asp)中，用户可以查看相关商品的详细信息，也可以设置要购买商品的数量，删除不想购买的商品。

### 1. 查看购物车

具体操作步骤如下。

(1) 在页面上插入一个表单，设置表单 name 属性为 form1，action 为 chexiugai.asp。然后在表单中插入一个 2 行 4 列的表格。

(2) 绑定数据集，选择记录集窗口中的高级选项，设置多表查询语句，如图 13-29 所示。

设置查询 shop 表和 dingdan 表，读取订单表格中的 id、orderid、sp_id、num 字段，读取 shop 表中的 sp_title、sp_price、sp_num 字段。语句如下：

```
SELECT orderid, sp_id, num, sp_title, sp_price, sp_num, dingdan.id
FROM dingdan, shop
WHERE orderid = MMColParam AND shop.id=dingdan.sp_id
```

(3) 在表格的第一行四个单元格中输入商品名称、商品价格、商品数量、删除文字。在表格的第二行显示动态文本，如图 13-30 所示。

(4) 设置表格的第二行为重复区域，显示所有记录。这样在查看购物车时，就可以看到所要购买的商品。显示购物车的页面如图 13-31 所示。

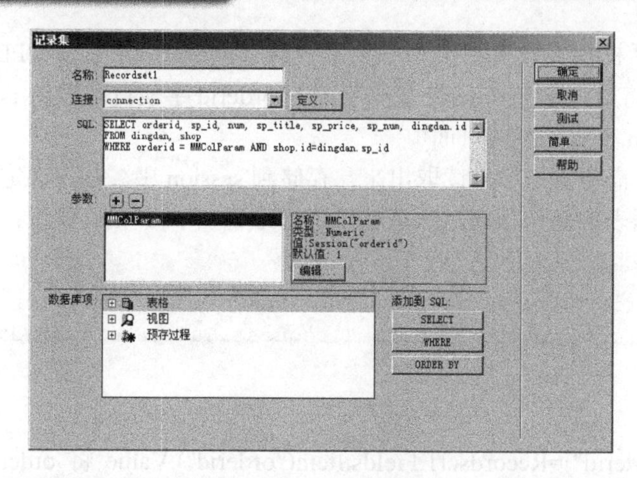

图 13-29　绑定记录集

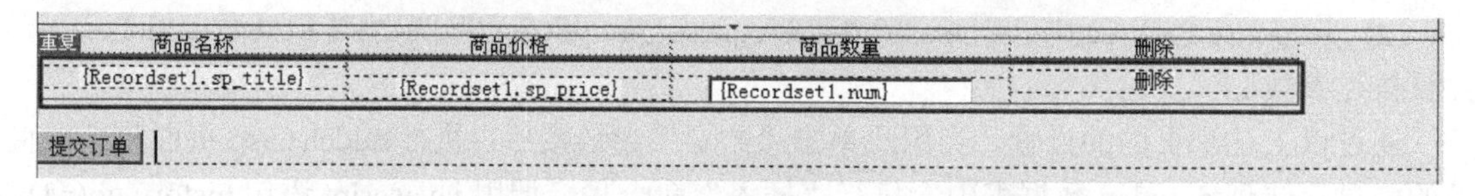

图 13-30　设置页面内容

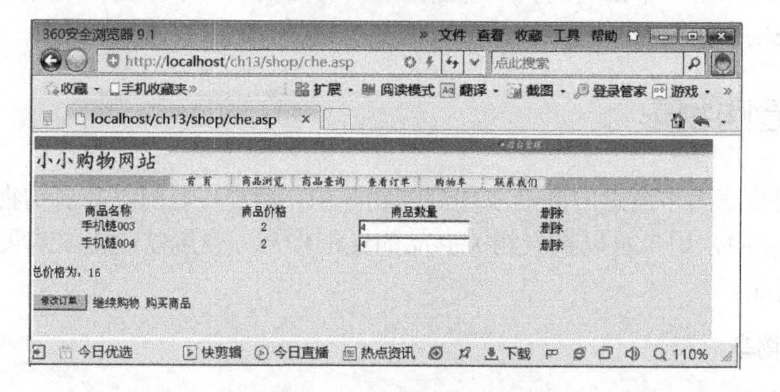

图 13-31　显示购物车的页面

(5) 设置显示区域。选择 form 表单的内容，如果记录集不为空则显示该区域。在 form 表单下写入文本“您还没有购物！”，如果记录集为空则显示这段文字，如图 13-32 所示。

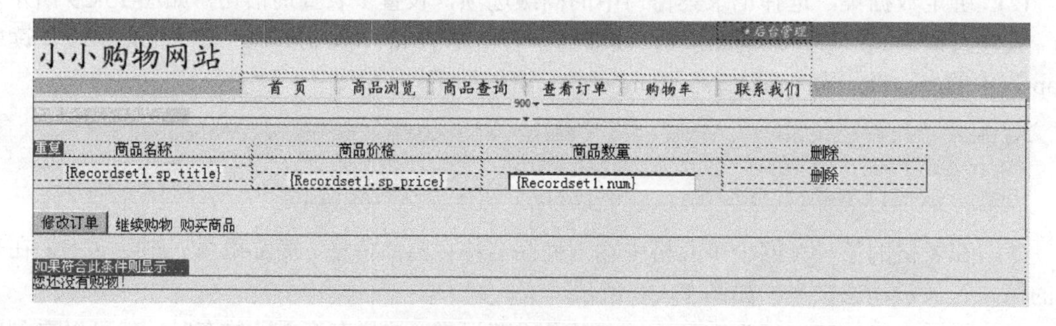

图 13-32　设置显示区域

### 2. 删除商品

在显示购物商品信息的“删除”的单元格上添加一个“转到详细页面”操作，使页面跳转到 delche.asp 页面，删除购物车内不需要的商品。

具体操作步骤如下。

1)　转到详细页面

单击插入工具栏中的按钮，在弹出的“转到详细页面”对话框中进行设置，如图 13-33 所示。

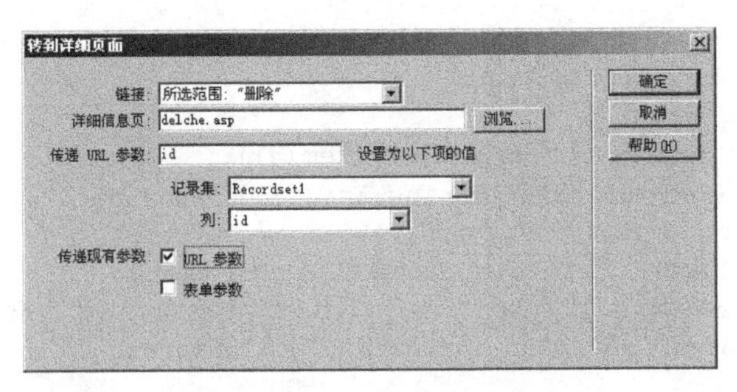


图 13-33　设置跳转页面

2)　delche.asp 页面

delche.asp 页面实现删除记录的操作，代码如下：

```
<%@LANGUAGE="VBSCRIPT" CODEPAGE="936"%>
<!--#include file="Connections/connection.asp" -->
<%
Set Command1 = Server.CreateObject ("ADODB.Command")
Command1.ActiveConnection = MM_connection_STRING
Command1.CommandText = "DELETE FROM dingdan  WHERE
id="&request.QueryString("id")
Command1.CommandType = 1
Command1.CommandTimeout = 0
Command1.Prepared = true
Command1.Execute()
response.Redirect("che.asp")
%>
```

代码说明如下。

(1)　Command1.CommandText = "DELETE FROM dingdan WHERE id="&request.QueryString ("id")，该语句为设置的删除命令。其中删除条件为 id="&request.QueryString("id")。

(2)　response.Redirect("che.asp")删除条件执行完毕后，跳转到 che.asp 页面。

### 3. 继续购物

继续购物为一个超链接，执行一个 javascript 语句，返回历史记录的上一页。代码如下：

```
<a href="javascript:history.go(-1)">继续购物</a>
```

### 4．保存修改

单击“修改订单”按钮，则提交表单，调用 chexiugai.asp 页面，将在文本框中输入的商品数量进行更新。代码如下：

```
<%@LANGUAGE="VBSCRIPT"%>
<!--#include file="Connections/connection.asp" -->
<%
   set con=server.CreateObject("adodb.connection")
   con.mode=2
   con.open(MM_connection_STRING)
   i=request.QueryString.Count
   for j=1 to i step 1
       num=trim(Request.QueryString.Item(j))
       did=trim(Request.QueryString.Key(j))
       Set rs=Server.CreateObject("ADODB.recordset")
       sql= "select * from dingdan WHERE id= "&did
       rs.open sql,con,1,3
       rs("num")=num
       rs.update
   next
%>
<%
rs=nothing
rs.close()
Response.Redirect("che.asp")
%>
```

代码说明如下。

(1) i=request.QueryString.Count，获取 QueryString 集合的数量。

(2) for j=1 to i step 1，利用循环更新数据库中的数量。

(3) num=trim(Request.QueryString.Item(j)) 提取表单中的输入商品数量文本框中的值。did=trim(Request.QueryString.Key(j)) 提取表单中的输入商品数量文本框中 name 属性的值。

(4) rs.open sql,con,1,3 rs("num")=numrs.update 创建数据集，对数据库中相应的字段进行更新。

(5) Response.Redirect("che.asp")手写代码，执行更新操作后，返回 che.asp 页面。

## 13.2.6 生成订单

当用户单击“购买商品”超链接，链接到 goumai.asp 页面，填写用户姓名、地址等信息。具体操作步骤如下。

1) 设置表单

在 goumai.asp 页面上，设置表单，提交相关的信息，页面设置如图 13-34 所示。

在表单的订单编号的文本框中显示 Session("orderid")的值，在用户名文本框中显示 Session("MM_Username")，而上传时间为调用的 now 函数提取的系统当前时间。

2)　插入记录

添加服务器行为“插入记录”到 yuding 数据表中，设置如图 13-35 所示。

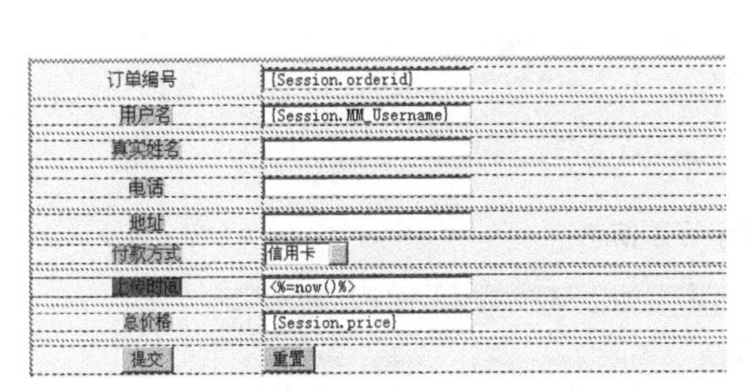


图 13-34　设置订单的提交表单

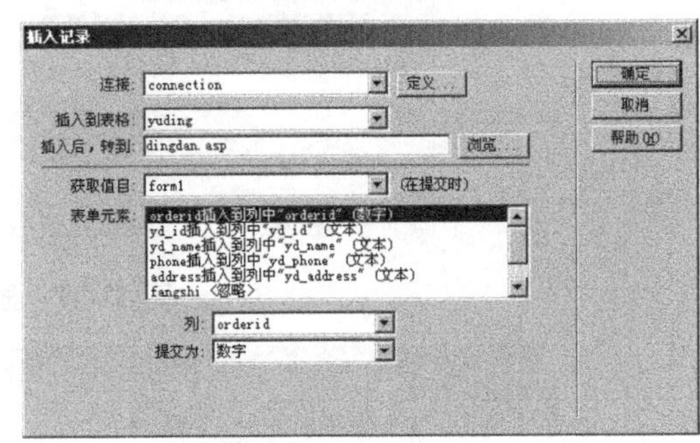


图 13-35　“插入记录”对话框

设置插入记录后，即可实现将用户填写的订单信息插入到数据库的 yuding 数据表中。

## 13.2.7　查看订单

### 1. 页面效果

当用户在订单提交表单中填写相应的信息后，单击“提交”按钮跳转到查看订单页面(dingdan.asp)，如图 13-36 所示。

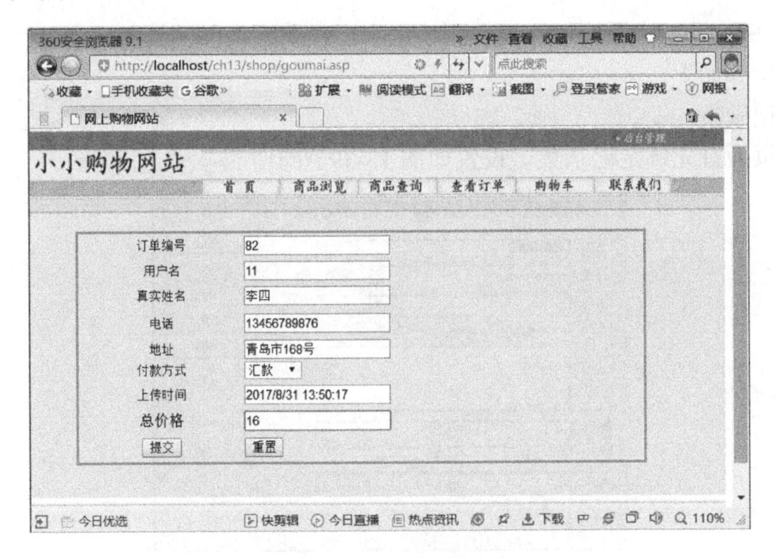


图 13-36　生成表单

提交订单后显示的为查看订单页面，显示您已经购买商品的订单号、总价格、订货时间以及是否已经发货。如果已经发货了，则在发货情况一栏中显示 True，否则显示 Flase，如图 13-37 所示。

单击订单号，进入 orderchakan.asp 页面，其中显示该订单购买的商品名称、商品价格和商品数量。在下面会显示购买商品的总价格，如图 13-38 所示。

图 13-37　显示订单信息

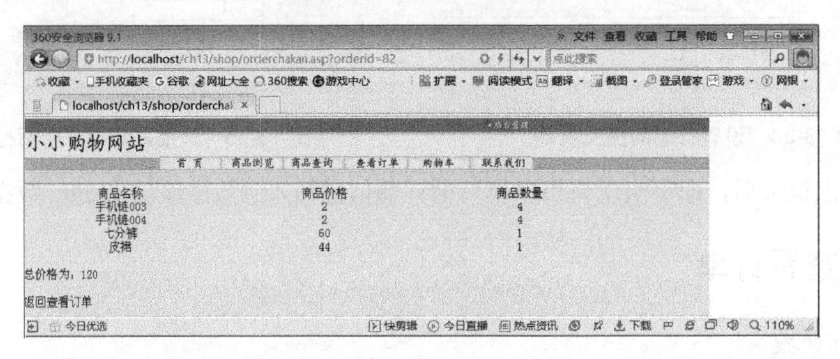


图 13-38　显示购买的商品信息

## 2. 订单查看(dingdan.asp)页面

订单查看(dingdan.asp)页面可以查看到该用户已经购买商品的订单记录。

具体操作步骤如下。

1)　绑定记录集

订单查看页面首先绑定记录集，设置如图 13-39 所示。

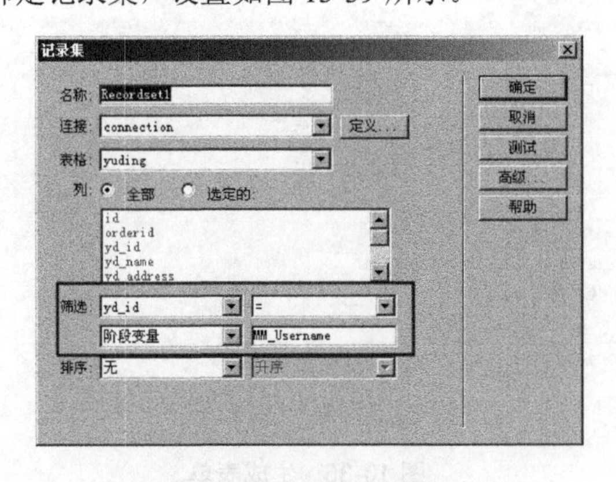


图 13-39　设置查询语句

在设置记录集中的查询语句中设置查询 yuding 数据表，在筛选一栏中以字段 yd_id 字段进行筛选，yd_id 等于阶段变量 MM_Username，也就是用户登录的用户名。将该用户所购买商品的订单绑定到记录集 Recordset1 中。

2)　显示数据

在页面中插入一个 2 行 4 列的表格，在表格的第二行中绑定记录集中的相应数据，分别为

订单号、商品价格、订货时间及发货情况，如图 13-40 所示。

| 重复号 | 商品价格 | 订货时间 | 发货情况 |
| --- | --- | --- | --- |
| {Recordset1.orderid} | {Recordset1.price} | {Recordset1.yd_time} | {Recordset1.yd_ifsuccess} |

图 13-40　显示数据表中的数据

选择表格的第二行，设置重复区域为“显示所有记录”。

3)　转到详细页面

为订单号设置一个超链接，转到 orderchakan.asp 页面，来查看订单的详细情况。选择“订单号”后，单击工具栏中的“转到详细页面”按钮，在弹出的对话框中设置相应的参数，如图 13-41 所示。

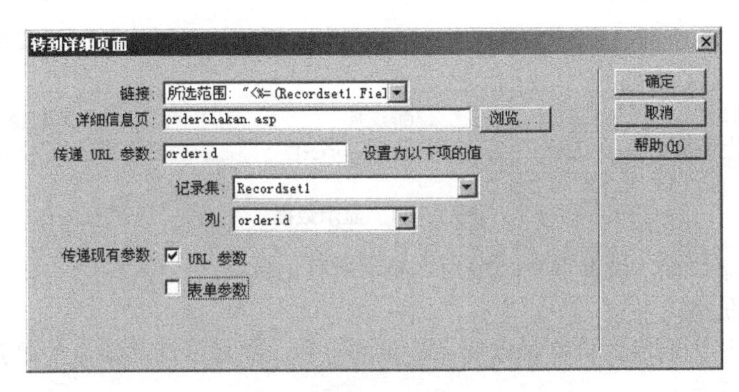


图 13-41　“转到详细页面”对话框

### 3. 显示订单信息(orderchakan.asp)页面

orderchakan.asp 页面的主要作用是显示订单的相关信息。

具体操作步骤如下。

1)　绑定记录集

在显示订单信息的页面显示的为商品的名称、价格和数量，在这里进行多表查询。单击插入工具栏中的“数据”一栏，选择按钮，弹出“记录集”对话框，选择“高级”按钮。在 SQL 语句中输入如下语句：

```
SELECT orderid, sp_id, sp_title, sp_price, num
FROM dingdan, shop
WHERE orderid=MMColParam AND shop.id=sp_id
```

查询 dingdan 数据表和 shop 数据表，查询字段为 orderid、sp_id、sp_title、sp_price、num。详细设置如图 13-42 所示。

在这里设置一个参数为 MMColParam，用于获取订单号。参数 MMColParam 的类型为 numeric，值为 request.querystring(“orderid”)，“默认值”为 1，如图 13-43 所示。

2)　显示数据

在页面中插入一个 2 行 3 列的表格，在表格的第一行中输入表格的标题名称，分别为：商品名称、商品价格和商品数量，在第二行中绑定数据，如图 13-44 所示。

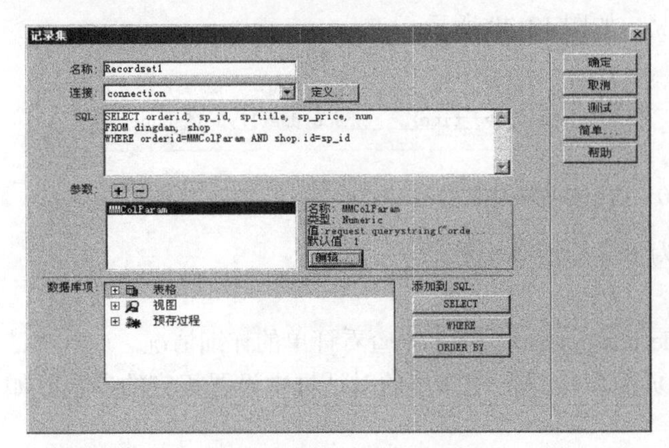


图 13-42　绑定记录集

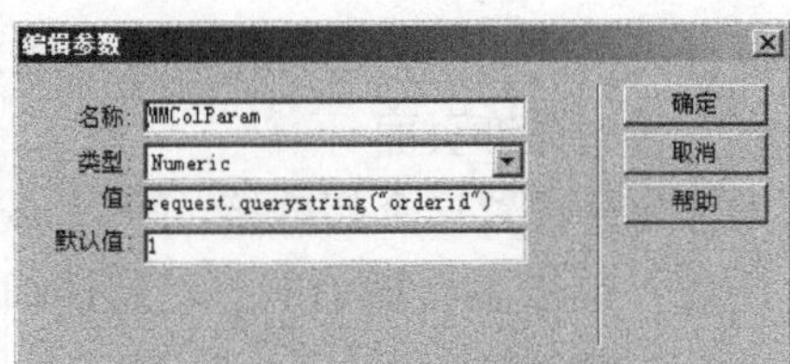


图 13-43　设置参数

| 商品名称 | 商品价格 | 商品数量 |
| --- | --- | --- |
| {Recordset1.sp_title} | {Recordset1.sp_price} | {Recordset1.num} |

图 13-44　显示数据

选择表格的第二行，设置重复区域为“显示所有记录”。

3)　显示总价格

商品的总价格为商品的价格乘以商品数量的总和。在显示商品数量的单元格后面添加代码，如图 13-45 所示。

```
101                <%
102 While ((Repeat1__numRows <> 0) AND (NOT Recordset1.EOF))
103 %>
104                     <tr>
105                       <td width="19%"><div align="center"><%=(Recordset1.Fields.Item("sp_title").Value)%></div></td>
106                       <td width="20%"><label>
107                           <div align="center"><%=(Recordset1.Fields.Item("sp_price").Value)%>
108                             </label>
109                         </div></td>
110                       <td width="17%"><label>
111                           <div align="center"><%=(Recordset1.Fields.Item("num").Value)%>
112 
113                             </label>
114                           </div></td>
115                       <% s=s+(Recordset1.Fields.Item("sp_price").Value)*(Recordset1.Fields.Item("num").Value) %>
116                     </tr>
117                     <%
118   Repeat1__index=Repeat1__index+1
119   Repeat1__numRows=Repeat1__numRows-1
120   Recordset1.MoveNext()
121 Wend
122 %>
123                 </table>
124                 <p>总价格为: <%=s%>
```

图 13-45　添加代码

代码 <%　s=s+(Recordset1.Fields.Item("sp_price").Value)*　(Recordset1.Fields.Item("num").Value) %>表示将商品单价和商品数量相乘，再利用循环来进行累加，最后得到总价格。

4)　设置记录集为空显示内容

在表格下面写入文本“您还没有购物！”。选择这段文字，单击工具栏中的显示区域按钮，如图 13-46 所示，设置如果记录集为空则显示“您还没有购物！”这段文字。

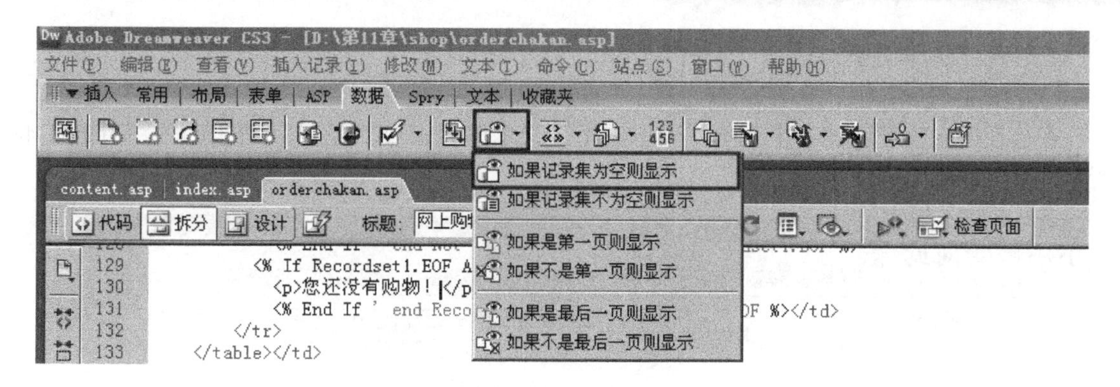


图 13-46　设置显示区域

# 13.3　后台管理员模块的设计

后台管理的功能主要是为网站的管理员提供对商品类别、用户信息、商品信息、订单信息的管理。管理员通过登录模块进入到后台。管理员管理和用户管理模块与第 12 章的论坛系统是相似的，在这里就不再重复介绍了。这里主要介绍如何进行商品分类管理、商品信息的添加和订单管理。

## 13.3.1　商品分类

### 1. 商品分类管理页面效果(fenlei.asp)

商品分类管理页面的效果如图 13-47 所示，页面提供了添加商品分类、修改商品分类和删除商品分类的功能。

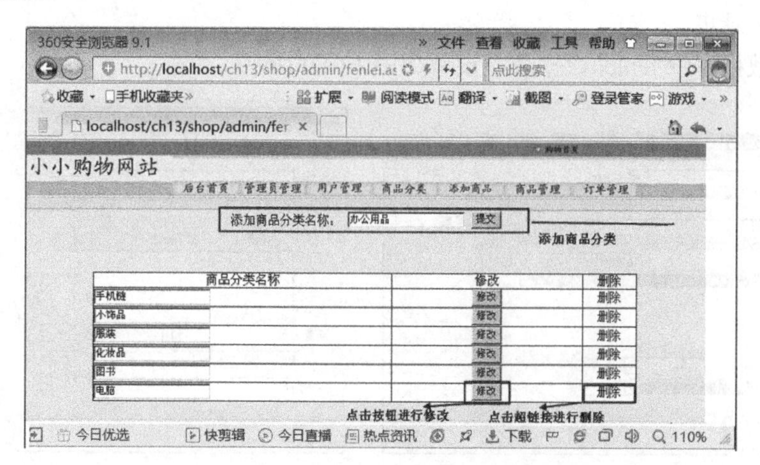


图 13-47　商品分类管理页面的效果

### 2. 添加分类

添加商品分类名称，是在一个表单中添加商品分类名称，单击“提交”按钮后，将商品分类添加到 fenlei 数据表中。

具体操作步骤如下。

1) 设置表单

在页面的上方，添加一个表单，表单由 1 个文本框和 1 个“提交”按钮组成，如图 13-48 所示。

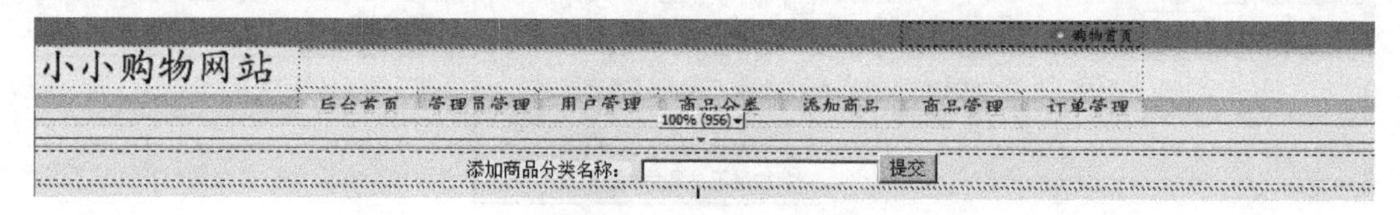


图 13-48 添加表单

代码如下：

```
<form name="form1" method="POST" action="<%=MM_editAction%>">
        添加商品分类名称： <input type="text" name="textfield" id="textfield">
         <input type="submit" name="button" id="button" value="提交">
</form>
```

2) 插入记录

在插入工具栏的“数据”栏中，选择“插入记录”按钮，在弹出的“插入记录”对话框中，设置相关选项，如图 13-49 所示。

设置如图 13-49 所示，插入记录后转到 fenlei.asp 页面，将表单中的 textfield 文本框的内容插入到 fenlei 数据表中的 fenlei 字段，数据类型为文本。

### 3．显示商品分类

显示商品分类的主要目的，是将 fenlei 数据表中的所有商品分类的名称显示出来。

具体操作步骤如下。

1) 绑定记录集

首先绑定数据库中 fenlei 数据表，设置如图 13-50 所示。

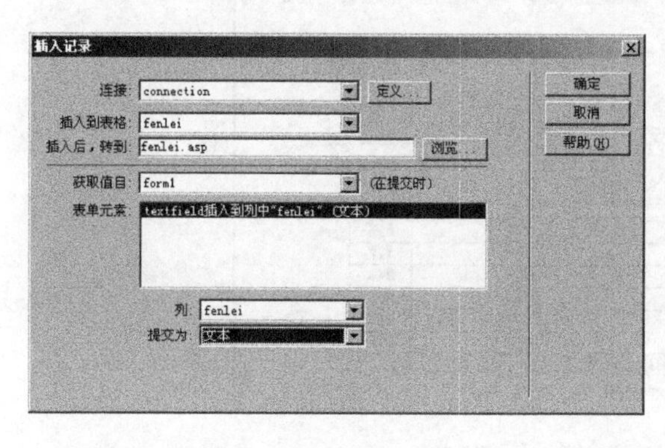


图 13-49 插入记录

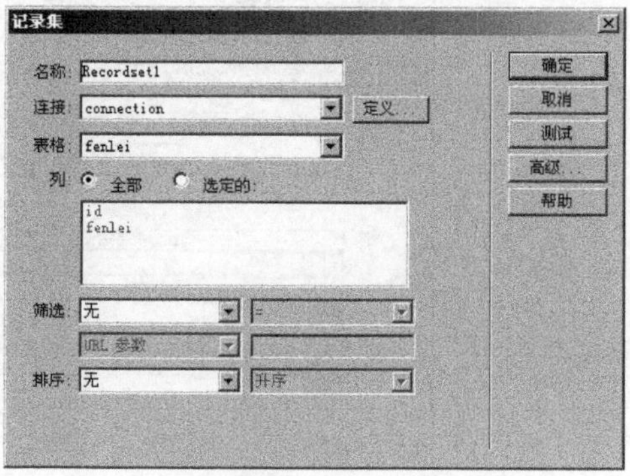

图 13-50 绑定记录集

2) 设置表单

在页面中插入一个 2 行 3 列的表格，在第一行中输入表格的标题，分别为：商品分类名称、修改和删除。在表格的第二行中的前两个单元格前，插入表单，将表格中第二行前两个单元格

的内容显示嵌套到表单中，代码如下：

```
<tr>
    <form action="updatefenlei.asp" method="post">
       <td bgcolor="#FFFFFF">
<input name="fenlei" type="text"
value="<%=(Recordset1.Fields.Item("fenlei").Value)%>">
       </td>
       <td bgcolor="#FFFFFF">
<div align="center">
             <input type="submit" name="button2" id="button2" value="修改">
            <input  type="hidden" name="fid"
value=<%=(Recordset1.Fields.Item("id").Value) %>>
            <input  type="hidden" name="oldfenlei"
value=<%=(Recordset1.Fields.Item("fenlei"). Value)%>>
          </div>
</td>
    </form>
    <td bgcolor="#FFFFFF">
            <div align="center">
                <a
href="delfenlei.asp?id=<%=(Recordset1.Fields.Item("id").Value)%>">删除</a>
            </div>
        </td>
    </tr>
```

表单效果如图 13-51 所示。

| 商品分类名称 | 修改 | 删除 |
| --- | --- | --- |
| {Recordset1.fenlei} | 修改 | 删除 |

图 13-51　设置表单

在第二行的第一个单元格中插入一文本框，设置文本框的初始值为：<%=(Recordset1.Fields.Item("fenlei").Value)%>。

在第二行的第二个单元格中插入一个“修改”按钮。

第三个单元格中插入“删除”文字，并为“删除”设置超链接，链接地址为：<a href="delfenlei.asp?id=<%=(Recordset1.Fields.Item("id").Value)%>">删除</a>。链接页面为 delfenlei.asp 页面，传递参数 id 为商品分类的 id 号，值为：<%=(Recordset1.Fie lds .Item("id").Value)%>。

3)　设置重复区域

选择表格的第二行，设置重复区域，显示所有记录。这样在查看商品分类时，就可以看到所有商品分类。

### 4．删除商品分类

当用户单击“删除”链接后，链接到 delfenlei.asp 页面，并且传递参数 id 为商品分类的 id 号，值为：<%=(Recordset1.Fields.Item("id").Value)%>。进入 delfenlei.asp 页面，将该商品分类进行删除。

代码如下：

```
<%@LANGUAGE="VBSCRIPT" CODEPAGE="936"%>
<!--#include file="../Connections/connection.asp" -->
<%
Set Command1 = Server.CreateObject ("ADODB.Command")
Command1.ActiveConnection = MM_connection_STRING
Command1.CommandText = "DELETE FROM fenlei  WHERE id
="&request.querystring("id")
Command1.Execute()
response.Redirect("fenlei.asp")
%>
```

代码说明：设置执行命令的 SQL 语句为 Command1.CommandText = "DELETE FROM fenlei WHERE id ="&request.querystring("id")，表示删除 fenlei 数据表中的数据，而条件是当 id 等于 request.querystring("id")。也就是传递的 id 参数，就是我们所选择的要删除的商品分类的 id 号。

**5．修改商品分类**

当用户单击“修改”按钮后，链接到 updatefenlei.asp 页面，修改商品分类，可以将已经设置好的商品分类的名称进行修改，在修改的同时，也能将商品信息表(shop)中相应商品的分类进行修改。

在表单中设置两个隐藏对象：

```
 <input  type="hidden" name="fid"
value=<%=(Recordset1.Fields.Item("id").Value) %>>
 <input  type="hidden" name="oldfenlei"
value=<%=(Recordset1.Fields.Item("fenlei"). Value)%>>
```

传递商品分类的名称和 id 号。

updatefenlei.asp 代码如下：

```
<%@LANGUAGE="VBSCRIPT" CODEPAGE="936"%>
<!--#include file="../Connections/connection.asp" -->
<%
Set Command1 = Server.CreateObject ("ADODB.Command")
Command1.ActiveConnection = MM_connection_STRING
Command1.CommandText = "UPDATE fenlei  SET
fenlei='"&request.Form("fenlei")&"' WHERE id ="&request.Form("fid")
Command1.Execute()
Command1.CommandText = "UPDATE shop  SET
sp_leibie='"&request.Form("fenlei")&"' WHERE
sp_leibie='"&request.Form("oldfenlei")&"'"
Command1.Execute()
response.Redirect("fenlei.asp")
%>
```

代码说明如下。

(1) 代码中执行两个 SQL 命令，一个为"UPDATE fenlei SET fenlei='"&request.Form ("fenlei")

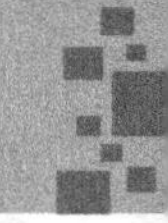

&'" WHERE id ="&request.Form("fid")，表示将分类数据表中的所要修改商品分类的名称进行修改。条件为当 id 为 request.Form("fid")，也就是隐藏对象 fid 所传递的参数。

(2) 另一个命令为"UPDATE shop SET sp_leibie='"&request.Form("fenlei")&"' WHERE sp_leibie='"&request.Form("oldfenlei")&"'"，表示将 shop 数据表中以前所设置的商品分类的名称修改为新的。

## 13.3.2 添加商品信息

添加商品信息页面(addshop.asp)效果如图 13-52 所示，在页面上设置添加商品信息的表单，管理员可根据表单的相关设置来向系统添加新的商品信息。

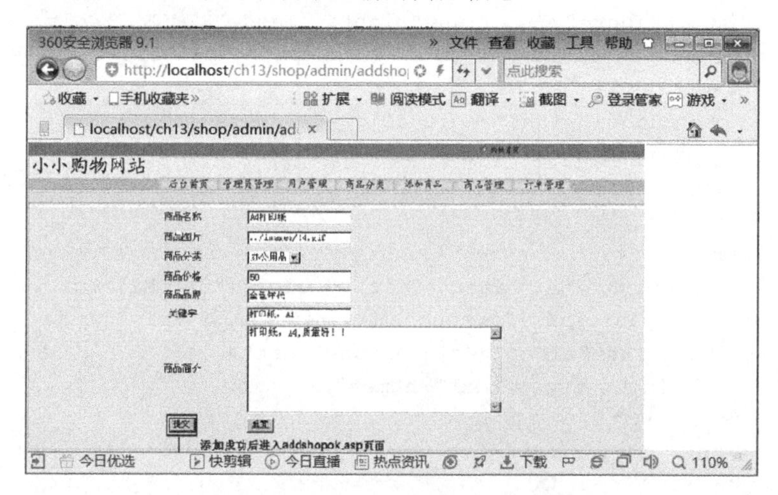


图 13-52　添加商品信息的页面效果

具体操作步骤如下。

1) 设置表单

在页面的中间，添加一个表单，用于提交相关的商品信息，代码如下：

```
<table width="634" align="center" cellpadding="0"
cellspacing="0"bordercolor="#99BB99" style=" border-collapse: collapse">
        <form  name="form1">
          <tr>
            <td width=186 height="29" align="right" class="STYLE2"><p
align="center"  class="greenb">商品名称
            </td>
            <td width=446 align="right"><div align="left">
                <input type="text" name="title">
            </div></td>
          </tr>
          <tr>
            <td height="29" align="right" class="STYLE2"><div
align="center"><span class="greenb">商品图片</span></div></td>
            <td align="right"><div align="left">
                <input name="picture" type="text" value="../images/">
```

```
          </div></td>
        </tr>
         <tr>
          <td height="29" align="right" class="STYLE2"><div
align="center"><span class="greenb">商品分类</span></div></td>
          <td align="right"><div align="left">
            <select name="select" id="select">
              <option></option>
            </select>
           </div></td>
        </tr>
        <tr>
          <td height="27" align="right" class="STYLE2"><div
align="center"><span class="greenb">商品</span><span class="greenb">价格
</span></div></td>
          <td align="right"><div align="left">
              <input type="text" name="price">
          </div></td>
        </tr>
        <tr>
          <td height="27" align="right" class="STYLE2"><div
align="center"><span class="greenb">商品</span>品牌</div></td>
          <td align="right"><div align="left">
              <input type="text" name="pinpai">
          </div></td>
        </tr>
         <tr>
          <td height="27" align="right" class="STYLE2"><div align="center">
关键字</div></td>
          <td align="right"><div align="left">
              <input type="text" name="keyword">
          </div></td>
        </tr>
        <tr>
          <td height="47" align="right" class="STYLE2">
<div align="center">商品简介 </div>
</td>
          <td align="right">
<div align="left"><textarea name="abtract" cols="50" rows="8"></textarea>
          </div></td>
        </tr>
        <tr>
          <td width="186" height="32" align="center">
              <input type="submit" name="Submit" value="提交">
           </td>
          <td width="446" align="center"><div align="left">
              <input type="reset" name="Submit2" value="重置"></div>
           </td>
        </tr>
```

```
        </form>
</table>
```

2)　绑定记录集

在表单中，设置了一个下拉列表，用于选择商品的分类，它的值是从数据表 fenlei 中提取出来的，下拉列表的值为动态变化的。所以在此之前要先绑定 fenlei 数据表。

在工具栏中选择“记录集”按钮，设置记录集选项如图 13-53 所示。

3)　设置动态下拉列表

绑定记录集后，为下拉列表设置动态值。在工具栏上选择“动态选择列表”选项，如图 13-54 所示。

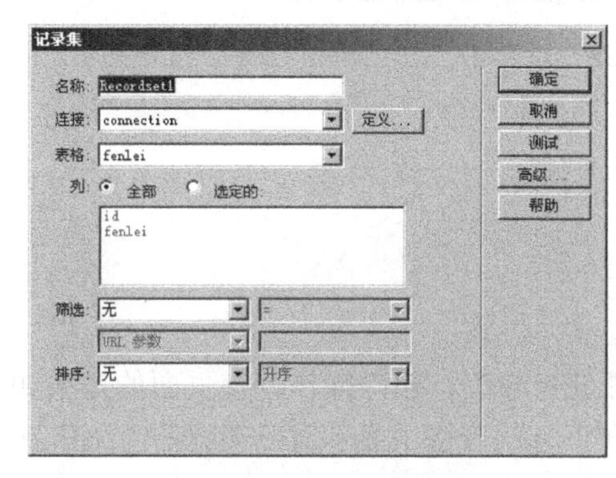


图 13-53　绑定记录集

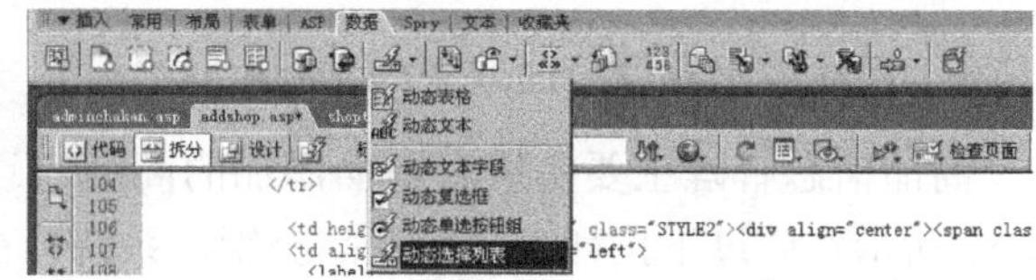


图 13-54　选择“动态选择列表”选项

在弹出的“动态列表/菜单”对话框中，设置“值”“标签”和“选取值等于”等下拉列表的选项，如图 13-55 所示。

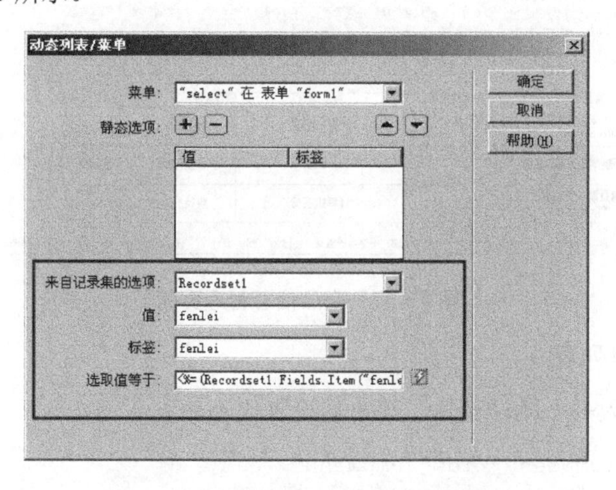


图 13-55　“动态列表/菜单”对话框

设置完相关选项后单击“确定”按钮即可。

4)　插入记录

设置完表单后，选择“插入记录”菜单命令，将填写的商品信息添加到数据库中的 shop 表，如图 13-56 所示。

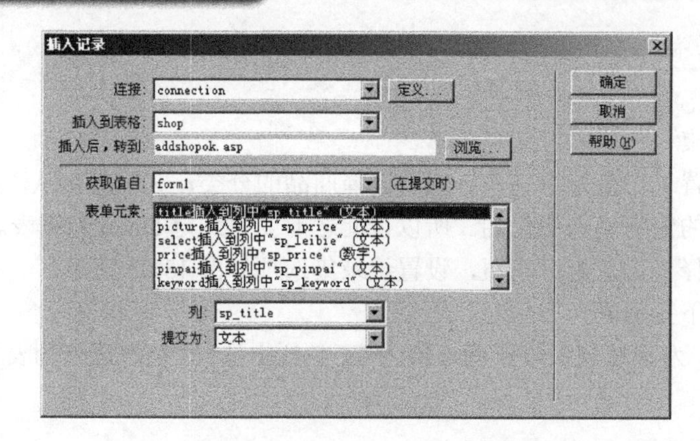


图 13-56 "插入记录"对话框

设置完插入记录后，该页面即设置完毕。

## 13.3.3 商品信息管理

### 1．商品信息管理页面效果(shopck.asp)

商品信息管理主要实现对前面添加的商品信息进行修改、删除操作。该页面的效果如图 13-57 所示。通过下拉列表选择商品类别，系统会在下方的表格中显示对应类型的商品信息。

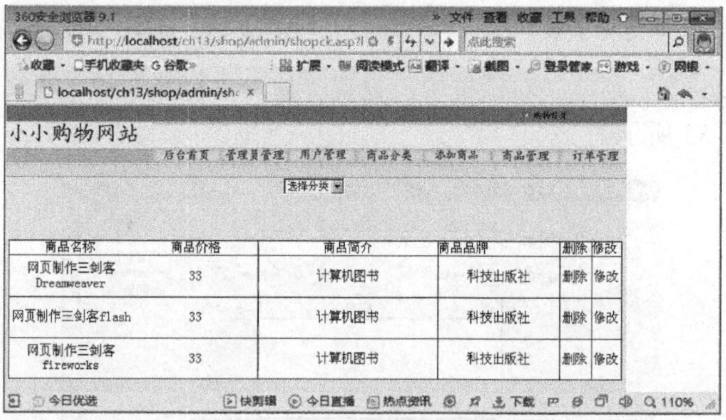

图 13-57 商品信息管理页面

### 2．显示商品信息列表

(1) 在页面中插入一个跳转菜单，菜单的设置代码如下：

```
<select name="jumpMenu" id="jumpMenu"
onChange="MM_jumpMenu('parent',this,0)">
          <option value="选择类别">选择分类</option>
  <% While (NOT Recordset2.EOF)  %>
  <option
value="shopck.asp?leibie=<%=(Recordset2.Fields.Item("fenlei").Value)%>"><%=
(Recordset2.Fields.Item("fenlei").Value)%></option>
  <%
 Recordset2.MoveNext()
```

```
Wend
If (Recordset2.CursorType > 0) Then
  Recordset2.MoveFirst
Else
  Recordset2.Requery
End If
%>
</select>
```

该跳转菜单的动态列表设置，如图 13-58 所示，它对应的关键代码为以上代码的粗体部分，实现将记录集 2 中的 fenlei 数据全部在列表中显示，单击选项后，通过参数 fenlei 在网页 shopck.asp 中显示对应的信息。

(2) 绑定记录集。首先绑定记录集 1，它的设置如图 13-59 所示。

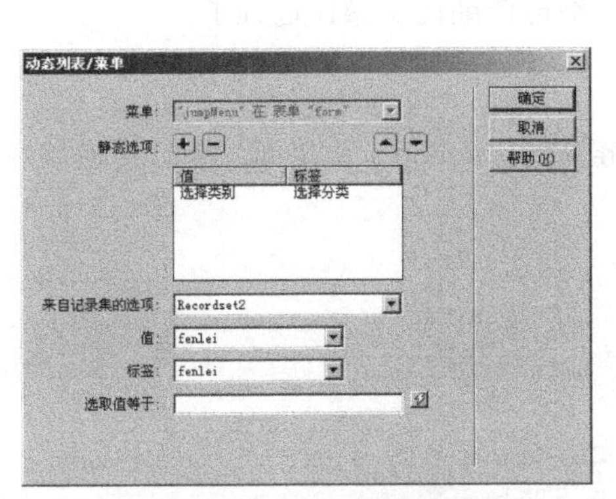

图 13-58　动态列表的设置

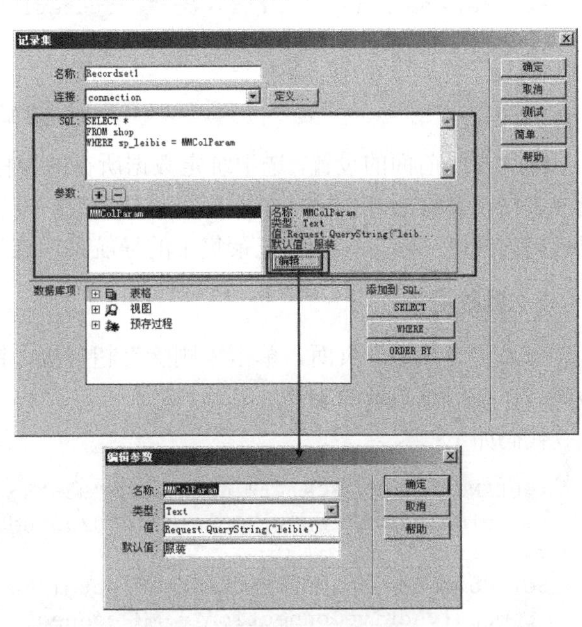

图 13-59　记录集 1 的设置

绑定记录集 2，它的设置如图 13-60 所示。

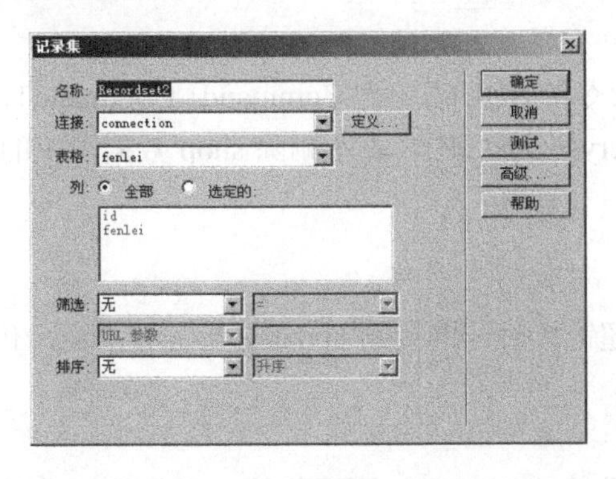

图 13-60　记录集 2 的设置

(3) 绑定数据到页面。在列表的下方插入一个 2 行 6 列的表格，绑定记录集 1 的数据到页面上，如图 13-61 所示。

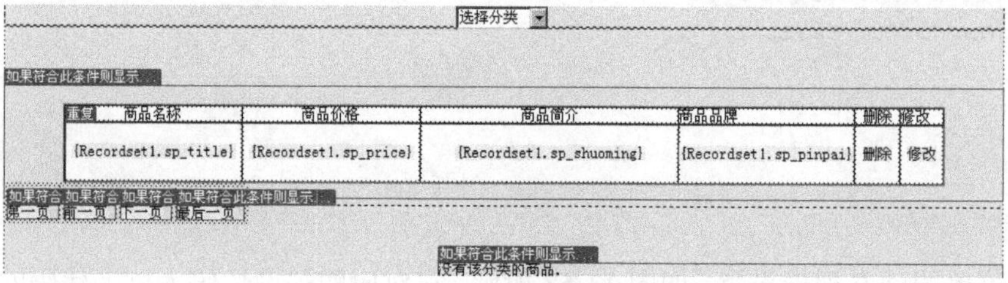

图 13-61　绑定数据

(4)　设置超链接。在表格中，选中文本“删除”，设置链接为：

```
<a href="delshop.asp?id=<%=(Recordset1.Fields.Item("id").Value)%>">删除</a>;
```

选中文本“修改”，设置链接为：

```
<a href="updateshop.asp?id=<%=(Recordset1.Fields.Item("id").Value)%>">修改</a>
```

(5)　参照前面的设置，选中绑定数据所在的行标签，设置为重复区域，每页显示 5 条记录；选中表格，设置为“当记录集不为空则显示”；添加文本“没有该分类的商品”，设置为“当记录集为空则显示”；设置记录集 1 的导航条。这里不再详细说明操作过程了。

### 3．删除商品

在显示商品信息页面，单击“删除”超链接，链接到 delshop.asp 页面，并且传递参数 id 为商品详细信息记录的 id。

代码如下：

```
<%@LANGUAGE="VBSCRIPT" CODEPAGE="936"%>
<!--#include file="../Connections/connection.asp" -->
<%
Set Command1 = Server.CreateObject ("ADODB.Command")
Command1.ActiveConnection = MM_connection_STRING
Command1.CommandText = "DELETE FROM shop WHERE id ="&request.querystring("id")
Command1.Execute()
response.Redirect("shopck.asp")
%>
```

代码说明：设置执行命令的 SQL 语句为 Command1.CommandText = "DELETE FROM shop WHERE id ="&request.querystring("id")，表示删除 shop 数据表中的数据，而条件是当 id 等于 request.querystring("id")。

### 4．商品信息修改

当用户单击“修改”超链接时，链接到 updateshop.asp 页面，传递参数 id，实现修改添加的商品的详细信息功能。

具体操作步骤如下。

(1)　该页面的设计效果与 addshop.asp 页面相同，下面仅仅说明不同的设置。

绑定记录集 1 和记录集 2，设置如图 13-62 所示。

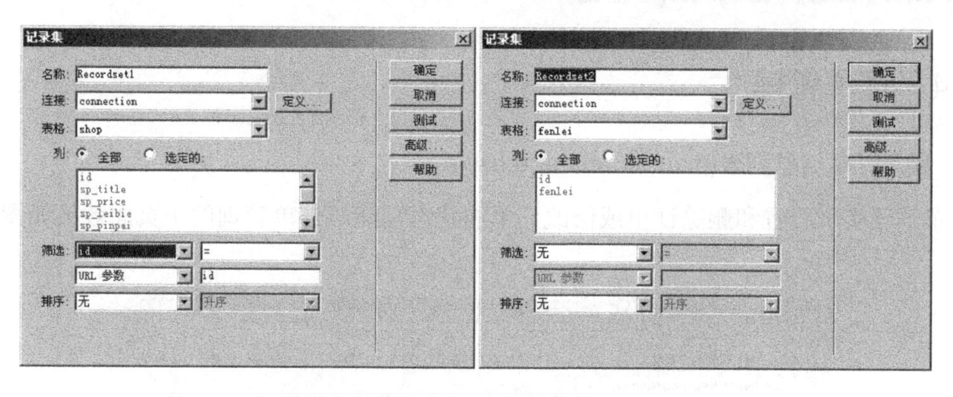


图 13-62 记录集 1 和记录集 2 的设置

(2) 添加商品分类的动态列表，设置如图 13-63 所示。

(3) 绑定数据。绑定记录集 1 的数据到页面上，如图 13-64 所示。

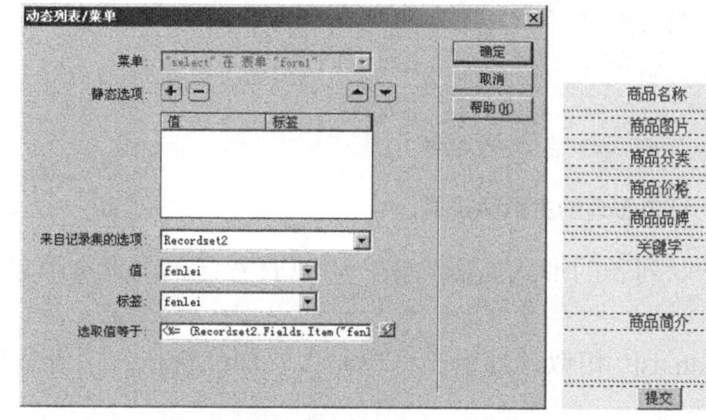


图 13-63 动态列表设置

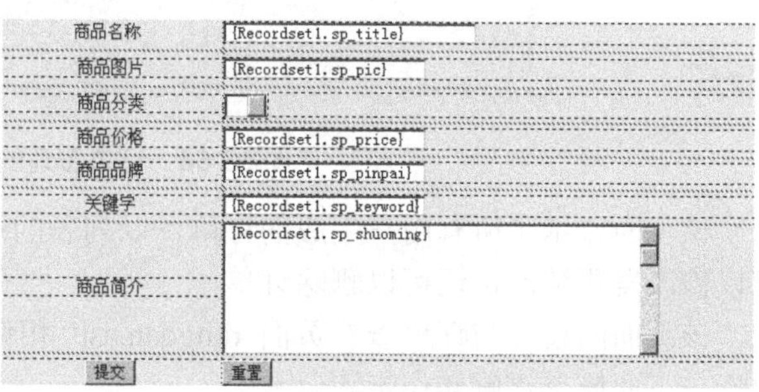


图 13-64 绑定数据

(4) 更新记录。在该页面中添加“更新记录”服务器行为，对话框设置如图 13-65 所示。

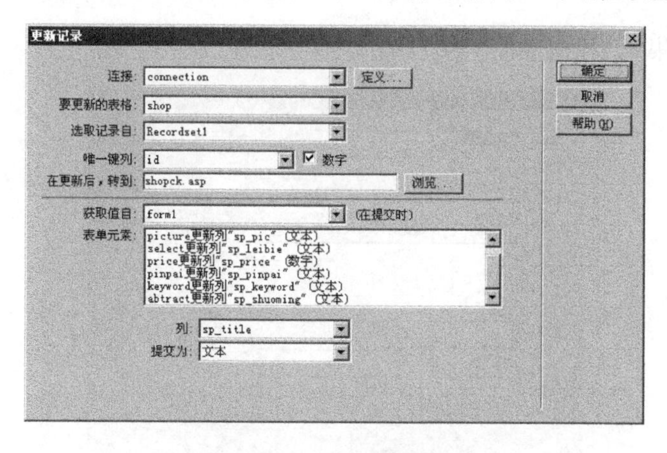


图 13-65 更新记录设置

这样，在页面表单中更改相关信息后，单击“提交”按钮，就更新了数据库中对应的商品记录信息。

## 13.3.4 订单管理

### 1. 显示订单信息列表(dingdanmanage.asp)

订单管理实现查看和删除订单或修改订单的状态功能。订单管理的主页面效果如图 13-66 所示。

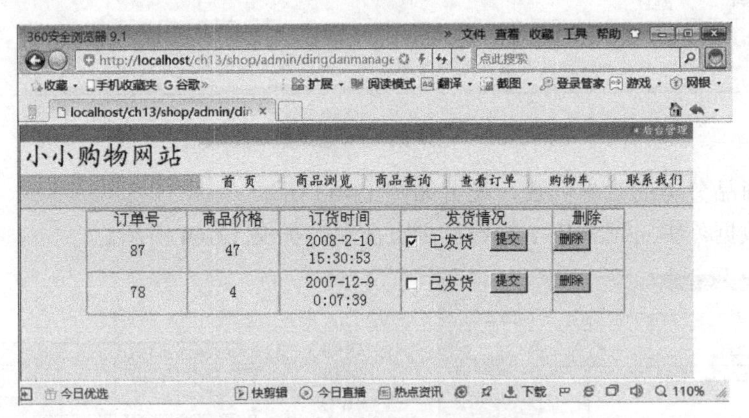


图 13-66　订单管理的主页面效果

该页面显示了所有用户生成的订单，以列表的形式显示出来，可以查看订单的详细信息，可以修改发货情况，还可以删除订单。

该页面的设计与订单查看页面 dingdan.asp 相似，显示“订单号”“商品价格”“发货情况”。下面简单讲解操作步骤。

(1) 在页面中插入一个 2 行 5 列的表格，在“发货情况”单元格的下一单元格插入一个表单，包含 1 个复选框和 1 个“提交”按钮；在“删除”单元格的下一单元格插入一个“删除”按钮。

(2) 绑定记录集 1，设置如图 13-67 所示。

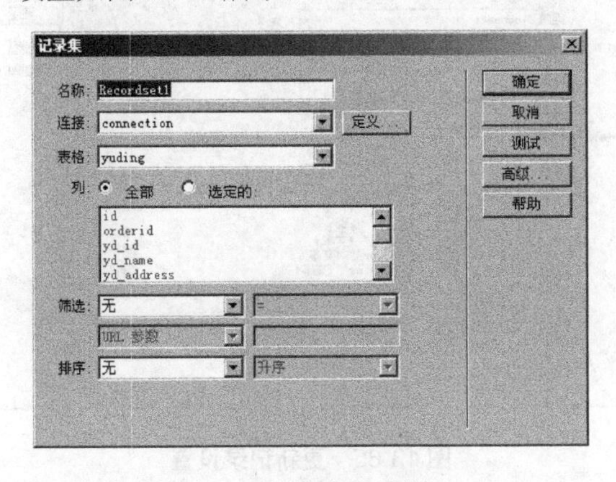


图 13-67　绑定记录集 1

(3) 绑定数据。绑定 orderid、price、yd_time 到页面上，如图 13-68 所示。

图 13-68　绑定数据

绑定 yd_ifsuccess 到动态复选框中，设置如图 13-69 所示。

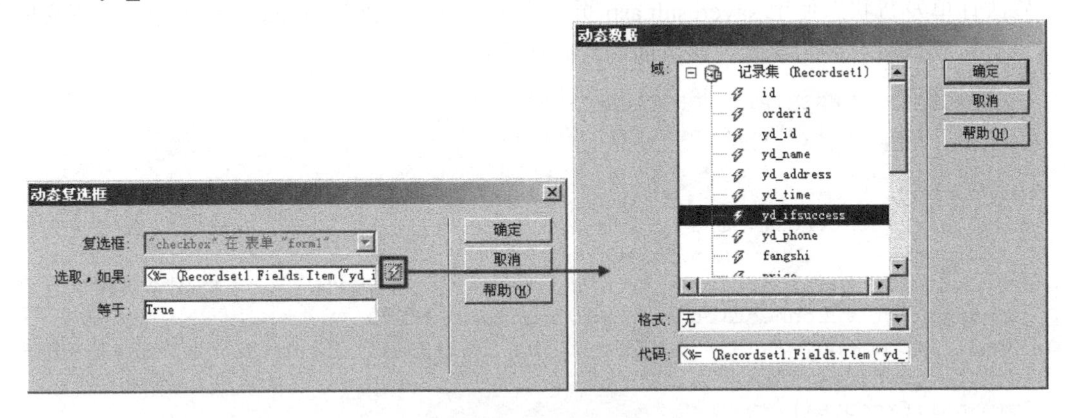

图 13-69　复选框的设置

(4) 选中{Recordset1.orderid}设置“转到详细页面”服务器行为，设置与 dingdan.asp 相似，如图 13-70 所示。

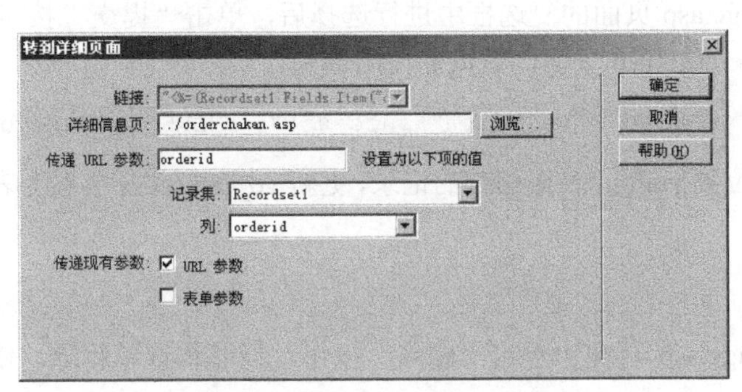

图 13-70　转到详细页面的设置

(5) 参照前面的设置，选中绑定数据所在的行标签，设置为重复区域，显示所有记录；选中表格，设置为“当记录集不为空则显示”；添加文本“没有订单信息！”，设置为“当记录集为空则显示”，这里不再详细说明操作过程了。

切换到代码视图，在“提交”按钮所在的表单中添加以下代码：

```
<form name="form1" method="post" action="saveresult.asp">
  <label>
    <input <%If (CStr((Recordset1.Fields.Item("yd_ifsuccess").Value)) = 
CStr("True"))
Then Response.Write("checked=""checked""") : Response.Write("")%>
type="checkbox" name="checkbox" id="checkbox">已发货
     <input name="id" type="hidden"
value="<%=(Recordset1.Fields.Item("id").Value)%>" />
```

```
    <input name="button" type="submit" id="button" value="提交" />
  </label>
</form>
```

单击“提交”按钮后，提交表单到 saveresult.asp 进行处理。

### 2. 修改订单发货状态

修改订单发货状态使用 saveresult.asp 页面实现，该页面通过 dingdanmanage.asp 提交的发货信息更新数据库对应的字段。该页面的代码如下：

```
<%@LANGUAGE="VBSCRIPT" CODEPAGE="936"%>
<!--#include file="../Connections/connection.asp" -->
<%
dim success
success=request.Form("checkbox")
 If(success="")  Then success=false
Set Command1 = Server.CreateObject ("ADODB.Command")          '创建数据库
Command1.ActiveConnection = MM_connection_STRING
Command1.CommandText = "UPDATE  yuding  SET yd_ifsuccess="&success&"  WHERE
id="&request.Form("id")                                        '更新数据库
Command1.Execute()
response.Write("<script language=javascript>history.go(-1)</script>")        '
设置更新完成后返回
%>
```

在 dingdanmanage.asp 页面的复选框中进行选择后，单击“提交”按钮，将表单的 id 和复选框状态传递给 saveresult.asp 页面，该页面使用语句：

```
PDATE  yuding  SET yd_ifsuccess="&success&"  WHERE id="&request.Form("id")
```

传递 id 参数定位到 yuding 表格相应的记录，更新 yd_ifsuccess 字段为表单传递的复选框状态参数。

### 3. 删除订单

在 dingdanmanage.asp 页面中单击“删除”按钮，能够将订单删除，使用“删除记录”服务器行为即可。

在该页面中单击“数据”工具栏上的“删除记录”按钮，在弹出的对话框中进行如图 13-71 所示的设置。

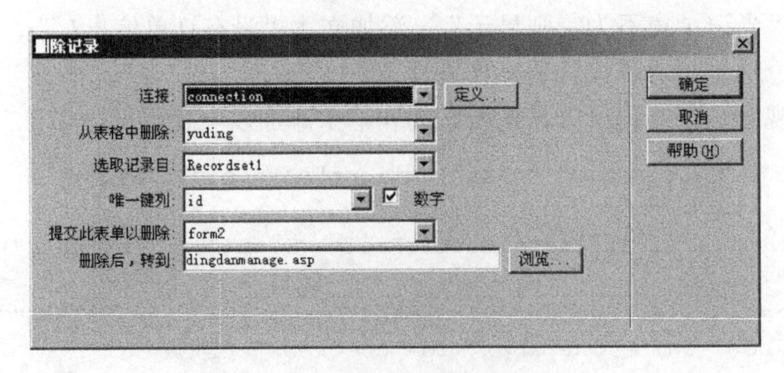


图 13-71　删除记录的设置

## 13.4　小　　结

本章详细介绍了一个典型网上购物网站的设计制作过程，包括前台的用户操作模块和后台的管理员管理模块。该系统包含基本的购物网站的功能。前台实现了用户的注册和登录，搜索和浏览商品，添加商品到购物车并生成订单。后台实现了管理员登录，添加、修改和删除商品类别，添加、修改和删除商品信息，修改订单发货状态和删除订单。

通过本章的学习，读者能够学会使用 Dreamweaver 和 ASP+Access 技术实现简单的电子商务网站的技能。读者还可以尝试添加和丰富本网站的功能，从而增强功能和易用性。

# 第 14 章　新闻发布系统

本章介绍典型的新闻发布系统的设计与实现。构建一个典型的、小数据量的新闻发布系统平台。本系统采用 ASP+Access 模式，采用了模块化设计，分为新闻显示浏览模块和管理员管理模块。用户进入系统首页，能够对新闻进行浏览与搜索；管理员进入管理窗口，能够添加新闻，并可以对已经添加的新闻进行管理，如修改、删除操作。

这里设计的新闻发布系统平台，考虑到在中小型网站中新闻发布的数据量不大，采用了简单的 Access 数据库。本章详细讲解了该系统的分析和总体设计，分析了各个模块的设计与实现，使用 Dreamweaver 作为开发工具，以可视化、易用的方式完成该系统的开发。


**学习目标** Objective

- 新闻系统的模块的数据库设计。
- 使用 Dreamweaver 的数据行为实现新闻显示。
- 新闻板块与新闻信息管理的实现。

## 14.1　系统分析与总体设计

相信大多数读者都有访问网站并浏览新闻的经历，如新华网、中国新闻网等。大型的新闻类网站的内容极其丰富，分类复杂，需要读者耐心寻找希望浏览的板块，或通过搜索定位到最终的新闻内容。本章设计的新闻发布系统，不是用于大型新闻网站，而是用于一般网站的典型的新闻发布模块。

在进行网站的设计制作之前，需要做准备工作，即需求分析和对网站进行规划、设计。规划的内容包括网站需要的功能模块设计、网站的布局及数据库设计。只有这些工作圆满完成后，后面模块的设计实现才会事半功倍。

### 14.1.1　功能介绍

本章设计的新闻发布系统是一个完整的网站中的一个组成部分。比如：某大学的主页上，设置一个新闻发布模块，及时发布与本校有关的各种新闻事件。这种小型的新闻发布系统应用十分普遍。

本系统主要分为新闻显示模块和新闻管理模块。

### 1．新闻显示模块功能设计

显示模块为用户提供友好的操作界面，提供方便用户浏览网站新闻的功能。该模块可以详细划分为以下功能区。

1)　最近更新

该功能区显示最近添加到数据库中的新闻，最新的显示在最上面，稍晚的显示在下面，按照新闻添加到数据库的时间的降序排列，保证用户在该区域看到的第一条新闻是最新的。该功能区显示的新闻不是显示新闻的详细信息，而是与大多数网站的做法相同，仅显示该新闻的标题，新闻添加的日期和时间，同时该新闻标题显示为超链接形式。用户只需要点击该链接就可以浏览新闻的具体内容。

2)　新闻详细内容显示

该功能区显示新闻的详细内容，包括新闻的标题、作者、新闻发布的时间、点击次数和新闻的详细文字内容及图片信息。

3)　推荐新闻

该功能区显示管理员指定为推荐的新闻条目，显示格式与(1)相同，点击新闻标题超链接就可以浏览新闻的具体内容。

4)　热点新闻

该功能区显示用户点击频率较高的新闻，以点击频率的降序排列，显示格式与(1)相同，点击新闻标题超链接就可以浏览新闻的具体内容。

5)　更多新闻

以上功能区只显示了所有新闻的一部分内容，其他新闻可以通过其他两个功能区访问。一个为“更多新闻”功能区。可以通过最近更新、推荐新闻功能区右下方的“更多新闻”超链接进入。

更多新闻区，按照新闻类型进行分类，归入不同的板块，用户可以根据需要和兴趣进行有选择地浏览。

6)　新闻浏览

访问所有的新闻还可以通过“新闻浏览”功能区访问。该功能区的功能与“更多新闻”功能区相同，同样以板块对所有的新闻进行分类，单击每个分类，能够列出该板块所有的新闻条目，继续点击可以浏览新闻的详细内容。

### 2．新闻管理模块功能设计

管理模块是供系统管理员使用的，允许管理员对新闻进行添加、更新、删除等操作。该模块又可以详细划分为以下功能区。

1)　新闻板块管理

该功能区用于实现管理员对已有板块的修改和删除，还可以添加新的板块。所有的操作都是对数据库进行的读写操作，效果能够动态显示到网页中。

2)　添加新闻

该功能区用于向数据库中添加一条新闻，添加的内容包括新闻标题、新闻所属的板块、是否标记为推荐、新闻是否包含图片及图片路径信息、新闻的文字内容、新闻的来源、新闻的作者。这些内容在数据库中被标识为一个个的字段，在新闻显示模块中，新闻的显示就是从数据库中读取添加的新闻的详细信息，并呈现出来。

3) 修改新闻

该功能区用于对前一功能区添加的新闻进行修改，即对新闻所有的字段都可以进行修改，修改的结果保存到数据库中，从而实现对新闻具体信息的修改。

### 14.1.2 总体布局

新闻发布系统分为新闻显示模块和新闻管理模块。新闻显示模块包括最近更新、推荐新闻、热点新闻、更多新闻、新闻浏览。新闻管理模块包括新闻板块管理，能够实现管理员登录、修改和删除板块、添加板块，添加新闻，修改已添加的新闻。总体布局如图 14-1 所示。

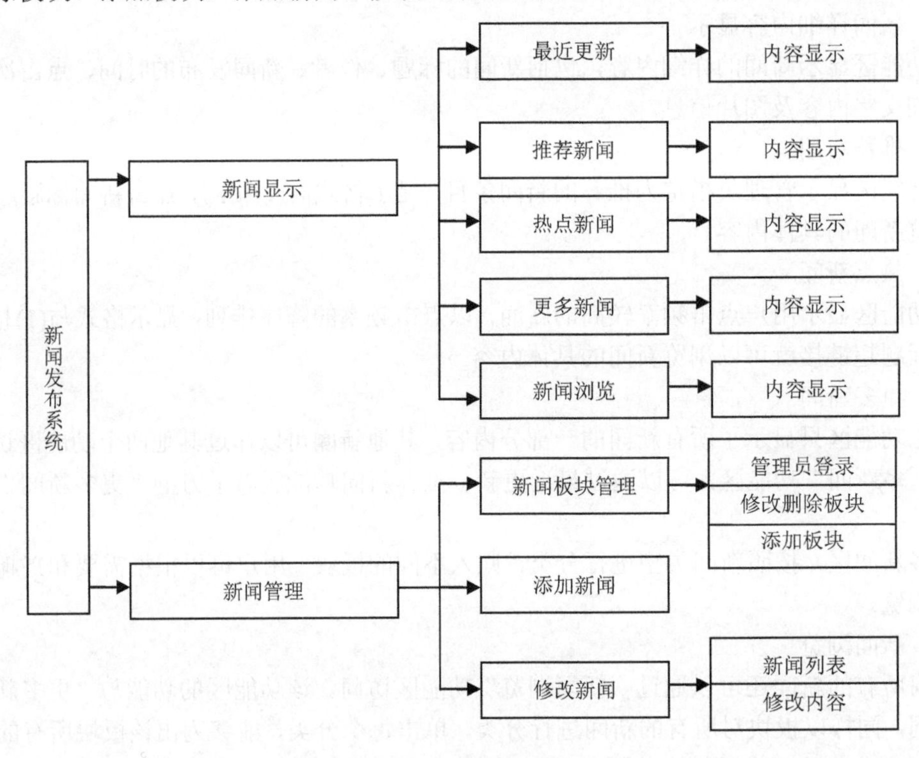


图 14-1 系统总体布局

### 14.1.3 数据库结构及实现

本系统相当简单，数据量小，故采用了 Access 数据库，共创建了 3 个数据表格，具体介绍如下。

(1) admin 数据表：存储系统管理员信息的数据表，包括管理员的登录名和密码。

(2) bankuai 数据表：存储新闻的板块分类信息。

(3) new 数据表：存储新闻的具体信息，包括新闻标题、新闻内容、新闻所属板块类型、新闻作者、是否为推荐、点击次数、是否带有图片、图片的路径、新闻的日期信息。

数据库及数据表格创建的具体操作步骤如下。

1)　创建数据库

首先启动 Access 程序，新建一个空白数据库，命名为 news.mdb。

2)　创建 admin 数据表

在 news.mdb 数据库窗口的左侧的对象栏内单击“表”图标，在窗口右侧选择“使用设计器创建表”，在弹出的数据表界面设计窗口中设计 admin 表的字段和属性，如图 14-2 所示。

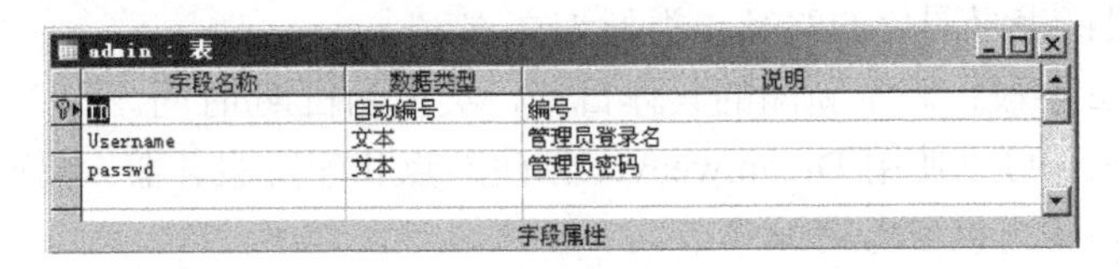

| 字段名称 | 数据类型 | 说明 |
| --- | --- | --- |
| ID | 自动编号 | 编号 |
| Username | 文本 | 管理员登录名 |
| passwd | 文本 | 管理员密码 |

图 14-2　设置 admin 表的字段名称和数据类型

admin 数据表存储管理员的用户名 Username 字段和密码 passwd 字段，数据类型都为文本类型，设置自动编号为主键。

3)　创建 bankuai 数据表

使用表设计器创建 bankuai 数据表，用于保存新闻分类的板块信息，各个字段、数据类型和说明如图 14-3 所示。

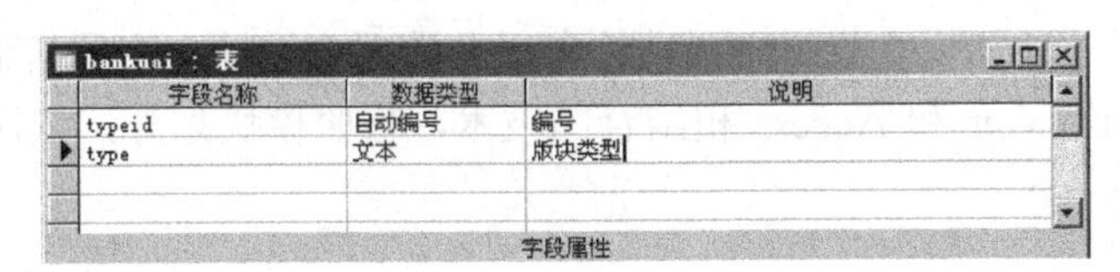

| 字段名称 | 数据类型 | 说明 |
| --- | --- | --- |
| typeid | 自动编号 | 编号 |
| type | 文本 | 版块类型 |

图 14-3　设置 bankuai 表字段名称和数据类型

4)　创建 new 数据表

使用表设计器创建 new 数据表，用于存储新闻的详细信息，各个字段、数据类型和说明如图 14-4 所示。

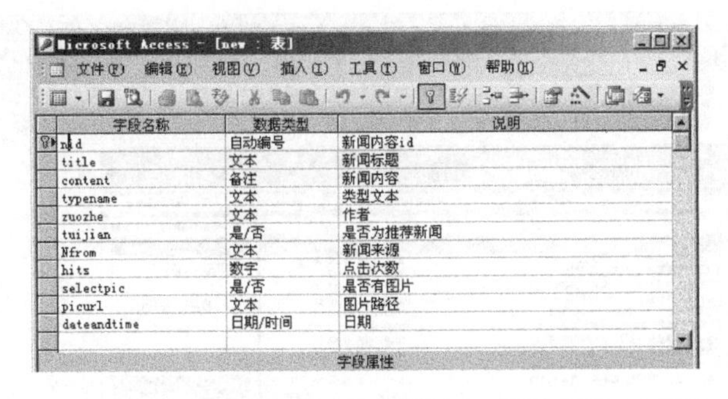

| 字段名称 | 数据类型 | 说明 |
| --- | --- | --- |
| nid | 自动编号 | 新闻内容id |
| title | 文本 | 新闻标题 |
| content | 备注 | 新闻内容 |
| typename | 文本 | 类型文本 |
| zuozhe | 文本 | 作者 |
| tuijian | 是/否 | 是否为推荐新闻 |
| Nfrom | 文本 | 新闻来源 |
| hits | 数字 | 点击次数 |
| selectpic | 是/否 | 是否有图片 |
| picurl | 文本 | 图片路径 |
| dateandtime | 日期/时间 | 日期 |

图 14-4　设置 new 表字段名称和数据类型

new 数据表中各字段的说明如下。

(1)　nid 字段：表示新闻条目的 id，类型为自动编号。

(2)　title 字段：表示新闻的标题，类型为文本。

(3)　content 字段：表示新闻具体内容，类型为备注。因为本章开发的新闻发布系统比较简单，新闻条目的内容较少，使用备注类型足够保存新闻信息。

(4)　typename 字段：表示新闻所属的板块信息类别，类型为文本。

(5) zuozhe 字段：表示新闻的作者，类型为文本。

(6) tuijian 字段：表示新闻是否为推荐的新闻，类型为是/否。

(7) Nfrom 字段：表示新闻的出处来源，类型为文本。

(8) hits 字段：表示新闻条目的点击次数，类型为数字。

(9) selectpic 字段：表示新闻是否有图片，类型为是/否。

(10) picurl 字段：表示图片的路径，类型为文本。

(11) dateandtime 字段：表示新闻的具体日期，类型为日期/时间。

创建完数据库后，可以使用 Dreamweaver 创建站点和配置服务器。配置完站点后，可以连接数据库。相关的设置可以参考前面章节。

至此，我们根据新闻发布系统的功能要求，将功能细化为简单的易于实现的功能模块，从而设计出新闻发布系统的总体布局，并进一步对各模块需要的数据库表进行了详细设计。下面的工作就是实现各模块的功能，使用 Dreamweaver 结合 Access 数据库加以实现。

# 14.2 模块的设计与实现

前一节已经完成了功能模块设计、网站的布局及数据库设计，这是基础性的工作。在本节中，我们使用 Dreamweaver 和 Access 相结合的技术，按照模块划分，依次讲解各模块的详细制作过程。

## 14.2.1 新闻显示

### 1. 首页(index.asp)

本新闻发布系统的首页显示效果如图 14-5 所示。

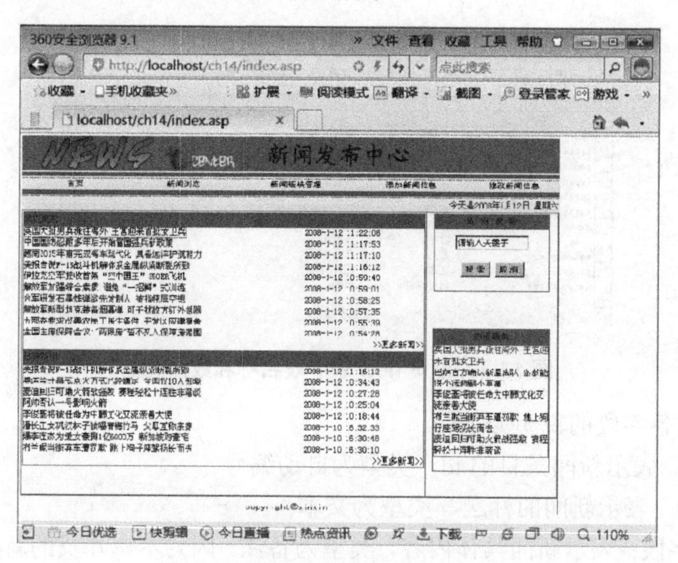


图 14-5 系统首页效果

网站标识和导航位于首页中的顶部。由于在其他模块如新闻浏览、新闻板块管理、新闻信息管理中，标识和导航也同样存在，而且内容是相同的，为了提高代码的重用性，所以将这些内容放入一个单独的文件 head.asp 中，在其他网页中调用即可。这是 asp 编程中经常使用的一种方法。该 head.asp 文件的效果如图 14-6 所示。

图 14-6　head.asp 文件的效果

首页中，除了网页头部外，主要由 4 个部分组成：最近更新、推荐新闻、热点新闻、站内搜索。各部分的详细内容和设计过程如下。

以下内容和步骤都会涉及数据库的操作，在 Dreamweaver 中进行以下操作前需要首先建立站点，前面章节已经详细介绍了站点的建立过程，这里不再赘述。然后设置数据库连接，在 Dreamweaver 的“应用程序”下的“数据库”标签中，单击加号，选择“数据源名称(DSN)”命令，如图 14-7 所示。

弹出“数据源名称(DSN)”对话框，在“数据源名称(DSN)”下拉列表框中选择需要的数据源，如图 14-8 所示。

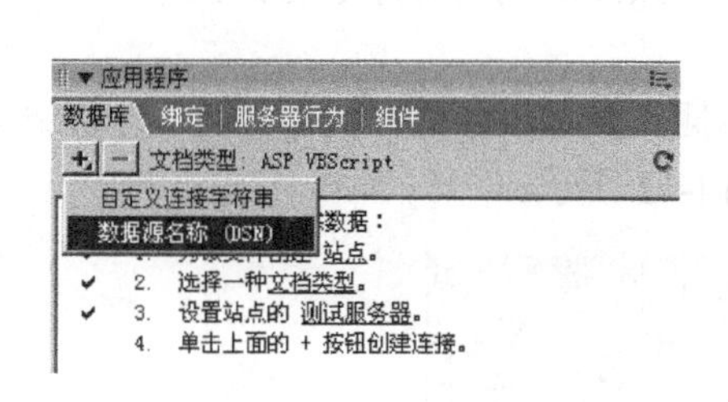


图 14-7　设置数据源

图 14-8　选择数据源

如果数据源不存在，可以单击“定义”按钮，打开“ODBC 数据源管理器”对话框，在“系统 DSN”选项卡中单击“添加”按钮，添加系统数据源，如图 14-9 所示。

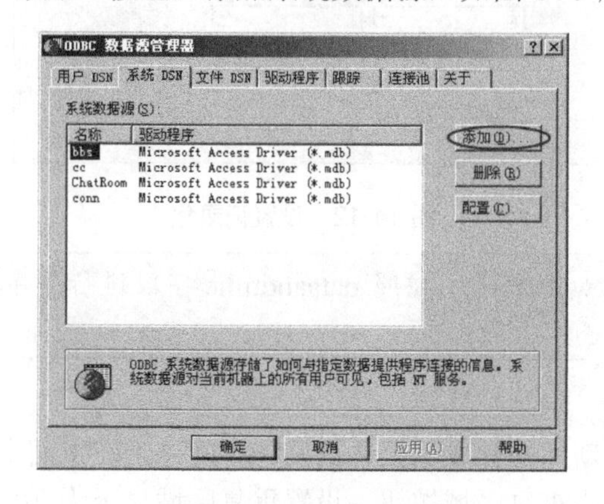


图 14-9　添加系统数据源

添加 Microsoft Access 数据源，定义数据源名称，并选择 14.1 节定义的数据库文件，如图 14-10 所示。

单击“确定”按钮，返回 “数据源名称(DSN)”对话框，定义连接名称为 connection，在“数据源名称(DSN)”下拉列表框中选择刚刚创建的 data 数据源，然后单击“测试”按钮，弹出如图 14-11 所示的对话框，说明数据库连接创建成功。这样，使用 Dreamweaver 就可以操作数据库了。

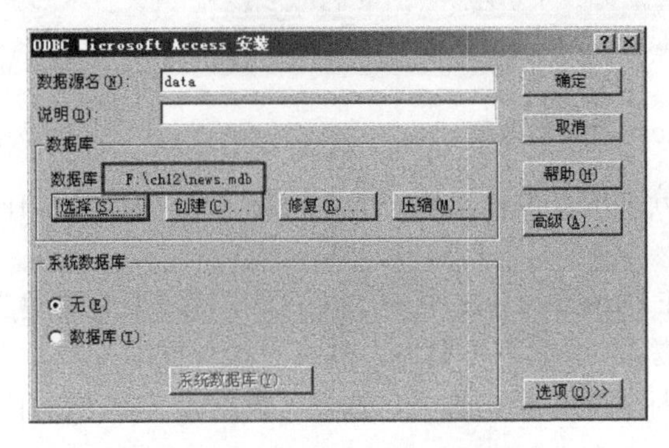


图 14-10　添加 Access 数据库

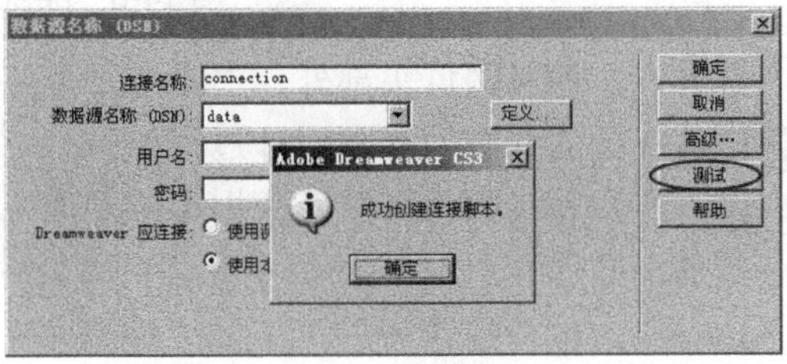

图 14-11　定义数据库连接

2．最近更新

最近更新的新闻所呈现的为最近更新的新闻条目，按照时间的降序进行排列。

具体操作步骤如下。

(1) 首页提供浏览最近更新的新闻的功能。单击插入工具栏中的“数据”栏，选择记录集按钮，设置记录集 Recordset1 的相关选项，如图 14-12 所示。

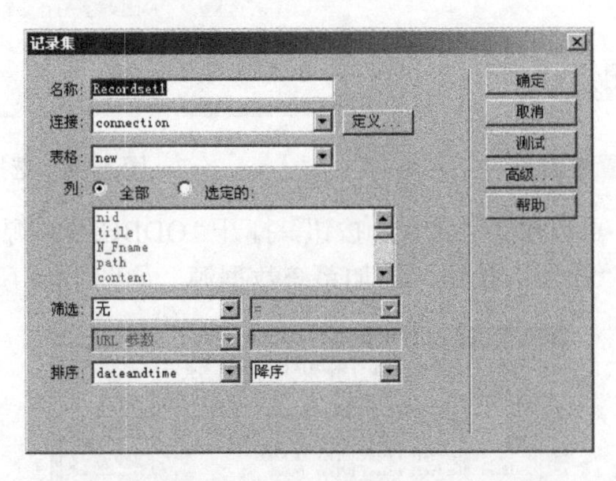


图 14-12　设置记录集

**注意：** 记录集访问的为 new 数据表，按照 dataandtime 字段进行降序排列，这样能将最新添加的新闻显示在最上面。

(2) 设置重复区域。

绑定到记录集后，将新闻的标题、上传日期和时间显示在页面上，如图 14-13 所示。

选择重复区域后，单击重复区域按钮，设置重复区域显示为 10 条记录。如果用户想浏览

更多的新闻信息，可以单击右面的“更多新闻”超链接。

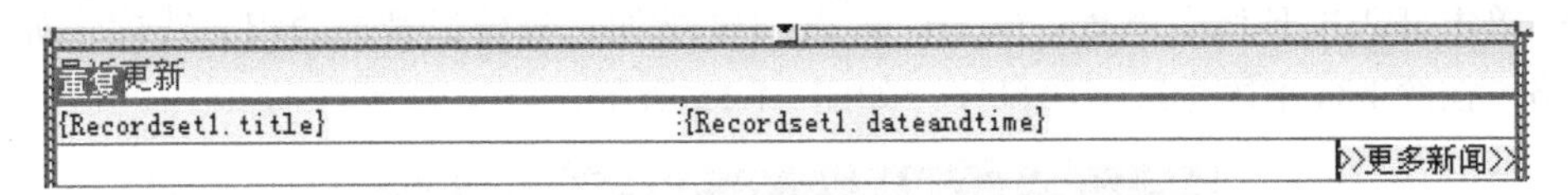


图 14-13　显示新闻标题和时间

### 3. 推荐新闻

推荐新闻与最近新闻的设置步骤相似。首先绑定记录集，再设置重复区域。对于推荐的新闻在数据库中根据 new 数据表中的 tuijian 字段的状态决定。在输入新闻时，管理员输入是否设置为推荐；同时，还按照时间进行降序排列，保证最新的推荐新闻显示在最上面。

具体操作步骤如下。

(1) 绑定记录集，在弹出的记录集窗口中选择“高级”模式，填写 SQL 语句如下：

```
SELECT *
FROM new
WHERE tuijian = true
ORDER BY dateandtime DESC
```

单击“确定”按钮即可，如图 14-14 所示。

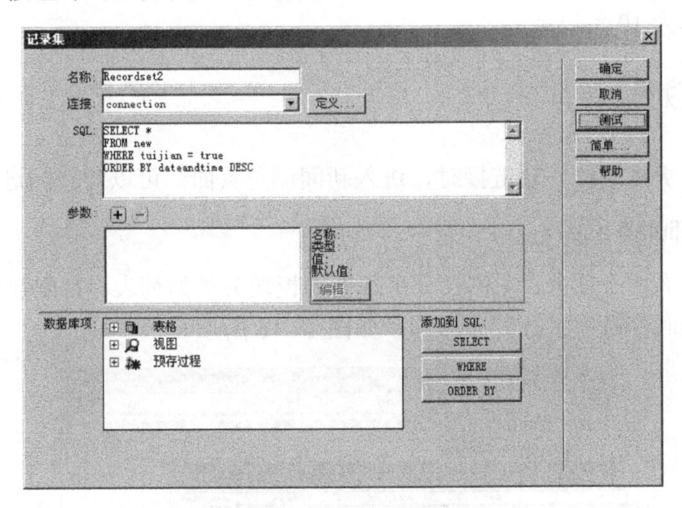


图 14-14　绑定记录集

(2) 设置重复区域。

绑定到记录集合后，将新闻的标题、上传时间显示在页面上，与设置“最近更新”新闻一样，选择重复区域后，单击重复区域按钮，设置重复区域显示为 10 条记录。如果用户想浏览更多的新闻信息，可以单击后面的“更多新闻”超链接。

### 4. 热点新闻

热点新闻是统计用户点击新闻的次数，根据新闻点击的次数进行降序排列。将用户浏览次数最高的新闻标题显示在页面最上面。

具体操作步骤如下。

(1) 单击插入工具栏中“数据”一栏，选择按钮，设置记录集的相关选项，绑定 new 数据表格，按照 hits 字段进行降序排序，如图 14-15 所示。

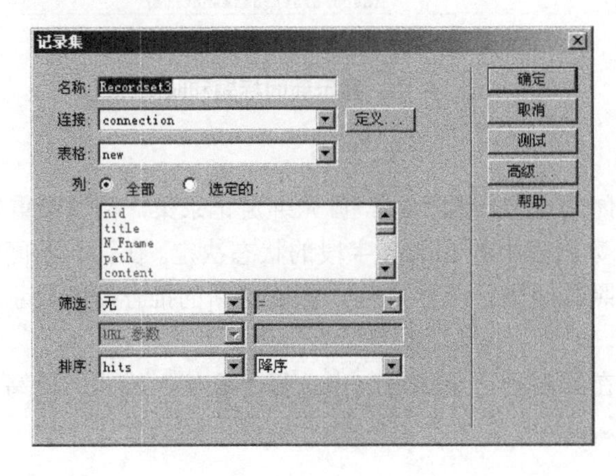


图 14-15　绑定记录集

(2) 设置重复区域。

绑定到记录集合后，将新闻的标题绑定在页面上，选择重复区域后，单击重复区域按钮，设置重复区域显示为 10 条记录。

## 14.2.2　新闻浏览

当用户单击“更多新闻”超链接时，进入新闻浏览页面，可以对新闻进行分类浏览。

### 1. 分类浏览(liulan.asp)

该页面分为左右两个部分，左侧部分呈现新闻板块分类的列表，右侧部分呈现所对应新闻板块的新闻，按照时间顺序进行降序排列，如图 14-16 所示。

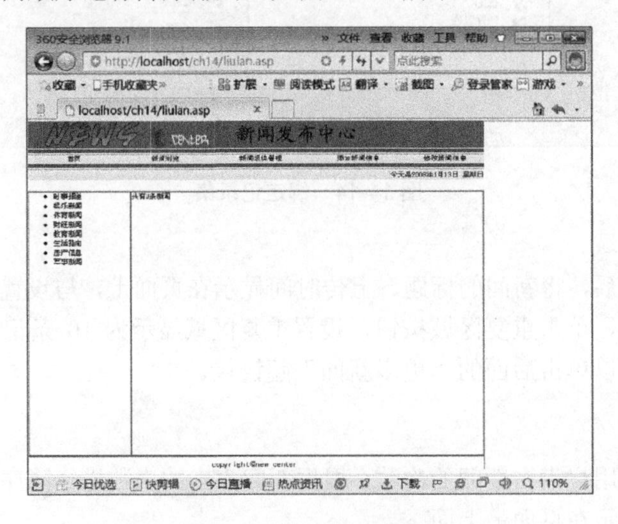


图 14-16　分类浏览页面

### 2．显示新闻分类列表

页面左侧的分类列表，呈现新闻板块分类。分类信息存储在 bankuai 数据表中，绑定数据集，读取 bankuai 数据表中的所有信息。

具体操作步骤如下。

(1) 单击插入工具栏中“数据”一栏中的(数据集)按钮，绑定数据集，设置如图 14-17 所示。

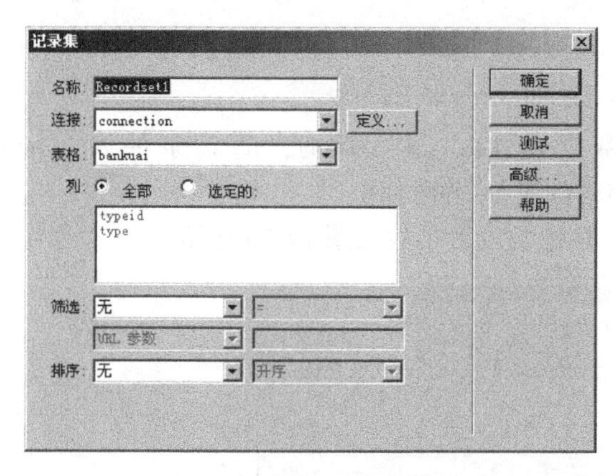


图 14-17　绑定 bankuai 表

(2) 设置左侧表格中的动态文本，显示 bankuai 数据表格中的 type 字段，以无序列表形式显示。同时，为该 bankuai 动态文本添加超链接。链接地址为：

```
<a href=liulan.asp?typeid=<%=(Recordset1.Fields.Item("typeid").Value)%>>
```

该超链接的地址为 liulan.asp，就是本身页面，但是在链接的过程中传递不同的参数，typeid=<%=(Recordset1.Fields.Item("typeid").Value)%>，这样在单击超链接后，重新更新该页面，使右侧的信息进行更新。

(3) 设置重复区域。

设置完超链接后，选择该列表选项为重复区域，在弹出的“重复区域”对话框中，选择显示所有记录，如图 14-18 所示。

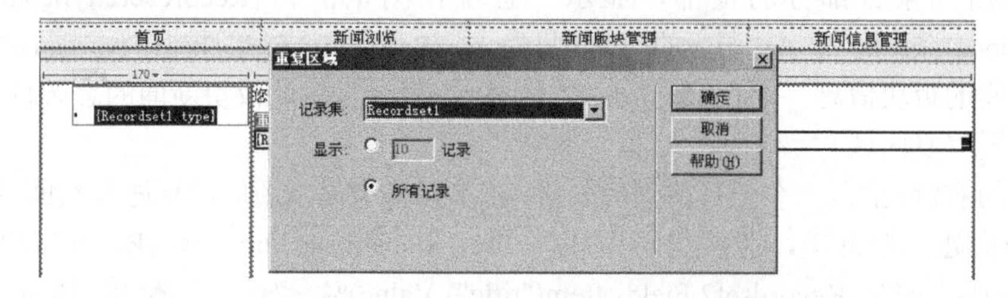


图 14-18　设置重复区域显示所有分类列表

这样，所有的新闻板块分类信息都将显示在左侧区域。

### 3．显示每种类别新闻

liulan.asp 页面根据新闻板块分类将不同类别的新闻显示在右侧的表格中。

具体操作步骤如下。

(1) 数据绑定显示该新闻板块的新闻。

单击插入工具栏中“数据”一栏，选择按钮，选择记录集“高级”选项，在“记录集”对话框中设置记录集的相关选项，如图 14-19 所示。

设置 SQL 查询语句为：

```
SELECT *
FROM new
WHERE typename = MMColParam
ORDER BY dateandtime DESC
```

SQL 语句表示对数据表 new 进行查询，查询条件为 typename 字段的值为参数 MMColParam，并且按照时间进行降序排列。

单击中间的“编辑”按钮，设置参数如图 14-20 所示。

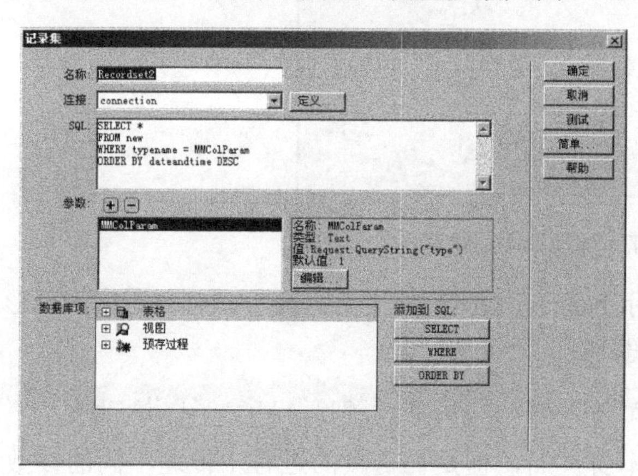


图 14-19 设置记录集

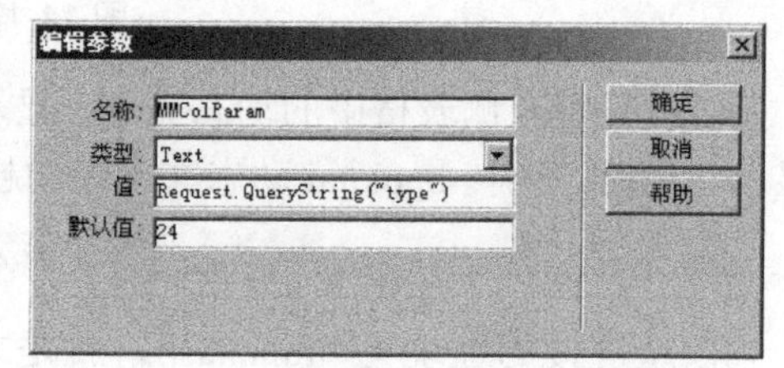


图 14-20 编辑 SQL 语句参数

设置 MMColParam 参数为 Request.QueryString("type")，也就是在新闻列表超链接<a href=liulan.asp?type=<%=(Recordset1.Fields.Item("type").Value)%>>中传递的参数。

(2) 显示新闻板块信息和新闻总数。

在显示新闻条目部分的顶部，显示“您现在浏览的为{Recordset2.typename}，共有{Recordset2_total}条新闻”，其中显示的动态信息为<%=(Recordset2.Fields.Item ("typename").Value)%>，表示显示新闻的板块信息。<%=(Recordset2_total)%>表示显示此板块新闻的总条目数。

(3) 设置重复区域。

在页面的右侧，插入一个一行两列的表格，在单元格中显示新闻的标题和新闻发布的时间。并设置新闻标题为超链接，链接代码为：<a href=xianshi.asp?nid=<%=(Recordset2.Fields.Item ("nid").Value)%>><%=(Recordset2.Fields.Item("title").Value)%></a>。链接到的 URL 为 xianshi.asp，传递 Recordset2 的 nid 字段作为参数，显示对应的记录，如图 14-21 所示。

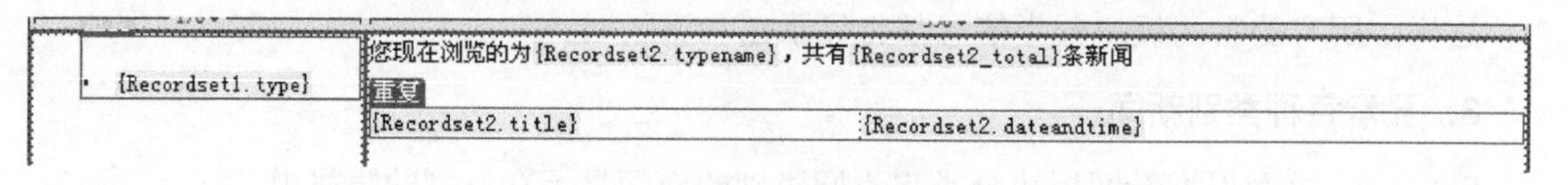


图 14-21 显示新闻板块信息

选中表格的一行，设置重复区域显示的 10 条记录。

(4) 添加导航条。

将鼠标放置在重复区域的下方，在插入工具栏中选择“数据”选项，单击按钮，为记录集进行分页和添加记录集导航条。在下拉菜单中选择“记录集导航条”命令，在弹出的“记录集导航条”对话框中，设置“显示方式”为“文本”，如图 14-22 所示。

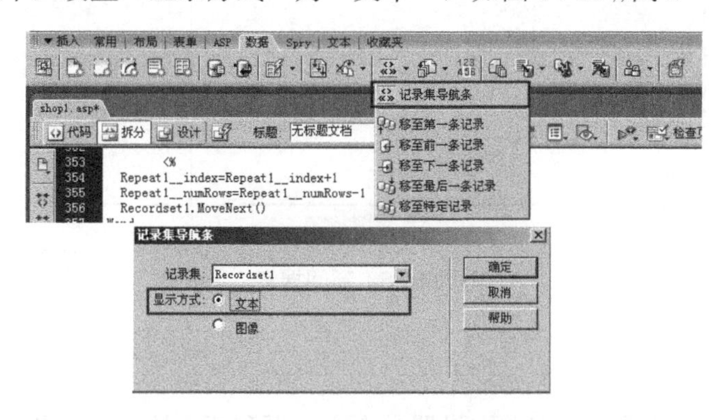


图 14-22　添加记录集导航条

单击“确定”按钮，则在重复区域的下方出现设置的导航条，如图 14-23 所示。

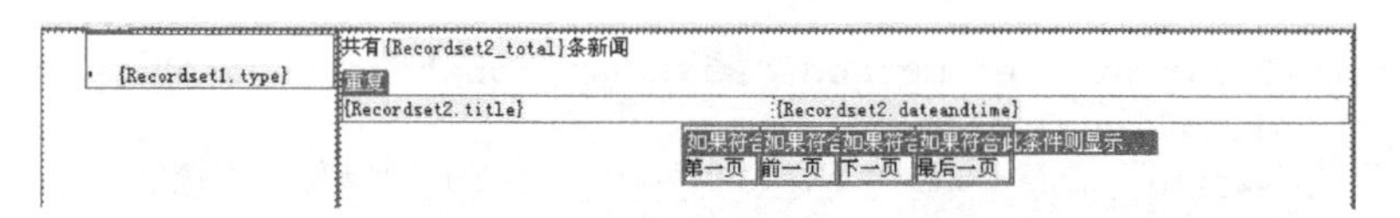


图 14-23　记录集导航条

实际网页中导航条的显示效果如图 14-24 所示。

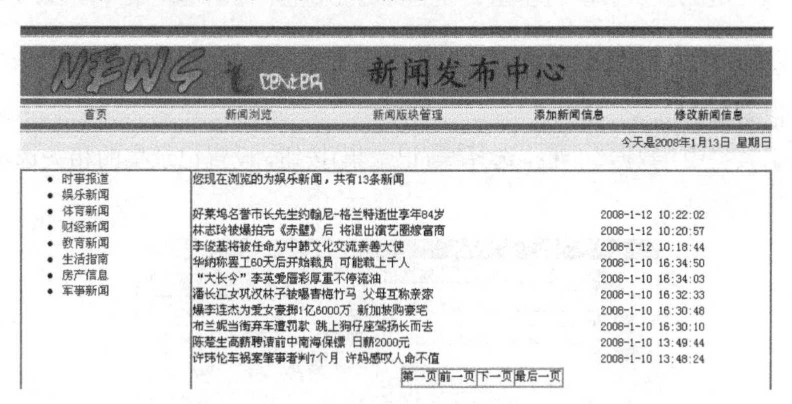


图 14-24　导航条效果

## 14.2.3　新闻搜索

在新闻的首页提供了用户进行新闻搜索的功能。用户在文本框中输入要搜索的新闻的关键字，单击“搜索”按钮，则在 search.asp 页面上显示出符合条件的相关的新闻条目，页面效果如图 14-25 所示。

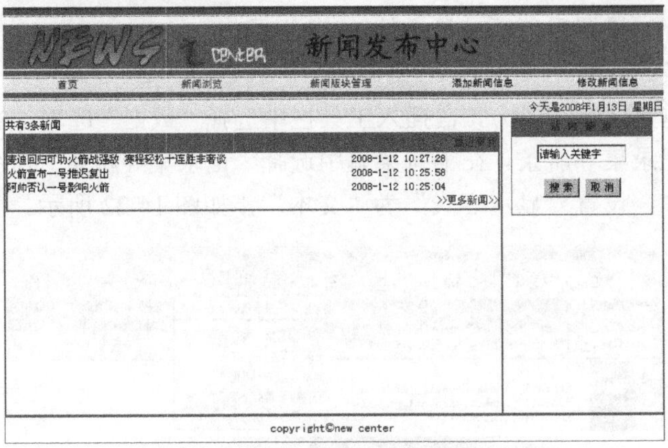

图 14-25　新闻搜索

具体操作步骤如下。

(1)　设置表单。

在网页上方插入一个表单，表单中设置一个文本框和两个按钮。用户在表单中输入查询的新闻的关键字，单击“搜索”按钮进行搜索，或者单击“取消”按钮进行重置。

表单代码如下：

```
<form name="searchtitle" method="POST" action="search.asp" target="_blank">
        <div align="center">
          <input name="key" type="text"  value="请输入关键字" size="16">
          <br>
          <br>
          <input type="submit" name="Submit" value="搜 索">
          <input type="reset" name="Submit2" value="取 消" >
        </div>
  </form>
```

(2)　设置记录集。

单击插入工具栏中“数据”一栏，选择(记录集)按钮，设置记录集的相关选项，如图 14-26 所示。

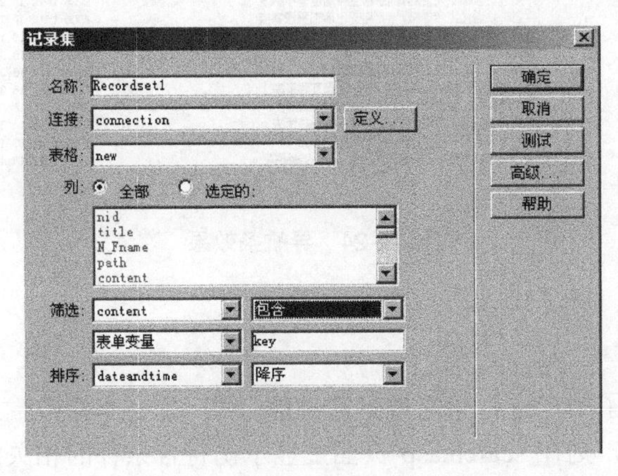


图 14-26　绑定记录集

记录集绑定到 new 数据表格，显示新闻信息。在筛选选项中，设置筛选的字段为 conent，包含表单变量 key，并且按照时间的降序进行排列。

绑定完数据集合后，将数据表格中新闻的名称和新闻发布的时间显示在页面上，选中表格的行设置重复区域。操作与新闻浏览页面的制作步骤相同，这里不再赘述。

(3)　显示新闻总数。

在 search.asp 页面，显示在搜索到的新闻条目的顶部，首先显示共有多少条满足条件的新闻，绑定 total record 字段到网页上，即在网页上显示“共有{Recordset1_total}条新闻”。

(4)　设置记录集合不为空的显示效果。

选择所设置的重复区域，单击插入工具栏中“数据”栏中的(如果记录集不为空则显示)按钮，在下拉菜单中选择“如果记录集不为空则显示”命令，如图 14-27 所示。

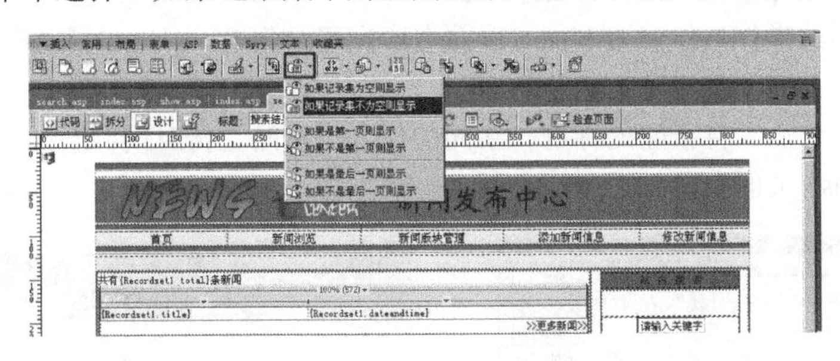


图 14-27　选择“如果记录集不为空则显示”命令

弹出“如果记录集不为空则显示区域”对话框，选择相应的记录集合即可，如图 14-28 所示。

设置该操作是因为在查询记录集合时存在记录集为空的情况。如果记录集不为空，则显示新闻列表；如果为空则显示其他信息。

(5)　设置记录集合为空的显示效果。

在显示新闻信息的信息表格的下方添加文本“没有相关新闻，请重新查询！”。选择该文本，单击工具栏中的“显示区域”按钮，在下拉菜单中选择“如果记录集为空则显示区域”命令。在弹出的对话框中选择记录集 recordset1，单击“确定”按钮即可，如图 14-29 所示。

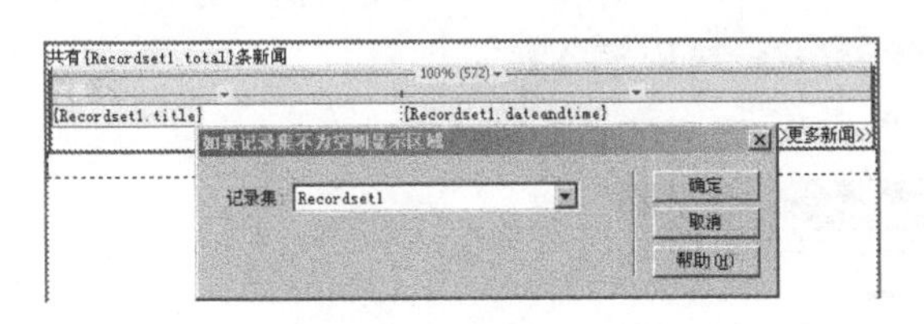


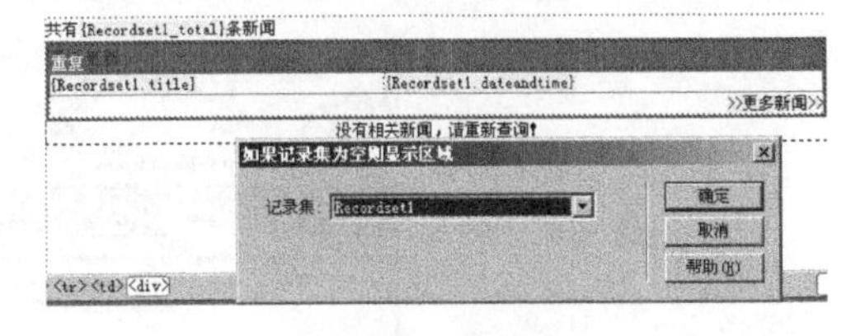


图 14-28　“如果记录集不为空则显示区域”对话框　　图 14-29　“如果记录集为空则显示区域”对话框

## 14.2.4　新闻显示页面

在首页中所显示的为“最近更新”“热点新闻”“推荐新闻”等板块中所呈现的新闻标题和新闻发布时间。同样，在新闻浏览页面(liulan.asp)和新闻搜索页面(search.asp)所呈现的也是新闻题目和新闻发布时间。当单击这些新闻的标题超链接时，可以跳转到新闻显示页面，更加详细地显示新闻的具体内容。

具体操作步骤如下。

(1) 设置超链接。

以首页(index.asp)为例，为标题名称设置超链接。在代码窗口中为动态文本{Recordset1.title}添加超链接。超链接代码为：

```
<a href=xianshi.asp?nid=<%=(Recordset1.Fields.Item("nid").Value)%>><%=
(Recordset1.Fields.Item("title").Value)%>
</a>
```

该超链接的地址为 xianshi.asp，传递记录集 Recordset1 的 nid 字段参数，这样在新闻显示页面 xianshi.asp 中，通过 nid 参数从数据库表 new 中取出对应的记录，显示在页面上。

(2) 参照前面的操作，在 xianshi.asp 页面中绑定记录集 Recordset1，设置如图 14-30 所示。

(3) 新闻显示页面(xianshi.asp)。

绑定到记录集合后，将新闻的标题、新闻的作者、新闻上传时间、新闻点击次数及新闻内容绑定在 xianshi.asp 页面上，如图 14-31 所示。

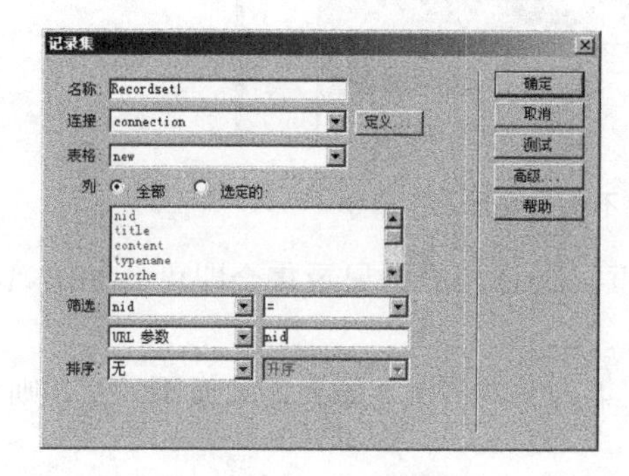


图 14-30 绑定记录集

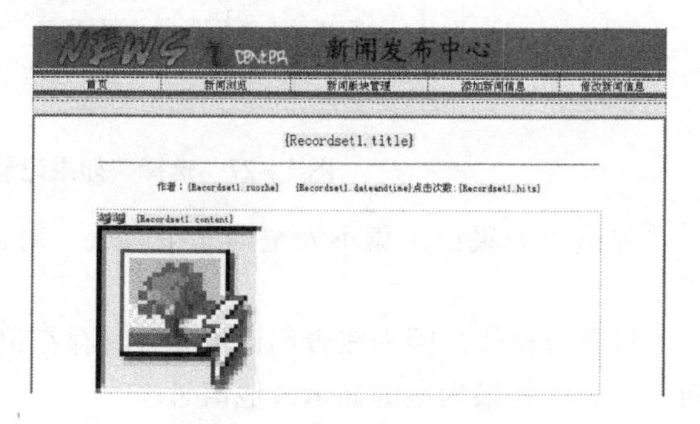


图 14-31 在网页上绑定字段

在记录集 Recordset1 中，通过将 URL 参数 nid 与 new 数据表中的 nid 字段进行对应，作为筛选条件，在 xianshi.asp 页面中，通过传递的 nid 参数从数据库表 new 中取出对应的一条记录的标题、作者、时间、点击次数、内容、图片信息，显示在该页面上，最终效果如图 14-32 所示。

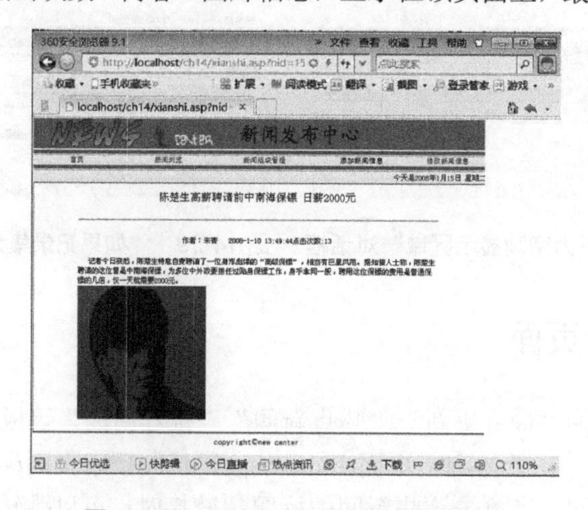


图 14-32 xianshi.asp 网页的显示效果

## 14.2.5　新闻板块管理

板块管理实现添加新的板块，修改或删除已经添加的板块。由于我们对新闻分类整理，归为不同的模块，从而通过板块的管理可以快速实现对同类的多条新闻的同步删除操作。新闻板块管理具体包括板块管理登录、板块管理。

### 1．板块管理登录(login.asp)

板块管理的登录与前面的登录类似，也是从表单中提取用户名和密码，与数据库中的 admin 表中的 username 和 passwd 进行连接验证，成功则转到 bankuai.asp，否则重新转到 login.asp 页面进行重登录。在 Dreamweaver 中，使用工具栏中“数据”中的“登录用户”命令进行登录验证，如图 14-33 所示。

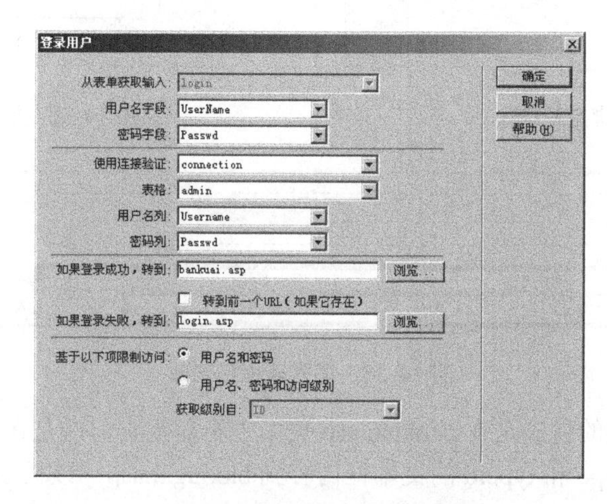


图 14-33　登录用户的设置

### 2．板块管理(bankuai.asp)

该板块首先实现为数据库添加板块分类，然后可以对添加后的板块进行修改和删除操作。该处对数据表 bankuai 进行读写。

具体操作步骤如下。

(1)　绑定记录集。

在 Dreamweaver 中，打开 bankuai.asp 页面，使用高级模式插入记录集，使用 SQL 语句查询 bankuai 数据表中的所有记录，如图 14-34 所示。

(2)　在页面中，选择在“数据”栏中的“插入记录”命令，设置将 form1 表单中的名称为 bk 的文本框的内容对应插入到数据库表 bankuai 的 type 字段中，插入完成后，返回本页。参数设置详情如图 14-35 所示。

(3)　在该页面的 form1 表单下方，插入一个表格，如图 14-36 中的蓝色矩形框所示；在表格中插入一个表单，如图 14-36 中的红色矩形框所示。在表单中绑定记录集中的 type 和 typeid。设置 typeid 为隐藏：

```
<input type="hidden"
name="typeid"value="<%=(Recordset1.Fields.Item("typeid").Value)%>" />
```

通过 type 显示已经添加的板块名称，绑定到文本框中：

```
<input name="type" type="text" id="textfield"
 value="<%=(Recordset1.Fields.Item("type").Value)%>" />
```

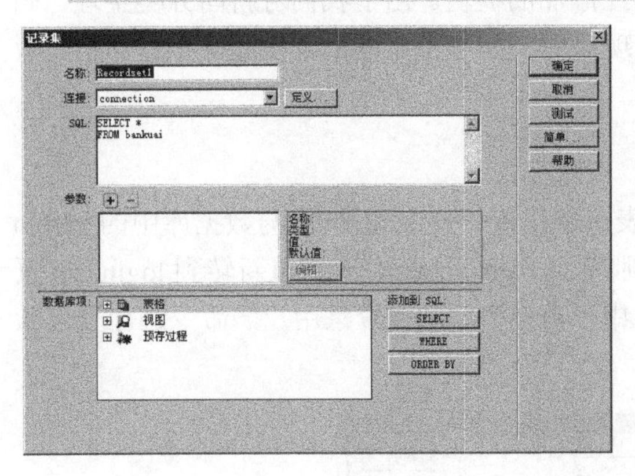

图 14-34　绑定记录集

图 14-35　插入记录

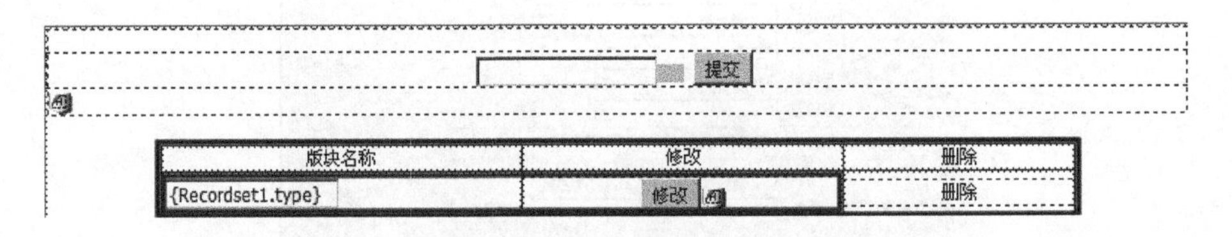


图 14-36　插入表格和表单

设置 typeid 为隐藏的目的是在 bankuai.asp 页面中不显示它，但是在单击“修改”按钮后，提交本表单的名称为 type 和 typeid 的文本框内容到 bkxiugai.asp，该页面代码如下：

```
<%@LANGUAGE="VBSCRIPT" CODEPAGE="936"%>
<!--#include file="Connections/connection.asp" -->
<%
dim type1
type1=request.Form("type")
dim typeid
typeid=request.Form("typeid")
Set Command1 = Server.CreateObject ("ADODB.Command")
Command1.ActiveConnection = MM_connection_STRING
Command1.CommandText = "UPDATE bankuai  SET type ='"&type1&"' WHERE
typeid="&typeid
Command1.CommandType = 1
Command1.CommandTimeout = 0
Command1.Prepared = true
Command1.Execute()
response.Redirect("bankuai.asp")
%>
```

该页面用 type 文本框中输入的新的板块名称，替换 bankuai 表中 typeid 对应的 type 字段，从而实现了对板块名称的修改。

(4) 如图 14-36 所示，在该表格的表单后设置一个“删除”超链接，代码如下：

```
<a
href="bkshanchu.asp?typeid=<%=(Recordset1.Fields.Item("typeid").Value)%>">
删除</a>
```

该超链接的地址为 bkshanchu.asp，传递记录集 Recordset1 的 typeid 字段参数，通过 typeid 参数从数据库表 bankuai 中删除相应的记录。bkshanchu.asp 页面的代码如下：

```
<%@LANGUAGE="VBSCRIPT" CODEPAGE="936"%>
<!--#include file="Connections/connection.asp" -->
<%
Set Command1 = Server.CreateObject ("ADODB.Command")
Command1.ActiveConnection = MM_connection_STRING
Command1.CommandText = "DELETE FROM bankuai  WHERE typeid
="&request.querystring("typeid")
Command1.CommandType = 1
Command1.CommandTimeout = 0
Command1.Prepared = true
Command1.Execute()
response.Redirect("bankuai.asp")
%>
```

删除板块信息后，重新返回 bankuai.asp 页面。

最后，设置显示重复区域，登录后，该页面显示效果如图 14-37 所示。

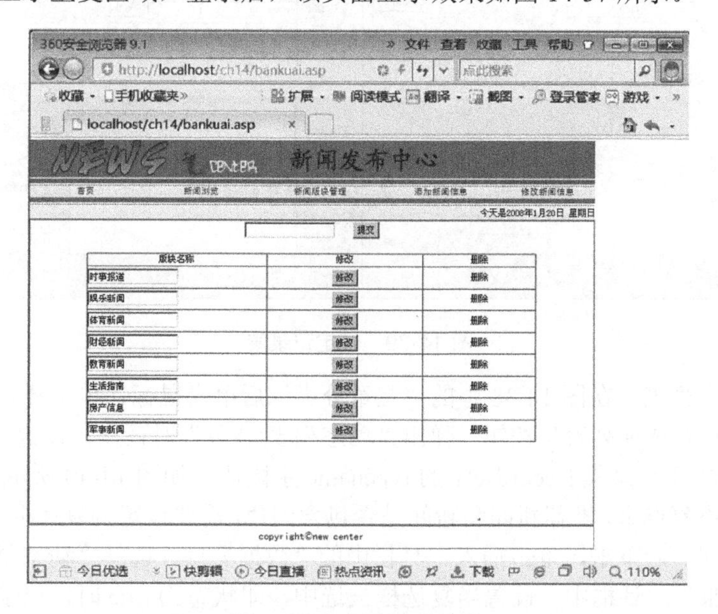


图 14-37　板块管理效果

## 14.2.6　新闻信息管理

前面通过管理员登录对板块信息进行管理，涉及具体新闻条目的管理，包括添加新闻条目到对应的板块，还应该实现对已经添加的新闻的修改。

1．添加新闻(addnew.asp)

添加新闻通过在 addnew.asp 页面中设计一个表单，对应 new 数据表的各个字段，设置相应的表单元素，使用 Dreamweaver 的“插入记录”功能写入 new 数据表。如图 14-38 所示是页面表单的设计效果。

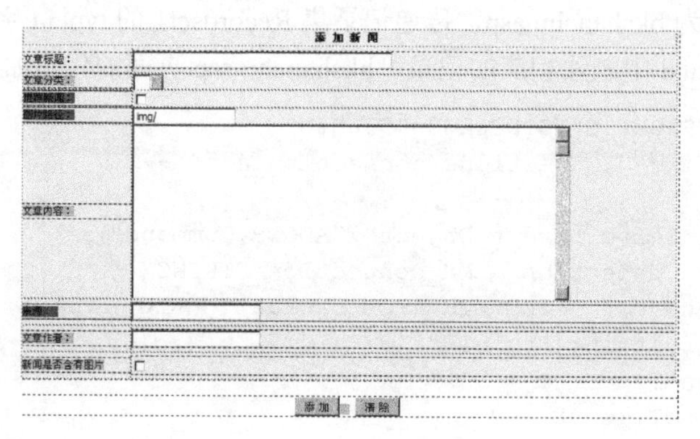


图 14-38　添加新闻表单

具体操作步骤如下。

(1) 绑定两个记录集，操作与前几节相同，不再赘述，设置如图 14-39 所示。

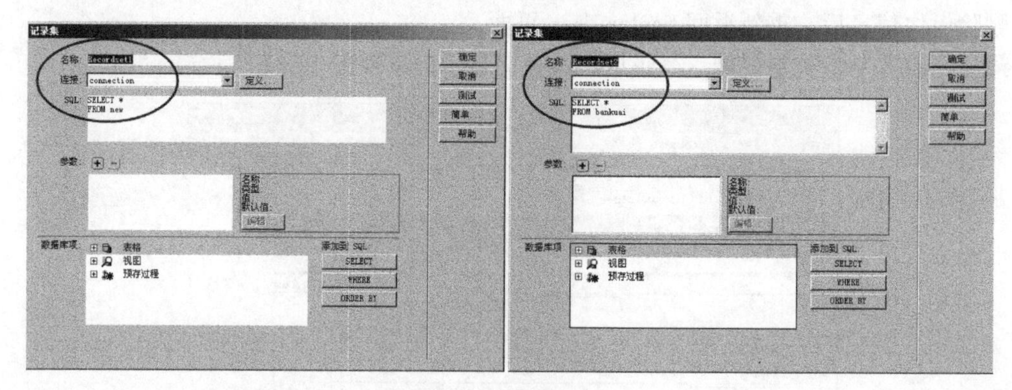


图 14-39　绑定记录集

(2) 设置动态列表。在图 14-38 中的“文章分类”后单击鼠标，单击插入工具栏中的“数据”栏，选择“动态选择列表”按钮，弹出“动态列表/菜单”对话框，设置记录集 Recordset2 的 type 字段的值等于记录集 Recordset1 的 typename 字段值，如图 14-40 所示。

(3) 设置动态复选框。推荐新闻和新闻是否包含图片，需要设置为复选框。在 Dreamweaver 中，在“推荐新闻”后单击，单击插入工具栏中的“数据”栏，选择“动态复选框”按钮，在弹出“动态复选框”对话框中，设置当复选框被选中，即状态为 true 时，记录集 Recordset1 的 tuijian 字段被设置为 true，如图 14-41 所示。

同理，设置新闻是否包含图片的复选框，这里不再赘述，如图 14-42 所示。

(4) 插入记录。单击插入工具栏中的“数据”栏，选择“插入记录”按钮，在“插入记录”对话框中，设置“连接”为 connection，设置“插入到表格”为 new，设置“插入后，转到”为 addnew.asp；设置从页面的表单 form1 中获取所有的元素，对应插入到 new 表的各字段中，表单元素与各字段的对应关系如图 14-43 所示。

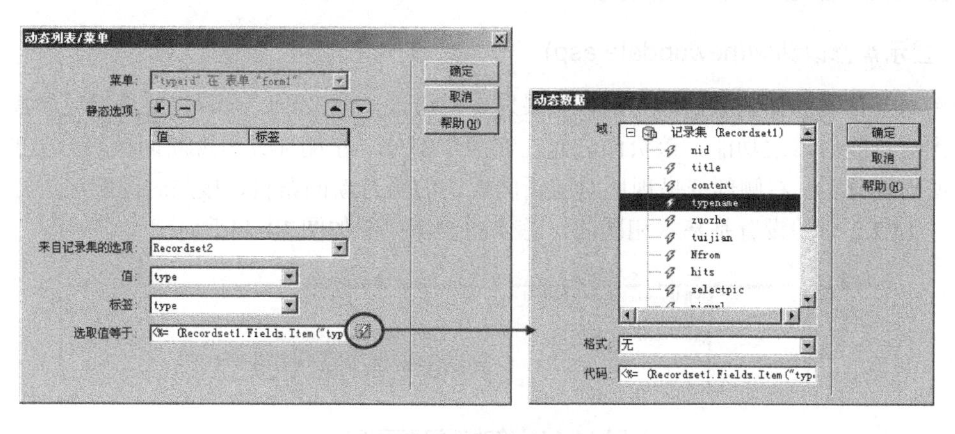


图 14-40　设置动态列表

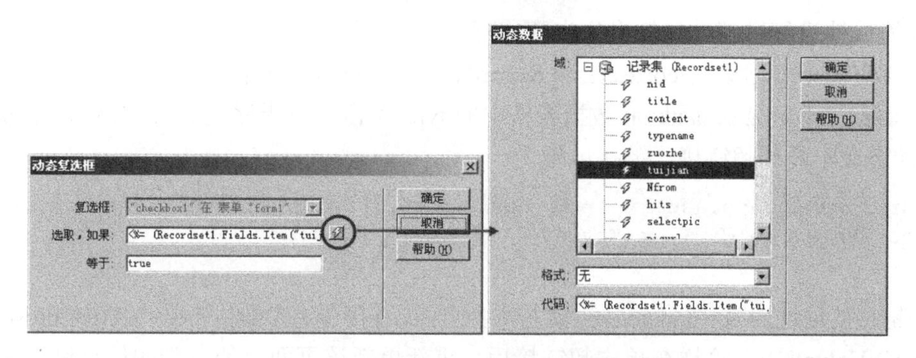


图 14-41　设置“推荐新闻”动态复选框

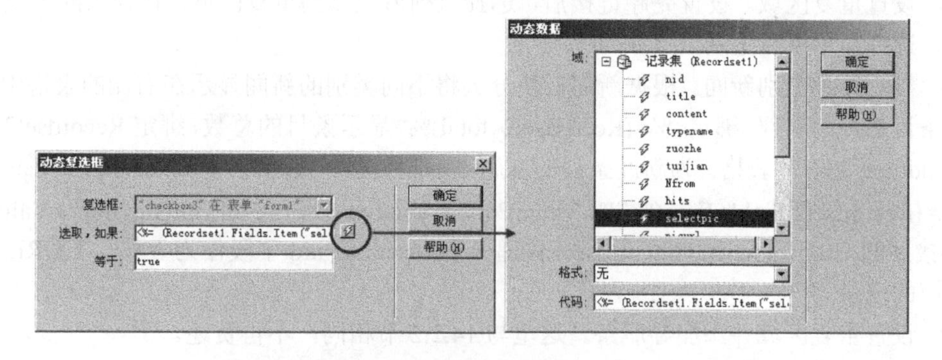


图 14-42　设置“新闻是否包含图片”动态复选框

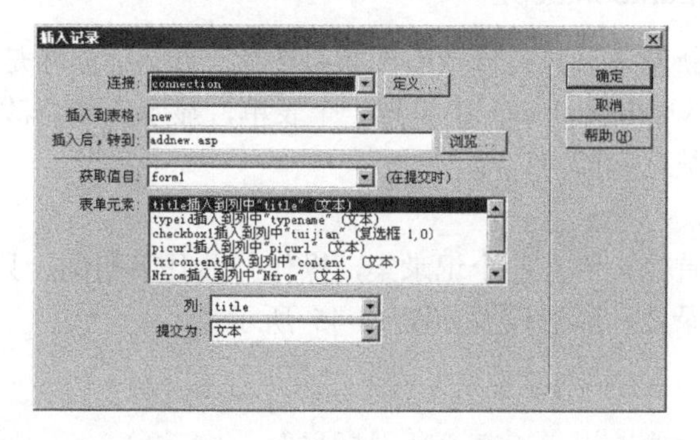


图 14-43　“插入记录”对话框

### 2. 显示需修改新闻(newupdate.asp)

当新闻条目被添加到数据库中后，如果发现有错误需要改正，或者需要进行更新操作，就需要用到对新闻的修改功能。该页面分为左右两个部分，左侧部分呈现新闻板块分类的列表，呈现新闻板块分类。右侧部分呈现所对应新闻板块的所有新闻条目，按照时间顺序进行降序排列。这与 14.2.2 节的设置是基本相同的，总体的设计视图如图 14-44 所示。

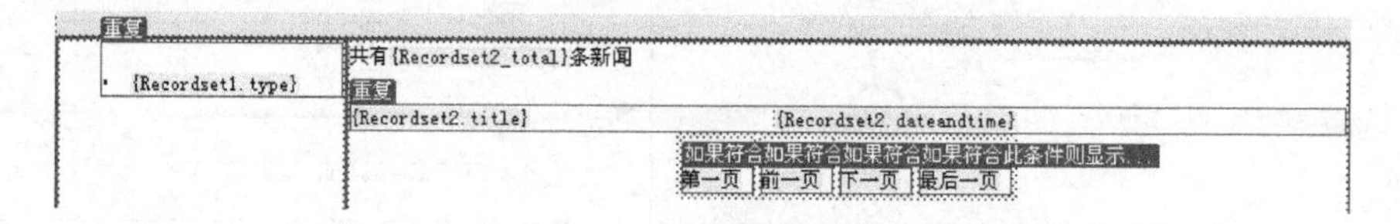


图 14-44　修改新闻页面设计

下面简单地进行讲解。具体操作步骤如下。

(1) 绑定两个数据集 Recordset1 和 Recordset2，这与 14.2.2 节相同，不再赘述。在左侧表格中设置动态文本，显示 bankuai 数据表格中的 type 字段，以无序列表形式显示。同时，为该 bankuai 动态文本添加超链接。链接地址为：

```
<a href=newupdate.asp?type=<%=(Recordset1.Fields.Item("type").Value)%>><%=
(Recordset1.Fields.Item("type").Value)%>
</a>
```

该超链接的地址为 newupdate.asp，就是本身页面，链接传递参数：type=<%=(Recordset1.Fields.Item("type").Value)%>，这样在单击超链接后，重新更新该页面，使右侧的信息进行更新。

(2) 设置重复区域。设置完超链接后，选择该列表选项为重复区域，在弹出的重复区域对话框中，选择显示所有记录。

(3) 显示每种类别新闻。根据新闻板块分类将不同类别的新闻显示在右侧的表格中。在显示新闻条目部分的顶部，绑定<%=(Recordset2_total)%>显示条目的总数，绑定 Recordset2 的 title 和 dateandtime 到右侧表格。为新闻条目的标题添加超链接，代码为：<a href=newupdateok.asp?nid=<%=(Recordset2.Fields.Item("nid").Value)%>><%=(Recordset2.Fields.Item("title").Value)%></a>，链接到的 URL 为 newupdateok.asp，传递 Recordset2 的 nid 字段作为参数，在 URL 网页中显示相应的记录。

(4) 设置重复区域并添加导航条。这里与 14.2.2 节相同，不再赘述。

### 3. 修改新闻(newupdateok.asp)

显示了需要修改的新闻条目只是修改新闻条目的第一步，下面才是对显示的新闻进行修改的实际操作。在网页 newupdateok.asp 中设置一个表单，显示需要修改的新闻条目各个元素，修改后提交表单，更新数据库即可。

具体操作步骤如下。

(1) 绑定记录集。首先，绑定两个记录集，操作与前几节相同，只有参数设置有所不同。第一个为 Recordset1 记录集，高级设置如图 14-45 所示。

通过以下代码：

```
SELECT * FROM new WHERE nid = MMColParam
```

实现将 URL 传递的 nid 参数筛选 new 数据表的 nid 字段，从而定位到确定的记录。第二个为 Recordset2 记录集，它的设置比较简单，如图 14-46 所示。

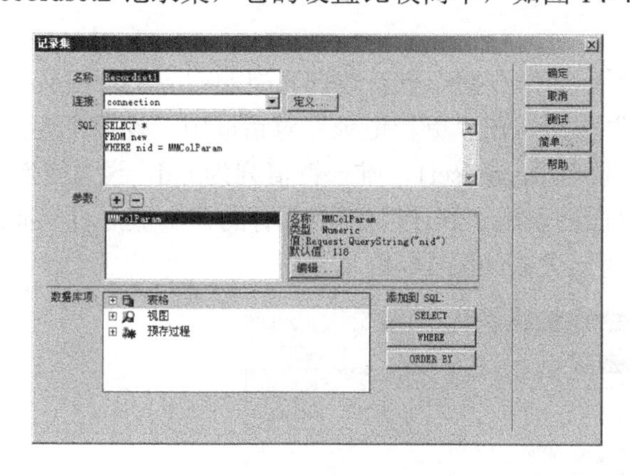

图 14-45　绑定记录集 1

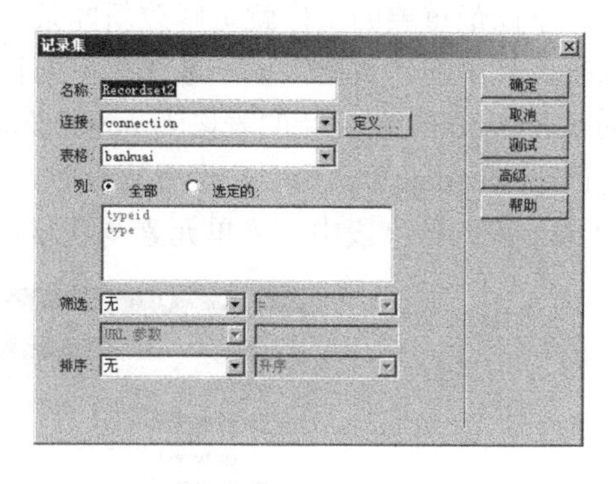

图 14-46　绑定记录集 2

(2) 数据绑定显示新闻的各元素。

绑定 Recordset1 记录集的 title、typeid、picurl、txtcontent、Nfrom、zuozhe 到网页的表单上，如图 14-47 所示。

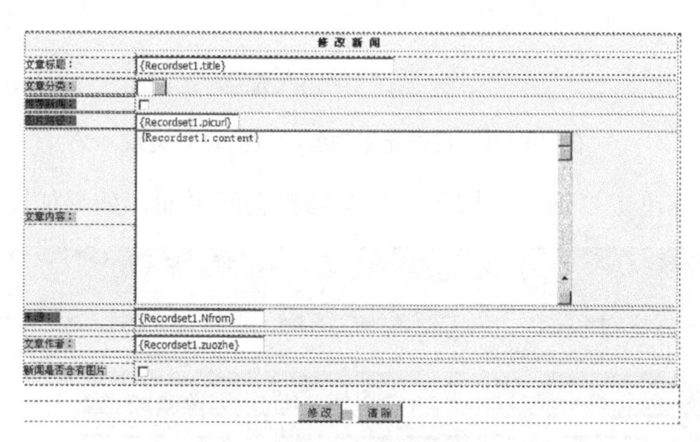

图 14-47　绑定显示新闻的各元素

需要说明的是，与添加新闻相同，在图 14-47 所示页面的“文章分类”处需要同样添加动态选择列表，设置如图 14-48 所示。

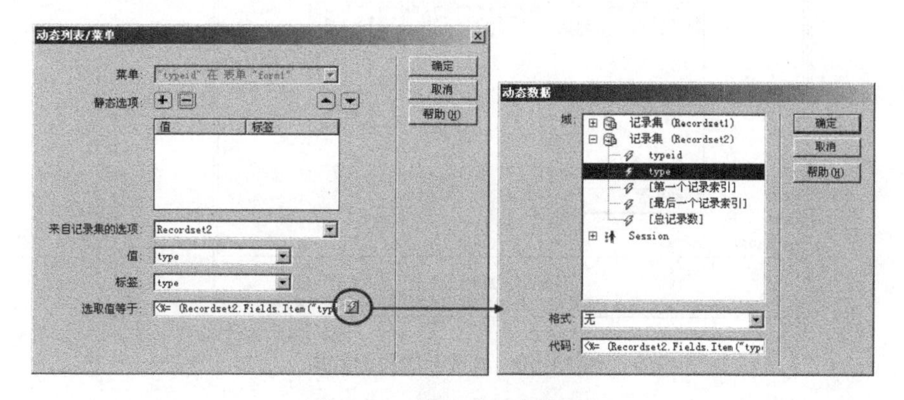

图 14-48　添加动态选择列表

推荐新闻和新闻是否包含图片，同样需要设置为复选框，与前面的设置方法相同，这里不再赘述。

(3) 更新记录。

下面最重要的工作就是修改新闻条目之后，操作数据库更新数据表中的相应记录。单击插入工具栏中的“数据”栏，选择“更新记录”按钮，在“更新记录”对话框中，设置“连接”为 connection，要更新的表格为 new，选取记录自 Recordset1，唯一键值列为 nid，设置更新后返回 newupdate.asp 页面；设置提交时，从页面的表单 form1 中获取所有的元素值，对应插入到 new 表的各字段中，表单元素与各字段的对应关系如图 14-49 所示。

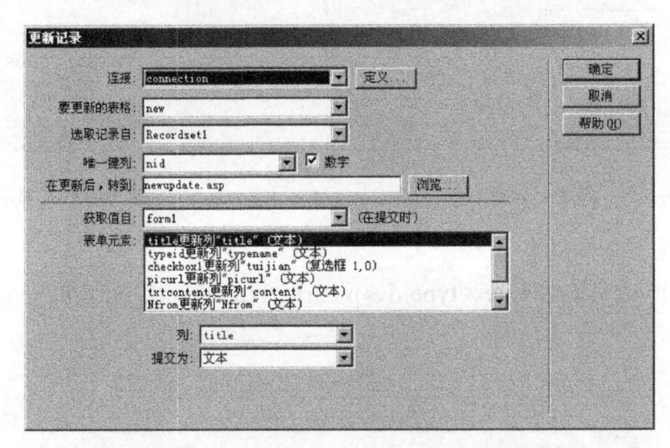


图 14-49　表单元素与各字段的对应关系

以上设置完成后，单击“确定”按钮，预览修改新闻页面，效果如图 14-50 所示。

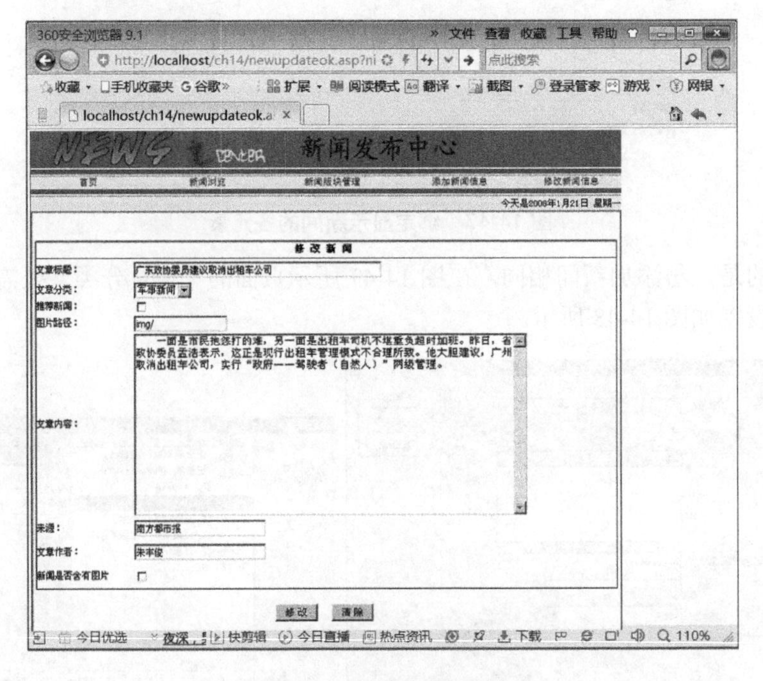


图 14-50　修改新闻页面效果

## 14.3 小　　结

本章使用 Dreamweaver 作为开发工具，采用 ASP+Access 模式，采用了模块化设计，构建了一个典型的新闻发布平台。该系统结构清晰，操作步骤讲解简练、准确。读者可以跟随我们的讲解一步一步实现所有功能。只要读者熟悉 Dreamweaver 的操作，所有的操作都会比较容易。有一些与前面章节重叠的内容，本章只做了简单介绍或略过，读者可以参考前面的相关章节。

通过本章的学习，读者可以加深对 Dreamweaver 数据行为的了解，能够使用该数据行为实现简单的动态网页效果和功能。如果读者能够结合代码来理解数据行为，而不仅仅是关注 Dreamweaver 的固有功能，对读者学好 ASP 会有较大帮助。